高原湖泊保护治理丛书

Plateau Lake Protection and Management Series

洱海水环境问题诊断与保护对策研究

周云　马巍　陈欣　苏建广　杨智　等 著

中国水利水电出版社
www.waterpub.com.cn
·北京·

内 容 提 要

本书基于近 70 年来洱海湖区的水生植被种群及面积数量、水位变化和水质数据资料，并结合洱海流域近年来实施的各项工程及"七大行动""八大攻坚战"等水污染综合治理措施的环境背景，系统分析了近 70 年来洱海水生植被的演替过程、近 10 多年来洱海水环境演变过程及其年内水质时空分布特征，识别了当前治污策略下洱海尚存在的主要水环境问题，分析了影响洱海水生植被演替的驱动力因素及其驱动机制，采用数值模拟方法研究了洱海水动力特性及入湖污染物的迁移扩散规律，初步揭示了洱海北部湖湾藻类聚集及藻类水华发生风险的驱动机制，并结合规划水平年洱海水质保护目标和藻类水华防控需求，有针对性地提出了洱海流域水污染治理与湖泊水质保护措施、加快洱海水生植被自然恢复和水环境质量持续性改善的对策措施，以期为洱海流域水环境综合治理和湖泊水生态修复与保护提供理论参考依据，并为洱海流域绿色高质量发展提供科学的技术支撑。

本书可为高原湖泊流域水资源、水环境、水生态修复等学科的研究者提供参考，也可为流域水环境综合治理、湖泊水生态环境保护、流域水资源优化配置及其高效利用等方面的管理者提供参考与借鉴。

图书在版编目（CIP）数据

洱海水环境问题诊断与保护对策研究 ／ 周云等著
. -- 北京 ： 中国水利水电出版社，2024.12
（高原湖泊保护治理丛书）
ISBN 978-7-5226-1601-8

Ⅰ．①洱… Ⅱ．①周… Ⅲ．①洱海—区域水环境—环境保护—研究 Ⅳ．①X143

中国国家版本馆CIP数据核字(2023)第113048号

审图号：GS京（2023）2543 号

书　　　名	高原湖泊保护治理丛书 **洱海水环境问题诊断与保护对策研究** ER HAI SHUIHUANJING WENTI ZHENDUAN YU BAOHU DUICE YANJIU
作　　　者	周 云　马 巍　陈 欣　苏建广　杨 智 等 著
出 版 发 行	中国水利水电出版社 （北京市海淀区玉渊潭南路 1 号 D 座　100038） 网址：www.waterpub.com.cn E-mail：sales@mwr.gov.cn 电话：（010）68545888（营销中心）
经　　　售	北京科水图书销售有限公司 电话：（010）68545874、63202643 全国各地新华书店和相关出版物销售网点
排　　　版	中国水利水电出版社微机排版中心
印　　　刷	北京印匠彩色印刷有限公司
规　　　格	184mm×260mm　16 开本　21.75 印张　530 千字
版　　　次	2024 年 12 月第 1 版　2024 年 12 月第 1 次印刷
定　　　价	**195.00 元**

前　言

　　洱海位于云南省大理白族自治州的中心地带，地处澜沧江、金沙江和元江三大水系分水岭地带，隶属澜沧江水系一级支流——黑惠江的支流西洱河上游，流域面积 2565km²。洱海形似耳状，略呈狭长形，南北长 42.5km，东西宽 3.4～8.4km，湖岸线长 129km，呈北北西—南南东向展布。洱海最高水位 1966.00m，最大湖泊水面面积 252km²，最大蓄水容量 29.59 亿 m³，最大水深 21.3m，平均水深 10.6m，是云贵高原上的第二大淡水湖。洱海是大理市和周边城乡居民生产生活用水的供给源地，其优美的自然条件和水生态环境为大理白族人民世代的繁衍生息提供了水源安全保障，并孕育了优秀的白族文化，留下了"大理古城"历史文化遗迹和"云南印象"等诸多文化名片，已成为蜚声海内外的旅游与度假胜地。近三十多年来，伴随着流域内旅游业的迅猛发展与高原湖区经济的快速崛起，洱海流域水土资源过度开发、湖泊水生态系统逐步退化、水体富营养化进程加快、湖区水环境质量不断下降等问题日益突出。受近几十年来水位阶段式大幅波动变化、水质逐步变差及其他人类活动的强烈干扰等因素影响，洱海湖滨带水生植被面积大幅减少、水生植被退化、植被结构趋于简单化，部分特有物种和濒危物种消失，导致湖泊生态系统与功能持续下降，进一步加剧了洱海水环境演变的复杂化与长期化趋势。

　　"苍山不墨千秋画，洱海无弦万古琴。"苍山洱海的山水画卷在隽永典雅的诗句中徐徐铺展，但这幅"一水绕苍山，苍山抱古城"的诗意画卷，却一度因洱海水质污染而黯然失色。2015 年 1 月，习近平总书记来到大理古生村了解洱海生态保护情况，殷殷嘱托"一定要把洱海保护好"，并与当地干部合影，"立此存照，过几年再来，希望水更干净清澈"。习近平总书记考察云南时的重要讲话深深植根云南人民心中，转化成铁腕治污保护洱海的坚决行动。在"节水优先、空间均衡、系统治理、两手发力"治水思路指引下，洱海保护治理工作日新月异，"七大行动""八大攻坚战"等措施正在快速有序推进和落实，自 2018 年起洱海年内水质达标（满足湖泊Ⅱ类）月数基本稳定在 7 个月，洱海水质保护成效逐步显现，但在近期人类活动的强烈干扰和流域水资源条件日益短缺形势下，COD_{Mn}指标表征的有机污染物浓度呈逐年升高态势，洱海水生植物演替及其与水位、水质的响应过程更趋复杂。

本书基于洱海近70年来的水生植被种群及面积数据、水位和水质资料，并结合洱海流域历年来实施的各项工程及"七大行动""八大攻坚战"等水污染综合治理措施的环境背景，系统分析近70年来洱海水生植被的演替过程、近10多年来洱海水环境演变过程及其年内水质时空分布特征，识别当前治污策略下洱海尚存在的主要水环境问题，分析影响洱海水生植被演替的驱动力因素及其驱动机制，采用数值模拟方法研究洱海水动力特性及入湖污染物的迁移扩散规律，揭示洱海北部湖湾藻类聚集及藻类水华发生风险的驱动机制，并结合规划水平年洱海水质保护目标和藻类水华防控需求，有针对性地提出洱海流域水污染治理与湖泊水质保护措施、加快洱海水生植被自然恢复和水环境质量持续性改善的对策措施，以期为洱海流域水环境综合治理和湖泊水生态修复与保护提供理论参考依据，以及为洱海流域绿色高质量发展提供科学的技术支撑。

本书是集体智慧的结晶，作者的科研团队以极为严谨的科学态度参加了编写工作。全书由杨凡、冯时、杨霄统稿，周云、马巍定稿。本书各章编写分工如下：

前　言　周云　马巍

第1章　李必琼　秦银徽　罗丽艳　王军亮　程常磊　曹东福

第2章　苏建广　赵绍熙　戎国标　王尚玉　金超　程刚　白雪昕

第3章　周云　杨洋　蒋汝成　曹东福　蔡昕　陈杰　陈少妹　周寄

第4章　陈欣　杨智　周寄　杨霄　姜秀娟　罗丽艳　张继虎　胡梓超

第5章　马巍　杨永森　周锐　冯顺新　张洪波　李杰　尹策　陈晶

第6章　马巍　方金鑫　杨永森　曹特　储昭生　吴越　高蓉　吴霞

第7章　杨智　彭菲　刘伟　罗跃辉　陆芳　杨涛

第8章　马巍　冯时

本书的研究工作得到了大理州人民政府、大理州水务局、大理州生态环境局、大理州环境监测中心、云南省水文水资源局大理分局、云南省环境科学研究院等单位领导与专家的鼎力支持和帮助，在此表示深深的谢意！

这些年笔者一直从事流域和大中型湖库水资源保护、水环境治理与水生态修复等相关的研究工作，本书是近期洱海流域研究成果的系统总结。我们期望通过这些研究成果促进相关技术在我国流域水资源保护、水环境治理与科学化管理中大力推广应用和普及。由于笔者水平有限，成书仓促，书中的缺点和错误在所难免，竭诚欢迎读者批评指正和学术争鸣。相关建议可联系电子邮件 mawei@iwhr.com 编者收。

编者

2023 年 6 月

目 录

第1章
研究概述

1.1 研究背景及意义

1.1.1 研究背景

洱海流域位于澜沧江、金沙江和元江三大水系分水岭地带，属澜沧江—湄公河水系，流域面积 $2565km^2$，地理坐标在东经 $100°05'\sim100°17'$、北纬 $25°36'\sim25°58'$ 之间（图 1.1 - 1）。洱海位于云南省大理白族自治州境内，是云南省第二大高原淡水湖泊，优美的自然环境和良好的水生态质量为大理白族人民的世代繁衍生息提供了重要的安全保障，并孕育了优秀的白族文化，留下了"大理古城"历史文化遗迹和"云南印象"等诸多文化名片，洱海已成为云南蜚声海内外的旅游胜地。洱海既是大理市主要的城市集中饮用水水源地，又是苍山洱海国家级自然保护区和风景名胜区的核心，具有调节气候、水源涵养、工农业生产及城镇生活用水供给、水生态系统多样性保护等多种功能，是整个流域乃至大理白族自治州经济社会可持续发展的重要基础，堪称大理人民的"母亲湖"。

洱海地处流域中心和湖盆最低点，既是湖周生产生活和城镇生活的饮用水水源地，又时刻承纳流域内生产生活废污水、农田面源及降水径流等挟带的污染负荷，加之近 30 年来洱海流域经济社会的快速崛起和旅游业的蓬勃发展，流域自然资源的不合理开发利用问题日益突出，洱海入湖和出湖水量呈现快速减少趋势，尤其是近 10 年来减少趋势显著，从而导致近 20 多年来洱海水质逐渐变差、湖泊水生态系统严重退化、水体富营养化进程逐步加快。过去 70 多年的湖泊水位调度运行管理多以水资源开发利用和供水安全保障为目标需求，对水位变化驱动洱海水生植被演替的机理机制缺乏相应的科学认识，忽略了水位变化可能对洱海水生植被演替产生不利影响，此外受 20 世纪末期网箱养殖大量打捞水草对水生植被带来的破坏性影响，使得洱海水生植被面积由 20 世纪 80 年代超过 40% 的水面积占比快速下降到 2006 年的 10% 以内。

在习近平总书记治水思路"节水优先、空间均衡、系统治理、两手发力"的科学指引下，洱海保护治理工作日新月异，"七大行动""八大攻坚战"等措施正在快速有序推进和落实，洱海水质近期也出现了一些可喜的变化。自 2018 年起洱海年内水质达标（满足湖

图 1.1-1　洱海流域地理位置示意图

泊Ⅱ类）月数基本稳定在 7 个月，洱海水质保护成效逐步显现。2010—2020 年期间洱海综合营养状态指数（TLI）为 38.8～43.1（均为中营养），从该段时间洱海的 TLI 年际变化过程来看，自 2014 年起洱海的 TLI 呈逐年升高的变化过程，其中 2014—2017 年期间水体富营养化升高趋势较为明显（TLI 年均增加 1.1），2017—2019 年期间洱海 TLI 升高的态势明显趋缓（TLI 年均增加 0.3），2020 年洱海 TLI 较 2019 年下降 1.7，说明自 2016 年起开启的"抢救式"保护洱海模式对减缓洱海水体富营养化的演变进程、保护洱海水质是有效的。但受资源条件约束与诸多因素影响，以高锰酸盐指数（COD_{Mn}）指标为表征的有机污染物浓度呈逐年升高态势，洱海水质演变过程及时空变化规律十分复杂。尽管国内外学者针对洱海的水质状况、演变过程及富营养化特征等都开展了大量的研究，同时采用 EFDC 模型对洱海湖流特性及湖泊水质与水生态模型做了初步探讨，但在近期人类活动的强烈干扰下，洱海水质的响应过程更趋复杂，对风场驱动作用下的洱海湖流形态、环流结构、入湖污染物迁移扩散规律及其时空分布特征等方面研究有待进一步深入。

洱海作为大理白族人民的母亲湖，为满足流域水资源开发利用和水源安全保障需求，洱海水位由 1970 年前的天然调控状态逐步转变为当前的人工调控湖泊，年际及年内水位变化过程的扁平化趋势明显。受近几十年来水位阶段式大幅波动变化、水质逐步变差及其他人类活动影响，洱海湖滨带水生植被面积大幅减少、水生植被退化、植被结构趋于简单化，部分特有物种和濒危物种消失，导致湖泊生态系统与功能持续下降。洱海水生植被群落结构、空间分布和过程演变一直受到学界的广泛关注，如黎尚豪等（1963）最早记录了洱海大型水生植被主要的群落类型，戴全裕（1984）基于调查数据基本厘清了洱海水生植被的种类、分布和群落结构，胡小贞等（2005）通过全湖大调查初步摸清了洱海水生植被主要优势种、群落类型及分布，厉恩华等（2011）结合 3 次滨湖带植被调查资料进一步补充了洱海植被组成及其多样性，符辉等（2013）、吴功果等（2013）较为系统地分析了近50 年洱海沉水植被演替及主要驱动要素、洱海水生植物与浮游植物的历史变化及影响因素。但在近期人类活动的强烈干扰和流域水资源条件日益短缺形势下，洱海水生植物演替及其与水位、水质的响应过程更趋复杂。

因此，本书基于洱海近 70 年来的水生植被种群及面积数据、水位和水质资料，并结合近期的水质监测数据和"七大行动""八大攻坚战"等洱海保护治理措施逐步落实的环境背景条件，系统分析近 70 年来洱海水生植被的演替过程、近 10 多年来洱海水环境演变过程及其年内水质时空分布特征，识别当前治污策略下洱海尚存的主要水环境问题，分析影响洱海水生植被演替的驱动力因素及其驱动机制，采用数值模拟方法研究洱海水动力特性及入湖污染物的迁移扩散规律，揭示洱海北部湖湾藻类聚集及藻类水华发生风险的驱动机制，并结合规划水平年洱海水质保护目标和藻类水华防控需求，有针对性地提出洱海流域水污染治理与湖泊水质保护措施、加快洱海水生植被自然恢复和水环境质量持续性改善的对策措施，以期为洱海流域水环境综合治理和湖泊水生态修复与保护提供科学的参考依据，同时为洱海水生态修复、水环境质量可持续性改善和洱海流域绿色高质量发展提供科学的技术支撑。

1.1.2 研究意义

"苍山不墨千秋画，洱海无弦万古琴。"苍山洱海的山水画卷在隽永典雅的诗句中徐徐铺展，但这幅"一水绕苍山，苍山抱古城"的诗意画卷，却一度因洱海水质污染而黯然失色。2015 年 1 月，习近平总书记来到大理古生村了解洱海生态保护情况，殷殷嘱托"一定要把洱海保护好"，并与当地干部合影，"立此存照，过几年再来，希望水更干净清澈"。习近平总书记考察云南时的重要讲话深深植根云南人民心中，转化成铁腕治污保护洱海的坚决行动。云南省州（市）各级人民政府以壮士断腕的勇气守护一池澄碧，把洱海生态环境保护放在更加突出位置，像保护眼睛一样保护洱海生态环境，像对待生命一样对待洱海生态环境，同期全面打响环湖截污、生态搬迁等"七大行动""八大攻坚战"，并按照"湖泊革命"指示精神开展洱海湖区界线（洱海湖滨生态红线、湖泊生态黄线及洱海生态保护核心区、生态保护缓冲区及绿色发展区）"两线三区"划定工作，实施生态廊道建设工程等。

洱海是我国重要的淡水湖泊，也是云南省的第二大高原淡水湖。洱海保护为滇西发展提供丰富的淡水资源，为云南省建成中国面向西南开放重要桥头堡提供战略支撑，是探索我国高原湖泊流域生态环境保护与经济社会协调发展的重要途径，是富营养化初期湖泊保护研究的示范，并为我国湖泊富营养化控制研究提供重要平台。因此，洱海保护无论从湖沼学，还是从高原湖泊、富营养初期湖泊保护、滇西发展等角度均具战略地位。

1. 对云南省建设生态文明排头兵，提升我国西南生态屏障功能具有关键支撑作用

苍山洱海位于大理国家风景名胜区内，是国家级地质公园和自然保护区，流域气候垂直差异大，水域独特，植被及水生生物资源非常丰富，是重要的生物多样性宝库。洱海总储水量约 29.59 亿 m^3，是滇池湖泊库容的 2 倍，是滇西发展的重要淡水资源。洱海的特殊生态地位及丰富的淡水资源，使其发挥着重要的生态功能作用，是我国西南生态安全屏障的重要板块。洱海保护治理是云南省生态文明建设的重中之重，系统性开展洱海流域环境问题诊断与保护对策研究，并结合规划水平年洱海水质保护目标和藻类水华防控需求，对贯彻落实习近平总书记考察云南重要讲话和云南省委十届十一次全会精神，深入贯彻习近平生态文明思想，坚持人与自然和谐共生基本方略，牢固树立山水林田湖草生命共同体理念和绿水青山就是金山银山的绿色发展理念，推动云南省生态文明排头兵建设将起到非常重要的作用。

2. 对面向南亚、东南亚，建设绿色"一带一路"有重要示范作用

苍山洱海孕育了白族、汉族、彝族、回族等 25 个民族，以及南诏国和大理白族文化。洱海流域历史上是我国古代西南经济和文化中心，也是茶马古道的主要通道，是中国通往东南亚、南亚的南方古丝绸之路的必经之地，在经济、文化交流中起到重要的作用。现阶段，洱海流域在国家实施"一带一路"和建设中孟印缅经济走廊、打造面向南亚东南亚辐射中心中占有十分重要的地位。探索并实施基于水生植被自然恢复、水生态系统良性循环和湖区水质持续性改善需求的生态水位调度方案，对带动"一带一路"的可持续发展有重要意义。

3. 有利于实现洱海流域生产、生活、生态"三生共赢"

在"七大行动""八大攻坚战"等重大举措的共同推动下，洱海水环境治理取得了阶段性成效，但目前洱海水质类别仍为Ⅲ类，规模化藻类水华风险较大，其保护治理仍处于关键时期。探索洱海水环境演变特征、洱海水生植被演替的驱动机制及其植被恢复策略、揭示洱海北部湖湾藻类聚集及藻类水华发生风险的驱动机制等，通过洱海水位生态调度来增强湖泊的水生态健康水平、提高湖泊水体自净能力。从流域生态系统的整体性出发，按照"山水林田草湖"一体化保护和修复的思路，通过统筹流域生产、生活、生态，协调流域经济发展和水环境综合治理，系统推进流域水污染防治、水生态保护和水资源管理，构建空间发展与资源环境承载能力相匹配的格局，可以促进洱海流域努力实现生产、生活、生态"三生共赢"。

4. 对我国水质较好湖泊保护具有重要示范意义

洱海是我国富营养化初期湖泊的典型代表,也是我国城市近郊湖泊保护与生态修复治理的典范,其生态环境保护在全国范围内有很重要的示范作用。开展洱海流域水环境综合治理和可持续发展试点工作,探索一条保护与发展相协调的道路,形成"用发展推动保护、用保护促进发展"的良好局面,将为我国水质较好湖泊保护治理与可持续发展提供经验和借鉴。

1.2 国内外研究进展

湖泊是地球表层水体的重要组成部分,与人类社会的发展息息相关,具有调节区域气候、调节河川径流、改善生态环境、提供水资源、防洪、发展航运旅游等作用,是人类宝贵的财富,是生态系统中的重点保护对象。全球范围内面积大于 $0.1km^2$ 的湖泊约有 142 万个,湖泊总面积 $2.67 \times 10^6 km^2$,约占陆地面积的 1.8%。我国湖泊集中分布在长江中下游平原和青藏高原,面积大于 $1km^2$ 的天然湖泊 2693 个,总面积 $8.14 \times 10^4 km^2$,约占国土面积的 0.9%。近 30 年来,全国新生或新发现面积大于 $1.0km^2$ 的湖泊分别有 60 个和 131 个;原面积大于 $1.0km^2$ 的湖泊消失 243 个。根据湖泊分布、成因、水环境、资源禀赋和水文特征,结合行政分区,将我国湖泊分为蒙新湖区、青藏高原湖区、云贵高原湖区、东部平原湖区、东北平原与山区湖区五大湖区(图 1.2-1),其中云贵高原湖区以淡水湖为主,区内多为构造湖,代表性湖泊有滇池、洱海、抚仙湖等。

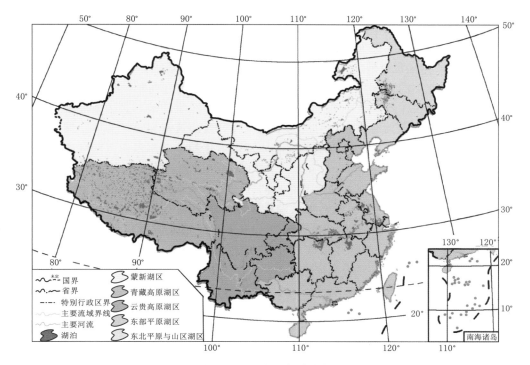

图 1.2-1 我国湖泊分布

1.2.1　国内外湖泊水环境保护研究进展

湖泊不仅能很好地记录各个湖区在不同时间尺度上气候变化和人类活动的信息，也是全球气候变化与区域响应的重要信息载体，同时在人类社会经济发展和生物多样性维持等方面起着至关重要的作用。但随着经济社会的发展和人口压力的不断增大，从20世纪50年代开始，全球大部分湖泊都受到了一定程度的破坏，湖泊萎缩、水体富营养化等问题成为制约当地经济社会发展的重要因素。

湖泊水质恶化在国内外都是普遍存在的环境问题，其中湖泊富营养化是影响水质恶化的主要因素之一。目前全球的湖泊、水库大约有30％～40％受到富营养化的困扰，到20世纪50年代国际上才开始真正关注湖泊富营养化问题，在欧美、日本等国家，经济发展快，湖泊富营养化问题发生时间早，相关研究起步也较早。在湖泊生态环境方面，国内外研究的重点主要是在对复杂多变的湖泊生态系统内物理、化学和生物过程的相互作用进行研究，尝试通过物理、化学和生物调控的方式控制湖泊富营养化，改善湖泊水质条件，恢复湖泊生态系统的服务功能。主要的研究内容有：大气-水体-沉积物-陆域的相关规律、物质的循环与平衡、生物与非生物的相互作用、生物种群间内部关系以及行为、生理、遗传生态学研究，毒理学和生物安全角度的相关研究。

1. 国外湖泊水环境保护研究进展

国外在湖泊治理和保护上的工作开展较早，尤其是日本、欧美一些发达国家。纵观国外环保发展进程大都是从"先污染，后治理"到"边污染，边治理"，再到如今的"发展中保护，保护中发展"。国外的一些湖泊治理，如北美的五大湖、日本的琵琶湖、欧洲的博登湖等，这些湖泊的成功治理为全球湖泊治理提供了宝贵的思路和经验。

北美五大湖是世界上最大的地表淡水资源系统，总水量约为2.3万km³，占全球地表水淡水量的20％。五大湖是世界上面积最大的地表水资源系统，它的水环境治理堪称典范。五大湖位于北美洲西部，从西到东跨度1200km，南北方向900km有余。19世纪20年代初，美国经济快速发展致使五大湖生态系统遭受了严重的破坏。为发展工业，五大湖周边大规模采矿破坏了大量土地，引发的水土流失导致河流遭到重度污染，湖边大量工业废水直接排入河流和湖泊水体，出现湖泊水体富营养化和重金属累积风险问题，对水生生物和人类健康危害极大。20世纪60年代五大湖水质日益恶化，其中伊利湖夏季时期水面藻类大量繁殖。与此同时，五大湖生态系统同样面临着外来物种入侵的问题，数据显示每8个月就有1个外来物种入侵，这对五大湖生态和经济造成了严重的破坏。为解决以上问题，从20世纪70年代开始，美国政府采取了一系列措施来恢复和保护五大湖。在研究上，湖泊富营养化和DDT的赋存是这个时期的主要研究课题，同时也发展起了湖泊水温分层、湖流、风浪等相关内容的研究。在对以磷为主的污染物进行控制后，水质得到了一定程度的改善。随后研究重点由点源转为农业面源、城市面源、大气沉降、沉积物释放以及地下水污染研究。在发现重金属、DDT等物质通过食物链不断积累并放大后，研究内容又扩展到了食物链和整个生态系统的稳定性研究，包括水生动植物等。在管理上，美国通过和加拿大双边协定建立"五大湖国际联合委员会"，来处理两国跨界河流和五大湖综合管理问题，并且在五大湖流域建设百余个水环境监测站，定期监测水环境指标，及时反映各个地段水质变化状况。在控制污染源上采取加强城市暴雨径流面源污染防治、建立面源污染控制的资金保障体系等相关措施。通过设立有关机构、立法、控制污染源、治理富营养化等一系列措施，美国五大湖水环境质量明显提升。

日本约有600多个湖泊，作为全球第三大古湖泊的琵琶湖是日本第一大湖泊，具有400万年历史，面积为674km²。受流域工业和生产生活废污水直排影响，20世纪60年代，琵琶湖水质日益恶化，逐步转变为富营养化湖泊，夏季时期出现赤潮现象。琵琶湖第一次暴发赤潮是发生在1977年5月，到1996年期间赤潮几乎每一年都有发生。为了治理琵琶湖的水环境问题，1980年滋贺县制定了《滋贺县琵琶湖富营养化防治条例》。为减轻氮磷负荷，该条例中明令禁止使用洗衣粉、含磷洗涤剂、严格控制企业排放含磷污水等。从1986年开始，滋贺县和京都府每5年联合制定一次《湖沼水质保护规划》，实施的重点内容主要包括生活污水处理、工业企业限排等。通过控制废水直排、禁用含磷洗涤剂等措施后，湖泊水质有所改善，但未彻底扭转水质现状。因此，进一步开展了关于气候、风场、水热条件、湖流、水体交换等内容的研究，并通过沉积物岩心分析沉积规律，进而对污染物迁移转化、水华发生规律、水质形成机理方面进行了深入研究。经过多年努力，流入琵琶湖的COD、TP、TN等污染负荷总量逐渐减少，湖泊水环境改善明显，治理措施取得了显著成效。

在欧洲，湖泊水环境依然面临严峻的挑战，但近年来欧洲各国对湖泊治理的大量投入已经取得了丰硕的成果。博登湖的治理可以说是一个成功的案例。博登湖地处德国、瑞士、奥地利三国边境，水域面积为536km²，是德国面积最大的水域，在20世纪50—80年代曾出现过严重的富营养化问题。为了解决博登湖的水环境问题，管理者设立了博登湖水委员保护协会、博登湖-莱茵河水厂联合、博登湖国际大会等机构，并且采取了增建污水处理厂和污水管网、支持生态型土地耕作、雨污分流、污水管道更新等措施。经过多年的治理博登湖水质得到明显改善，水质不断向优向好发展。

瑞典是北欧湖泊较多的国家之一，其主要面临的问题为湖泊富营养化和酸化问题，湖泊富营养化以城市和面源污染严重区域为主，而湖泊酸化主要存在于森林覆盖区。应对湖泊酸化问题，瑞典采取了化学法对湖泊进行石灰或碳酸钠处理。由于当地科研院所有着优良的生物学基础，因此，开展的研究主要集中在浮游生物、鱼、虾的生态习性，从生态学角度分析湖泊生物种群之间的相互关系。

2. 国内湖泊水环境研究进展

在我国随着经济的迅速发展，大量污染物如营养物质等不断进入河道及邻近湖体，湖泊富营养化问题逐步凸显，出现和面临富营养化的湖泊比重越来越大。根据新一轮全国水资源评价数据，评价的261个湖泊中有198个湖泊处于富营养化水平，富营养化治理任务十分艰巨。在我国湖泊治理过程中，湖泊水域空间分布差异大、人类活动对湖泊湿地生态系统影响大等因素都增加了湖泊治理的难度。人类活动对湖泊造成的影响是难以逆转的，研究资料显示，20世纪50年代至21世纪初，我国湖泊、沼泽分别萎缩了11%、28%，给生态环境带来了不可忽视的负面影响。在五大湖区中，云贵高原湖泊的水体富营养化程度相对最为严重。下面以东部平原湖区的太湖与鄱阳湖、东北平原湖区的呼伦湖、云贵高原湖区的滇池和洱海为例简要介绍国内湖泊的水环境治理研究进展。

太湖的水环境治理是成功案例之一。太湖是我国五大淡水湖之一，流域面积 3.69 万 km^2。改革开放以来，太湖流域周围社会经济迅速发展、人口压力不断加大，但环境治理仍然比较滞后，太湖蓝藻迅速繁殖并暴发水华。2007 年暴发的无锡供水危机事件使得太湖明珠蒙垢，但这也在无形中加速了太湖水环境治理的进程。学者对太湖蓝藻暴发状况进行研究总结发现：1986 年之前无蓝藻暴发，1987—1989 年蓝藻小规模暴发，1990 年至 2007 年 6 月蓝藻大规模暴发，其中 2007 年蓝藻暴发程度最严重，2007 年 7 月至 2015 年 12 月初步控制蓝藻暴发。江苏省政府采取了一系列措施铁腕"治太"。对于环湖周围的重污染企业，尤其是化工企业、印染企业、电镀企业、造纸企业，进行迁移、关停。在控制污染源的同时加大污水处理力度，治理期间累计修建污水处理厂 240 多座，污水处理能力直线上升。为控制氮磷入湖，修建氮磷流失拦截工程 1200 多万 m^2。湖中蓝藻死亡后沉积到湖底与底泥混合，进行发酵加剧内源污染释放，是引发无锡供水危机的罪魁祸首。为改善水质，多年以来，太湖流域管理机构不断完善蓝藻打捞体系，逐步形成了蓝藻机械化打捞、工厂化分离脱水、资源化利用的成套关键技术体系，对打捞的蓝藻进行收集利用，具有生产有机肥、将蓝藻发酵制成清洁能源沼气等多种用途，大大提高了治理蓝藻的水平。为了使太湖水体结构朝着不利于蓝藻暴发的方向发展，促进湖区水体交换，增加水环境容量，水利部门采取引江济太调水工程来达到上述目的，望虞河"引江济太"调水入湖 93 亿 m^3，梅梁湖湾调水出湖 89 亿 m^3，带走了大量的 TN、TP、蓝藻种源和有机质等污染物。经过不懈的努力，太湖治理取得了一定成果，近年来太湖水环境明显好转，水体主要指标显著改善，没有发生过大面积水质黑臭，有效保障了供水安全。

鄱阳湖是我国最大的淡水湖，由于工农业废污水及生活污水的排放，影响了鄱阳湖的水质，破坏了湖滨湿地生态环境，导致湖区供水能力下降。同时，上游污染物进入鄱阳湖也会加重鄱阳湖富营养化状态。鄱阳湖属于季节性涨落湖泊，水位变幅较大，在高变幅水位下，水体富营养状态的时空分布特征及其与水位的关系也成为研究热点。目前，关于鄱阳湖富营养化特征的研究逐步展开，研究发现鄱阳湖主要污染指标为 TN、TP，且水位受气候条件和人类活动共同驱动影响，在枯水期处于富营养化状态。由于鄱阳湖水位季节性的波动明显，研究水位变化与富营养化的关系对于水资源管理有一定的指导意义。

有着"草原之肾"美称的呼伦湖坐落于我国内蒙古呼伦贝尔市，湖泊水面积 $2339km^2$，是北方面积最大的湖泊。多年来由于人类社会的发展以及气候环境的变化，呼伦湖流域出现了水质恶化、湖面面积萎缩、草场退化、湿地萎缩、水位下降等一系列严重的生态环境问题。为解决以上问题，呼伦贝尔市政府对症下药、精准施策，采取了一系列有效的措施。相关部门不仅利用"引河济湖"和"河湖连通"等补水工程有效保证了呼伦湖生态水位，使湖水理化性质朝着有利于湖泊水环境改善方向发展，还通过一些人工恢复措施，扩大了河流湿地的面积，对入湖河水水质起到了净化作用，降低了河水污染物含量。在各个方面不断配合努力下，呼伦湖环湖生态环境向好的趋势发展，这是治理结果的具体展现。如今湖东岸栖息了大量的鸟类，形成了人与动物和谐共处的美好景象。

在云贵高原湖区中，面积大于 $1km^2$ 的天然湖泊云南省有 31 个，其中滇池、洱海、抚仙湖、程海、泸沽湖、星云湖、阳宗海、杞麓湖、异龙湖等 9 个面积大于 $30km^2$ 的湖泊被称为"九大高原湖泊"。滇池作为九大高原湖泊之首，是当地经济社会发展的重点区域，20 世纪 70 年代以来，滇池水质污染问题日益加重，严重威胁流域人民的身体健康和经济社会发展，水质长期处于劣Ⅴ类，水体富营养化较为严重。自"九五"以来逐步加大人力、物力和财力投入进行流域水污染综合治理，尤其是 2013 年牛栏江—滇池补水工程通水后，湖泊水质持续恶化的趋势得到有效遏制、湖泊水质改善效果明显。滇池污染物主要来源为点源、面源和内源污染，其中，点源主要来自城镇生活污水；面源主要来自水土流失、大气沉降、径流污染、农业和城镇面源，径流污染和农业面源占入湖氮磷总量的70％以上；内源释放也是滇池面临的重要问题。因此，针对滇池水污染的研究主要集中在湖泊水动力特性、入湖污染物的迁移扩散规律及其时空分布特征、流域非点源污染模拟、流域面源污染控制、湖泊底泥疏浚、流域水资源优化配置、生态补水等方面，系统削减入湖污染物，以源头控制为根本、过程阻断、末端治理及大水体水生态修复并重的策略加强流域水污染的综合系统治理和全过程监管。同时实施外流域引、调、配水工程，增加滇池流域清洁水资源量，构建流域清洁水循环系统，提高湖泊的水环境容量，并通过流域水资源的综合调配管理和水位科学调度来缩短入湖污染物的滞留时间，促进滇池水质持续性改善。

洱海作为云南省"九大高原湖泊"中的第二大湖，是沿湖人民生活、灌溉、工业用水的主要水源，孕育了优秀的大理白族文化并留下了大理古城的历史名片。洱海流域以农业生产为主，北部和西部有大量的农田，粗放式的农业使得大量农业面源污染随降水径流自北部和西岸流入洱海，给洱海水质带来了严重的污染。20 世纪 80 年代以前，洱海水环境质量较好，水质类别长期保持在Ⅰ～Ⅱ类水平，水体常年均处于贫营养水平。1974—1986年间受洱海唯一出湖河流——西洱河水资源综合开发利用影响，湖泊水位急剧降低，洱海水质受流域非点源污染问题逐步凸显，致使湖泊生态环境发生明显变化，湖泊水体富营养化演替进程加快，到 1985 年以后洱海水质开始变差，由贫营养级进入到贫-中营养级，在此之后洱海水质并没有得到改善，水体富营养问题逐步加重，1988 年洱海水质又由贫-中营养级进入中营养级，20 世纪 90 年代之后，洱海整体上处于中营养水平，少数区域已出现富营养化。由于富营养化区域的出现，洱海部分湖区在 1996 年、2003 年和 2013 年出现水华，特别在 2013 年 9 月 13—15 日和 10 月 10—13 日更是两次出现蓝藻大面积聚集的情况。在洱海的水质较好阶段，研究侧重于洱海的物种分布上。随着洱海水质逐渐变差，对洱海的研究工作也逐渐深入，此时期主要对洱海的水生态、水化学特征、水位、沉积物、富营养化调查等进行深入研究，并提出控制外源污染输入、控制内源营养物释放、实施生态修复、调控水位和系统规划综合治理等保护措施。

农业面源污染是洱海氮磷污染负荷的重要来源，段四喜等（2021）在系统调研洱海流域农业面源污染领域研究结果的基础上，归纳了洱海流域不同产业、行政区域、农用地、入湖河流和入海口湿地农业面源污染分布及特征。研究发现在农业面源污染中，种植业和畜牧业分别占洱海流域水环境污染负荷总量的 52.74％和 47.26％，其中大蒜和大型牲畜养殖业分别对农业面源污染 TN 和 TP 的贡献率最高，排放量分别占全流域农业产业的74％和 87％。卫志宏等（2013）基于 EFDC 模型建立了洱海湖泊及湖湾的三维水动力模型，应用模型对洱海湖泊及湖湾的水动力状况进行模拟，系统研究了 8 个典型风场作用下洱海全湖及局部湖湾的特征流态，揭示了洱海的水动力过程，为洱海水环境管理和水质改善提供了理论和技术依据。

在洱海治理过程中，生态修复手段相比于传统的物化修复技术，具有操作简单、成本低廉、生态友好等优点。水生植物是生态修复中的关键要素。金树权等（2017）对轮叶黑藻、苦草、金鱼藻、穗状狐尾藻、微齿眼子菜五种沉水植物的氮、磷吸收和水质净化能力进行了研究比较，发现不同沉水植物的 TN、TP 去除率大小顺序为：轮叶黑藻＞金鱼藻＞苦草＞穗状狐尾草＞微齿眼子菜，不同沉水植物氮、磷直接吸收贡献率范围分别为 1.5%～13.3% 和 2.2%～13.2%，扣除水体自身自净能力后沉水植物的增效作用贡献率范围分别为 22.5%～29.9% 和 10.1%～20.6%，表明水质净化氮、磷去除过程中沉水植物的增效作用大于直接吸收作用，该研究为洱海水生植被修复治理富营养化提供了理论依据，有助于治理洱海营养化问题。张闻涛（2016）系统研究了洱海缓冲带对农业径流中氮磷去除效果及机理，研究表明水生植物带构建中最合适的挺水植物、沉水植物、浮水植物分别为芦苇、海菜花、荇菜。李红燕（2021）对洱海水资源量进行了研究，发现洱海陆地多年水资源量为 9.449 亿 m³，多年天然水资源量为 8.519 亿 m³，平均每年需陆地补给水资源量 0.932 亿 m³ 来满足湖区蒸发，洱海全年、汛期、枯期的天然水资源量随时间呈减少趋势，该研究对全面掌握洱海水资源量，估算洱海水环境容量以及洱海水位调度提供了基础资料。

1.2.2 基于水质改善和生态修复的湖泊水位调控研究

水位变化是湖泊水文过程和水量平衡的动态反映，对湖泊的水质、泥沙、水生生物等生态环境要素都具有重要影响。目前，国内外对湖泊水位的调控，主要为了满足人类生活生产对水量、水质的需求，以及湖泊生态改善的需求。

1. 以水质改善为主的湖泊水位调度和水动力研究

通过调控湖泊水位改变蓄水条件，在对水质控制方面有明显作用，研究发现，水质指标与湖泊水位具有良好的相关性。王旭等（2012）通过对洞庭湖区长系列水文水质观测资料进行相关性分析，得到洞庭湖水位与水质也具有较好的相关性，洞庭湖水位总体呈下降的趋势，水质指标 TN 与高锰酸盐指数含量随着水位的下降而呈现升高的态势，水位与水质变化具有较好的相关性；在年内季节变化上，洞庭湖丰、枯水期水位变化显著，水质指标 TN 浓度表现出"枯水期＞平水期＞枯水期"的特征，而 TP 含量表现出相反的趋势。鄱阳湖水位受自身流域入湖水量和长江水位顶托的双重影响，水位变幅巨大。刘发根等（2014）通过研究鄱阳湖水位（星子站）和水质响应关系，得出星子站水位每上升 1m，鄱阳湖全湖Ⅰ～Ⅲ类水比例提高 6.2%。邹锐等（2011）对云南程海模拟的不同水位情景进行水质预测分析，得到程海水位调控对 TN、TP、COD 等水质指标的改善作用非常有限。

上述研究基本聚焦于湖泊水位变动对湖泊水质影响的机理研究，也有研究人员从水环境容量、水域纳污能力等方向尝试探究湖泊水位变化对水质影响。如国内的引江济太工程、牛栏江—滇池补水工程（马巍等，2007，2014）、武汉大东湖生态水网工程等引水调控实践，均表明引水对湖泊水质的改善效果明显。马巍等（2007）、徐天宝等（2013）的研究成果均表明实施引调水工程后，可有效改善湖泊水动力条件、提高湖泊水体纳污能力，使太湖在引江济太调水期间纳污能力提高约 33.7%；在实施牛栏江—滇池补水工程后，牛栏江来水极大改善了滇池出入湖水量失衡的状态，有效改变滇池的水动力条件，缩短换水周期，减少污染物滞湖时间，有效改善湖泊水质条件。

2. 基于水生态系统恢复和保护的湖泊水位调控研究

水位的高低及其变动范围、变化频率、发生时间、持续的时长和规律性等都是影响湖泊水生植被生长与演替的核心因子，水位调控对富营养化水体沉水植物恢复也有明显帮助。刘永等（2006）、李敦海等（2008）在太湖五里湖、洪泽湖、东湖的研究表明，水位和水下光强是沉水植物生长的决定因素，同时水位又直接影响水下光强。在无锡五里湖研究人员利用降低水位后引种水生植物（以沉水植物为主），根据水生植物的成活率和长势，逐步提高水位，成功提高了水生植物覆盖度和物种多样性。胡细英等（2002）参照自然状态下湖泊水位涨落的季节特征，充分考虑防洪和湿地生态、候鸟越冬和鱼类产卵场和洄游保护的需要，提出鄱阳湖 14～16m 水位波动运行方案，可有效保护鄱阳湖周边湿地生态系统。张淑霞等（2018）研究了洱海冬季水鸟结构和水位变化间的潜在关系，认为对于水深岸陡的高原湖泊来说，水位下降可能使潜鸟类物种丰富度和多度增加，同时提出以提供鸟类栖息地为目的，有计划地调控湖泊水位，将有益于湿地鸟类多样性的保护。王睿照等（2009）的研究也表明在实施湖泊水位调节后，将显著降低大型底栖动物的密度、生物量和生物多样性。

1.2.3 湖泊生态补水方面的研究

以水体富营养化为主的湖泊水环境问题是当今全球依旧面临主要问题之一。以地处流域分水岭地带的云南高原断陷型湖泊为例，流域本区天然来水少、湖泊水体流动性差、湖水交换周期长、湖泊水体自净能力差等问题是困扰高原湖泊水环境保护治理的主要问题，面临水质和水量双重压力。而通过跨流域引调水可有效缓解受水区水资源短缺问题，经过科学论证和科学管理对湖泊进行生态补水也能有效缓解湖泊的水质压力。生态补水在国内的实践是应急生态补水工程，缓解当地水资源短缺，维持当地水生态系统健康。最初是在2001 年由嫩江向扎龙湿地进行应急生态补水、从长江向太湖试验性调水（引江济太试验性调水），随后 2002 年开展了长江向南四湖应急生态补水。近些年来，国内开展了河湖（库）水系连通研究（如武汉大东湖生态水网工程、引江补汉工程等），通过工程措施连通重要河湖、水系提高水资源统筹配置能力，提升区域生态环境质量和防洪安全水平，促进区域经济社会发展和生态环境保护与水资源条件之间的协调。

在牛栏江—滇池补水工程中，通过开展滇池水动力和水环境特征分析，研究提出以盘龙江作为主要清水入湖通道，联合德泽水库在既能保证滇池水质改善效果又能兼顾流域防洪安全的条件下进行水位联合调度，并利用海口河和西园隧洞协同泄水的方式，详细制定了牛栏江—滇池补水工程的入湖实施方案。同时在工程中也对可调水量分析、滇池的运行水位确定、补水效果、对生态环境影响等方面都做了大量的研究。通过外流域调水，增加入湖水量，加快湖泊水循环，达到改善湖泊水环境的目标。根据滇中引水工程规划设计方案，在规划水平年各典型水文条件下，滇中引水工程生态补水将使环湖入湖污染物滞湖比例从 80％减少到 65％～70％，同时可使滇池外海 TP、TN 这两项指标改善 3.76％～6.65％。

滇中引水工程在可行性研究阶段围绕滇中引水利用洱海调蓄的方案进行了研究论证。冯健等（2012）、汪青辽等（2021）利用二维水动力模型，对滇中引水工程是否利用洱海调蓄进行了水质对比分析，认为利用洱海调蓄方案，洱海的 TN、TP 浓度有所提高，其中对 TP 浓度影响较大，TP 浓度从 Ⅱ 类下降为 Ⅲ 类。因此，从环境保护角度，未推荐利用洱海进行调蓄的方案。

总体来说，尽管高原湖泊水污染治理与水质保护工作取得了一定的成效，但受全球气候变化和人类活动影响加剧双重驱动影响，高原湖泊保护治理工作仍面临诸多难题与挑战，如水资源日益短缺、流域农田与城镇面源污染、湖泊内源污染、湖泊生态系统演替及藻类水华发生机理等。具体对于洱海水环境治理、水质保护与湖泊水生态修复而言，应该以问题为导向、以水质保护与水生态修复目标为约束，通过对洱海流域水环境演变与环境问题识别，掌握目前洱海水环境治理面临的问题，然后确定洱海水质水生态保护目标，同时研究湖泊水位调度合理性，再利用洱海水环境数学模型研究洱海水动力特性，从而对外流域补水方案的理论效果进行预测，为洱海水环境治理保护提供科学支撑和理论依据。

1.3　主要研究内容

围绕洱海湖泊保护环境问题诊断与保护对策研究的主题，研究内容主要包括以下几个方面。

1. 洱海流域水环境演变特征及其环境问题识别

调研关于洱海水环境与水生态的历史研究成果，收集洱海各区域水质监测资料，洱海出入湖水量、污染物量及其类型、时空分布的历史研究成果，洱海周边河流近期水质监测资料；分析洱海环湖周边主要的点面污染源类型及其特征污染物的产生量、入湖量，分析评价洱海流域河湖水环境质量状况、近年来水质演变过程及其趋势性变化特征，并结合洱海水资源条件、污染物来源结构组成及水质与水生态保护需求，研判当前洱海流域水污染治理、湖泊水质保护与水生态修复治理中仍主要存在的一些环境问题，以便为后续保护治理并实现"一湖之治"向"流域之治"转变提供科学的决策参考依据。

2. 洱海水质水生态保护需求及湖泊生态水位调度合理性研究

过去洱海水位调度运行管理，多以水资源开发利用和供水安全保障为目标需求，对水位变化驱动洱海水生植被演替的机理机制缺乏相应的科学认识，忽略了水位变化可能对洱海水生植被演替产生的不利影响，从而导致洱海水生植被面积由 20 世纪 80 年代超过40％的水面积占比快速下降到 2006 年的 10％以内。为加快洱海水质改善与水生态系统性修复进程，基于近 70 年来洱海水位变化过程，分析历史水位影响下的洱海水生植被的演替过程，揭示洱海沉水植被演替的驱动力因子及其沉水植被演替与湖泊水位波动变化的响应关系，分析近年来洱海水位调度运行的合理性，同时结合水生植物的生态功能和作用，以及洱海沉水植被对洱海水位调度需求，研究促进洱海沉水植被恢复性增长的生态水位调度方案，以便为洱海水环境质量持续性改善和湖泊水生态系统稳步向良好方向发展提供技术支撑。

3. 洱海保护治理总体方案及实施效果预测

系统分析梳理《云南省大理白族自治州洱海保护管理条例》《云南省洱海流域水环境综合治理与可持续发展规划》《洱海保护治理规划（2018—2035年）》等对洱海保护治理的目标需求，并结合洱海流域水（环境）功能区划确定的水质水生态保护目标要求，合理确定洱海水质分阶段保护目标和湖泊水生态系统修复需求。综合"七大行动""八大攻坚战"和《洱海保护治理规划（2018—2035年）》等规划治理措施的预期效果，提出规划水平年洱海水质保护目标的可达性、不确定性及其存在的主要环境制约因素。

考虑洱海流域经济社会发展规划、城市发展规划，《洱海保护治理与流域生态建设"十三五"规划》《云南省洱海流域水环境综合治理与可持续发展规划》，洱海保护治理抢救模式"七大行动"、《洱海保护治理规划（2018—2035年）》等，分析设计水平年（2025年、2035年）洱海流域污染物主要来源组成及时空分布特征，预测流域点、面源入湖河流污染负荷组成及时空分布状况，评估规划水平年洱海流域污染治理效果及其规划目标的可达性，并为洱海湖泊水动力与水质模拟预测提供合理的边界条件。

4. 洱海水动力特性及规划水平年水质目标可达性

洱海属大型中偏浅型湖泊，湖泊面积约252km^2。洱海形似耳状，略呈狭长形，南北长42.5km，东西宽3.4～11.8km，平均水深为10.8m，最大水深为21.3m。风是洱海湖流运动的主要驱动力，受地球自转的柯氏力、湖面风场及出入湖河流吞吐水量的共同作用影响，洱海湖流形态与环流结构十分复杂，且流速缓慢、流向多变、监测难度大，故依托数学模型来研究洱海湖流特性及水动力条件成为首选。基于洱海流域湖面风场监测资料，并考虑流域地形地势对湖面风场的影响，较为系统地研究不同主导风场条件下洱海的湖流形态与环流结构，分析其季节性变化特征，以便为洱海流域入湖污染物的迁移扩散特征及规划水平年洱海水质模拟预测提供较为可靠的技术支撑。

根据《洱海保护治理与流域生态建设"十三五"规划》《云南省洱海流域水环境综合治理与可持续发展规划》以及洱海保护治理抢救模式"七大行动"（流域"两违"整治行动、村镇"两污"整治行动、面源污染减量行动、节水治水生态修复行动、截污治污工程提速行动、流域执法监管行动、全民保护洱海行动）、《洱海保护治理规划（2018—2035年）》等，采取多种技术手段，评估规划水平年洱海保护治理综合措施实施后对入洱海径流、污染物负荷总量及过程的影响，分析预测规划水平年洱海保护治理综合措施实施后洱海整体水质状况，评估规划水平年洱海水质目标的可达性。

5. 基于洱海水生态修复与水质达标的外流域补水研究

基于营造适宜洱海湖滨带沉水植被生长及持续向深水区延展的周期性低水位运行需求，分析现有水资源条件满足洱海阶段性生态水位调度过程情况，并采用典型水文年型法研究提出加快促进洱海湖滨带水生植被修复的生态补水量及其过程需求；同时结合洱海整体水质达标和国控点水质达标要求，识别洱海内存在水质问题的敏感区域、敏感问题及其程度，通过洱海水环境数学模型模拟预测规划水平年洱海及国控点水质达标所需的外流域生态补水量及过程分配和生态补水过程的水质约束条件。

6. 洱海水质水生态保护对策研究

基于洱海水质改善、水环境改善与湖泊水生态系统修复的复杂性及不确定性分析成果，结合"湖泊革命"指示精神、洱海"两线""三区"划定方案及其"退、减、调、治、管"措施要求，按照洱海水质改善、水环境改善、水生态改善的总体要求，系统性提出洱海水质、水环境、水生态保护与修复对策及建议，以便为洱海流域水生态环境持续性改善和流域绿色高质量发展提供科学的技术支撑。

1.4　总体技术路线与研究方法

本书立足于洱海水质改善、水环境改善、水生态改善的总体技术需求，基于近 70 年来洱海的水生植被种群及面积数据、水位基础数据资料，并结合近年来洱海流域河湖水质监测数据及 2016 年以来"七大行动""八大攻坚战"等洱海保护治理措施逐步落实的环境

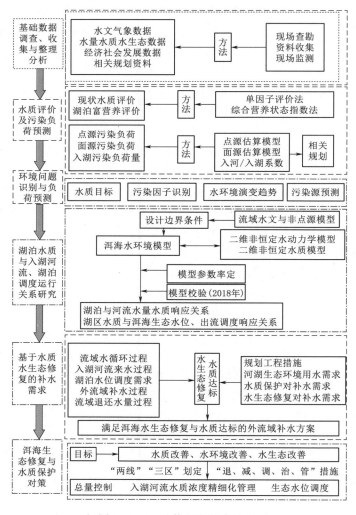

图 1.4-1　总体研究技术路线图

背景条件，系统性分析近 70 年来洱海水生植被的演替过程及其与洱海水位阶段性变化、水环境及水体富营养趋势化演变的关联性，初步揭示影响洱海水生植被演替的驱动力因素及其驱动机制；结合近年来洱海流域河湖水质变化过程及其年内水质时空分布特征、水体富营养化趋势性变化特点，识别洱海流域在当前治污与保护策略下尚存在的主要环境问题；构建洱海水动力与水质数学模型，研究洱海水动力特性及入湖污染物的迁移扩散规律，阐明洱海水质演变与流域水环境治理之间的响应关系，揭示洱海北部湖湾藻类聚集及藻类水华发生风险的驱动机制；最后，结合规划水平年洱海水质保护目标和藻类水华防控需求，有针对性地提出洱海流域水污染治理与湖泊水质保护措施、加快洱海水生植被自然恢复和水环境质量持续性改善的对策措施，以期为洱海流域水环境综合治理、湖泊水生态修复与保护、流域绿色高质量发展提供科学的参考依据和技术支撑。

根据研究内容及其相关的技术要求，本书研究工作的总体研究思路、各项内容的相互关系和研究方法见技术路线图（图 1.4 - 1）。

第2章
洱海流域水环境演变特征及其驱动力分析

2.1 区域概况

洱海为高原天然断陷湖泊,形似耳状,略呈狭长形,南北长度为42.5km,东西宽3.4~8.4km,湖岸线长约129km,最大水深为21.3m,平均水深为10.8m,最大湖面面积252km²。洱海是云南省第二大高原淡水湖泊,同时也是滇西最大的高原湖泊。洱海流域面积为2565km²,洱海最高运行水位1966.00m时(1985高程,下同)湖容29.59亿m³;最低运行水位为1964.30m,对应蓄水容量为25.34亿m³,法定最高水位与最低水位之间水位变幅为1.7m,相应调节湖容为4.27亿m³。

2.1.1 自然环境概况

1. 自然地理

洱海流域位于云南省西部大理白族自治州,纵贯大理、洱源两市(县)境内,地处澜沧江、金沙江和元江三大水系分水岭地带,属澜沧江水系,地理坐标在东经99°54′~100°21′、北纬25°30′~26°19′之间,东与宾川县、祥云县相连,南与弥渡县、巍山县为邻,西接漾濞县,北与剑川县、鹤庆县相邻。

2. 气象特征

洱海流域气候属低纬高原亚热带季风气候,干湿分明,气候温和,日照充足。每年11月至翌年4月、5月为干季,5月下旬至10月为雨季。据大理市、洱源县气象站统计资料,大理、洱源多年平均降水量分别为1069.1mm、734.6mm,雨季占全年降水量的85%以上,洱海湖面多年平均蒸发量为1208.6mm。年平均气温为15.1℃,最高月平均气温为20.1℃,最低月平均气温为8.8℃,全年日照时数为2250~2480h。大理、洱源多年平均风速分别为2.4m/s和2.2m/s,实测最大风速分别为35.7m/s和18m/s。

3. 河流水系

洱海属澜沧江水系的黑惠江流域,流域面积为2565km²,主要入湖河流有29条(图2.1-1)。其中北部为洱源和邓川盆地,入湖河流有弥苴河、永安江、罗时江(简称

"北三江"），入湖水量约占 54.0%；西部为藏滇褶皱系，点苍山屏列于洱海西岸，主要有苍山十八溪及棕树河，入湖水量约占 27.2%；东部有凤尾箐、玉龙河、南村河、下和箐，入湖水量约占 0.2%；南部有波罗江、白塔河，入湖水量约占 3.8%。湖周主要入湖沟渠有 125 条，大多分布在洱海西部苍山区域，入湖水量约占 14.8%。洱海有两个出湖口：西洱河（南部）和引洱入宾隧洞（东南角），其中西洱河多年平均出湖量为 6.97 亿 m³，引洱入宾隧洞自 1994 年建成以来多年平均引水量为 0.71 亿 m³。

图 2.1-1　洱海流域水系图

（1）洱海北部入湖河流。

1）弥苴河：是洱海所有入湖河流中流域面积、河长、来水量最大的河流，上段称为弥茨河，发源于大理州洱源县牛街乡，自北向南流经洱源和邓川两坝子后，于上关镇江尾村流入洱海，全长70.9km，流域面积为1236.9km²。

2）永安江：位于洱海北部，发源于洱源县右所镇三枚村，自北向南流经右所镇、邓川镇，于上关镇沙坪村汇入洱海，全长21km，流域面积为112.0km²。

3）罗时江：发源于洱源县右所镇团结村、中所村，自北向南流经右所镇、邓川镇，于上关镇沙坪村流入洱海，全长25km，流域面积为129.0km²。

（2）洱海西部入湖河流。

1）苍山十八溪发源于苍山，平行分布于洱海西侧，自西向东流入洱海。由北向南依次为霞移溪、万花溪、阳溪、茫涌溪、锦溪、灵泉溪、白石溪、双鸳溪、隐仙溪、梅溪、桃溪、中和溪、白鹤溪、黑龙溪、清碧溪、莫残溪、葶溟溪和阳南溪，总流域面积为310.6km²。

①霞移溪：位于喜洲镇北部，发源于云弄峰（海拔3600m）和沧浪峰（海拔3548m）之间，自西南向东北流经大风路，在周城村以南汇入洱海。河道全长3.9km，流域面积为9.7km²，多年平均地表年径流量为0.084亿m³，洪峰流量为18.2m³/s，枯水流量为0.097m³/s，河床坡度为8.5%，占入湖流量的0.7%。

②万花溪：位于喜洲镇，发源于苍山沧浪峰和五台峰之间，流经文阁村委会、喜洲村委会、沙村村委会，注入洱海。河道总长6.17km，是十八溪中流域面积、径流量最大的一条溪，径流面积为82.5km²，多年平均地表径流为0.711m³，洪峰流量为31m³/s，枯水流量为0.367m³/s，河床坡度为3.64%，占入湖流量的5.9%。

③阳溪：位于喜洲镇，发源于莲花峰和五台峰间，流程全长7.71km，径流面积为42.88km²，多年平均地表径流为0.36亿m³，洪峰流量为75m³/s，枯水流量为1.16m³/s，河床坡度为2.37‰，占十八溪入湖流量的3%，流经湾桥镇的上阳溪、中庄、向阳溪三个村委会和湾桥村委会的向崇自然村，喜洲镇庆洞、作邑两个村委会，最终汇入洱海。

④茫涌溪：发源于苍山莲花峰（海拔3958m）和白云峰（海拔3990m）之间，流经湾桥集镇区，河道长度6.56km，径流面积为27.20km²，年均径流量为0.24亿m³，洪峰流量为21.80m³/s，枯水流量为0.80m³/s，河床比降为2.55‰。

⑤锦溪：发源于白云峰、鹤云峰之间，流程全长4.92km，起点以上积水面积为9.62km²，径流面积为15.1km²，多年平均地表径流量为1160万m³，洪峰流量为17.2m³/s，枯水流量为0.515m³/s，河床坡降为3.4%，占入湖水量的1%。

⑥灵泉溪：位于银桥镇中部，发源于三阳峰（海拔4034m）与鹤云峰（海拔3920m）之间，流经磻曲、鹤阳、头铺，于西城尾村汇入洱海。河道总长约4.5km，流域面积为18.1km²，最大洪峰流量为43.7m³/s，枯水流量为0.24m³/s，河床平均坡度为2.86%，占入湖流量的1.20%。

⑦白石溪：位于银桥镇，从箐口至入海口总长5.09km，多年平均降水量为1080mm，最大洪峰流量为29.97m³/s，枯水流量为0.052m³/s。河道宽约10m，流域面积为16km²，占入湖量的0.57%。

⑧双鸳溪：位于银桥镇境内，发源于雪人峰、兰峰之间，流经双阳村、庆安里、沙栗木庄，于白塔邑村汇入洱海，多年平均降水量为1080mm，最大洪峰流量为39.7m³/s，

枯水流量为 0.06m³/s，占入湖水量的 1%。

⑨隐仙溪：位于银桥镇境内，为银桥镇和大理镇的界河，发源于雪人峰和应乐峰南北向山脊，自西向东，穿过 214 国道和大丽路，在马久邑村以南汇入洱海。流程全长 5.62km，流域面积为 12.98km²，年径流量为 806.9 万 m³，最大洪峰流量为 22.6m³/s，枯水流量为 0.05m³/s，占入湖水量的 0.78%。

⑩梅溪：位于大理镇大理古城的北侧，发源于小岑峰山麓，河源高程 3994m，自西向东流经大理镇的三文笔、小岑、下鸡邑 3 个村委会后入洱海。主河道长 9.08km，从山脚至入海口长 5.51km，流域径流面积为 7.52km²，主河道平均坡降为 10.28%，水系呈羽毛状水系，流域内最高点高程为 4070m。

⑪桃溪：发源于小岑峰和中和峰之间，河道流经三文笔、西门、上鸡邑、小岑、下鸡邑 5 个村委会，流程全长 5.44km，径流面积为 12.72km²，多年平均地表径流量为 0.09 亿 m³，洪峰流量为 21m³/s，枯水流量为 0.465m³/s，河床坡降为 6%，占入湖水量的 0.5%。

⑫中和溪：位于大理镇，发源于龙泉峰（海拔 4092m）和中和峰（海拔 4097m）之间南北向山脊，自西南向东北，穿过 214 国道，沿大理古城北门流经大丽路，在才村汇入洱海，地势西高东低，河道曲折、落差大，河床平均坡降为 6%，全长 6.68km。中和溪是大理市季节性变化最大的河流，径流面积为 10.02km²，多年平均径流量为 0.07 亿 m³，洪峰流量为 17.3m³/s，枯水流量为 0.004m³/s，占入湖水量的 0.59%。

⑬白鹤溪：位于大理镇，发源于龙泉峰（海拔 4092m）和玉局峰（海拔 4097m）之间南北向山脊，自西南向东北，穿过 214 国道，沿大理古城南门流经大丽路，在上登村以北汇入洱海。河道总长 5.69km，是大理市季节性变化较大的河流，流域面积为 18.40km²，多年平均地表径流量为 0.096 亿 m³，洪峰流量为 26.1m³/s，枯水流量为 0.079m³/s，河床坡降为 6.7%，占入湖量的 0.8%。

⑭黑龙溪：位于苍洱宽谷平坝区中下段，发源于玉局峰和马龙峰之间，所属大理镇，流经大理镇阳和村委会、下兑村委会和太和街道大庄村委会，河道总长 6.002km，径流面积为 19.94km²，多年平均地表径流量为 0.139 亿 m³，洪峰流量为 31.6m³/s，枯水流量为 0.207m³/s，河床坡降为 8.2%，占入湖水量的 1.15%。

⑮清碧溪：是大理镇和太和街道的分界河，发源于马龙峰（海拔 4122m）和圣应峰（海拔 3666m）之间南北向山脊，属于洱海西岸河流，自西南向东北，全河流经上末、阳和、下兑和大庄村。

⑯莫残溪：发源于佛顶峰和圣应峰之间，属于大理镇和下关镇的界河，穿过七里桥通向感通寺的旅游公路、大凤路和大丽路，流经上末南村、刘官厂、万庆庄、大湾庄、大庄等村，在大庄村以南汇入洱海。流程全长 5.16km，径流面积为 18.38km²，多年平均地表径流量为 0.128 亿 m³，洪峰流量为 31.3m/³s，枯水流量为 0.389m/³s，河床坡度为 8.9%，占入湖流量的 0.76%。

⑰葶溟溪：位于大理镇辖内，属太和街道，发源于苍山十九峰之马耳峰与佛顶峰之间，流程全长 3.694km，径流面积为 13.66km²，多年平均地表径流量为 0.095 亿 m³，洪峰流量为 15m³/s，枯水流量为 0.192m³/s，河床坡度为 9.3%，占入湖流量的 1.06%。

⑱阳南溪：位于苍洱宽谷平坝区下段，发源于马耳峰和斜阳峰之间南北向山脊，自西流向东，流经 214 国道和大丽路，在滨洱村以南汇入洱海。流程全长 6.2km，流域面积为 8.95km²，年径流量为 0.091 亿 m³。全河流流经荷花社区、洱滨村和大关邑社区。

2）棕树河：全长 7.9km，流域面积为 21.6km²。

(3) 洱海东部入湖河流。洱海东侧为丘陵山地，降水量小，发育的河流不多，主要有凤尾箐、玉龙河。

1）凤尾箐：位于大理市挖色镇境内，发源于挖色镇凤尾箐水库，流经大城村委会、光邑村委会、康廊村委会、挖色村委会。流程全长 14.7km，径流面积为 57.8km²，最大洪峰流量为 19.3m³/s（10 年一遇），枯水流量为 0.1m³/s。凤尾箐常年断流，只有在雨季 7—8 月才出现少量洪水，占入湖流量的比例较小。

2）玉龙河：位于大理市海东镇境内，发源于原红旗水库，从东向西流经名庄村委会、文武村委会、向阳村委会。玉龙河总长 8.175km，径流面积为 28.45km²，多年平均径流量为 0.08 亿 m³。

(4) 洱海南部入湖河流。

1）波罗江：位于洱海东南部，是洱海五大主要入湖河流之一，发源于大理市凤仪镇定西岭，流经凤仪镇、满江街道，河长 29km，流域面积为 311km²。上游建有三哨水库，下游分两支注入洱海，三哨水库大坝至入海口长 17.5km（其中凤仪镇三哨水库至凤太桥长 14.157km、开发区凤太桥至入湖口长 3.343km），径流面积为 297.13km²，多年平均地表径流量为 7044 万 m³，洪峰流量为 272m³/s，河床坡降为 0.77%，占入湖量的 8.6%。

2）白塔河：白塔河位于大理经济技术开发区，发源于金马石棉瓦厂东南角，流程全长 9.53km，流经凤仪镇和满江办事处，凤仪段流程全长 4.58km，满江段流程长 4.95km，径流面积为 108km²，占入湖流量的 0.96%。

除上述主要入湖河流外，环洱海还有 200 余条直接入湖的沟渠。

(5) 洱海出湖口。洱海出湖河流（隧洞）共有两个，分别为西洱河和引洱入宾隧洞工程。西洱河为天然出湖河流，由东向西流经下关镇、太邑乡至平坡镇汇入黑惠江，河长 22.0km。引洱入宾为跨流域调水工程，出流由人工控制，主要用于宾川县农业灌溉及人饮，1994 年 5 月建成投入使用，设计过水流量 10.0m³/s。

2.1.2　社会经济状况

洱海流域涉及大理市、洱源县的 16 个乡镇，其中洱源县涉及茈碧湖镇、邓川镇、右所镇、三营镇、凤羽镇和牛街乡 6 个乡镇；大理市涉及下关镇、大理镇、凤仪镇、喜洲镇、海东镇、挖色镇、湾桥镇、银桥镇、双廊镇、上关镇 10 个乡镇。2019 年流域内总人口为 99.1 万人，占大理、洱源两市（县）总人口的 95.2%。同年洱海流域地区生产总值为 443.3 亿元，占两县市地区生产总值的 97.2%，占全州地区生产总值的 39.5%，其中第一产业 39.1 亿元，第二产业 191.4 亿元，第三产业 212.8 亿元，三种产业结构比为 8.8:43.2:48，近 10 年来，洱海流域地区生产总值平均增速达到 10% 以上，是云南省经济发展最快的区域之一。大理市现状年农村居民人均可支配收入为 15953 元，洱源县现状年农村居民人均可支配收入为 10768 元。

洱海流域总耕地面积 79.64 万亩，其中水田 39.89 万亩、旱地 31.15 万亩、水浇地及园地 8.6 万亩；洱海流域现状有效灌溉面积 51 万亩，为流域内耕地集中连片、土地平坦肥沃、灌溉条件较好的区域，大部分分布在北部的弥苴河流域和西部片区的苍山十八溪流域内。流域内现有牲畜 67.51 万头，其中大牲畜 16.68 万头，小牲畜 50.83 万头。

2.2 流域水资源条件及其供需平衡分析

洱海流域降水主要受孟加拉湾气流影响，来自西南方向，降水总体呈现出西北多、东南少的空间分布格局。西北部海拔 3000m 以上的山脉是流域的多雨区，最大年降水量在 1400～2500mm 之间。而境内降水又因地形及气候条件的影响，年内分配极为不均，85%～95% 的降水集中在 5—10 月的雨季，5%～15% 的降水分布在当年 11 月至次年 4 月的干季。

2.2.1 洱海流域水资源条件

1. 天然径流及变化趋势

根据 1960—2019 年洱海流域实测数据（弥苴河弥苴水文站、西洱河天生桥水文站）还原分析，洱海流域多年平均水资源量为 11.45 亿 m³（图 2.2-1），包含湖面降水量约 2.37 亿 m³，其中年最大水资源量为 22.10 亿 m³（1966 年）、最小水资源量为 5.79 亿 m³（1982 年）。洱海北部弥苴河、罗时江、永安江及入湖沟渠天然径流量 5.01 亿 m³，占洱海天然径流径流量的 44%；洱海西部的苍山十八溪、棕树河及入湖沟渠天然径流量 2.73 亿 m³，占洱海天然径流径流量的 24%；洱海南部的波罗江、白塔河天然径流量 0.86 亿 m³，占洱海天然径流径流量的 7%；洱海东部的凤尾箐、玉龙河等河流及入湖沟

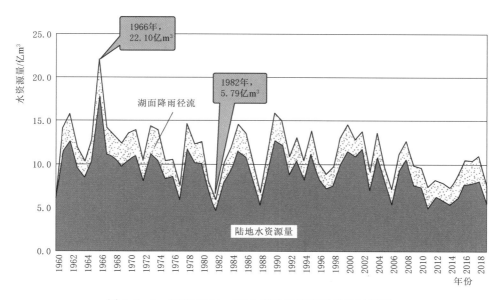

图 2.2-1 洱海 1960—2019 年天然径流量变化示意图

渠天然径流量 0.46 亿 m³，占洱海天然径流径流量的 4%。洱海多年平均天然径流量构成示意图见图 2.2-2。

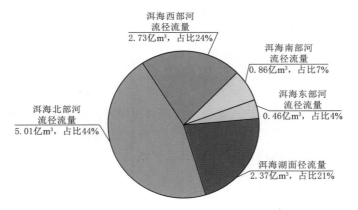

图 2.2-2　洱海多年平均天然径流量构成示意图

1960—2000 年平均天然径流量为 12.14 亿 m³，较多年平均径流量多 0.70 亿 m³；2000 年以后，洱海天然径流总体呈减少趋势，2001—2010 年期间平均天然径流量为 10.99 亿 m³，较多年平均径流量减少 0.46 亿 m³；2011—2019 年期间平均天然径流量 8.78 亿 m³，较多年平均径流量减少 2.66 亿 m³。洱海 1960—2019 年天然径流量及其变化趋势见图 2.2-3。

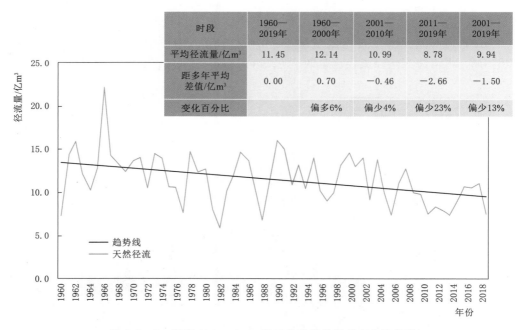

时段	1960—2019年	1960—2000年	2001—2010年	2011—2019年	2001—2019年
平均径流量/亿m³	11.45	12.14	10.99	8.78	9.94
距多年平均差值/亿m³	0.00	0.70	−0.46	−2.66	−1.50
变化百分比		偏多6%	偏少4%	偏少23%	偏少13%

图 2.2-3　洱海 1960—2019 年天然径流量及其变化趋势线

2. 陆地实际入湖水量

洱海流域上游人类活动影响后的各入湖河流和沟渠 1960—2019 年期间多年平均实际

入湖水量 8.03 亿 m³，陆地入湖水量总体呈减少趋势（其年际变化过程详见图 2.2-4）。其中 1960—1980 年期间平均陆地入湖水量为 9.74 亿 m³，比多年平均入湖水量多 1.71 亿 m³，偏多 21.3%；1981—2000 年期间平均陆地入湖水量为 8.33 亿 m³，比多年平均入湖水量多 0.30 亿 m³，偏多 3.8%；2001—2010 年期间平均陆地入湖水量为 7.15 亿 m³，比多年平均入湖水量少 0.87 亿 m³，偏少 10.9%；2011—2019 年期间平均陆地入湖水量为 4.34 亿 m³，比多年平均入湖水量少 3.69 亿 m³，偏少 46.0%。

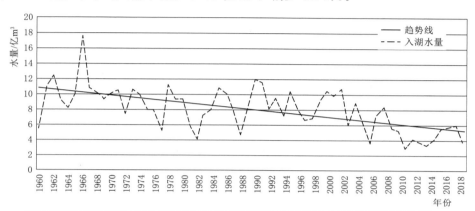

时段	1960—2019年	1960—1980年	1981—2000年	2001—2010年	2011—2019年
陆地实际入湖平均水量/亿m³	8.03	9.74	8.33	7.15	4.34
距多年平均差值/亿m³	0.00	1.71	0.30	-0.87	-3.69
变化百分比		偏多21.3%	偏多3.8%	偏少10.9%	偏少46.0%

图 2.2-4   洱海 1960—2019 年陆地实际入湖水量

3. 洱海湖面蒸发量

根据大理气象站观测蒸发数据，大理气象站的蒸发观测资料年限为 1952—2019 年，多年平均水面蒸发量为 1284mm，其年际变化过程详见图 2.2-5。根据洱海各月平均水位

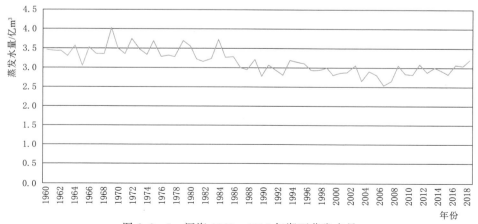

图 2.2-5   洱海 1960—2019 年湖面蒸发水量

计算洱海湖面蒸发水量，1960—2019 年平均湖面蒸发水量为 3.16 亿 m³，其中年最大蒸发水量为 4.03 亿 m³（1969 年），年最小为 2.53 亿 m³（2007 年）。

4. 洱海流域年净入湖水量

将扣除蒸发、耗水、引洱入宾出湖、环湖截污外排水量后的水量定义为洱海净入湖水量，洱海流域 1960—2019 年期间多年平均净入湖水量为 6.41 亿 m³，净入湖水量总体呈减少趋势，其年际变化过程详见图 2.2 - 6。其中 1960—1980 年期间年均净入湖水量 8.75 亿 m³，比多年平均多 0.73 亿 m³，偏多 9.0%；1981—2000 年期间年均净入湖水量 7.09 亿 m³，比多年平均少 0.93 亿 m³，偏少 11.6%；2001—2010 年期间年均净入湖水量 4.56 亿 m³，比多年平均少 3.47 亿 m³，偏少 43.2%；2011—2019 年期间年均净入湖水量为 1.46 亿 m³，比多年平均少 6.57 亿 m³，偏少 81.8%，其中 2011 年净入湖水量为 0.26 亿 m³，2012 年净入湖水量为 0.81 亿 m³，2013 年净入湖水量为 0.51 亿 m³，2014 年净入湖水量为 -0.27 亿 m³，2019 年净入湖水量为 0.09 亿 m³。

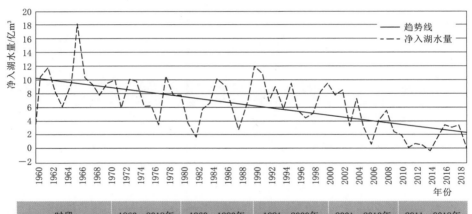

时段	1960—2019年	1960—1980年	1981—2000年	2001—2010年	2011—2019年
净入湖平均水量/亿m³	6.41	8.75	7.09	4.56	1.46
距多年平均差值/亿m³	0.00	0.73	-0.93	-3.47	-6.57
变化百分比		偏多9.0%	偏少11.6%	偏少43.2%	偏少81.8%

图 2.2 - 6 洱海 1960—2019 年净入湖水量变化趋势图

5. 西洱河出湖水量

西洱河出湖水量包括节制闸出水量、大渔田天生桥断面出水量、污水二厂出水量和节制闸—天生桥区间来水量，根据天生桥水文站实测资料，西洱河 1960—2019 年期间多年平均出湖水量为 6.69 亿 m³，出湖水量总体呈减少趋势，其年际变化过程详见图 2.2 - 7。其中 1960—1980 年期间平均出湖水量为 8.87 亿 m³，比多年平均多 0.84 亿 m³，偏多 10.5%；1981—2000 年期间平均出湖水量为 7.05 亿 m³，比多年平均少 0.98 亿 m³，偏少 12.2%；2001—2010 年期间平均出湖水量为 5.01 亿 m³，比多年平均少 3.02 亿 m³，偏少 37.6%；2011—2019 年期间平均出湖水量为 2.65 亿 m³，比多年平均少 5.37 亿 m³，偏少 66.9%。

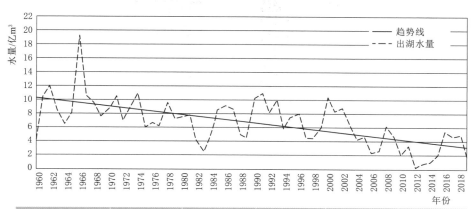

时段	1960—2019年	1960—1980年	1981—2000年	2001—2010年	2011—2019年
西洱河出湖平均水量/亿m³	6.69	8.87	7.05	5.01	2.65
距多年平均差值/亿m³	0.00	0.84	−0.98	−3.02	−5.37
变化百分比		偏多10.5%	偏少12.2%	偏少37.6%	偏少66.9%

图 2.2-7 洱海西洱河 1960—2019 年出湖水量变化趋势图

6. 洱海流域水资源开发利用程度

洱海流域多年平均天然径流量为 11.45 亿 m³，多年平均湖面蒸发水量为 3.16 亿 m³，扣掉湖面蒸发后的实际可用水资源量为 8.29 亿 m³，人均水资源量约为 864m³/人。现状水平水资源开发利用程度采用近 10 年（2010—2019 年）的平均用水量及引洱入宾水量计算，近 10 年洱海流域用水量及引洱入宾水量合计 4.5 亿 m³，现状水资源开发利用程度已高达 54.3%，远高于全省 7.1% 的平均水平，其开发程度已超过了 40% 的水资源合理开发程度上限。2005—2019 年系列实际年中，2011 年、2013 年、2014 年、2019 年，由于实际年洱海天然水资源量较常年偏少，洱海流域的水资源开发利用程度已超过 90%，特别是 2014 年流域水资源开发利用程度高达 111.1%。洱海流域 2005—2019 年水资源开发利用程度详见表 2.2-1。

表 2.2-1 洱海流域 2005—2019 年水资源开发利用程度 单位：亿 m³

年份	水资源量	湖面蒸发量	流域用水量	引洱入宾水量	水资源开发利用程度/%
2005	9.80	2.91	3.23	0.70	57.1
2006	7.18	2.80	3.22	0.63	88.0
2007	11.10	2.53	3.53	0.83	50.9
2008	12.73	2.64	3.57	0.89	44.3
2009	9.85	3.04	3.66	0.69	63.8
2010	9.68	2.85	3.69	1.07	69.8
2011	7.35	2.80	3.83	0.70	99.6
2012	8.29	3.07	3.78	0.72	86.3

续表

年份	水资源量	湖面蒸发量	流域用水量	引洱入宾水量	水资源开发利用程度/%
2013	7.91	2.88	3.79	0.84	92.0
2014	7.29	2.98	3.76	1.04	111.1
2015	8.71	2.92	3.63	0.74	75.7
2016	10.56	2.82	3.79	0.60	56.7
2017	10.45	3.06	3.59	0.73	58.5
2018	10.97	3.05	3.55	0.89	56.0
2019	7.51	3.20	3.57	0.67	98.2
多年平均	11.45	3.16	3.70	0.80	54.3

2.2.2 洱海流域"三生"用水需求

1. 流域内生产生活用水

洱海流域 2005 年生活及工业用水量为 0.9 亿 m^3，农业灌溉用水量为 2.33 亿 m^3，合计河道外总用水量为 3.23 亿 m^3；2010 年生活及工业用水量为 1.23 亿 m^3，农业灌溉用水量为 2.46 亿 m^3，合计河道外总用水量为 3.69 亿 m^3；2015 年生活及工业用水量为 1.36 亿 m^3，农业灌溉用水量为 2.27 亿 m^3，合计河道外总用水量为 3.63 亿 m^3；2016 年后，流域内部分高耗水工业停产或外迁，工业用水有所减少，但是生活用水增加，2019年生活及工业用水量为 1.36 亿 m^3，农业灌溉用水量为 2.21 亿 m^3，合计河道外总用水量为 3.57 亿 m^3。近 10 年（2010—2019 年）平均工业和生活用水量为 1.31 亿 m^3，农业灌溉用水量为 2.39 亿 m^3，总用水量为 3.7 亿 m^3。洱海流域 2005—2019 年用水量见图 2.2-8。

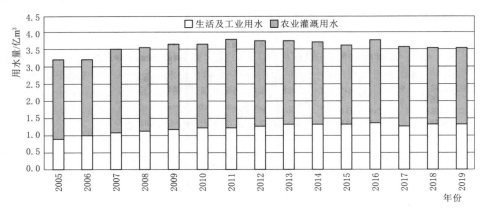

图 2.2-8 洱海流域 2005—2019 年用水量示意图

2. 西洱河生态流量需求

西洱河是洱海的泄水通道，出洱海经大理市下关镇、太邑乡，于漾濞县平坡镇注入澜沧江一级支流黑惠江。按照最新的环境保护要求，西洱河最小生态流量取值为汛期（6—11 月）多年平均天然流量的 30%，枯期（12 月，1—5 月）取多年平均天然流量的 15%

和90%最枯月两种计算方法的大值，故洱海西洱河汛期最小下泄生态流量为11.1m³/s、枯期最小下泄生态流量为6.72m³/s（表2.2－2）。洱海天然来水量小于最小生态流量时，按天然来水量下泄。1960—2019年期间，汛期（6—11月）336个月天然径流中，有3个月径流量低于最小下泄生态基流11.1m³/s（图2.2－9）；枯期（12月，1—5月）336个月天然径流中，有5个月径流量低于最小下泄生态基流6.72m³/s（图2.2－10），以此确定的水生态最小下泄生态流量基本合适。

表2.2－2 洱海西洱河下泄生态流量

断面名称	径流面积/km²	多年平均天然径流量/亿m³	下泄生态流量/(m³/s)			
			汛期（6—11月）多年平均天然流量的30%	枯期（12月，1—5月）		
				多年平均天然流量的15%	90%最枯月	最小下泄生态流量
西洱河天生桥	2565	11.7	11.1	5.55	6.72	6.72

3. 西洱河环境流量需求

根据洱海流域西洱河13个监测点（包括河道内9个采样点、污水处理厂出水口2个点和南干渠污水渠1个点、南干渠雨水渠1个点）水质监测结果（表2.2－3和表2.2－4），枯水期西洱河节制闸不放水时氨氮和总磷超标，放水时水质可达标。丰水期西洱河节制闸不放水时溶解氧、氨氮和总磷超标；从沿程氨氮浓度变化情况看（图2.2－11），南干渠排水后，出现最高值（约20mg/L），沿程稍有降低，一直保持在15mg/L以上，国控点严重超标（4.0mg/L）；从沿程总磷浓度变化情况看（图2.2－12），南干渠排水后，出现最高值（约2.2mg/L），沿程稍有降低，一直保持在1.0mg/L以上，国控点超标（0.4mg/L）；西洱河节制闸放水时水质可达标。

表2.2－3 枯水期西洱河沿河水质分析表 单位：mg/L

编号	采样点位	总氮		氨氮		总磷		COD	
		放水	不放水	放水	不放水	放水	不放水	放水	不放水
	一级A标	<15		<5		<0.5		<50	
	V类水体	不考核		≤2		≤0.4		≤40	
	四级坝国控断面	不考核		≤4		≤0.4		≤40	
1#	西洱河上游	0.42	1.16	0.38	0.38	0.04	0.05	17.6	18
2#	一期污水处理厂上游	16	28.2	14.6	19.9	1.52	2.21	50.9	114
3#	一期污水处理厂下游	15	25	14	16.7	1.5	2.09	46.7	75
4#	温泉村上游	17.2	26.4	15.8	16.8	1.78	2.02	51.7	83
5#	二期污水处理厂上游	16.6	25.5	14.8	15.9	1.78	1.94	48.3	70
6#	一级电站	17.7	22	13.8	14.3	1.25	1.55	32.9	53
7#	二级电站	2.56	18.7	1.47	14.3	0.19	0.96	20.4	29
8#	三级电站	2.49	18.6	1.98	12.5	0.44	1.19	21.6	16
9#	四级电站（国控点）	2.65	20.7	1.53	13	0.2	1.07	23.1	35

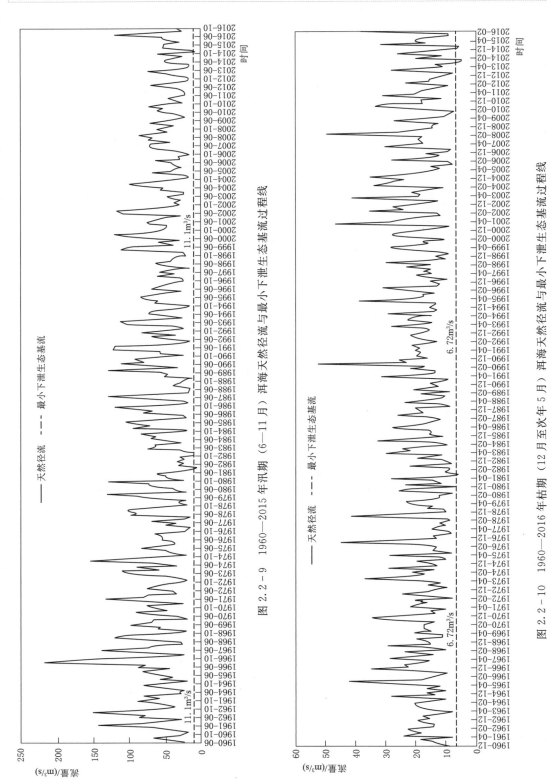

图 2.2-9　1960—2015 年汛期（6—11 月）洱海天然径流与最小下泄生态基流过程线

图 2.2-10　1960—2016 年枯期（12 月至次年 5 月）洱海天然径流与最小下泄生态基流过程线

编号	采样点位	溶解氧	总氮	氨氮	总磷	COD
	一级A标		≤15	5	0.5	50
	Ⅴ类水体	≥2	不考核	≤2	≤0.4	≤40
	四级坝国控断面	≥2	不考核	≤4	≤0.4	≤40
1#	西洱河上游	6.28	3.17	2.66	0.212	38
2#	一期污水处理厂上游	4.2	19.7	12.9	1.39	71
3#	一期污水处理厂下游	4.86	17.3	12	1.47	66
4#	温泉村上游	4.1	16.3	12	0.878	42
5#	二期污水处理厂上游	5.82	17.4	11.5	1.15	32
6#	一级电站	6.46	14.5	8.38	1.04	37
7#	二级电站	6.04	13.2	9.63	0.722	82
8#	三级电站	2.38	12.2	8.78	0.565	48
9#	四级电站（国控点）	1.58	15.5	8.26	0.878	37

表 2.2－4　　　　　丰水期西洱河沿河水质分析表　　　　　单位：mg/L

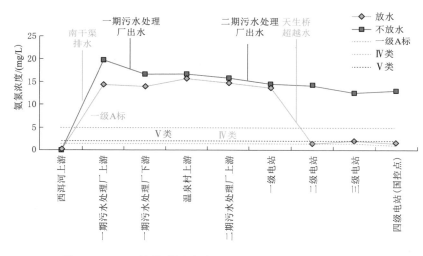

图 2.2-11　西洱河沿程氨氮（NH$_3$－N）浓度变化示意图

　　根据现状水量和水质数据测算，现状条件下为保证四级坝水质达考核目标，洱海下泄生态需求水量不小于 11.1m^3/s（表2.2－5）。远期通过南北片区雨污分流、清污混流及错接乱接节点改造、管网排查诊断及修复后，减少南干渠溢流水量及浓度，为保证四级坝水质达考核目标，洱海下泄生态需求水量不小于 7.2m^3/s（表2.2－6）。

　　综合考虑西洱河水生态、水环境对下泄流量的需求，汛期（6—11月）下泄生态流量按多年平均天然流量的 30% 下泄，即 11.1m^3/s；枯期（12月，1—5月）下泄生态流量按多年平均天然流量的 15% 下泄，即 6.72m^3/s。

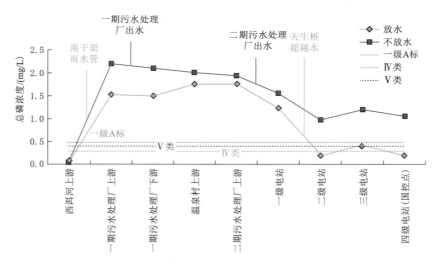

图 2.2-12　西洱河沿程总磷（TP）浓度变化示意图

表 2.2-5　　　　　　　　　现状条件下保证四级坝水质达标的生态流量需求

指　　标	主　要　污　染　源				水质考核目标 /(mg/L)	需求水量 /(m³/s)
	金星河	南干渠溢流	污水处理厂尾水	村落污水		
$Q/(m^3/s)$	0.29	1.66	1.76	0.01		
COD/(mg/L)	31	83	13.7	50	40	0.9
$NH_3-N/(mg/L)$	3.09	16.5	0.12	5	2	11.1
TP/(mg/L)	0.26	1.6	0.35	0.5	0.4	5

表 2.2-6　　　　　　　　　远期保证四级坝水质达标的生态流量需求

指　　标	主　要　污　染　源				水质考核目标 /(mg/L)	需求水量 /(m³/s)
	金星河	南干渠溢流	污水处理厂尾水	村落污水		
$Q/(m^3/s)$	0.29	1.51	1.91	0.01		
COD/(mg/L)	31	66.4	13.7	50	40	0
$NH_3-N/(mg/L)$	3.09	13.2	0.12	5	2	7.2
TP/(mg/L)	0.26	1.28	0.35	0.5	0.4	3.2

4. 流域外用水（引洱入宾）

引洱入宾工程于 1994 年建成引水，将洱海水调往金沙江流域的宾川灌区，1994—2019 年平均引水量为 6773 万 m³（图 2.2-13），其中 2010 年引水量最大，为 10710 万 m³。2010—2019 年平均引水量为 7997 万 m³。

2.2.3　洱海流域水资源供需平衡分析

1. 水资源开发利用现状

洱海多年平均天然径流量为 11.45 亿 m³，多年平均湖面蒸发量为 3.16 亿 m³，扣掉

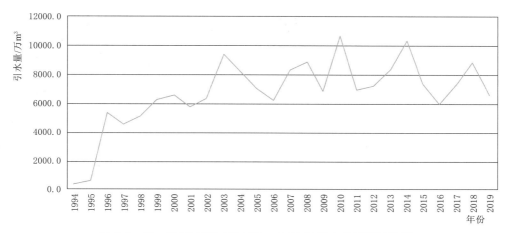

图 2.2-13　引洱入宾工程 1994—2019 年引水量过程示意图

湖面蒸发后的实际可用水资源量为 8.29 亿 m^3，人均水资源量为 837m^3/人。现状水平水资源开发利用程度采用近 10 年（2010—2019 年）的平均用水量及引洱入宾水量计算。近 10 年（2010—2019 年）洱海流域用水量及引水入宾水量合计 4.5 亿 m^3，现状水资源开发利用程度已高达 54.3%（表 2.2-1），远高于全省 7.1% 的平均水平，其开发程度已超过了 40% 的水资源合理开发程度上限。2005—2019 年系列实际年中，2011 年、2013 年、2014 年、2019 年，由于实际年洱海天然水资源量较少，水资源开发利用程度已超过 90%，特别是 2014 年水资源开发利用程度高达 111%。

2. 现状年洱海供水需求分析

洱海多年平均天然径流量为 11.45 亿 m^3，现状多年平均入湖水量为 9.11 亿 m^3，多年平均湖面蒸发水量为 3.13 亿 m^3，多年平均环湖生活、农业取用水量为 1.68 亿 m^3，引洱入宾引水量为 0.8 亿 m^3，西洱河需下泄生态环境水量为 2.81 亿 m^3，现状维持洱海水量平衡多年平均需水量为 1.02 亿 m^3，具体见表 2.2-7 和表 2.2-8。

特丰水年（$P=10\%$）、丰水年（$P=25\%$），洱海水量能够自身平衡。平水年（$P=50\%$），入湖水量为 9.88 亿 m^3，湖面蒸发水量为 3.47 亿 m^3，环湖生活、农业取用水量为 1.68 亿 m^3，引洱入宾引水量为 0.8 亿 m^3，维持洱海水量平衡需水量为 0.63 亿 m^3。枯水年（$P=75\%$），入湖水量为 6.69 亿 m^3，湖面蒸发水量为 3.31 亿 m^3，环湖生活、农业取用水量为 1.77 亿 m^3，引洱入宾引水量为 0.8 亿 m^3，维持洱海水量平衡需水量为 2.38 亿 m^3。特枯水年（$P=90\%$），入湖水量为 5.12 亿 m^3，湖面蒸发水量为 3.17 亿 m^3，环湖生活、农业取用水量为 2.01 亿 m^3，引洱入宾引水量为 0.8 亿 m^3，维持洱海水量平衡需水量为 3.61 亿 m^3。

3. 远期水平 2035 年洱海供水需求分析

洱海多年平均天然径流量为 11.45 亿 m^3，远期水平 2035 年多年平均入湖水量为 8.93 亿 m^3，多年平均湖面蒸发水量为 3.14 亿 m^3，多年平均环湖生活、农业取用水量为 1.38 亿 m^3，引洱入宾引水量为 0.49 亿 m^3，2035 年维持洱海水量平衡多年平均需水量为 0.74 亿 m^3，具体见表 2.2-9 和表 2.2-10。

表 2.2-7　现状年从洱海取水对象的用水需求表

单位：万 m³

频率	西洱河下泄生态水量			湖面蒸发水量			环湖生活、农业用水量			引洱入宾水量			水量需求合计		
	汛期	枯期	小计	汛期	枯期	小计	汛期	枯期	小计	汛期	枯期	小计	汛期	枯期	小计
平均	17519	10534	28053	13065	18233	31298	7078	9712	16790	3648	4372	8020	41310	42851	84161
P=10%	17550	10567	28117	12339	17361	29700	6890	9886	16776	3648	4372	8020	40427	42186	82613
P=25%	17550	10567	28117	12730	18185	30915	6819	10054	16873	3648	4372	8020	40747	43178	83925
P=50%	17550	10567	28117	13445	21304	34749	6950	9800	16750	3648	4372	8020	41593	46043	87636
P=75%	17550	10567	28117	12953	20193	33146	7430	10272	17702	3648	4372	8020	41581	45404	86985
P=90%	16946	10267	27213	13885	17805	31690	8233	11831	20064	3648	4372	8020	42712	44275	86987

注　汛期指 6—11 月，枯期指 12 月和 1—5 月，下同。

表 2.2-8　现状年洱海水量平衡表

单位：万 m³

频率	天然径流			实际入湖水量			需求合计			维持洱海水量平衡需补水量
	汛期	枯期	小计	汛期	枯期	小计	汛期	枯期	小计	
平均	87095	27111	114506	73375	17753	91128	41310	42851	84161	10246
P=10%	118865	27586	146451	102574	16839	119413	40427	42186	82613	0
P=25%	102011	30691	132702	89359	19216	108575	40747	43178	83925	0
P=50%	97838	25558	123396	82606	14920	97526	41593	46043	87636	6252
P=75%	67838	21395	89233	53020	12541	65561	41581	45404	86985	23842
P=90%	56805	16700	73505	42520	7418	49938	42712	44275	86987	36123

表 2.2-9 2035 年从洱海取水对象用水需求表

单位：万 m³

频率	西洱河下泄生态水量			湖面蒸发水量			环湖生活、农业用水量			引洱入宾水量			水量需求合计		
	汛期	枯期	小计	汛期	枯期	小计	汛期	枯期	小计	汛期	枯期	小计	汛期	枯期	小计
平均	17519	10534	28053	13080	18274	31354	5827	7947	13774	4495	420	4915	40922	37175	78097
P=10%	17550	10567	28117	12343	17379	29722	5521	7909	13430	3514	0	3514	38930	35854	74784
P=25%	17550	10567	28117	12725	18192	30917	5706	7991	13697	7388	2332	9720	43369	39082	82451
P=50%	17550	10567	28117	13488	21340	34828	5552	7829	13381	6827	0	6827	43417	39737	83154
P=75%	17550	10567	28117	12960	20261	33221	5873	8167	14040	6947	0	6947	43330	38995	82325
P=90%	16946	10267	27213	13920	17938	31858	5871	8681	14552	2852	0	2852	39589	36886	76475

表 2.2-10 2035 年洱海水量平衡表

单位：万 m³

频率	天然径流			实际入湖水量			需求合计			维持洱海水量平衡需补水量
	汛期	枯期	小计	汛期	枯期	小计	汛期	枯期	小计	
平均	88795	28111	116906	72930	18748	91678	40922	37175	78097	7422
P=10%	118865	27586	146451	100573	17347	117920	38930	35854	74784	0
P=25%	102011	30691	132702	89777	20400	110177	43369	39082	82451	0
P=50%	97838	25558	123396	82073	15606	97679	43393	39721	83114	2200
P=75%	67838	21395	89233	53053	13024	66077	43330	38995	82325	16458
P=90%	56805	16700	73505	43448	8008	51456	39589	36886	76475	21445

特丰水年（$P=10\%$）、丰水年（$P=25\%$），洱海水量能够自身平衡。平水年（$P=50\%$），入湖水量为 9.77 亿 m^3，湖面蒸发水量为 3.48 亿 m^3，环湖生活、农业取用水量为 1.34 亿 m^3，引洱入宾引水量为 0.68 亿 m^3，维持洱海水量平衡需水量为 0.22 亿 m^3。枯水年（$P=75\%$），入湖水量为 6.61 亿 m^3，湖面蒸发水量为 3.32 亿 m^3，环湖生活、农业取用水量为 1.4 亿 m^3，引洱入宾引水量为 0.69 亿 m^3，维持洱海水量平衡需水量为 1.65 亿 m^3。特枯水年（$P=90\%$），入湖水量为 5.15 亿 m^3，湖面蒸发水量为 3.18 亿 m^3，环湖生活、农业取用水量为 1.46 亿 m^3，引洱入宾引水量为 0.29 亿 m^3，维持洱海水量平衡需水量为 2.14 亿 m^3。

2.3　流域水环境质量状况及其过程演变

2.3.1　洱海水环境质量现状评价

1. 洱海水质现状评价

根据大理州环境监测站、大理市环境监测站 2020 年洱海湖区 5 个常规水质监测站点（包括龙龛、塔村、小关邑、湖心 3 和桃园）的水质监测评价结果（表 2.3-1），洱海 COD、NH_3-N、TP、TN、Chla 等指标的年均水质浓度分别为 15.4mg/L、0.04mg/L、0.023mg/L、0.61mg/L、0.0080mg/L，分属水质类别Ⅲ类、Ⅱ类、Ⅰ类、Ⅱ类、Ⅲ类，综合水质类别为Ⅲ类，水质类别控制指标为 TN 和 COD，NH_3-N 及一些重金属指标均满足湖泊Ⅰ～Ⅱ类水质标准。从 2016—2020 年期间洱海水质年际变化过程来看，洱海湖区的 TP 和 NH_3-N 指标浓度呈现逐年降低趋势，而 COD、TN、Chla 浓度则呈现近期先升高后降低的变化特点。

表 2.3-1　　　　　　　2016—2020 年洱海水环境质量现状评价结果表

年份	COD		NH_3-N		TP		TN		Chla /(mg/L)	综合水质类别
	年均值 /(mg/L)	水质类别	年均值 /(mg/L)	水质类别	年均值 /(mg/L)	水质类别	年均值 /(mg/L)	水质类别		
2016	13.7	Ⅰ	0.12	Ⅰ	0.029	Ⅲ	0.54	Ⅲ	0.0102	Ⅲ
2017	14.6	Ⅰ	0.10	Ⅰ	0.029	Ⅲ	0.55	Ⅲ	0.0129	Ⅲ
2018	16.1	Ⅲ	0.07	Ⅰ	0.028	Ⅲ	0.62	Ⅲ	0.0120	Ⅲ
2019	16.0	Ⅲ	0.06	Ⅰ	0.025	Ⅱ	0.63	Ⅲ	0.0127	Ⅲ
2020	15.4	Ⅲ	0.04	Ⅰ	0.023	Ⅱ	0.61	Ⅲ	0.0080	Ⅲ

2. 洱海水质年内月达标率

从 2016—2020 年洱海年内水质变化过程（图 2.3-1）可知，在 TN 指标不参评条件下，洱海 NH_3-N 指标全年均满足湖泊Ⅰ类标准；2020 年洱海年内 COD 和 TP 水质浓度达标 [满足《地表水环境质量标准》（GB 3838—2002）湖泊Ⅱ类标准] 的月数为 7 个月和 9 个月（表 2.3-2），2019 年为 7 个月和 9 个月，2018 年均为 7 个月，2017 年分别为 8 个月和 6 个月，2016 年分别为 10 个月和 4 个月。2016—2020 年期间洱海水质达标月数分别为 4 个月、6 个月、7 个月和 7 个月，年内水质月达标率分别为 33.3%、50%、58.3%、58.3%、58.3%。

表 2.3 - 2 2016—2020 年洱海年内各指标达标评价表

年份	COD		COD_Mn		NH₃-N		TP		TN	
	年均值 /(mg/L)	达标月数 /个	年均值 /(mg/L)	达标月数 /个	年均值 /(mg/L)	达标月数 /个	年均值 /(mg/L)	达标月数 /个	年均值 /(mg/L)	达标月数 /个
2016	13.7	10	3.18	12	0.12	12	0.029	4	0.54	4
2017	14.6	8	3.40	12	0.10	12	0.029	6	0.55	5
2018	16.1	7	3.75	12	0.07	12	0.028	7	0.62	0
2019	15.9	7	3.99	7	0.06	12	0.025	9	0.63	0
2020	15.4	7	3.94	7	0.04	12	0.023	9	0.61	0

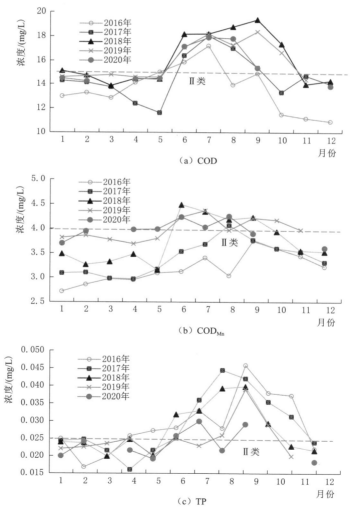

图 2.3 - 1 （一） 2016—2020 年洱海湖区水质年内变化过程

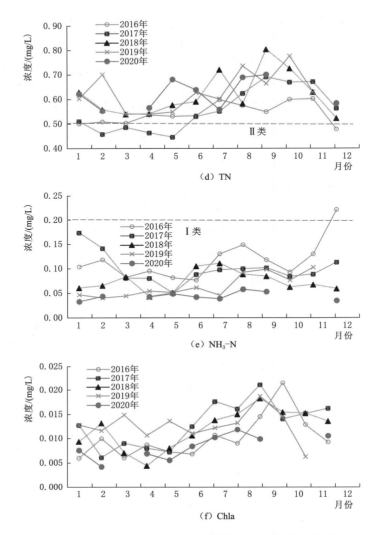

图 2.3-1（二）　2016—2020 年洱海湖区水质年内变化过程

2.3.2　洱海水质年际变化过程及其演变特征

基于大理州环境监测站、大理市环境监测站 2008—2020 年期间对洱海湖区 5 个常规水质监测站点（包括龙龛、塔村、小关邑、湖心 3 和桃园）的逐月水质监测数据，以 COD、COD_{Mn}、TP、TN、NH_3-N、透明度 SD 及叶绿素等指标为重点评价对象，分析近年来洱海水质的年际变化过程及其空间分布特征，其结果见图 2.3-2。

综合比较 COD、COD_{Mn}、TP、TN、NH_3-N、透明度及叶绿素等指标的年际变化过程，可以得出以下几点认识。

（1）从空间分布特征来看，北部湖区（以桃园监测站点为代表）水质明显较中部和南部湖区水质差，同时自 2015 年起北部湖区水体透明度下降明显。

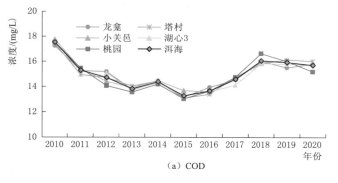

（a）COD

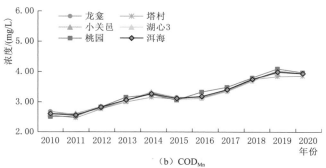

（b）COD$_{Mn}$

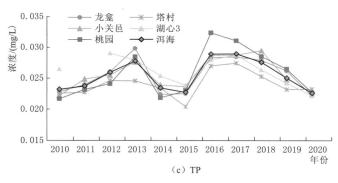

（c）TP

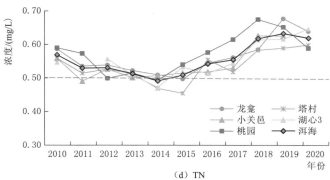

（d）TN

图 2.3 - 2（一） 2010—2020 年洱海水质年际变化过程图

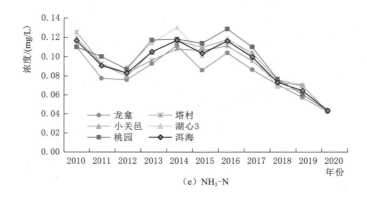

（e）NH₃-N

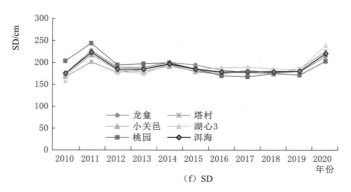

（f）SD

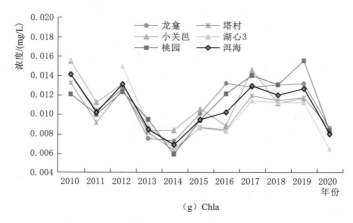

（g）Chla

图 2.3-2（二） 2010—2020 年洱海水质年际变化过程图

（2）从指标差异来看，除 NH₃-N 指标浓度总体呈现逐年降低趋势外，COD、COD_{Mn}、TP、TN 等各项指标在 2010—2020 年期间均呈现逐年升高或者波动升高趋势，水体透明度变化不明显，叶绿素指标浓度自 2014 年起呈现逐年升高趋势。

（3）自 2016 年洱海流域水污染综合治理实施"七大行动"和"八大攻坚战"以来，洱海湖区 TP 指标浓度改善趋势较为明显，这主要是受环湖截污拦截导致入湖 TP 负荷显著减少影响所致；而湖区 TN 和 COD_{Mn} 两项指标浓度仍呈现逐年升高态势，这说明洱海流域碳、氮输入与洱海湖区水质响应关系十分复杂，仍需加强洱海流域点面源治理和入湖河道及相关沟渠的水量水质联合监测，以便为洱海水质演变机理机制探索提供更多的基础数据支持。

2.3.3 洱海流域入湖河流水质变化过程及其演变特征

根据大理州环境监测站、大理市环境监测站 2009—2020 年期间对洱海环湖入湖河流（包括北三江、西部苍山十八溪及南部 2 河等）的逐月水质监测资料，现状年（2016—2020 年）洱海分片入湖水质评价结果见表 2.3-3，2009—2021 年洱海周边分片入湖河流水质变化过程详见图 2.3-3。

表 2.3-3　　　　　　　　　　2016—2020 年洱海分片入湖水质评价结果

年份	分区	COD		NH₃-N		TP		TN		综合水质类别
		年均浓度/(mg/L)	水质类别	年均浓度/(mg/L)	水质类别	年均浓度/(mg/L)	水质类别	年均浓度/(mg/L)	水质类别	
2016	北三江	14.0	Ⅰ	0.19	Ⅰ	0.08	Ⅱ	1.72	—	Ⅱ
	苍山十八溪	9.3	Ⅰ	0.41	Ⅱ	0.15	Ⅲ	2.66	—	Ⅲ
	南部 2 河	14.0	Ⅰ	0.43	Ⅱ	0.13	Ⅲ	2.20	—	Ⅲ
2017	北三江	14.1	Ⅰ	0.32	Ⅱ	0.10	Ⅱ	1.48	—	Ⅱ
	苍山十八溪	7.6	Ⅰ	0.29	Ⅱ	0.14	Ⅲ	2.67	—	Ⅲ
	南部 2 河	12.9	Ⅰ	0.29	Ⅱ	0.13	Ⅲ	1.73	—	Ⅲ
2018	北三江	13.0	Ⅰ	0.25	Ⅱ	0.11	Ⅲ	1.76	—	Ⅲ
	苍山十八溪	5.0	Ⅰ	0.14	Ⅰ	0.06	Ⅱ	2.33	—	Ⅲ
	南部 2 河	9.4	Ⅰ	0.42	Ⅱ	0.18	Ⅲ	1.48	—	Ⅲ
2020	北三江	16.5	Ⅲ	0.09	Ⅰ	0.08	Ⅱ	0.86	—	Ⅱ
	苍山十八溪	5.5	Ⅰ	0.14	Ⅰ	0.07	Ⅱ	2.23	—	Ⅱ
	南部 2 河	12.6	Ⅰ	0.19	Ⅰ	0.06	Ⅱ	0.79	—	Ⅱ

根据表 2.3-3 和图 2.3-3 结果可知：

（1）洱海周边入湖河流水质总体满足《地表水环境质量标准》（GB 3838—2002）中的Ⅲ类水质标准，其中南部 2 河（波罗江和白塔河）水质相对最差，其次是北三江（弥苴河、罗时江和永安江），苍山十八溪水质相对略好，但总体水质类别均表现为Ⅲ类，水质类别控制指标为 TP；如果考虑到洱海水体富营养化控制需求，参照《地表水环境质量标准》（GB 3838—2002）中湖库水质评价标准，则 TN 指标多为Ⅳ～劣Ⅴ类。

（2）苍山十八溪入湖的 COD 和 NH₃-N 两指标浓度均呈现波动式逐年降低过程；TP 指标呈现先升高后降低过程，2013 年浓度值达到极大值（0.25mg/L），2018 年达到极小值（0.061mg/L）；TN 指标在 2011—2015 年期间呈现逐年升高趋势，2016—2018 年又呈现缓慢降低过程，2018—2021 年期间水质改善幅度较为显著。

（3）南部 2 河入湖的 COD 和 NH₃-N 两指标浓度呈现波动式逐年降低过程，年际水质改善明显；TP 和 TN 两指标入湖水质年际波动变化特征明显，但入湖水质浓度无明显改善。

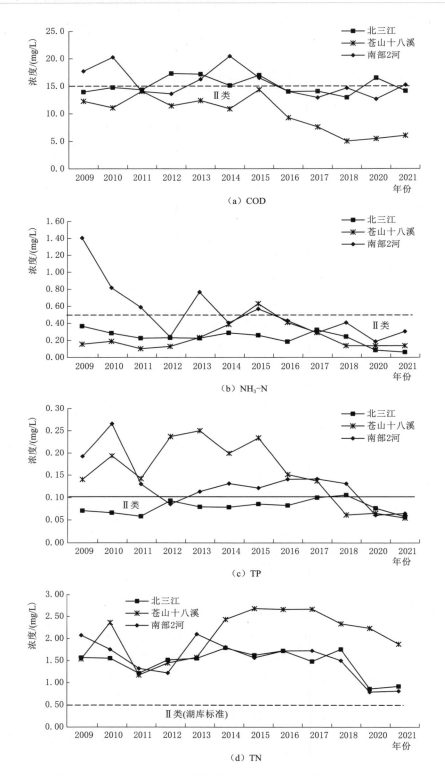

图 2.3 - 3　2009—2021 年洱海周边分片入湖河流水质变化过程图

（4）北三江入湖的 COD、NH_3-N、TP 和 TN 四指标年际间呈现一定的波动变化特点，除 COD 指标外，其余三指标浓度自 2018 年起均呈现一定的逐年降低特点。

2.3.4 洱海水体富营养化富营养状态及其变化特征

1. 洱海水体富营养化现状评价

水体富营养化是洱海湖滨湿地萎缩和湖泊水生态退化的关键因素。在洱海湖泊富营养化评价中，沈晓飞等（2013）对《地表水资源质量评价技术规程》（SL 395—2007）中推荐的营养状态指数法和《地表水环境质量评价办法（试行）》（环办〔2011〕22 号）中推荐采用综合营养状态指数法〔$TLI(\Sigma)$〕的对比分析结果表明，洱海水体富营养化

表 2.3-4　湖泊（水库）营养状态评价标准

富营养状态		综合营养状态指数 $TLI(\Sigma)$
贫营养		$TLI < 30$
中营养		$30 \leqslant TLI \leqslant 50$
富营养	轻度富营养	$50 < TLI \leqslant 60$
	中度富营养	$60 < TLI \leqslant 70$
	重度富营养	$TLI > 70$

评价宜采用综合营养状态指数法，其分级评价标准应符合表 2.3-4 中的规定。

综合营养状态指数计算公式为

$$TLI(\Sigma) = \sum_{j=1}^{m} W_j \cdot TLI(j) \qquad (2.3-1)$$

式中：$TLI(\Sigma)$ 为综合营养状态指数；$TLI(j)$ 为第 j 种营养状态指数；W_j 为第 j 种营养状态指数的相关权重。

以叶绿素 a（Chla）作为基准参数，则第 j 种参数归一化的相关权重计算公式为

$$W_j = \frac{r_{ij}^2}{\sum_{j=1}^{m} r_{ij}^2} \qquad (2.3-2)$$

式中：r_{ij}^2 为第 j 种参数与基准参数 Chla 的相关系数；m 为评价参数的个数。

中国湖泊（水库）的 Chla 与其他参数之间的相关系数见表 2.3-5。

表 2.3-5　　　中国湖泊（水库）部分参数与 Chla 的相关系数

参数	Chla	TP	TN	SD	COD_{Mn}
r_{ij}	1	0.84	0.82	−0.83	0.83
r_{ij}^2	1	0.7056	0.6724	0.6889	0.6889

各项目的营养状态指数计算公式分别为

$$TLI(\text{Chla}) = 10(2.5 + 1.086\ln\text{Chla}) \qquad (2.3-3)$$

$$TLI(\text{TP}) = 10(9.436 + 1.624\ln\text{TP}) \qquad (2.3-4)$$

$$TLI(\text{TN}) = 10(5.453 + 1.694\ln\text{TN}) \qquad (2.3-5)$$

$$TLI(\text{SD}) = 10(5.118 - 1.94\ln\text{SD}) \qquad (2.3-6)$$

$$TLI(\text{COD}_{Mn}) = 10(0.109 + 2.66\ln\text{COD}_{Mn}) \qquad (2.3-7)$$

基于 2016—2020 年洱海湖区的水质监测与统计分析成果（包括 COD_{Mn}、TP、TN、SD 和 Chla 5 项指标），2016—2020 年期间洱海湖泊水体营养状态综合指数分别为 41.4、42.5、42.8、43.1、41.4，均处于中营养水平。从近 5 年洱海水体营养状态综合指数变化过程来看，2016—2019 年期间湖区整体营养状态正朝着轻度富营养化水平演进，2020 年水体富营养化程度明显减轻，重新回到 2016 年水平。

2. 洱海水体富营养状态年内变化特征

基于 2020 年洱海湖区各站点逐月水质监测数据，洱海年内综合营养状态指数年初下降、年中逐步升高，10 月湖区水体富营养化程度达到极大值后，在 11—12 月又呈现快速下降的年内变化特点（图 2.3-4）。其中 7—10 月期间是洱海水体富营养化程度相对最高的季节，也是洱海局部湖湾易发生藻类水华的高风险时段，尤以 10 月藻类水华发生风险最高。

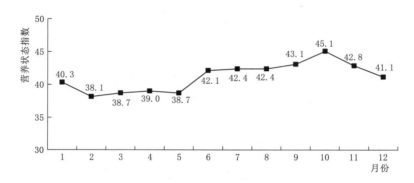

图 2.3-4 2020 年洱海综合营养状态指数年内变化过程

从湖泊各营养源指标营养状态指数年内变化过程（图 2.3-5）来看，表征水体浮游植物生物量的叶绿素指标评分值最高（10~14），其次是 TN 指标（营养状态指数为 8~9），SD、TP 和 COD_{Mn} 指标对水体营养状态指数的贡献率基本相当（营养状态指数为 6~8）。各指标贡献大小排序为叶绿素（Chla，10~14）＞＞总氮（TN，8~9）＞透明度（SD，6~8）＞高锰酸盐指数（COD_{Mn}，6~7）＞总磷（TP，6~7）。

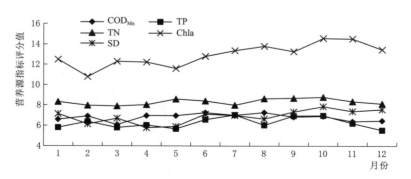

图 2.3-5 2020 年洱海湖区各营养源指标营养状态指数年内变化过程

从洱海综合营养状态指数与湖区叶绿素指标浓度年内变化过程（图 2.3 - 6）来看，洱海水体综合营养状态指数年内变化过程与湖区叶绿素浓度水平变化趋势基本一致，且受叶绿素浓度水平影响与控制。而洱海湖区藻类生长与繁衍，不仅受水体中 N、P、Si 等营养盐浓度的影响，同时受湖滨带水生植被的生长状况与分布范围大小的影响显著，因为洱海湖滨带水生植物的生长与繁衍将与藻类生长环境形成植物营养竞争，可有效抑制湖底藻类的上浮和再繁殖，提高水体的透明度并改善湖底沉水植物的光照环境，使湖滨带沉水植物逐步向深水区延伸，从而实现洱海湖滨带沉水植物面积与分布范围逐步扩大，逐步修复已严重受损的水生态系统。

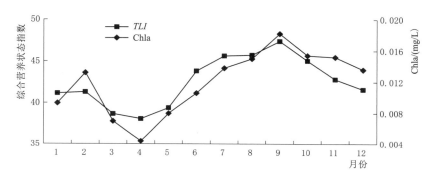

图 2.3 - 6　洱海综合营养状态指数与湖区叶绿素浓度年内变化过程

3. 洱海水体富营养化年际变化特征

近年来洱海水体综合营养状态指数介于 38.8～43.1 之间（图 2.3 - 7），均属中营养湖泊，但自 2014 年起洱海水体的综合营养状态指数呈逐年升高趋势，2014—2016 年期间水体富营养化升高趋势较为明显，综合营养状态指数年均增加 1.1，2017—2019 年期间洱海综合营养状态指数值升高幅度大幅减少（年均增加值缩减到 0.3），2020 年综合营养状态指数值大幅度下降 1.7（恢复到 2016 年水平），说明 2016 年开启的"抢救式"保护模式对遏制洱海水体富营养化进程、保护洱海水质是有效的，同时叶绿素浓度依然是影响洱海富营养状态的决定性因素（图 2.3 - 8）。

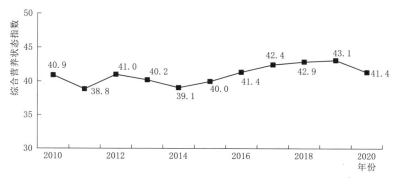

图 2.3 - 7　2010—2020 年期间洱海综合营养状态指数年际变化过程

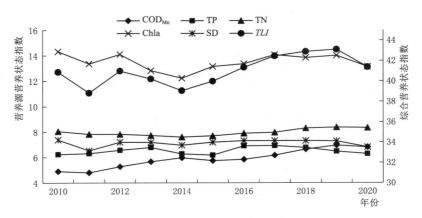

图 2.3-8　2010—2020 年期间洱海各营养源营养状态指数年际变化过程

2.4　洱海水生态状况及其过程演变

2.4.1　洱海水生态现状调查

2020 年对洱海湖区 13 个监测点和向阳湾、挖色湾、双廊湾、海潮河湾、红山湾、沙坪湾、沙村湾、马久邑湾等 8 个重点湖湾进行水生生态调查监测,调查内容包括浮游植物、浮游动物、底栖动物、水生维管植物、鱼类等水生生物的种类、数量、优势种的生物量等。

1. 浮游植物

洱海共记录到浮游植物 8 门 53 属 152 种,其中绿藻门 80 种、占 52.63%,蓝藻门 39 种、占 25.66%,硅藻门 21 种、占 13.82%,隐藻门 3 种、占 1.97%,金藻门 3 种、占 1.97%,裸藻门 3 种、占 1.97%,甲藻门 2 种、占 1.32%,黄藻门 1 种、占 0.66%;不同月份浮游植物密度为 465 万～2118 万个/L,平均为 1205 万个/L。洱海浮游植物优势为微囊藻属,且在藻结构中占比较大,多次出现局部藻类聚集,蓝藻水华防控压力较大。

2. 浮游动物

洱海共调查记录到浮游动物 55 属 119 种,其中原生动物 44 种、占 37.0%,轮虫 53 种、占 44.5%,枝角类 17 种、占 14.3%,桡足类 5 种、占 4.2%;浮游动物密度为 3107.4～37880.1ind./L,均值为 17902.2ind./L;生物量变化范围为 2.030～6.054mg/L,均值为 3.810mg/L。

3. 底栖动物

洱海调查共记录到底栖动物 52 种,其中寡毛类 11 种,占底栖动物总种数的 21.2%;软体动物 18 种,占 34.6%;水生昆虫 15 种,占 28.8%;其他类群 8 种,占 15.4%。底栖动物平均密度为 235.5ind./m²。洱海底栖动物以寡毛类、摇蚊类、环棱螺等耐污种为主,大型贝类数量较少,底栖动物群落结构不合理,对水质改善和有机碎屑消耗依然很弱。

4. 水生维管植物

洱海湖区采集到大型水生植物 39 种，其中沉水植物 22 种，占比 56.4%；全湖大型水生植物群落主要为微齿眼子菜群落、苦草群落、金鱼藻群落、光叶眼子菜群落、海菜花群落等五种类型，微齿眼子菜、苦草、金鱼藻是洱海目前最为优势的三种沉水植物，主导了洱海大型水生植物群落结构；大型水生植物分布高程下限为 1959.39m，最大分布面积为 33.14km²，覆盖度为 13.2%，单位面积生物量为 5250.5g/m²，全湖生物量达到 17.4 万 t。目前洱海大型水生植物分布面积仅占 1998 年 96.03km² 的 1/3 左右，优势种以耐污种为主，在目前透明度较低和有机质累积效应等不利条件的限制下，水生植物面积扩增困难；海潮湾、沙坪湾等局部湖湾 3m 以下浅水区的沉水植物生物量太大，已无多余生长空间，出现一边生长一边死亡的情况，湖滨带死亡水草、挺水植物等收割清理需求加剧。

5. 鱼类

洱海历史鱼类记录中，土著鱼类高达 17 种，其中大理裂腹鱼为国家二级保护鱼类。大理裂腹鱼即弓鱼，通常是在湖中敞水区域的上中层活动，每年 4—7 月结群从湖水中溯河流或溪沟而上到"鱼洞"中进行繁殖，喜欢摄取动物性食料，以浮游动物为主，尤以枝角类为最多；其次是桡足类、昆虫以及少量昆虫幼虫、虫卵，偶尔也见食绿藻和丝状藻类。分布于中国云南洱海及其支流和澜沧江水系中的大理裂腹鱼于 1989 年列为中国国家二级保护动物，2002 年列入《云南省水生野生动植物保护名录》。洱海主要入湖河流弥苴河入湖段和部分龙潭划为弥苴河大理裂腹鱼国家级水产种质资源保护区。

2020 年调查时发现洱海现有鱼类共 29 种，其中土著种 6 种，分别为鲫、杞麓鲤、灰裂腹鱼、云南裂腹鱼、光唇裂腹鱼、泥鳅；外来种 23 种，分别为青鱼、草鱼、鲢、鳙、团头鲂、麦穗鱼、棒花鱼、中华鳑鲏、兴凯鲌、黄黝、波氏栉鰕虎鱼、子陵栉鰕虎鱼、太湖新银鱼、餐条、乌鳢、革胡子鲇、池沼公鱼（西太公鱼）、露斯塔野鲮、红鲫、黄颡鱼、鲤、鲶、南鳢。主要鱼类资源以外来小型鱼类（如西太公鱼、餐条、银鱼等）为主。2016—2020 年洱海渔业资源增殖放流完成投资 2396 万元，2016—2020 年共计投放了鲢鱼 1529.16t、鳙鱼 92.07t、裂腹鱼 9.36t、杞麓鲤 485.04t、鲤 634.09t、无齿蚌 72.34t、洱海螺蛳 7096 颗。随着每年度的渔业资源保护与增殖放流项目的实施，洱海内杞麓鲤、裂腹鱼等土著种类正在逐步恢复。自 2017 年以来，洱海实施全年封禁，同时为了有序推进银鱼、西太公鱼等外来物种的防控工作，实施银鱼、西太公鱼特许捕捞、生态调控。目前，洱海鱼类结构存在着"三多三少"问题，即外来物种多、土著鱼类少，小型鱼类多、大型鱼类少，食浮游动物鱼类多、大型肉食性鱼类少的问题。

2.4.2 洱海水生态系统演变过程

洱海因其独特的生态地理特征及适宜的气候条件，水生植被的物种资源丰富，有 38 科 76 属 100 余种，其中沉水植物 16 种，群落类型多样，分布区地理成分较同一气候带的长江中下游湖泊复杂。热带类群分布占显著优势，其中建群种多为世界分布种。然而，近几十年来，随着洱海流域社会经济的发展，生活污水和农业污水排量增加，洱海水质逐渐变差，湖体营养等级逐渐从贫营养级过渡到中营养级，水体富营养化步伐加快。西洱河梯级电站的相继开发与运行使洱海水位由天然调控转变为人为调控，水位变化（年均水位及变幅、水位季节变化等）逐渐缩小，极大程度地压缩了沉水植被的适宜生长空间，加之洱海水体富营养化进程加剧、水体透明度大幅度降低促使沉水植被面积大幅减少，植被结构趋于简单化，部分特有种和濒危物种消失，水生态系统的社会服务功能持续下降。

湖泊水质变化和水位波动是影响湖泊沉水植被分布的重要因素，它们直接或间接地影响了植物对资源（N、P、有效光合辐射总量等）的吸收利用，从而影响到沉水植物的生长、繁殖、分布和演替。自 1950 年以来，洱海沉水植被群落演替经历了原生、过渡、顶级和退化 4 个阶段；沉水植被生物量、植被覆盖度和分布水深均发生了巨大变化。1970—1990 年期间洱海沉水植被生物量约为 60 万 t，2010 年仅为 20 万 t 左右；1970—1990 年期间洱海沉水植被覆盖度约为 40%，受水质持续恶化影响，2003 年洱海沉水植被覆盖度不足 10%；20 世纪 70 年代洱海沉水植物分布水深下限为 6～10m，80 年代分布至 9～10m 水深处，90 年代随着水质状况的逐步变差和水体透明度的下降，洱海深水处的沉水植物衰亡严重并逐步萎缩，目前洱海沉水植被的分布水深在 6m 以内。

洱海沉水植物建群种演替明显，其变动可以划分为 4 个主要时期，即 1960—1970 年中期的原生期、20 世纪 80 年代的过渡阶段、90 年代的顶级阶段和 1998—2020 年的退化阶段。洱海沉水植被演替的趋势表现为：由篦齿眼子菜（Potamogeton pectinatus）、大茨藻（Najas marina）与海菜花（Ottelia acuminata）等群落为主的沉水植被演替到黑藻（Hydrilla verticillata）与苦草（Vallisneria natans）占优势的水生植被，20 世纪末至 2020 年形成了微齿眼子菜（Potamogeton maackianus）占绝对优势的植被格局。

1950 年洱海占优势的篦齿眼子菜、大茨藻、海菜花等在 1970 年已被苦草、黑藻、金鱼藻（Ceratophyllum demersum L.）等所代替，且生物量和分布面积均有提高，分布深度也由不足 3m 扩张到 10m。1970 年洱海生态调查发现水生维管束植物共 51 种，以沉水植物为主（18 种），而 1990 年初沉水植物种类已经降至 14 种，其中苦草分布面积最广。1995 年生态调查发现各种生活型水生植物 57 种，其中沉水植物 17 种，此时占优势的种类为苦草、黑藻和微齿眼子菜等耐污种类，篦齿眼子菜和大茨藻明显减少；芦苇（Phragmites australis）、六蕊稻（Leersia hexandra）和海菜花群落在 1980 年后期基本消失。自 1980 年中后期以来，洱海沉水植物多样性下降，群落结构趋于简单化，植被资源呈现退化趋势。较耐污的微齿眼子菜、苦草和金鱼藻成为洱海最大的 3 个种群，广泛分布于各个群落之中，其生物量占全湖总生物量的 77.56%。篦齿眼子菜、穗花狐尾藻（Myriophyllum spicatum）、光叶眼子菜（Potamogeton lucens）和菹草（Potamogeton crispus）主要分布于部分湖区，其生物量占总生物量的 5.14%。

2.4.3 洱海藻类水华演变特征

1. 洱海水质演变特征

1999 年以后，洱海水质由 Ⅱ 类下降到 Ⅲ 类，2003 年后总体稳定在 Ⅲ 类，并在 Ⅱ～Ⅲ 类间呈波动变化；2016 年洱海水质明显下滑，TP 浓度达到近 15 年来的第二高水平，TN、COD、NH_3-N 浓度也达到较高水平，随后 TP、NH_3-N 总体呈逐年改善趋势，而总氮、COD 仍维持高位。

近 30 年来（1992—2020 年），洱海氮、磷浓度呈较快上升趋势（图 2.4-1），总的变化可划分为 4 个阶段：第一阶段是 20 世纪 90 年代初期至 2002 年，TN、TP 缓慢上升但总体仍属于Ⅱ类水质，NH_3-N 水质为Ⅰ类；第二阶段是 2003—2010 年，TN、TP 和 NH_3-N 浓度处于较高水平，TN、TP 在Ⅱ~Ⅲ类之间跳跃式波动，NH_3-N 在Ⅰ~Ⅱ类之间跳跃式波动；第三阶段是 2011—2014 年，TN 呈下降趋势，但降幅不明显，总体上仍处于Ⅲ类水平，TP 浓度总体呈上升趋势，NH_3-N 浓度较上一阶段明显下降至Ⅰ类水

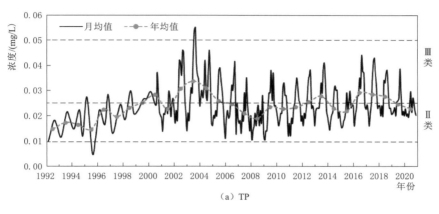

（a）TP

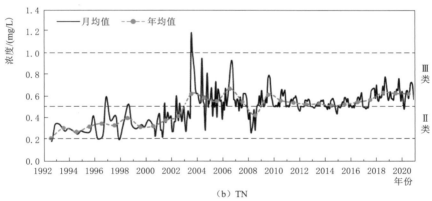

（b）TN

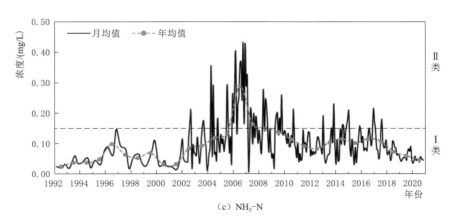

（c）NH_3-N

图 2.4-1（一） 洱海历史水质变化（1992—2020 年）

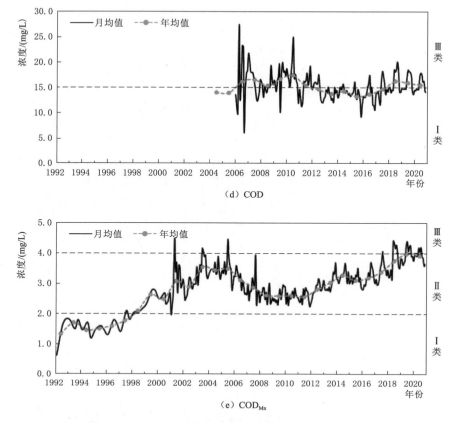

(d) COD

(e) COD_{Mn}

图 2.4-1（二）　洱海历史水质变化（1992—2020 年）

质水平，但总体呈波动变化趋势；第四阶段是 2015—2020 年，TN 浓度又呈上升的反弹变化，TP 浓度在 2016 年快速上升至Ⅲ类并成为历史第二高值，随后几年呈逐年改善趋势，NH_3-N 指标浓度下降趋势较为明显。

2008—2020 年期间，洱海 COD 含量年均值介于 13.3～17.3mg/L 之间，总体在Ⅱ～Ⅲ类之间波动，2016 年开始呈持续升高趋势（图 2.4-1）。从 1992—2020 年，洱海 COD_{Mn} 含量呈现持续增加趋势，其中 1992—1997 年期间 COD_{Mn} 处于Ⅰ类水平；1998—2020 年 COD_{Mn} 总体属于Ⅱ类水质，其中 2019 年 COD_{Mn} 达到历史高值 3.97mg/L。

从图 2.4-2 中洱海湖区 Chla 的变化情况来看，1992—2002 年期间洱海 Chla 水平较低，2003 年开始上升，并在 2003 年达到最大值；2004 年后 Chla 变化波动变化，洱海水华发生时，Chla 一般不高，在 20～40μg/L 之间，局部严重聚集区浓度一般也不超过 50μg/L。

洱海水质季节性变化特征为冬春优于夏秋、8—10 月水质风险高（图 2.4-3）。以 2020 年为例，时间变化上，洱海 TN、TP、NH_3-N、COD 和 COD_{Mn} 浓度从 6 月开始显著升高，9—11 月达到最高。2020 年 TN 在 0.47～0.71mg/L 之间变化，年均值为 0.61mg/L，水质类别为Ⅲ类，最大值出现在 8—9 月；TP 在 0.019～0.030mg/L 之间变化，平均值为 0.023mg/L，水质类别为Ⅱ～Ⅲ类，浓度从 5 月开始上升，峰值出现在 7

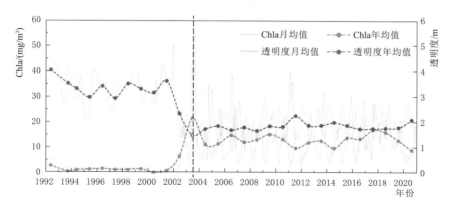

图 2.4-2 洱海叶绿素与透明度变化情况（1992—2020 年）

月。$NH_3 - N$ 浓度在 $0.031\sim0.057mg/L$，平均值为 $0.044mg/L$，全年水质类别均为 Ⅰ 类。COD 浓度在 $14.0\sim17.8mg/L$ 之间变化，平均值为 $15.4mg/L$，除 6—10 月浓度较高 为 Ⅲ 类外，其余 7 个月均处于 Ⅱ 类水平。COD_{Mn} 浓度在 $3.58\sim4.19mg/L$ 之间变化，平 均值为 $3.90mg/L$，水质类别在 Ⅱ 类上下波动，6—8 月水质超标。

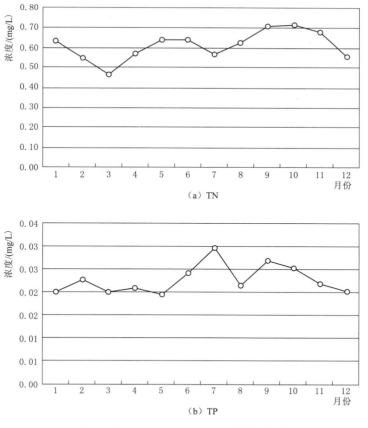

图 2.4-3（一） 2020 年洱海水质月均变化

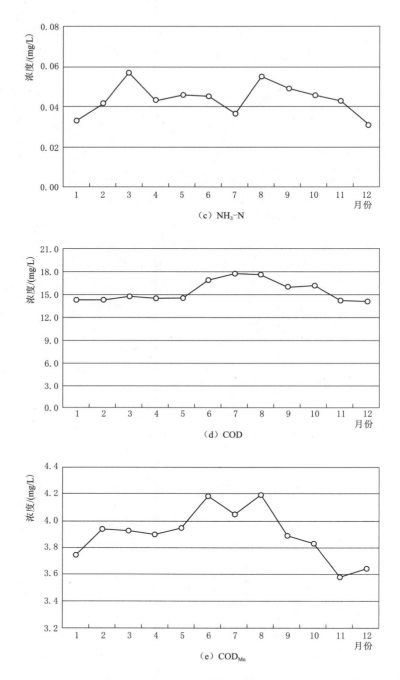

图 2.4-3（二） 2020 年洱海水质月均变化

从空间分布上看，洱海水质呈现中间优于南北两头的特征（图 2.4-4）。2020 年冬季 1—2 月洱海 TN 浓度中部最高，1 月洱海中部湖心 TN 浓度分别达到 0.83mg/L；春季 3—4 月 TN 高值区转移至北部双廊区域；夏季 6—7 月 TN 高值区位于北部双廊、东部挖色等区域，7—8月 TN 高值转移至喜洲及南部海西区域；秋季9—10月 TN 浓度达到峰值，9月北部湖心区 TN 浓度达到 0.94mg/L，10月洱海各区域 TN 浓度均较高但略低于9月，北部弥苴河河口区浓度达 0.84mg/L；11—12月洱海 TN 明显下降，11月 TN 浓度较高区位于双廊和海东向阳湾区域，12月各区 TN 浓度进一步下降。

由图2.4-5可见，2020年2月洱海 TP 浓度呈现北部＞南部＞中部的空间分布特征，4月 TP 浓度较3月有所升高，尤其是双廊区域；5月浓度有所下降，6月开始浓度逐渐升高，7月达到峰值，高值区位于北部和南部区域，TP 浓度为 0.021～0.03mg/L；9月 TP 浓度高值转移至北部区域，尤其是双廊区域的 TP 浓度达到 0.035mg/L；10月 TP 浓度开始快速下降，TP 高值转移至沙坪湾和海潮河湾区域，11—12月下降到低值。

由图2.4-6可见，2020年洱海 COD 高浓度集中在7—8月，7月 COD 高浓度位于洱海北部桃源和南部龙龛区域；8月，北部和南部 COD 浓度开始升高，高值主要分布在北部弥苴河口、洪山湾和双廊区域，南部湖心和石房子区域。

2020年，洱海全湖整体水质为Ⅲ类，全年有7个月达到Ⅱ类，处于中营养水平。主要水质指标浓度：TN 为 0.61mg/L、TP 为 0.023mg/L、COD 为 15.4mg/L，其中 TN 与2019年持平，TP、COD 和氨氮浓度比2019年同期分别下降 8.7％、8.7％和 3.1％。洱海湖区 TN、COD 浓度仍较高。

2. 洱海水华发生特征

关于洱海水华暴发的详细报道较少。民间很早有"海屎"说法，其在洱海东北部下方向堆积。20世纪40年代，在洱海湖边就发现少量水华束丝藻和微囊藻水华（Hsiao，1949）。第一次较为详细的记录是1996年的螺旋鱼腥藻水华，大理州环境监测站进行了水华分析和鉴定，藻细胞数量高达 4449×10^4 cells/L，占种群数量的 93.03％（董云仙，1999），水华暴发导致水体散发类似六六六的气味。1998年、2003年、2006年也有局部蓝藻水华的报道，但缺乏详细的资料，2003年洱海水生植物发生大面积的退化，全湖盖度从30％以上退化到8％左右，是否是水华暴发引起水生植物的退化一直存在争议。调查结果显示（图2.4-7）：发生在1998年和2003年的蓝藻水华为鱼腥藻水华，发生在2006年和2013年的蓝藻水华为微囊藻水华；尤其是2013年，洱海暴发了大规模的微囊藻水华，并且从2013年8月一直持续到2014年1月。

洱海常见的水华优势种有蓝藻门的微囊藻、鱼腥藻、拟柱孢藻、浮丝藻和束丝藻，绿藻门的暗丝藻，硅藻门的直链藻、针杆藻和星杆藻，以及甲藻门的角甲藻和多甲藻等（图2.4-8）。

洱海典型的水华年份有1996年、2003年、2006年、2013年、2016年和2021年。其中2003年和2013年为近20年来发生最严重的两次水华。以2013年为例，9月全湖藻细胞密度均值达到了 3476×10^4 cells/L，其中微囊藻的平均藻细胞密度为 2044×10^4 cells/L，占总藻细胞密度的 58.8％。冬季，洱海蓝藻水华有所缓解，中部和南部藻细胞密度有所下降，但北部湖区藻细胞密度仍居高不下，几乎占据了北部湖区的整个湖面，北部 631～633点位的微囊藻细胞密度均值达到了 4871×10^4 cells/L，占北部湖区总藻细胞密度的 82.1％。

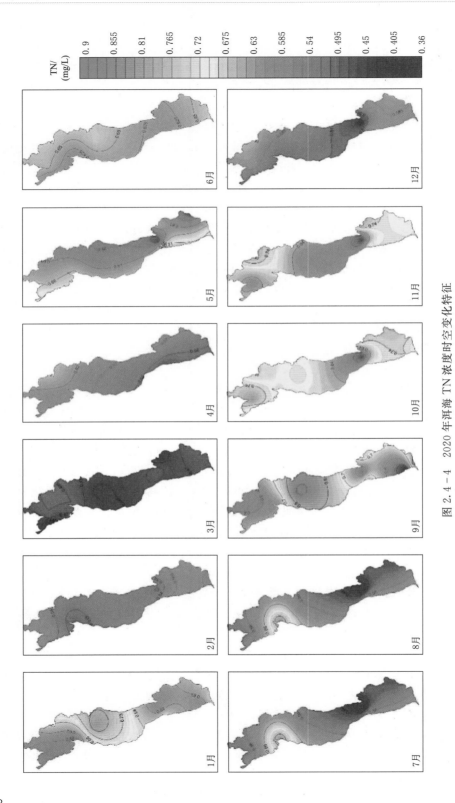

图 2.4-4 2020 年洱海 TN 浓度时空变化特征

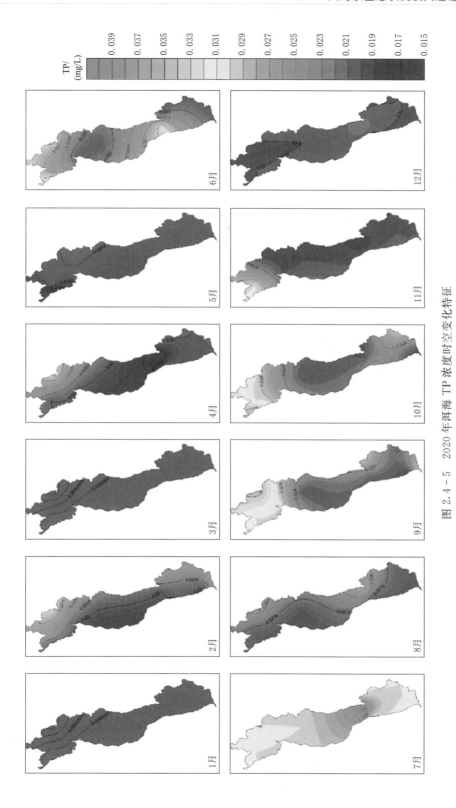

图 2.4 - 5　2020 年洱海 TP 浓度时空变化特征

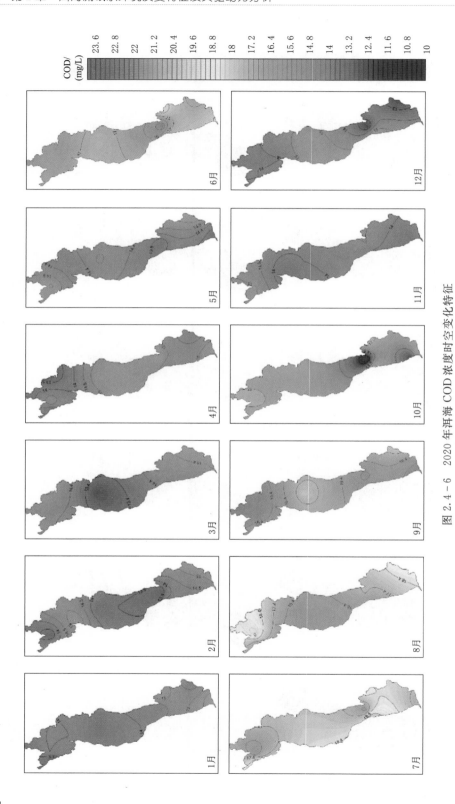

图 2.4 - 6　2020 年洱海 COD 浓度时空变化特征

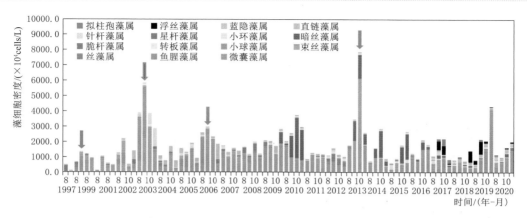

图 2.4-7 洱海 8—11 月浮游植物优势种变化

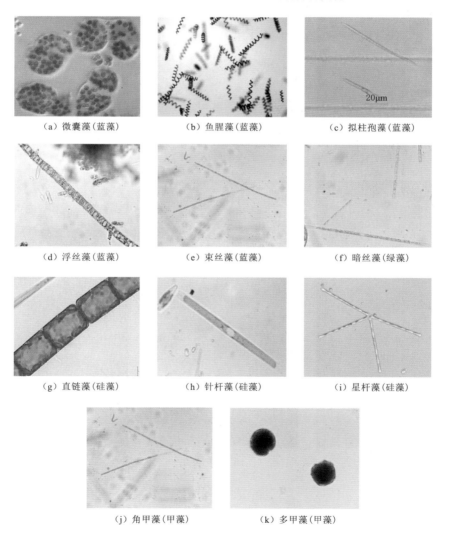

（a）微囊藻（蓝藻）　（b）鱼腥藻（蓝藻）　（c）拟柱孢藻（蓝藻）

（d）浮丝藻（蓝藻）　（e）束丝藻（蓝藻）　（f）暗丝藻（绿藻）

（g）直链藻（硅藻）　（h）针杆藻（硅藻）　（i）星杆藻（硅藻）

（j）角甲藻（甲藻）　（k）多甲藻（甲藻）

图 2.4-8 洱海水华优势种

　　根据原环境保护部卫星应用中心遥感影像分析，2013 年 8 月 17 日在中部及北部发现大片藻类高密度分布区，根据遥感图像（图 2.4 - 9）分析可知，洱海 2013 年 10—11 月为蓝藻水华暴发高峰期，蓝藻分布面积已近 80%，属于全湖性暴发。北部湖区水华持续时间较长，2014 年 1 月 17 日卫星照片显示，洱海北部红山湾湖湾仍有轻微水华。

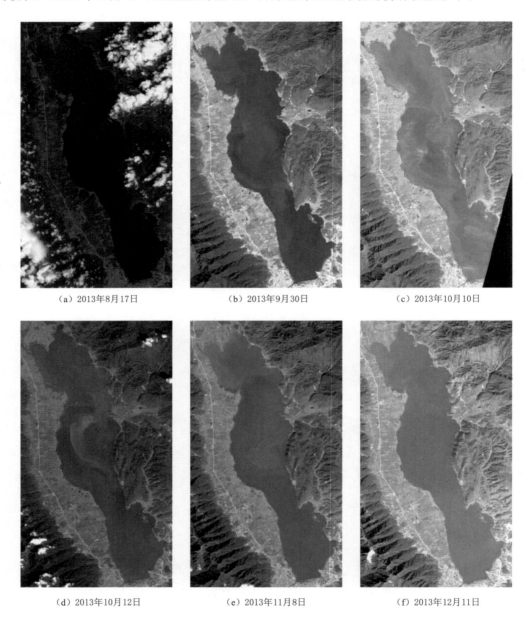

　　　（a）2013年8月17日　　　　　　　（b）2013年9月30日　　　　　　　（c）2013年10月10日

　　　（d）2013年10月12日　　　　　　　（e）2013年11月8日　　　　　　　（f）2013年12月11日

图 2.4 - 9　2013 年洱海遥感影像

　　由图 2.4 - 10 和图 2.4 - 11 可知：近 10 年来洱海水华发生风险仍然较高，总体呈现两头高、中间低的特征，9—10 月为水华高风险期，11—12 月水华规模最大。

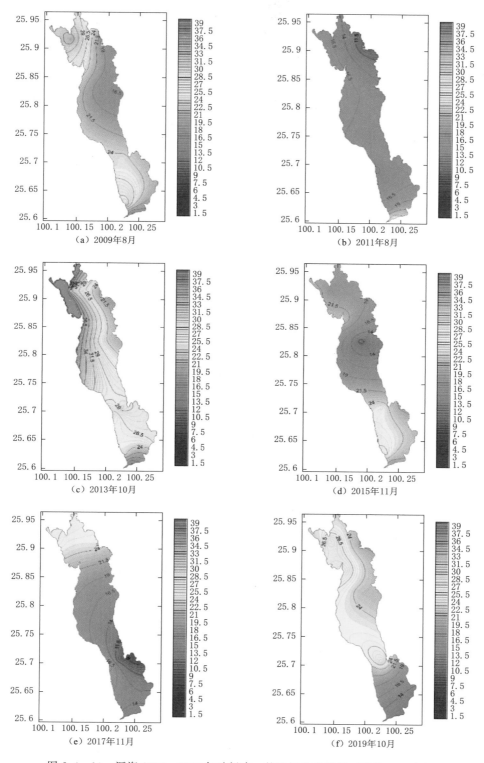

图 2.4-10 洱海 2009—2019 年叶绿素 a 的空间分布特征（单位：mg/L）

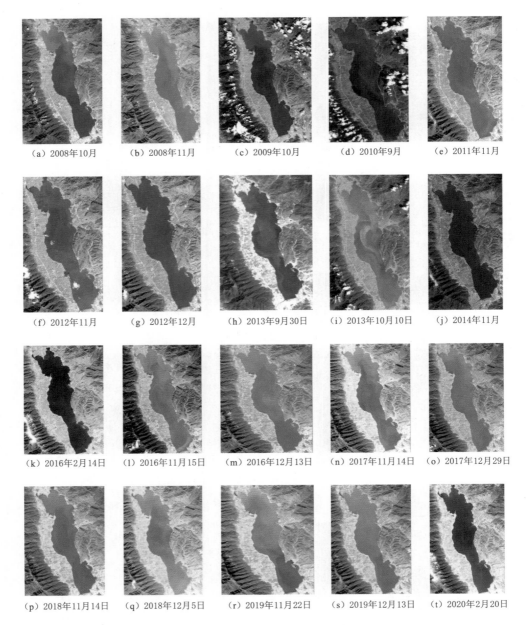

（a）2008年10月　（b）2008年11月　（c）2009年10月　（d）2010年9月　（e）2011年11月

（f）2012年11月　（g）2012年12月　（h）2013年9月30日　（i）2013年10月10日　（j）2014年11月

（k）2016年2月14日　（l）2016年11月15日　（m）2016年12月13日　（n）2017年11月14日　（o）2017年12月29日

（p）2018年11月14日　（q）2018年12月5日　（r）2019年11月22日　（s）2019年12月13日　（t）2020年2月20日

图 2.4-11　洱海 2008—2020 年水华发生的卫星遥感图片

综上，近年来洱海水华发生呈现如下特征。

（1）发生浓度仍然保持低浓度，虽然水华发生时局部严重聚集区浓度超过 30μg/L，但全湖也仅在 15～22μg/L 之间。

（2）低浓度蓝藻面积虽大，但主要呈现薄层分布，这与洱海水动力和气象条件有关。风力较小时，水动力不足，藻类上浮容易，并聚集在水表形成水华，水层中藻类较少，而当风力大时，水动力强劲，藻类主要分散在水层中，藻类不容易聚集形成水华。

（3）洱海水华的空间分布主要是北高南低，这是由于洱海的西南风和水动力将全湖藻类堆聚到北部。

（4）发生频率由多年发生变化为每年发生，年内频次也有所增加。由图 2.4 - 12 可知，在 2013 年前，洱海只发生了 6 次水华，分别为 1996 年 10 月、1998 年 10—11 月、2003 年 7—11 月、2006 年 7—10 月、2009 年 9 月、2013 年 8—10 月。但 2013—2016 年每年均有 1～2 次水华发生，每次面积偏小，一般水面占比不足 5％。2017—2020 年，每年发生次数达到 3～6 次或以上，甚至出现了多次水华叠加发生的情况，发生面积也有所增加，严重时水面占比超过 20％。

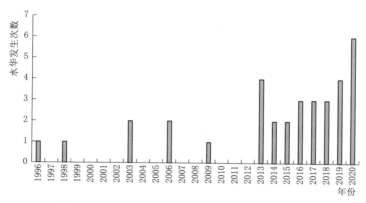

图 2.4 - 12　1996 年以来洱海水华发生次数统计

（5）出现冬季水华，在 2019 年前水华一般发生在 8—10 月，基本上不出现在冬季，但 2020 年 1 月出现了冬季水华，面积较小（约 1km²），持续了一周左右，虽然这次冬季水华的发生与当时的气温较高有关，但表明洱海有发生冬季水华的风险。

（6）虽然洱海的藻类细胞密度均值出现降低，但冬春季藻类细胞数量出现逐年增加的趋势，导致洱海水华发生的细胞基数较大。

（7）洱海水华的优势种类多次变化，先后出现了螺旋鱼腥藻（长孢藻）水华、微囊藻水华、束丝藻水华、乌克兰长孢藻水华、假鱼腥藻水华等，这与洱海丰富的藻类多样性有关。

（8）洱海水华发生的时间与气温和天晴关系密切，特别是在秋季，容易出现"天晴就藻类增殖，风弱就水华聚集"的情况。

从藻类水华发生期间的种群结构来看，2007 年以来洱海浮游植物种群结构夏秋季以微囊藻（蓝藻）为优势种，2011 年后甚至延续到冬季；2017 年开始夏秋季拟柱孢藻、浮丝藻等丝状固氮蓝藻比例有所增加。近 10 年来洱海浮游植物优势种的季节演替有所变化（图 2.4 - 13），2007—2010 年优势种的季节演替模式为鱼腥藻、水华束丝藻、直链藻（春季）→鱼腥藻、丝藻属、微囊藻（夏季）→鱼腥藻、微囊藻、水华束丝藻（秋季）→直链藻（冬季）；2011—2015 年优势种的季节演替模式为转板藻（春季）→微囊藻、直链藻、丝藻（夏季）→微囊藻、暗丝藻（秋季）→转板藻、鱼腥藻（冬季）；2016—2020 年优势种季节演替模式为直链藻、星杆藻（春季）→转板藻（夏天）→微囊藻、拟柱孢藻、浮丝藻（秋季）→微囊藻、转板藻、小环藻（冬季）。

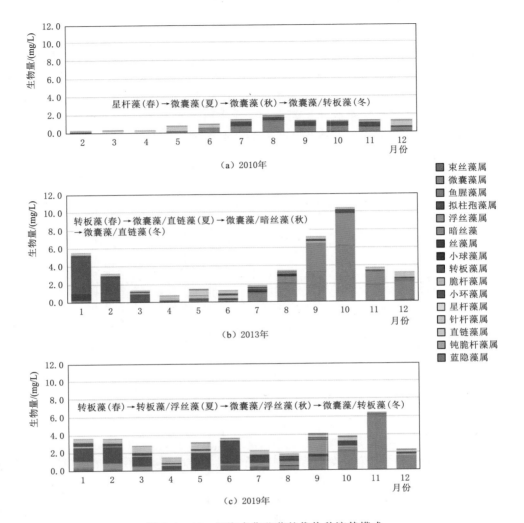

图 2.4-13　洱海水华蓝藻的优势种演替模式

垂直分布上，在湖面无风浪时，洱海蓝藻门（主要为微囊藻）随着水深增加会呈明显的下降趋势，而绿藻门等其他藻类在水柱中没有明显的分层现象。在冬季且风浪大的时候，浮游植物在水柱中没有明显分层现象（图 2.4-14）。

2.4.4　洱海浮游植物变化及其与水质的响应关系

1. 洱海浮游植物历史演变特征

1997—2019 年期间洱海 11 个国控、省控断面（图 2.4-15）共调查发现浮游植物 8 门 119 属（表 2.4-1），包括蓝藻门 29 属、绿藻门 45 属、硅藻门 18 属、隐藻门 2 属、甲藻门 5 属、裸藻门 2 属、金藻门 2 属和黄藻门 2 属。其中，蓝藻门、绿藻门、硅藻门和隐藻门是洱海浮游植物的主要属种。

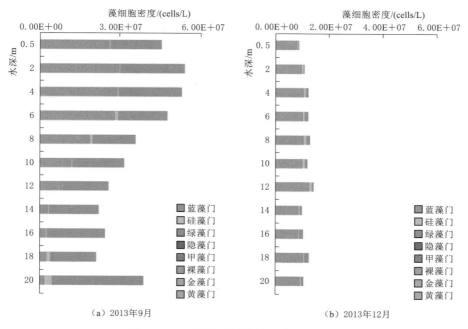

（a）2013年9月　　　　　　　　　　（b）2013年12月

图 2.4－14　洱海浮游植物垂直分布特征

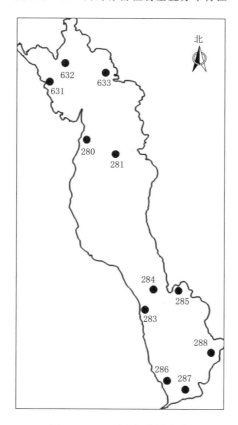

图 2.4－15　洱海采样点位

表 2.4-1　　　　　　　　　　　　　洱海浮游植物种类表

名　称	拉　丁　名	名　称	拉　丁　名
蓝藻门	*Cyanophyta*	放射微囊藻	*Microcystis botrys*
颤藻属	*Oscillatoria Vauch*	惠氏微囊藻	*M. wesenbergii*
集胞藻属	*Synechocystis Sauv*	多芒藻属	*Golenkinia Chod*
假丝微囊藻	*Microcystis pseudofilamentosa*	二角盘星藻	*Pediastrum duplex Meyen*
假鱼腥藻属	*Pseudanabaena Lauterb*	二角盘星藻	*Pediastrum duplex* var. *clathratum*
尖头藻属	*Raphidiopsis Fritsch et Rich*	大孔变种	(*A. Braun*) *Lagerheim*
坚实微囊藻	*Maicrocystis firma*	二形栅藻	*Scenedesmus dimorphus*（*Turp.*）*Kütz.*
蓝纤维藻属	*Dactylococcopsis Hansg*	弓形藻属	*Schroederia Lemm*
螺旋鱼腥藻	*Anabaena spiroides Klebahn*	鼓藻属	*Cosmarium Corda* ex *Ralfs*
绿色微囊藻	*Microcystis viridis*	集球藻属	*Palmellococcus Chod*
念珠藻属	*Nostoc Vauch*	集星藻属	*Actinastrum*
挪氏微囊藻	*Microcystis novacekii*	胶囊藻属	*Gloeocystis Näg*
平裂藻属	*Merismopedia Meyen*	胶球藻属	*Coccomyxa Schm*
腔球藻属	*Coelosphaerium Näg*	胶网藻属	*Dictyosphaerium Näg*
鞘丝藻属	*Lyngbya Ag*	角星鼓藻属	*Staurastrum Meyen* em. *Ralfs*
色球藻属	*Chroococcus*（*Näg.*）*Elenkin*	空球藻属	*Eudorina Ehrenberg*
史密斯微囊藻	*Microcystis smithii*	空星藻属	*Coelastrum Näg*
束球藻属	*Gomphosphaeria Kütz*	库津新月藻	*Closterium kuetzingii Bréb*
水华束丝藻	*Aphanizomenon flosaquae*	卵囊藻属	*Oocystis A. Br*
水华微囊藻	*Microcystis flosaquae*	绿球藻属	*Chlorococcum Fries*
铜绿微囊藻	*Microcystis aeruginosa*	盘星藻属	*Pediastrum Meyen*
微小微囊藻	*Microcystis minima*	盘藻属	*Gonium Muell*
乌克兰鱼腥藻	*Anabaena ukrainica*	鞘藻属	*Oedogonium Link*
乌龙藻属	*Woronichinia Elenk*	球囊藻属	*Sphaerocystis Chod*
席藻属	*Phormidium Kützing*	三角四角藻	*Tetraedron trigonum*（*Näg.*）*Hansg.* *Sensu Skuja*
隐杆藻属	*Aphanothece Näg*		
隐球藻属	*Aphanocapsa Näg*	肾形藻属	*Nephrocytium Näg*
鱼害微囊藻	*Microcystis ichthyoblabe Kutz.*	十字藻属	*Crucigenia Morren*
绿藻门	*Chlorophyta*	实球藻属	*Pandorina*
暗丝藻属	*Psephonema aenigmaticum*	双月藻属	*Dicloster Jao*
棒形鼓藻属	*Gonatozygon monotaenium De Bary*	水绵属	*Spirogyra Link*
扁盘栅藻	*Scenedesmus platydiscus*（*G. M. Smith*）*chod*	丝藻属	*Ulothrix Kützing*
		四角盘星藻	*Pediastrum tetras*（*Her.*）*Ralfs*
并联藻属	*Quadrigula Printz*	四角藻属	*Tetraedron Kützing*
粗肾形藻	*Nephrocytium obesum West*	四尾栅藻	*Scenedesmus quadricauda*（*Turp.*）de *Bréb*

续表

名　称	拉　丁　名	名　称	拉　丁　名
单角盘星藻	*Pediastrum simplex Meyen Lemm*	四星藻属	*Tetrastrum Chod*
顶棘藻属	*Lagerheimia Chod*	蹄形藻属	*Kirchneriella Schmidle*
团藻属	*Volvox L*	梅尼小环藻	*Cyclotella meneghiniana*
网球藻属	*Dictyosphaeria Decaisne*	变异直链藻	*Melosira varians*
微芒藻属	*Micractinium Fres*	尖针杆藻	*Synedra acus*
韦斯藻属	*Westella De Wildeman*	隐藻门	Cryptophyta
细月牙藻	*Selenastrum gracile Reinsch*	蓝隐藻属	*Cryptomonas*
硅藻门	Bacillariophyta	隐藻属	*Chroomonas*
窗纹藻属	*Epithemia*	甲藻门	Dinophyta
脆杆藻属	*Fragilaria Lyngbye*	薄甲藻属	*Glenodinium（Her.）Stein*
冠盘藻属	*Stephanodiscus Ehrenberg*	多甲藻属	*Peridinium Ehrenberg*
菱形藻属	*Nitzschia Hassall*	飞燕角甲藻	*Ceratium hirundinella*
卵形藻属	*Cocconeis Ehrenberg*	裸甲藻属	*Gymnodinium Stein*
平板藻属	*Tabellaria Ehrenberg*	拟多甲藻属	*Peridiniopsis sp.*
桥弯藻属	*Cymbella Agardh*	裸藻门	Euglenophyta
双壁藻属	*Diploneis Ehrenberg*	裸藻属	*Euglena Ehrenberg*
小环藻属	*Cyclotella spp.*	囊裸藻属	*Trachelomonas Ehrenberg*
楔形藻属	*Licmophora Agardh*	金藻门	Chrysophyta
美丽星杆藻	*Asterionella Formosa*	单鞭金藻属	*Chromulina Cienk*
异极藻属	*Gomphonema Agardh*	锥囊藻属	*Dinobryon*
针杆藻属	*Synedra Ehrenberg*	黄藻门	Xanthophyta
颗粒直链藻	*Melosira granulate*	葡萄藻属	*Botryococcus*
舟形藻属	*Navicula Bory*	黄群藻属	*Synura Ehrenberg*

　　近几十年来洱海浮游植物群落结构发生了较大变化。19 世纪 40—80 年代，洱海浮游植物以云南角甲藻和硅藻为优势种，南部以水华束丝藻为优势种（黎尚豪等，1963）。从图 2.4-16 可知，20 世纪 90 年代后洱海浮游植物逐渐由硅藻和绿藻转变为以蓝藻为第一优势种，2000—2008 年期间浮游植物以硅藻为第二优势种，2009—2020 年浮游植物以绿藻为第二优势种。

　　1992—2019 年，洱海浮游植物 Chla 和生物量呈现增加趋势（图 2.4-17）。按照以往的研究经验，浮游植物 Chla 浓度和生物量呈现相似的变化趋势，因此推测 1992—1997 年期间洱海浮游植物生物量也处于较低水平。依据洱海水质变化及 Chla 和生物量变化特征，将洱海浮游植物变化分为 4 个阶段（与水质变化相同）。第一阶段为 1992—2002 年，Chla 浓度和生物量均保持在较低水平，Chla 浓度多年平均值仅为 2.1μg/L，生物量多年平均值为 2.6mg/L；第二阶段为 2003—2010 年，Chla 浓度处于高水平，尤其在 2003 年 Chla 浓度年均值为 26.3μg/L，生物量年均值为 8.59mg/L，其中 Chla 浓度在 7 月达到历史峰值 59.2μg/L；第三阶段为 2011—2014 年，Chla 浓度和生物量波动变化特征明显；第四阶段为 2015—2019 年，Chla 浓度和生物量均呈增长趋势。

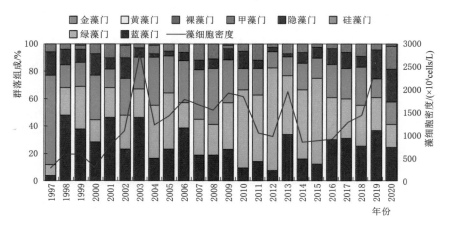

图 2.4-16　洱海浮游植物藻细胞密度及各门类生物量占比历史变化

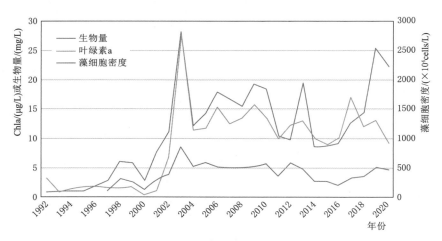

图 2.4-17　洱海浮游植物 Chla 和生物量年均变化

从 1940—2020 年洱海浮游植物优势种经历了很多次转变（表 2.4-2），20 世纪 40—70 年代，洱海浮游植物以单角盘星藻（*Pediastrum simplex Meyen*）（绿藻）、圆盘硅藻（*Cyclotella*）（硅藻）、飞燕角甲藻（*C. hirundinella v. yunnanensis H. P.*）（甲藻）为主要优势种，水华束丝藻（*Aphanizomenon flos - aquae*）（蓝藻）开始占据一定比例（黎尚豪等，1963）。80 年代绿藻和硅藻仍占优势，秋季以蓝藻门中的水华束丝藻为优势种（董云仙，1999）。90 年代洱海浮游植物种群结构发生较大变化，蓝藻细胞数量逐渐增大，并在藻细胞数上逐渐占据优势。浮游植物群落结构以水华束丝藻（Aphanizomenon flos - aquae）、钝脆杆藻（Fragilaria capucina）、螺旋鱼腥藻（Anabaena spiroides）和水华微囊藻（M. flos - aguae）为主要优势种（董云仙，1999）。2000—2010 年期间微囊藻逐渐在夏秋季节占据优势，2011 年后甚至延续到冬季。

表 2.4－2　　　　　　　　　　洱海浮游植物优势种(以生物量计算)变化

时　段	春	夏	秋	冬
1940—1970 年	单角盘星藻（*Pediastrum simplex Meyen*）、圆盘硅藻（*Cyclotella*）、飞燕角甲藻（*C. hirundinella v. yunnanensis H. P.*）、水华束丝藻（*Aphanizomenon flos - aquae*）			
1980—1990 年	空球藻（*Eudorina*）、卵囊藻（*Oocystis*），直链藻（*Melosira*）、脆杆藻（*Fragilaria*）、小环藻（*Cyclotella*）、水华束丝藻（*Aphanizomenon flos - aquae*）、角甲藻（*Ceratium hirundinella (Mull)*），尖尾蓝隐藻（*Chroomonas*）			
1990—1998 年	水华束丝藻（*Aphanizomenon flos - aquae*）、钝脆杆藻（*Fragilaria capucina*）、螺旋鱼腥藻（*Anabaena spiroides*）、水华微囊藻（*M. flos -aguae*）			
1999—2002 年	鱼腥藻属、水华束丝藻属	鱼腥藻属、丝藻属、微囊藻属	鱼腥藻属、微囊藻属、水华束丝藻属	
2003—2010 年	直链藻属、丝藻属、针杆藻属	鱼腥藻属、直链藻属	鱼腥藻属、直链藻、微囊藻属	直链藻属
2011—2015 年	转板藻属	微囊藻属、直链藻属、丝藻属、转板藻属	微囊藻属、暗丝藻属	转板藻属、鱼腥藻属、丝藻属、小环藻属、微囊藻属
2016—2020 年	直链藻属、星杆藻属、脆杆藻属、转板藻属	转板藻属	微囊藻属、拟柱孢藻属、浮丝藻属	微囊藻属、转板藻属、小环藻属、鱼腥藻属、浮丝藻属

2. 洱海浮游植物演变与水质的关系

洱海营养盐入湖负荷的时间分布与雨季的长短关系密切，洱海 TP 水质月平均值与当月入湖负荷相关性达到 0.86，而湖体 TN 浓度变化对入湖负荷的响应则有延后，水质月平均值与当月入湖负荷无明显相关，但延后 1 个月的变化相关性达到 0.90，造成此种结果的原因可能与氮素的入湖过程有关（图 2.4－18）。从藻类变化的季节分布来看，代表浮游植物的 Chla 浓度与藻类密度因为涉及较为复杂的物理、化学和生物过程变化，对 TP 和 TN 入湖的响应具有滞后性，这也是洱海水华易在秋季暴发的原因之一。

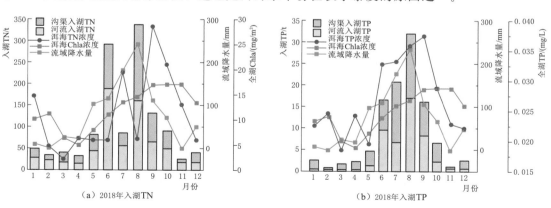

图 2.4－18（一）　2018—2019 年洱海外源负荷与流域降水及湖体 Chla 浓度

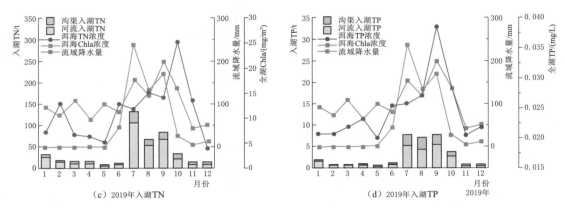

（c）2019年入湖TN   （d）2019年入湖TP

图 2.4-18（二）   2018—2019 年洱海外源负荷与流域降水及湖体 Chla 浓度

依据水质变化趋势将洱海水质变化分为 4 个阶段，第一阶段为 20 世纪 90 年代初期至
2002 年，第二阶段为 2003—2010 年，第三阶段为 2011—2014 年，第四阶段为 2015—
2019 年。采用皮尔森相关性分析对洱海浮游植物与水质 4 个典型变化阶段的响应关系进
行分析（表 2.4-3，图 2.4-19）。结果表明，从长序列来看，洱海浮游植物生物量与水
质呈显著性相关，其中与 TN、TP、NH$_3$-N、COD$_{Mn}$、COD 和水温均呈显著性正相关。

表 2.4-3   洱海浮游植物生物量与各水质指标的相关分析

指　标	第一阶段	第二阶段	第三阶段	第四阶段	长序列
TN	0.343	0.412**	0.356*	0.717**	0.403**
TP	0.596**	0.545**	0.629**	0.429**	0.451**
TN/TP	−0.284	−0.246*	−0.518**	−0.124	−0.113
NH$_3$-N	0.526**	0.078	0.218	−0.225	0.251**
高锰酸盐指数	0.563**	0.330**	0.190	0.714**	0.245**
COD		0.217	0.154	0.356**	0.257**
水温	0.505**	0.375**	0.325*	0.427**	0.323**
溶解氧饱和度	0.219	0.163	0.174	−0.225	−0.065

注　* 在 0.05 水平（双侧）上显著相关；** 在 0.01 水平（双侧）上显著相关。

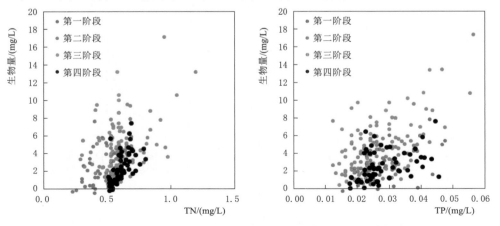

图 2.4-19（一）   洱海浮游植物生物量与不同水质指标的散点关系图

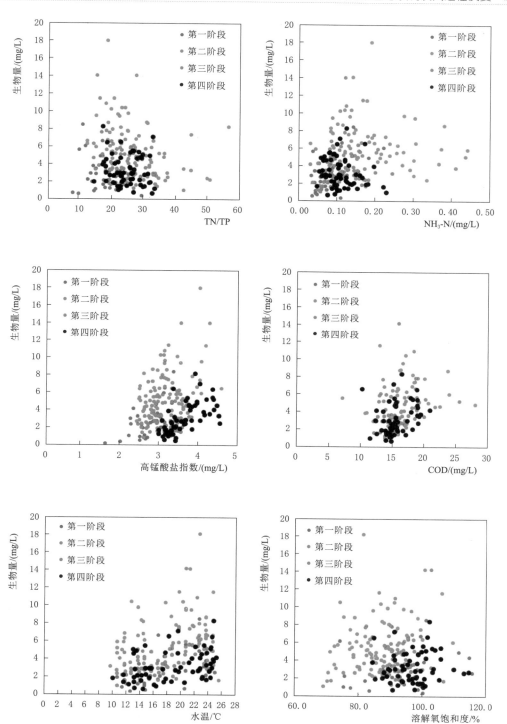

图 2.4-19（二） 洱海浮游植物生物量与不同水质指标的散点关系图

在第一阶段，浮游植物生物量与 TP、NH$_3$-N、COD$_{Mn}$ 和水温呈显著性正相关，与其他水质指标无显著相关性。此阶段洱海为氮素限制，N 浓度不能为浮游植物生长提供充足营养，P 浓度变化对浮游植物的增长有重要作用。

在第二阶段，生物量与 TN、TP、COD_{Mn} 和水温呈显著性正相关，与 TN/TP 呈显著性负相关，此阶段 TN、TP 浓度保持在较高水平，相比于第一阶段，N 对浮游植物生长的贡献有所增加，浮游植物生物量随着 N 浓度的增加而增加；且 TN/TP 的贡献有所突出，此时洱海氮磷结构发生变化，营养盐状态为 P 限制，因此 TP 增加更有助于浮游植物生长。

在第三阶段，生物量与 TN、TP 和水温呈现显著性正相关，与 TN/TP 呈显著性负相关；但此阶段 TN 浓度呈下降趋势，TP 浓度呈增长趋势，TN/TP 的贡献较第二阶段更加突出，TN/TP 的变化由 TP 变化引起，TP 增加，TN/TP 降低，浮游植物生物量增加。

在第四阶段，生物量与 TN、TP、COD_{Mn}、COD 和水温呈显著性正相关；该阶段 TN、TP、COD_{Mn}、COD 浓度均呈增长趋势，尤其是 TN 对生物量的贡献量达到最大。

尽管 RDA 分析（Redundancy Analysis，冗余分析）显示了水温与浮游植物生物量的显著相关性，但水温变化的季节性特征明显，对浮游植物的影响主要体现在季节变化上。综上，氮磷营养盐是洱海浮游植物生物量变化的主要影响因子。

RDA（响应变量矩阵与解释变量之间多元多重线性回归）分析表明，营养盐（TN、TP）和透明度是影响浮游植物优势种群落组成的主要影响因素（图 2.4 - 20）。鱼腥藻和微囊藻与 TN、TP 呈显著性正相关，与透明度呈显著性负相关；鱼腥藻细胞密度的最大值与 TP 呈显著性正相关关系，微囊藻最大值与 TN/TP 呈显著性正相关关系；直链藻与水温呈显著性正相关，与透明度呈显著性负相关；暗丝藻与微囊藻呈现相似的相关趋势，并与水温和 TN/TP 的相关性更显著。

光照被认为是影响蓝藻水华的一个重要因素（Phlips et al.，1997），但 RDA 分析显示洱海浮游植物变化与光辐射无显著相关性，因此，对于高原湖泊来说，光照是充足的，不是藻类生长的限制因素。2003 年之前洱海处于 N 元素限制，蓝藻水华以鱼腥藻为优势种，鱼腥藻为固氮蓝藻，在 N 元素限制条件下可利用空气中的 N_2 进行固氮并逐渐形成优势。进入 21 世纪以来，随着社会经济的快速发展，大量营养盐入湖，TN、TP 入湖负荷显著增加，促进了非固氮蓝藻微囊藻的生长。文献表明浊度是藻类生长的决定性因子，2003 年后洱海透明度显著下降，洱海水体浊度显著升高，促进了直链藻（硅藻）的生长。另外，RDA 也显示直链藻与透明度呈显著性负相关，进一步说明洱海直链藻的增多与水体透明度下降有关。2010 年后，洱海 TN/TP 的响应关系突出，TP 浓度升高有助于微囊藻的生长，在此阶段，暗丝藻数量迅速增多并成为继微囊藻之后的第二优势种。RDA 分析表明，暗丝藻与 TN/TP 呈显著性正相关，TN/TP 升高应该会增加暗丝藻的数量，然而在 TN/TP 仍然较高的 2004—2010 年期间，暗丝藻数量却不多，这表明 TN/TP 增加可能并不是暗丝藻数量增多的一个关键影响因素，而有可能是暗丝藻数量增加的一个基础。而暗丝藻数量会随着 TP 浓度升高而增加，因此，研究推测 TP 浓度升高有可能是暗丝藻数量增多的重要驱动因素。

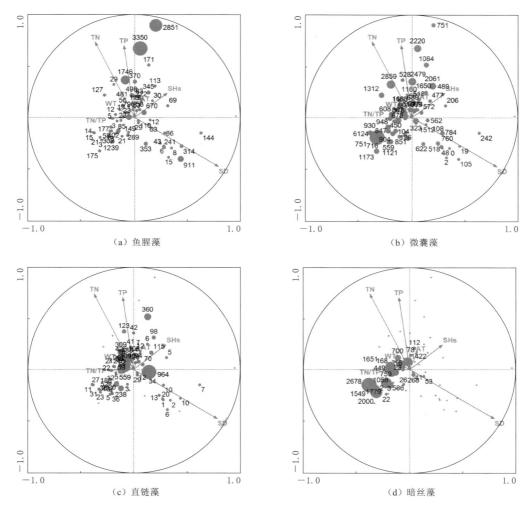

图 2.4-20 浮游植物优势种与环境因子的 RDA 分析

2.5 洱海流域水环境演变成因与驱动力分析

2.5.1 存在的主要水环境问题

（1）流域水资源利用程度已严重超过合理利用上限，流域水资源匮乏问题较为突出。

洱海多年平均天然径流量为 11.45 亿 m^3，多年平均湖面蒸发水量为 3.16 亿 m^3，扣掉湖面蒸发后的实际可用水资源量 8.29 亿 m^3，人均水资源量为 $864m^3$/人。近 10 年（2010—2019 年）洱海流域用水量及引洱入宾水量合计 4.5 亿 m^3，现状水资源开发利用程度已高达 54.3%，远高于全省 7.1% 的平均水平，其开发程度已超过了 40% 的水资源合理开发程度上限。同时受流域来水量严重偏少的影响，2011 年、2013 年、2014 年和 2019 年，洱海流域实际的水资源开发利用程度已超过 90%，特别是 2014 年流域水资源开发利用程度高达 111%，流域水资源匮乏问题较为突出。

（2）流域水资源利用不尽合理，河湖生态环境用水被严重挤占，苍山十八溪经常断流。

洱海流域耗水以农业种植为主，洱海西岸现状灌溉面积 14.34 万亩，其中有 5.14 万亩靠引苍山十八溪水灌溉，大理镇、银桥镇、湾桥镇、喜洲镇、上关镇等乡村生活供水也多数取自苍山十八溪。据调查统计，苍山十八溪上现状已建取水口约 40 多个，由于上游生活生产用水的不合理取用，导致苍山十八溪经常断流，对洱海湖滨湿地水生态环境造成严重影响。2015 年，阳南溪、葶溟溪、桃溪、梅溪、白石溪、霞移溪 6 条溪全年有 10 个月断流，龙溪、白鹤溪、中和溪、隐仙溪、双鸳溪、阳溪、万花溪 7 条溪全年有 6~9 个月断流，莫残溪、清碧溪、灵泉溪、锦溪 4 条溪断流月数 1~3 个月，十八溪中仅有茫涌溪没有断流；2016 年，霞移溪全年 12 个月均断流，葶溟溪有 11 个月断流，阳南溪、中和溪、梅溪、隐仙溪、双鸳溪、万花溪 6 条溪全年有 6~9 个月断流，清碧溪、白鹤溪、桃溪、阳溪 4 条溪断流 1~4 个月。

（3）洱海水质年内及年际间波动性强，TN、COD 等仍维持高位水平，水质尚未根本好转，蓝藻水华暴发风险仍较大。

1999 年以后，洱海水质由 Ⅱ 类下降到 Ⅲ 类，2003 年后总体稳定在 Ⅲ 类，呈波动性变化；2016—2018 年期间洱海 TN、TP、COD 等主要水质指标呈下滑态势并在高位波动。2016 年受流域入湖污染负荷增加的影响，洱海水质呈现下降趋势，TP 较 2015 年大幅上升 31.8%，TN 上升 5.9%，COD 上升 3%。洱海经过"十三五"规划及抢救性保护等一系列措施实施，虽然初步遏制了水质下滑趋势，但水质改善的"拐点"还没有出现。2018 年洱海 TN 升高（0.62mg/L），达到 2010 年后的最高水平；TP 仍维持在高位水平（0.027mg/L）；COD 浓度持续增加（16mg/L），达到 2011 年以来最高值。洱海水环境保护形势依然十分严峻。

随着洱海保护治理工作效益发挥，近几年洱海水生态总体向好，2017 年全湖水生植物覆盖度达 12.7%。然而，洱海藻类存量大，且秋季固氮蓝藻大幅增加，蓝藻水华发生风险仍较大。2017 年藻类叶绿素 a 年均值为 16.9mg/m³，达到 2003 年后的最高水平；藻类生物量年均值为 3.36mg/L（藻细胞数 1266 万个/L），较 2016 年增长 59.5%；藻类群落结构春夏季以微囊藻、转板藻为优势种，秋冬季转变以丝状蓝藻拟柱孢藻及浮丝藻为优势种，但蓝藻水华风险仍然较大。

（4）洱海流域种植业发达，以抽水提灌为主，农田退水直接排入邻近沟渠及附近河道，面源污染严重，导致入湖河道及洱海水质下降。

近年来，由于洱海流域经济发展较快，农村生活方式发生转变，洱海周边以大蒜为主的"大水、大肥"作物高强度种植，奶牛和生猪分散养殖量大，环湖低端旅游无序发展，污染工程治理体系薄弱等原因，洱海流域污染负荷快速增加，致使洱海水体由中营养化逐步向富营养化进程迈进，局部湖区及北部湖湾水质较差。污染负荷快速增加、气候变化和流域社会经济活动耗水导致陆域入湖水量减少，致使近些年来洱海水质有恶化的趋势，2013 年曾出现大面积的蓝藻水华，2016 年 7—11 月上旬洱海局部湖湾和部分水域再次出现不同程度的蓝藻聚集现象。

1992—1998 年期间，洱海水体水质总体处于 Ⅱ 类；1999 年之后，由于 TN 或 TP 超标,洱海水质逐步下降为Ⅲ类,近年来洱海水质年际波动性大,TN、TP 和 COD 为主要特征污染物。弥苴河、罗时江、永安江、阳南溪、隐仙溪、茫涌溪、波罗江等入湖河流水质为Ⅴ类,葶溟溪、莫残溪、清碧溪、黑龙溪、白鹤溪、中和溪、桃溪、西闸河、玉龙河、凤尾箐、白塔河等入湖河流水质为劣Ⅴ类(参考湖库标准 TN 参评时为劣Ⅴ类)。

(5)洱海湖滨带水生植被结构和功能单一化趋势明显,植物资源退化严重,沉水植被分布面积骤减,生态系统调节功能下降。

湖泊底部良好的光照是沉水植物赖以生长的基本前提,直接影响沉水植物在湖泊中的最大分布水深。近年来频繁的人类活动加速了洱海水体富营养演化进程,水体透明度下降对湖滨沉水植物造成严重弱光胁迫,沉水植被分布面积由 1980 年的约 40%下降至目前的约 10%,沉水植物分布水深下限由 1980 年的 9~10m 退化到目前的 6m 以内,洱海沉水植被结构呈单一化趋势,植物资源退化趋势严重;洱海沉水植被分布面积骤减,对湖泊水生态系统调节功能明显下降;洱海沉水植物种子库严重退化,自然恢复潜力显著降低。因此,洱海湖滨带沉水植被的修复,除亟须在合适的湖区人为补种以加快水生态系统修复外,更需要为沉水植物自然生长与繁衍提供条件。

(6)洱海水位调度运行存在"蓄浑排清"现象,不利于洱海水质改善与水资源保护。

洱海流域种植业以高强度的"大水、大肥"农作物"大蒜"种植为主体,流域内旅游业发达,经济社会活动耗水量大,同时受区域农田灌溉渠系配套不完善、灌溉用水效率低、管理水平低、水费按每亩固定收取等因素影响,洱海流域农田大水漫灌、用水浪费问题突出,加之受流域水资源条件约束,洱海湖泊水位变化过程随流域来水条件被动调节,存在"蓄浑排清"现象,而不是"蓄清排浑(污)",不利于洱海水质改善与水资源保护,及湖滨湿地发育与修复。为加快洱海水质保护,快速修复洱海湖滨湿地,并尽可能让汛期污染负荷含量较高的入湖水尽可能少地滞留湖区,应改变目前洱海水位被动变化状况,变被动为主动,以适应新时期洱海水质治理与保护的新需求。

2.5.2 洱海水环境演变的驱动力因素

综合 2016—2020 年期间洱海水质时空变化特点、2008—2020 年期间洱海水质年际变化过程及水体富营养演变趋势,驱动洱海水环境演变的主要影响因素包括流域水文情势、面源负荷输入、水资源条件约束、湖滨带植被演替与水生植物收割管理等 5 个方面。

(1)流域水文情势是影响洱海水质年际波动变化的关键因子。

洱海流域干湿季节分明,旱季(12 月至次年 5 月)降水量仅约占全年 10%,约 90%的入湖径流都集中在 6—11 月,受雨情条件影响和控制的入湖径流是近年来洱海水质年际波动变化的关键环境因子。根据水文还原分析和水量平衡计算,洱海 1960—2018 年多年平均天然径流量为 11.7 亿 m^3,扣除流域内生产生活消耗及环湖截污工程外排水量 2.47 亿 m^3,多年平均入湖水量为 6.88 亿 m^3,考虑湖面降水后洱海多年平均入湖水量为 9.23 亿 m^3(图 2.5 - 1),扣除湖面蒸发损失(多年平均 3.13 亿 m^3)后洱海多年平均净水资源量仅为 6.10 亿 m^3。

分析 2008—2018 年期间洱海流域入湖径流与湖区整体水质演变过程,以 COD 和 TN 为代表,见图 2.5 - 2,2008 年为特丰水年($P=8\%$),2009 年、2010 年为平水年,入湖

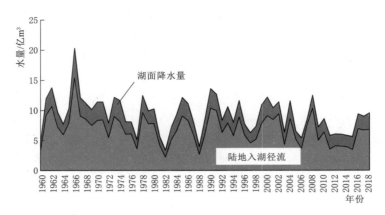

图 2.5-1　洱海 1960—2018 年陆地入湖径流及湖面降水量过程图

水量较多，2009—2010 年期间洱海全湖的 TN、COD 浓度为近年来最高；2011—2015 年为连续枯水年，入湖水量较正常年份减少 40％以上，降水径流挟带的污染物大幅度减少，洱海的 COD、TN 浓度也呈逐年降低过程；2016—2018 年流域来水属正常年份，入湖水量较 2011—2015 年显著增加导致洱海入湖污染物量明显增多，洱海湖区的 COD、TN 浓度亦呈逐年升高态势。因此，流域水情条件影响下的入湖径流是近年来洱海水质年际波动变化的关键驱动因子。

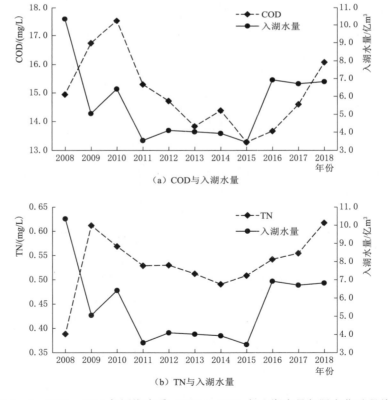

图 2.5-2　2008—2018 年洱海水质（COD、TN）与入湖水量年际变化过程关系

（2）农田面源负荷随降水径流集中入湖是洱海整体水质超标的关键制约因素。

从入湖污染负荷年内变化过程来看（图 2.5-3），洱海湖区氮磷及有机污染物来源以生活点源和面源为主，主要通过入湖河流和农灌排水沟渠在雨季（6—10 月）集中入湖。如 2018 年洱海全年入湖的 COD、TP、TN 负荷量分别为 10919t、131t、1541t，其中雨季负荷约占 79.0%～84.8%，非雨季节仅占 15.2%～21.0%，农田面源负荷随降水径流入湖是近年来洱海湖区水质 6—10 月严重超标和年内整体不达标的关键环境因素。因此，针对点源污染实施环湖截污和尾水外排，对农业农村面源污染通过调整农业种植结构以减少化肥施用及水土流失中的肥效损失，对农村分散式点源污染建设栅格化粪池、生态塘库系统以净化水质并回灌于农田，并在农业耕作区与湖滨带衔接区建设生态调蓄带，以拦截调蓄带汇流区的初期雨污水并回用于农田灌溉。这些水污染防治措施对控制点源入湖、减少农田面源产生及氮磷流失、减少高浓度初期雨污水入湖均有十分重要的作用，并将在洱海水质演变过程中逐步显现出来。

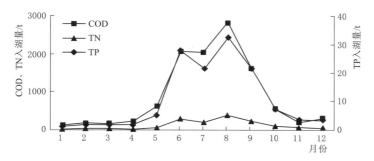

图 2.5-3 2018 年入湖污染负荷年内分布过程

（3）流域水资源量不足是制约洱海水质持续性改善的重要因素。

根据 2018 年洱海湖区 17 个常规水质监测站点逐月水质监测资料和洱海大关邑水位站逐日水位监测数据，统计得到湖区整体水质（以 COD、TP 为代表）与洱海月均水位值间的响应关系（图 2.5-4）。2018 年洱海水位及湖区 COD、TP 浓度的最高值均出现在 9 月，湖区水位自 10 月开始下降，到次年 5 月达到最低值，相应的湖区水质浓度也呈逐月降低过程；同时随着雨季来临，降水径流挟带大量的农田面源负荷及旱季沟渠积存的点源负荷入湖，6 月洱海水质浓度快速升高，7—9 月湖区水质维持在较高的浓度水平。由此说明：洱海水位变化与湖泊水质具有明显的关联性，在当前流域水资源条件日益短缺的情势下，拦蓄含有大量面源污染负荷的雨季来水只能维持湖泊水量的基本平衡，无法利用洱海 4.25 亿 m^3 的调蓄库容来发挥其"蓄清排浑"功效，这是影响当前洱海水质年内大幅波动变化和雨季水质严重超标的重要因素。当有外流域来水改善本区水资源条件下，减少汛（前）期初期雨污水和农田面源负荷的拦蓄量，将流域内 6—7 月水质较差的来水尽可能多地排出，拦蓄汛后期相对清洁的来水，并由外流域补水适当缓解本区水资源量不足的问题，从而逐步改善雨季及汛后期的洱海水质状况，有利于促进洱海水质的持续性改善。

（4）湖滨带水生植物演替对抑制洱海水体富营养化演变并促进洱海水生态系统良性循环具有重要意义。

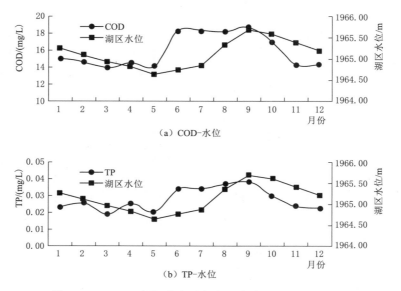

（a）COD-水位

（b）TP-水位

图 2.5-4 2018 年洱海水质与湖区水位变化响应关系图

浅水湖泊水生植物的整个生命周期（生长、衰亡、演替）都参与了湖泊生态系统生物地球化学循环，在水生态系统牧食食物链中扮演着生产者角色，同时衰亡后为碎屑食物链提供有机质，而且水生植物在生长过程中可以通过吸收、过滤、截留等作用，降低环境中的有机物、无机物含量，减轻水体营养盐负荷，因此水生植物在维持洱海水生态系统平衡、抑制洱海水体富营养化演变并促进洱海水生态系统良性循环发挥着重要作用。

湖泊底部良好的光照是沉水植物赖以生长的基本前提，并直接影响沉水植物在湖泊中的最大分布水深。自 20 世纪 80 年代末起日益频繁的人类活动加快了洱海水体富营养化演替进程，水体透明度下降对湖滨沉水植物造成了严重的弱光胁迫，沉水植被分布面积由 1980 年的 40％下降至 2016 年的 10％，沉水植物分布水深下限也由 1980 年的 9～10m 退化到 6m 以内。综合其成因，洱海水体富营养化和高水位运行（特别是春季高水位）是驱动沉水植被演替的主要因子。因此，现阶段应在大幅度削减陆域点源、面源入湖污染负荷的基础上，结合水资源条件汛前期尽可能多地将水质相对较差的入湖水排出湖外、汛后期拦蓄相对清洁的入湖水并发挥洱海"蓄清排浑"功效的水质改善需求；优化洱海水位调控，在洱海水温大于 15℃后湖滨带沉水植物开始复苏生长的 4—6 月低水位（1964.30～1964.60m）运行，7—8 月水体相对较为浑浊、水体透明度明显下降时段维持适当低水位（1964.60～1964.80m）运行有利于湖滨带浅水区（3～6m）沉水植物生长，并为浅水区沉水植被向适度深水区（6～10m）延展创造条件。通过 2017—2018 年 4—7 月适度低水位调度实践（水位变幅 1964.26～1964.79m）并结合适当的人工修复措施（栽种本地种水草），洱海湖滨带水生植被恢复性增长十分显著，2018 年分布面积达 33.4km^2，占比为 13.36％。

（5）湖滨带水生植被的收割管理是持续推进洱海雨季水质改善的重要影响因素。

尽管水生植物在生长过程中可以通过吸收、过滤、截留、富集等作用降低水体中的营养盐负荷，但在富营养化湖泊中，过量繁殖的水生植物在冬天死亡到第二年回春时，如果未及时收割，死亡的水生植物腐烂分解释放的各种营养盐物质会加剧水体富营养化程度。一般而言，植物腐解过程中大部分营养物质被释放向水体，剩余部分随植物残体沉向水底，形成内源污染，因此，洱海湖滨带水生植被自然修复后的收割管理十分重要，如近几年洱海年内水质在5—6月期间会出现显著的跳跃式升高，很大可能与过量繁殖的水生植物在冬天死亡后未及时收割关系密切。

以2018年为例，洱海湖区COD、TP指标的整体水质浓度分别由5月2日的14.13mg/L、0.020mg/L升高到6月4日的18.30mg/L、0.033mg/L，浓度增幅分别达29.5%、68.7%，对应该期间洱海的平均水位及其蓄水量（1964.61m，26.11亿 m^3），洱海中COD、TP负荷增量分别达10887.9t、33.9t。经水量平衡和洱海水环境数学模型估算，该期间经陆域和湖面降水降尘入湖的COD、TP负荷分别约为624.30t、8.64t，仅分别约占该期间COD、TP负荷增量的5.73%、25.49%，其余增量均来自湖体内。由此可见引起2018年5—6月期间洱海湖区水质整体显著跳跃式升高的主要因素很可能是水生植物冬季死亡后随着气温升高植物腐解后短期内大量释放、湖泊沉积内源释放和初期雨污水伴随着农田面源入湖的综合作用结果。

2.6 小结

（1）洱海流域多年平均天然径流量为11.45亿 m^3，扣掉湖面蒸发后的实际可用水资源量为8.29亿 m^3，人均水资源量为837 m^3/人。扣除湖面蒸发损失后的水资源开发利用率已达54.3%，来水量偏少年份甚至超过90%，特别是2014年水资源开发利用程度高达111%，流域水资源匮乏问题日益突出。现状多年平均入湖水量为9.11亿 m^3，多年平均湖面蒸发水量为3.13亿 m^3，多年平均环湖生活、农业取用水量为1.68亿 m^3，引洱入宾引水量为0.8亿 m^3，西洱河需下泄生态环境水量为2.81亿 m^3，现状维持洱海水量平衡多年平均需水量为1.02亿 m^3，2035年维持洱海水量平衡多年平均需水量为0.74亿 m^3，缺水量主要在枯水期及其以上年份。

（2）近年来洱海整体水质类别为Ⅱ～Ⅲ类，属中营养水平，年内水质具有旱季较好、雨季超标相对较重的变化特点，年际间波动变化特征明显，且洱海综合营养状态指数呈逐年升高变化的过程，主控因素为叶绿素，指示性指标为浮游植物生物量。农业面源是影响洱海整体水质达标并导致雨季水质严重超标的关键环境因子，而降水径流是洱海流域面源污染物入湖的主要驱动力和载体，入湖径流量及其年内变化过程是影响洱海水质年际趋势性变化的关键驱动因子，水资源短缺形势下初期雨污水全部被拦蓄在湖体内的水位调度方式不利于洱海水质的持续性改善及湖滨带水生植被和湖泊水生态系统的自然恢复，多年生水生植被在冬季死亡后未能及时收割可能对春夏之交洱海水质跳跃式变化产生较大影响。

（3）1960年以来洱海水生植被群落及其面积分布经历了扩张、鼎盛、衰退和稳定等4个时期，洱海水生植被分布面积由1980年鼎盛时期的40%以上缩减到2000年的10%以下，水深分布下限由9～10m萎缩至小于6m，水生植被多样性下降，沉水植被种类减

75

少，耐污较强植物系迅速发展，优势种由 1960 年的大茨藻、篦齿眼子菜、海菜花等演变为耐污型的苦草、金鱼藻和微齿眼子菜。洱海水生植被演替过程与受环湖水利工程、西洱河梯级水电开发、洱海管理保护条例修订、湖区网箱养殖、流域经济社会发展及水污染治理措施等影响引起的洱海水位、水质变化关系十分密切，其中 1960—1970 年期间水生植被快速扩张主要是受洱海环湖修建水利工程后入湖水中的泥沙含量减少、水体透明度升高影响所致；1970—1990 年为洱海水生植被生长和最大面积分布的鼎盛期，是洱海年内 5—8 月维持低水位、年内年际水位大变幅波动和湖体优良的水环境质量共同驱动的结果；1990—2003 年期间水生植被快速萎缩是湖区网箱养殖、大量水草打捞、农田面源输入等引起洱海水质变差、水体透明度大幅度降低和洱海水位抬升综合作用的结果；2004—2016 年期间洱海水生植被恢复十分缓慢，其面积占比长期维持在 10% 左右，主要是由洱海受人工调控处于较高水位运行和水体富营养化趋势有所加重后水体透明度未得到有效提升影响所致；2017—2019 年期间洱海水生植被面积增加明显，主要是由 4—7 月低水位试验性调度运行和适当的人工补种措施综合影响所致。

（4）在洱海流域种植业发达、旅游资源丰富及干湿季节分明的背景条件下，针对洱海流域目前存在的初期高浓度雨污水及大量的农田面源污染难以有效控制、流域水资源短缺导致洱海只能拦蓄全部雨污水而无法实现"蓄清排污"的调度运行方式及湖滨沉水植物大面积消失致使湖泊水生态系统退化严重并加剧湖湾藻类生长及其富集等主要水环境问题，遵循"源头控制-过程阻断-末端拦截-水生态修复"的综合治理思路，分别提出有针对性的水环境治理与湖泊水质保护对策。

第3章 洱海水质水生态保护需求及湖泊水位调度合理性研究

洱海是大理市主要集中式饮用水源地，具有调节气候、提供城镇生活与工农业生产用水、保持水生生物多样性等多种功能，是整个流域乃至大理白族自治州经济社会可持续发展的基础。洱海水质、水生态及水位变化涉及流域土地资源开发利用、产业结构布局、流域水资源开发利用、水环境质量及水生态系统演变等诸多方面，一直受到社会各方关注。洱海水位变化不仅对大理州水资源利用、社会经济发展有着深远的影响，同时对洱海水环境质量状况、水生态环境系统性演变、周边居民生产和生活都带来巨大影响，因此，洱海水位调度应兼顾湖周生产生活饮用水安全、湖泊水环境质量持续性改善及水生态系统性修复等多目标需求，促使洱海水质、水环境、水生态改善，让湖泊水生态环境质量向良好湖泊方向演替与发展。

3.1 洱海水质水生态修复治理需求

3.1.1 洱海水质保护与水生态修复目标

1. 洱海水功能区划

洱海隶属苍山洱海国家级自然保护区，自然保护区主要保护对象是：高山湖泊水体及水生动植物自然生态和自然景观；高原淡水湖泊的湿地生态系统；第四冰川遗迹。洱海属断层构造湖，是云南省第二大高原湖泊，是保护区的主体水域，流域面积 2565km²，最高运行水位 1966.00m 时湖泊水面面积 252km²，对应湖容 29.59 亿 m³，最大水深 21.3m，平均水深 10.8m，现状水质为Ⅱ～Ⅲ类，规划水平年水质保护目标为Ⅱ类。

2. 《云南省大理白族自治州洱海保护管理条例》

《云南省大理白族自治州洱海保护管理条例》（以下简称《条例》）修订，于 2019 年 9 月 12 日经大理白族自治州第十四届人民代表大会第三次会议审议通过，云南省第十三届人民代表大会常务委员会第十三次会议于 2019 年 9 月 28 日批准，自 2019 年 12 月 1 日起施行。《条例》中第五条"洱海湖区、洱海主要入湖河流、洱海流域其他湖（库）的水质按照《地表水环境质量标准》（GB 3838—2002）Ⅱ类水质标准进行保护"。实施生态补水工程补入洱海的水，水质应当达到《地表水环境质量标准》（GB 3838—2002）Ⅱ类水以上标准。

3.《云南省洱海流域水环境综合治理与可持续发展规划》

2017年12月3日，国家《关于云南省洱海流域水环境综合治理与可持续发展规划的批复》（发改地区〔2017〕2079号）正式批复《云南省洱海流域水环境综合治理与可持续发展规划》，该规划中洱海水质保护治理目标如下。

近期目标（2020年）："十三五"期间，洱海湖心断面水质稳定达到Ⅱ类，全湖水质确保30个月、力争35个月达到Ⅱ类水质标准，水生态系统健康水平明显提升，全湖不发生规模化藻类水华；到2020年，主要入湖河流总氮、总磷浓度比2015年下降20％，消除劣Ⅴ类。

中长期目标（2025年）：到2025年，洱海流域生态环境得到明显改善，资源保护和利用水平显著提升；经济结构调整取得显著成效，形成以绿色产业占主导的现代产业体系；居民生活方式绿色化，流域综合治理与可持续发展能力得到全面大幅提升，建成美丽洱海。

4.《洱海保护治理规划（2018—2035年）》

根据《云南省河长制办公室关于开展九大高原湖泊保护治理规划编制工作的通知》要求，中国环境科学研究院、云南省水利水电勘测设计研究于2019年12月编制完成《洱海保护治理规划（2018—2035年）》（征求意见稿），2020年大理白族自治州人民政府以大政发〔2020〕16号文批复了该规划。规划中确定的洱海保护治理水质目标如下。

近期目标（2020年）：湖滨生态屏障基本建立，主要入湖河流水质明显改善，氮磷入湖污染负荷较现状削减8％～10％；洱海全湖水质每年确保6个月、力争7个月达到Ⅱ类，洱海湖心断面水质达到Ⅱ类，全湖不发生大规模化藻类水华，洱海水生态得到明显改善。

中期目标（2025年）：主要入湖河流水质持续改善，氮磷入湖污染负荷在2020年基础上削减15％～20％；洱海全湖水质总体达到Ⅱ类，全湖不发生规模化藻类水华，洱海水生态功能恢复到良好水平。

远期目标（2035年）：建立与洱海水质保护目标相适应的流域经济发展模式；入湖河流水质全面达到功能区要求；洱海全湖水质稳定达到Ⅱ类，基本不发生水华现象，水生植被面积达到20％，实现水生态系统良性循环，达到河畅、水清、岸绿、湖美的目标。

3.1.2　水生植物治理洱海水体富营养化的机理机制

植物修复技术是指利用绿色植物及其根际的微生物共同作用以清除环境污染物的一种新的原位治理技术，其机理主要是利用植物及其根系附着微生物的代谢活动来吸收、积累或降解转化环境中的污染物。植物在生态系统中是生产者，是重要的基础，在水中可以发挥多种生态作用。在生态系统中，植物的光合作用使系统可以直接利用太阳能；而植物的生长提供的适宜的栖息环境，使系统中的生命形式更加多样化成为可能。

1.水生植物在洱海水生生态系统中的作用

（1）物理作用。水生植物存在的水体一般都具有风浪扰动小、水流速度低、水面风速小等特点，这为悬浮固体的沉淀创造了更好的动力条件，并减小了沉淀下来的固体再悬浮的可能性。另外生长在自然/人工湿地上的植物因为其稠密的根系覆盖限制了冲蚀缝隙的形成，对自然/人工湿地土壤的稳定十分重要。漂浮植物拥有发达的根系，与水体接触面积很大，在水体中形成一道密集的过滤层，吸附或截留水流中的不溶性胶体。与此同时，附着于根系上的细菌在其进入内源呼吸期后发生凝聚，部分菌胶团沉降悬浮性有机物和新陈代谢产物。挺水植物水烛（Typha Angustifolia L.）群落因降低了再悬浮作用而固持了相当于3%～5%的外源磷负荷。沉水植物在抑制生物性悬浮物的同时，也能抑制非生物性悬浮物。在美国 Peoria 湖中"草甸型"轮藻（Chara）和"天篷型"狐尾藻（Myriophyllum Sibiricum L）。这两种沉水植物在生物量较大时均能够有效地增强底泥沉积并降低底泥再悬浮，阻断底泥对浮游藻类营养的供给，起到了营养物"陷阱"的作用。

（2）吸收作用。水生植物可以从受污染水体中直接吸收利用营养物质，满足自身生长和繁殖的需要，富营养化水体中的有机态氮可被微生物分解转化，无机氮则是水生植物生长过程中必需的物质，水生植物直接摄取水中的无机氮用于合成有机氮和蛋白质，最后通过收割植物直接从受污染水体和湿地系统中除去。无机磷是植物必不可少的营养元素，受污染水体中含有的无机磷被植物吸收和同化作用转化成植物的 ATP、DNA、RNA 等有机成分，然后通过植物的收割而去除。有根植物通过其根部摄取营养物质，而浮水植物没在水中的茎叶，也可从周围的水体中摄取营养物质，同时许多根系不发达的沉水植物，如金鱼藻属也能直接从水体中吸收营养物质。水生植物生长迅速，产量高，可观的营养物被固定在生物体内，植物体收割后营养盐就能从水生生态系统中被去除，因此可在富营养化水体中种植水生植物，以达到水体脱氮除磷净化水质的目的。与藻类相比，N、P 在水生植物体内的存储更加稳定，因为水生植物的生命周期更长，当其被转移出水生生态系统时，其吸收的营养物质也随其移出了水体，从而达到水质净化效果。

（3）富集作用。水生植物生长过程中，对一些有机物和重金属并不是必需的，并且这类物质在植物体内累积到达一定程度后，对植物有毒害作用，但是某些植物能够进化出特有的生理机制助其脱毒。这类生理机制通常为螯合作用及区室化等作用，例如通过重金属诱导即可使凤眼莲植株内产生具有重金属络合作用的金属硫肽；另外由于水生植物线粒体中含有多酚氧化酶，多酚氧化酶对外源苯酚的有羟化及氧化作用，利用此作用可解除酚对植物株的毒害。因此水生植物本身进化的生理机制使其对重金属和含酚有机物有很强的吸收富集能力。

（4）克藻作用。水生植物和浮游藻类同属于初级生产者，但相对于浮游藻类，水生植物个体大，生命周期长，竞争优势大，会直接影响藻类的生长。其影响主要有两方面，一方面水生植物通过对光和营养物质的竞争优势，可限制藻类的生长；另一方面通过化感作用限制藻类的生长，即某些水生植物能分泌出克藻物质，达到抑制藻类生长的目的，如类固醇、萜类化合物等。例如，从篦齿眼子菜极性提取物中分离出多个半日花烷型二萜类化感物质，可显著抑制羊角月牙藻的生长，EC_{50}（半数效应浓度）低至 6.1μmol/L。

2. 水生植物去除水体中 N、P 等营养盐的机制

（1）吸收作用。N、P 是藻类等浮游动植物正常生长最主要的限制因子，水体中的N、P 含量直接决定藻类的繁殖速率，而植物的正常生长需要吸收 N、P 等必需的营养元素转化为自身结构的组成物质。大型水生植物可直接从水体和底泥中吸收 N、P，进而同

化为自身结构的组成物质（核酸和蛋白质等），同化速率与水体营养盐水平、植物生长速度呈正相关关系，而且在合适的环境中，它通常是以营养繁殖来快速积累生物量，N、P作为水生植物必需的大量营养元素，水生植物对这些元素的固定能力自然很高。由于高等水生植物的生命周期长于藻类，死亡后才会再次释放这些物质，因此，N、P等营养盐在高等水生植物体内的储存比藻类稳定，在富营养化水体中种植高等水生植物，不仅可达到水体除磷脱氮的目的，还可收获可观的生物资源。在这一方面，漂浮植物凤眼莲和浮萍由于易于收获并且生长速度快，研究和应用较多。

（2）促进反硝化作用。水体中氮的去除机制包括三步：①氧化，将有机氮氧化为氨态氮；②硝化，硝化细菌的硝化作用将氨态氮转化为硝酸盐氮；③反硝化，在厌氧条件下由反硝化细菌将硝态氮反硝化为氮气，最终实现除氮的目的。其中，最后一步往往是最终除氮的关键步骤，而缺氧是反硝化进行的必要条件。植株根部所在的底质边缘通常呈现缺氧状态，挺水植物可将少量空气传送到根部附近，维持植物在缺氧环境中生长，也给反硝化作用创造合适的氧环境。反硝化作用除了跟环境中氧含量有关外，还和原水中的碳氮质量浓度比（C/N）有关系，充足的碳源是系统有效除氮的关键。有关研究表明，C/N达到5才能确保反硝化作用所需要的碳源。一旦C/N低于5，碳源就成为反硝化作用进行的限制性因素，而水生植物的存在给反硝化作用提供了充足碳源，保证反硝化作用的正常进行。

（3）植物与微生物的协同作用。水体中的微生物数量与其净化效率之间存在着显著关系，数量越多意味着去除率就越高：污水中BOD_5的去除率和湿地细菌总数呈现出显著相关，氨态氮的去除率与反硝化细菌、硝化细菌数量密切相关，污水中总大肠杆菌去除率与湿地原生动物及放线菌的数量存在着明显相关性。构建水芹、凤眼莲两种类型人工湿地净化武汉东湖污水中N、P，并研究去除率与介质中硝化细菌、磷细菌的数量分布关系，结果显示两种湿地中的反硝化、硝化细菌数量都高于对照组，表明这两种植物的存在利于硝化、反硝化细菌的生存。尽管水生植物对大多数污染物有一定的耐受性，但在受污染水体中其生长情况一般不佳，可通过向根部加入促进植物生长的细菌的方法来改善植物的生长状况，这类细菌能为植物提供铁离子，同时可有效减少植物体内限制其生长的乙烯含量，最终显著提高植物种子的发芽率，增加植物的生物量，使植物修复过程更加迅速有效。

3. 水生植物系统对氮、磷去除机制的区别

通常认为，磷酸根离子主要通过配位体的交换被吸附到Al^{3+}和Fe^{3+}的表面进行固定，但这只是改变了磷的存在形式，并没有达到去除磷的目的。并且，有机物的厌氧降解、氨氮硝化、空气中CO_2向水中溶解都能促使pH值下降，这会促使不溶性磷酸盐再次变成可溶性磷酸盐向水中释放。有研究表明，微生物同化作用对水体中TP的去除贡献率为50%～65%，植物摄取去除的贡献率为1%～3%，其余为物理作用、化学吸附和沉淀等作用。

对磷素的去除，尽管植物的直接贡献不大，但是其表面附着的微生物对磷素的同化作用可归为间接来自植物的贡献。有学者研究浮萍覆盖的生活污水中各个因素（植物、微生物和藻类）去除N、P的贡献，研究结果表明，植物直接或间接贡献了大部分N、P的去除（包括吸附在植物表面的微生物进行的反硝化作用和硝化作用），浮萍对污水中TN和

TP 去除的贡献相应占总去除量的 30%～47% 和 52%。

研究表明水芹湿地中的反硝化、硝化细菌数量大于凤眼莲湿地，而后者对氨氮的去除率又高于前者，表明在人工湿地对氮的净化机制中，水生植物吸收占主导作用。此外，凤眼莲、水芹湿地的磷细菌数量都多于对照组，而且水芹湿地的磷细菌数量又多高于凤眼莲湿地，这和水芹湿地对磷素的去除率大于凤眼莲湿地相一致。这表明微生物在对磷的净化过程中对含磷化合物的转化是限制因子，湿地中植物的存在也增强了微生物对磷的积累。

3.1.3 湖滨带水生植物修复的必要性

浅水湖泊水生植物生命周期中的生长、衰亡、演替阶段都参与了湖泊生态系统生物地球化学循环，在水生态系统牧食食物链中扮演着生产者角色，同时衰亡后为碎屑食物链提供有机质，因此水生植物在维持湖泊水生态系统平衡方面发挥着重要作用。不仅如此，水生植物在生长过程中可以通过吸收、过滤、截留等作用，降低水环境中的有机物、无机物含量，减轻水体营养盐负荷，所以通常利用其在时间空间上的镶嵌优化组合进行净化水质。但在富营养化湖泊中，过量繁殖的水生植物在冬天死亡到第二年回春时，腐烂分解释放的各种营养盐物质会加剧水体富营养化程度，形成内源污染，因此，湖泊水生植被系统的形成、重建过程中植物种类的筛选以及后期的收割管理都十分重要。

1. 不同生活型水生植物改善湖泊水体的效果

徐寸发等（2015）以滇池草海富营养化水体为净化对象，考察水葫芦（浮游植物）、轮叶黑藻（沉水植物）和香蒲（挺水植物）3 种不同生活型水生植物对同一自然富营养化水体的净化效果研究结果（图 3.1-1）表明，3 种不同生活型水生植物对 COD_{Mn}、Chla 有不同的去除效果。水体中 COD_{Mn} 指标浓度间接代表水中有机物的含量，其下降主要与植物吸收、微生物分解、絮凝沉淀等作用有关。水葫芦处理组 COD_{Mn} 去除率高于轮叶黑藻和香蒲的原因可能是悬浮的茂密根系附着的大量微生物易形成生物膜直接作用于水体，以及根系为微生物提供更多的营养物质和创造更有利于微生物降解有机物的微环境。此外，水体中的浮游藻类含有大量有机物，根据水体 Chla 浓度的变化，发现水葫芦对浮游藻类的抑制效果也优于轮叶黑藻和香蒲。这与水葫芦对 COD_{Mn} 的去除率高于其他两种植物相符合。

事实上，自 Hasler 在 1949 年首次发现水生植物对藻类有抑制效果以来，国内外专家学者对此已进行了大量研究，证实了水生植物可以抑制藻类。不过水生植物种类不同，对藻类生长抑制机理也有所不同。水葫芦对藻类的抑制除了在营养物质和光能利用上的竞争外，还有根系分泌以胺类为主的化感物质及根系吸附拦截作用；轮叶黑藻抑制藻类生长主要原因可能是营养物质竞争和释放以多酚类为主的分泌物；香蒲对藻类的抑制更多可能是化感物质的作用，有学者发现香蒲中的挥发油对藻类具有显著的抑制作用。试验前期 Chla 浓度均快速下降，一方面原因可能是部分藻类因搅拌作用导致藻类细胞破裂死亡，以及藻类浓度较高导致一些未死亡的藻类和细胞破裂的藻类一起沉至底泥；另一方面是上述 3 种植物对藻类的抑制作用。试验中后期因植物残枝败叶在水体中可能浸出一些抑藻物质等因素导致 Chla 浓度进一步下降。而水葫芦对藻类的抑制效果优于轮叶黑藻和香蒲的原因可能是水葫芦根系分泌的化感物质直接作用于水体，以及与藻类的光能竞争和其根系吸附作用的影响。

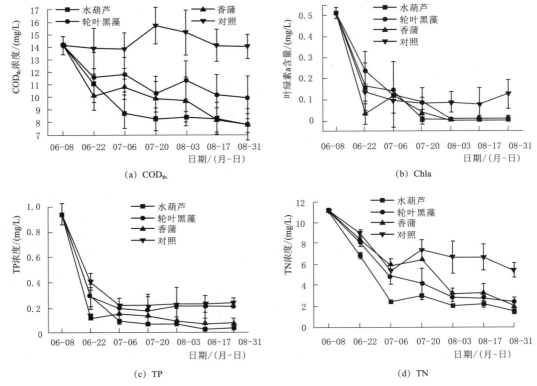

图 3.1-1　试验期间 COD_{Mn}、Chla、TP、TN 浓度变化过程

N、P 均是水生植物生长必需的营养元素。N、P 的去除主要与植物吸收、吸附沉淀、微生物作用等因素有关。试验前期植物处理组的 $NH_4^+ - N$ 快速下降可能是植物生长吸收及微生物的硝化作用；中期可能是因植物的生长和继续吸收使 $NH_4^+ - N$ 降至较低水平，促使底泥中 $NH_4^+ - N$ 的释放，而且蓝藻的衰亡腐解释放 $NH_4^+ - N$ 等因素导致 $NH_4^+ - N$ 回升；后期可能是微生物硝化作用，引起 $NH_4^+ - N$ 进一步下降。植物处理组水体 TN 和 TP 的去除率均在 75%～95% 之间，试验前期 TN、TP 快速下降除上述原因外，蓝藻衰亡沉降也是一个重要因素；试验中后期可能引起底泥 N、P 的释放，且植物生长减缓等因素导致 TN、TP 下降幅度较小。相比之下，水葫芦处理组水体 TN、TP 的去除均优于轮叶黑藻和香蒲，这与其生物增长量和吸收同化氮、磷含量是一致的。

此外，在没有外源进入和试验周期较长的情况下，底泥释放营养盐（主要是 N、P）是满足植物生长需求的唯一途径，研究表明 3 种植物组均引起底泥 N、P 的释放，这应该是因为 3 种植物同化的 N、P 含量均高于初始水体的 N、P 含量。然而童昌华等（2003）通过水生植物控制湖泊底泥释放效果与机理的研究，发现水生植物能明显抑制底泥中的 N、P 释放，尤其是沉水植物狐尾藻直接接触底泥，不仅吸收从底泥释放的营养盐，还能直接吸收底泥的养分，抑制作用更加明显。结论不一致的原因可能是童昌华等的研究试验周期较短，上覆水的 N、P 仍能满足水生植物的生长需要。

2. 不同生长期水生植物对湿地沉积物中营养物质含量的影响

湿地底泥沉积物中含有丰富的营养物质、动植物残体、重金属物质、难降解物质等，底泥在其上覆水体条件发生改变时，底泥中的各类物质会重新释放出去，反育上覆水体，造成一定程度的水污染，严重时可引发水体富营养化。调查发现，水生植物具有吸附沉积物、抑制浮游类生物繁殖、净化水质、降低水体富营养化程度等重要功能，同时能为水体中的微生物及部分水生动物提供栖息地和食物，并维持生物多样性。水生植物通过改变水体与沉积物界面间的营养物质浓度差、植物根际效应和自身生长发育对于营养物质的代谢等方式来改变水体与沉积物中的营养物质含量，起到净化水体的作用。

有机质是动植物体生长发育过程中不可缺少的营养物质，也是碳循环的重要保证，有机质也是湿地底泥沉积物中的重要组成部分，在水体营养物质的交换过程中起到十分重要的作用。有机质在分解的过程中容易形成胶膜，黏附在其他团粒上积聚到沉积物中，同时也可以发生其他反应促进磷的释放；另有研究表明有机质的分解物容易发生其他的化学反应促进磷的吸附。有机质在一定条件下还会产生氮、磷、氯化物和含卤族元素的化合物等。所以有机质不论对于动植物的生长发育还是对湿地环境的影响都是十分重要的。氮是动植物体必需的一种生态元素，也是湿地生态系统中的初级生产力，在物质循环中有着重要的作用，同时也是水体富营养化的形成因子之一。磷是植物生长的营养物质，是导致水体富营养化的主要限制因子。

关秀婷（2017）以辽河干流上的石佛寺人工湿地为研究背景（研究区域示意见图3.1-2），采集石佛寺人工湿地4种植物区域（荷花区域、芦苇区域、蒲草区域、沉水植物与浮叶植物的混合植物区域）固定点位的逐月表层底泥，测出沉积物中有机质含量、氮含量、磷含量。研究结果表明：在植物的芽叶期，受植物快速生长的影响，沉积物中3种营养物质含量均减少；花果期，受雨洪的影响，沉积物中有机质含量减少，氮和磷含量变化不稳定；果谢期，受植物腐解的影响，沉积物中3种营养物质的变化趋势是增加的，但整体含量最低；死腐期，沉积物中营养物质含量增加。温度对于沉积物中营养物质含量的变化影响，主要体现在对植物生发育、微生物活性的影响和微生物的反作用。植株体的腐解过程是一个漫长的过程，不仅仅是在植物的死亡腐解期存在。荷花对于湿地沉积物中3种营养物质的净化效果最佳，对有机质、氮、磷含量的净化率最高可达77.3%、64.8%、47.5%，

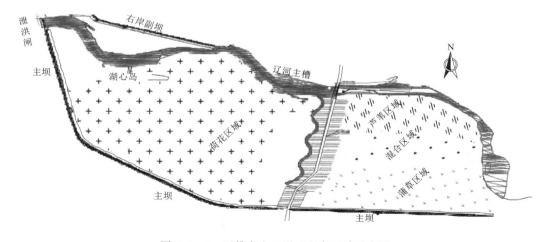

图 3.1-2　石佛寺人工湿地研究区域示意图

蒲草的净化效果较差，对沉积物中磷含量的净化率最低，为39.1%。总体说，水生植物对于沉积物中3种营养物质的净化效果较好。

3. 不同水生植物腐解过程中磷营养物质迁移、转化过程

水生植物腐烂分解过程十分复杂，其植物组织衰减主要受水环境中的生物活动及自身沉降、吸附等物化作用的影响，其中底泥与上覆水组成的泥水界面可以控制底泥与水中磷营养物质的交换，而湖泊中大量输入的营养盐不仅造成水生植物的过量生长，来不及收割的水生植物腐解向水体释放磷，而且也造成了泥-水界面物理化学性质的改变，最终影响了泥-水界面的磷生物循环。汤志凯等（2019）通过室内模拟沉水植物狐尾藻（Myrio-phyllum verticillatum L）、浮水植物菱角（Trapa bispinosa Roxb）、挺水植物荷花（Lotus Flower）在5.7 g/L初始生物量密度下的腐解过程，结果表明：3种植物腐解速率呈阶段性变化，均在腐解第2天达到最大值后以相对较高水平继续腐解，之后C、B、A试验组分别于第35d、45d、60d进入低速缓慢腐解阶段，直至试验结束（图3.1-3）。3种植物在开始进行2d的腐解过程看作以淋溶释放为主，植物重量迅速减少，而快速分解阶段持续时间则存在种间差异，其中荷花持续时间最短，菱角次之，狐尾藻最后，并且整个腐解过程的Olson指数衰减拟合结果为菱角＞狐尾藻＞荷花，这跟曹培培等（2014）的研究结论一致，并且该研究发现，植物腐解后期挺水植物木质素含量显著高于沉水植物和浮水

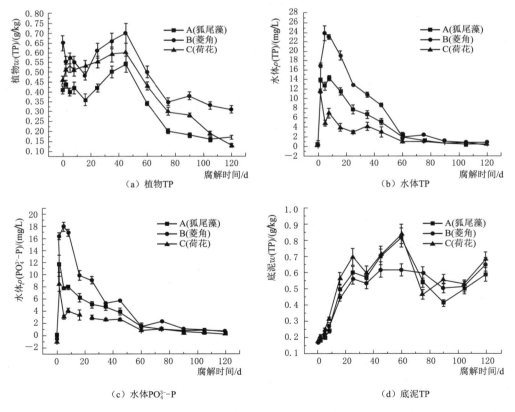

图 3.1-3　3种水生植物腐解过程中植物 TP、水体 TP 与水体 PO_4^{3-}-P 和底泥 TP 含量变化

植物。有部分学者认为植物组织 N、木质素含量在指示植物分解速率的快慢方面起着核心作用，特别是在腐解后期中高含量的木质素将制约植物的分解速率。因此，综合来看，快速腐解阶段中荷花木质素积累最快也许是该植物最早进入缓慢腐解阶段的原因。

一般而言，植物腐解过程中大部分营养物质被释放向水体，剩余部分随植物残体沉向水底，其中被释放的磷营养物质中很少以化合物形式滞留在水中，更多的是以沉积物的形式贮存在水底。试验期间 3 种植物腐解率达 80% 以上，植物 $w(\mathrm{TP})$ 下降 50% 以上，而水体 $\rho(\mathrm{PO_4^{3-}-P})$、$\rho(\mathrm{TP})$ 终末值与初始值相差不大，并且底泥 $w(\mathrm{TP})$ 上升 240% 以上，因此，植物通过腐解向水体释放的磷营养物与底泥之间发生明显交换。陈永川等（2005）认为水-植物-底泥体系内的磷营养物质迁移、转化的过程十分复杂，包括磷的生物循环、含磷颗粒的沉降与再悬浮过程、溶解态磷的吸附与解吸作用、磷酸盐的沉积与溶解等。而在汤志凯等（2019）的研究中，3 种植物（除了荷花）以相对较高水平速率进行腐解 16d 内，植物 $w(\mathrm{TP})$ 基本上单调下降，水体 $\rho(\mathrm{PO_4^{3-}-P})$、$\rho(\mathrm{TP})$ 大小依次为菱角＞狐尾藻＞荷花，这是因为沉水植物狐尾藻和浮水植物菱角腐解过程中含磷易分解活性物质较挺水植物荷花多，并且荷花在此腐解阶段中含磷化合物分解速率较非磷化合物慢，磷释放量相比较少；而水体 $\rho(\mathrm{PO_4^{3-}-P})$、$\rho(\mathrm{TP})$ 在上升至最大值后出现明显下降，这可能是因为随着腐解的进行，水中悬浮的腐解溢散颗粒明显增多，其对水中有机磷、无机磷的吸附沉淀作用增强，加上微生物在碳源充足的情况下迅速繁殖，水中存在大量的磷向底泥迁移；而之后 16～45d 内，虽然植物仍旧以相对较高速率进行腐解，但植物 $w(\mathrm{TP})$ 上升，两者之间得以抵消，加上底泥对磷营养物质的吸附及其自身的沉降作用，水体 $\rho(\mathrm{PO_4^{3-}-P})$、$\rho(\mathrm{TP})$ 继续下降。当腐解进行至第 60d 时，由于水体中溶解氧浓度逐渐恢复，底泥中的聚磷菌大量吸收水中的磷，水体 $\rho(\mathrm{PO_4^{3-}-P})$、$\rho(\mathrm{TP})$ 下降至较低水平，底泥 $w(\mathrm{TP})$ 达到最大值。

狐尾藻、菱角、荷花在整个腐解周期内平均磷释放速率分别为 0.456mg/g、0.670mg/g、0.537mg/g，其中主要以无机磷酸盐为主，并且向底泥之间发生明显的迁移、转化。因此，在协调水生植物与湖泊之间的生态平衡时，一定要注意控制水生植物优势种生物量密度，防止底泥有机质过量累积，造成潜在的二次污染。

4. 水生植物收割管理需求

伴随农业化肥的大量使用，N、P 污染问题在湿地农田生态系统中尤为突出。N、P 既是植物生长必需的营养元素，也是重要的农业面源污染物，而水生植物在水体中的生态功能使其在农业面源污染控制及河湖富营养化水体治理中起着十分重要的作用。生态沟渠是由农田排水沟渠及其内部种植的植物组成，通过沟渠拦截径流和泥沙，植物滞留和吸收N、P，实现生态拦截 N、P 的功能，因此利用沟渠中水生植物去除 N、P 是一种重要的措施。如果在秋季水生植物生长期结束后不及时收割而从沟渠中移走，植物体内的 N、P 等营养成分将腐烂分解，释放出的 N、P 等营养物质将释放到沟渠水体，造成水体二次污染。Gumbricht 指出，收割水生植物是一种从水体中去除营养物质的有效途径。也有学者指出，利用水生植物吸收营养物质，并通过收获植物带走水中的营养物质是一种简单、高效、代价低的修复污染水体及防治二次污染的方法。研究发现沉水植物对 P 的释放一般需要 10d 左右，而 TN 的释放需要 28～30d，因此，沉水植物必须在其死亡 1 周之内收割，这样才能有效防止水体的二次污染。

余红兵等（2012）于 2010—2011 年在湖南省长沙县金井镇中国科学院长沙农业环境观测站农田区的一条生态沟渠中进行了水生植物的氮磷吸收能力及收割管理研究；该沟渠为城郊农业区环境质量修复与功能提升技术研究与示范基地，试验前对该区的排水沟渠按工艺要求进行了工程改造和植物种植。当地属于中亚热带南缘季风气候，周边以水稻田为主，整个试验区与外界的水体交换都通过沟渠系统，在沟渠中沿水流方向依次种植 5 种水生植物，分别是水生美人蕉（Canna glauca）、铜钱草（Hydrocotyle vulgaris）、黑三棱（Sparganium stoloniferum）、狐尾藻（Myriophyllum verticillatum L）和灯心草（Juncus effusus）。

（1）水生植物 N、P 吸收量的季节性变化。5 种植物 N、P 吸收量的季节变化均呈单峰曲线，N 吸收量的峰值分布在 $10.30\sim75.97\text{g/m}^2$（图 3.1-4），最高值为水生美人蕉，最低值为铜钱草，且 5 种植物的峰值分别出现在 4 月（狐尾藻和灯心草）、5 月（铜钱草和黑三棱）和 6 月（水生美人蕉）；P 吸收量的峰值分布在 $1.36\sim13.52\text{g/m}^2$（图 3.1-4），最高和最低值仍为水生美人蕉和铜钱草，5 种植物的峰值同样出现在 4 月（铜钱草、狐尾藻和灯心草）、5 月（黑三棱）和 6 月（水生美人蕉）。5 种植物的年平均吸 N 量依次为：水生美人蕉（47.31g/m^2）＞狐尾藻（12.56g/m^2）＞黑三棱（8.58g/m^2）＞灯心草（8.14g/m^2）＞铜钱草（6.68g/m^2），年平均吸 P 量依次为：水生美人蕉（6.72g/m^2）＞狐尾藻（1.97g/m^2）＞黑三棱（1.63g/m^2）＞灯心草（1.13g/m^2）＞铜钱草（1.00g/m^2）。

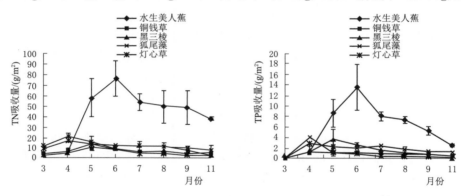

图 3.1-4　水生植物 TN、TP 吸收量的季节性变化过程

（2）收割频度对水生植物氮磷吸收量的影响。多次收割收获的地上部生物量、植物氮磷吸收量远高于一次收割。多次收割收获的总生物量（1239.92kg/a）是一次收割总生物量（342.28kg/a）的 3.62 倍；多次收割收获的 TN（15.74kg/a）、TP（2.29kg/a）分别是一次收割带走 TN（4.16kg/a）、TP（0.34kg/a）的 3.78 和 6.72 倍。与一次收割相比，多次收割收获地上部生物量的提高率依次为：灯心草（92.91%）＞黑三棱（81.11%）＞狐尾藻（80.40%）＞铜钱草（79.67%）＞水生美人蕉（55.69%）；收获植物氮的提高率依次为：灯心草 87.58%）＞黑三棱（86.71%）＞狐尾藻（84.23%）＞铜钱草（77.78%）＞水生美人蕉（58.81%）；收获植物磷的提高率依次为：黑三棱（96.06%）＞灯心草（92.29%）＞狐尾藻（88.64%）＞铜钱草（82.86%）＞水生美人蕉（75.00%），经检验，灯心草、黑三棱多次收割均与一次收割存在极显著差异，铜钱草、狐尾藻差异显著，而水

生美人蕉无显著差异，这是由于在 11 月植物收割时，灯心草和黑三棱已完全枯萎，水生美人蕉仍然生长旺盛。

（3）水生植物收割对底泥氮、磷的影响。植物收割能够影响湿地底泥的 N、P 营养盐水平。有学者利用芦苇（Phragmites australis）湿地收割和未收割的对比试验发现，芦苇收割区 40cm 以上底泥中的有机质、TN、TP 含量低于未收割区。余红兵等（2012）在水生植物的氮磷吸收能力及收割管理研究中，除黑三棱外，其他植物的收割区底泥 N、P 含量都低于未收割区，研究结果相似。这主要是因为收割后的植物将发出新芽，从生长初期渐趋于生长旺盛期，植物生长中吸收的 N、P 养分主要从沟渠水体和底泥中吸收，使沟渠底泥和水中的 N、P 含量减少，而黑三棱已经枯萎。在未收割区的植物生长已趋于稳定，所吸收养分已饱和。同时，收割水生植物除带走植物的 N、P 营养成分以外，还改善了沟渠湿地的曝气和光照条件，促进 N、P 营养物质的分解与转化，使植物收割区底泥中的 TN、TP 含量比未收割区明显降低。

从时间尺度上比较，余红兵等（2012）的试验结果也表明各植物收割区的底泥 N、P 削减率一般在 1 月时达到最大值。收割水生植物收获的 N、P 直接降低沟渠生态系统中 N、P 的循环，导致收割区底泥的 N、P 含量低于未收割区。植物凋落时会将地上部的 N、P 转移至地下部，这些生长在底泥中的植物地下部自然会增加底泥中 TN、TP 负荷水平。另外，植物收割可以改善沟渠曝气和光照条件，加快有机质和 N、P 的分解，也导致底泥中 TN、TP 明显低于未收割区。因此，针对洱海湖滨带水生植被修复过程中，结合水生植被的密度和生长特性，在秋冬季节收割水生植物是一种从湖泊水体中去除 N、P 等营养物质的有效途径。

3.1.4 洱海水质保护与水生态修复的关注点

（1）减少陆域污染物入湖，逐步减轻对洱海水质稳定达标的环境胁迫，是洱海水质保护的重中之重。

受洱海流域水资源条件、人类经济社会活动逐步加剧影响，洱海流域水资源利用程度已严重超过合理利用上限，流域水资源匮乏问题较为突出，且水资源开发利用不尽合理，河湖生态环境用水被严重挤占，入湖河流断流问题日益突出，尽管近年来流域水污染综合治理措施在稳步推进并逐步发挥效益，但近年来洱海湖区 COD、TN 浓度仍较高，COD_{Mn} 浓度仍呈现缓慢升高态势，陆域污染物输入治理任重道远。

遵循"源头控制-过程阻断-末端拦截-水体营养盐原位削减-水生态系统修复"的系统治理思路，首先应强化洱海流域空间管控、加快产业结构调整、发展生态高效农业和强化节约用水意识是污染源源头控制的关键，尽可能减少产污环节和污染物的产生量；其次是提高农村及城镇生活废污水的收集率，减少污水收集管网的漏损量，实现雨污分流并截断污水管网与地下水间的水力联系，尽力做到应收尽收和全部处理并达标排放；加强农田面源污染防治、规模化畜禽养殖污染治理、生态塘库及湿地建设与维护管理，尽可能减少并阻断污染物在输运过程中向环境释放的途径，减少污染物在输运过程中造成的环境污染；最后，在污染物进入自然水体之前，通过工业废水回用、污水处理厂尾水再利用、生态调蓄带拦蓄农田径流并回灌农田、散养家畜粪便回归农田和规模化畜禽养殖粪便作为有机肥资源化利用等措施，实现入湖污染物的末端拦截，可有效减少流域污染源的入湖量，并逐步减轻流域社会经济活动对洱海水质达标的环境胁迫。

（2）水质污染和水位波动是影响洱海沉水植物生长繁殖、空间分布和自然演替的重要因素。

近几十年来，随着洱海流域经济社会的快速发展，城镇生活污水和农业农村废污水排量逐年增加，洱海水质从 20 世纪 80 年代的贫营养级过渡到目前的中营养级及局部湖湾的轻度富营养级，洱海水体富营养化步伐加快使湖滨带沉水植被面积大幅减少，植被结构趋于简单化，部分特有种和濒危物种消失，湖泊水生态系统的社会服务功能和价值持续下降。

受洱海流域水资源条件、人类经济社会活动逐步加剧影响，流域内水资源利用程度已严重超过合理利用上限，流域水资源匮乏问题较为突出，在当前流域水资源量仅能维持湖泊水量基本平衡的条件下，入汛后（6 月）洱海只能尽可能拦蓄流域内的降水径流以增加湖泊的蓄水量，在最适宜湖滨带沉水植物生长（即生物量快速增加）的时节（6—7 月）迅速抬升水位（图 3.1-5 中的 2018 年洱海水位变化过程），将压缩洱海湖滨带沉水植物的生长空间，沉水植物在适宜生长季节无法向深水区延展并逐步扩大其生长范围，从而严重影响洱海湖滨带水生植被的自然恢复能力，无法有效发挥湖滨带沉水植被对洱海水生态系统的服务价值，对湖滨带藻类的繁殖与大量生长无法形成抑制，并形成不利于藻类生长的植物营养竞争环境。

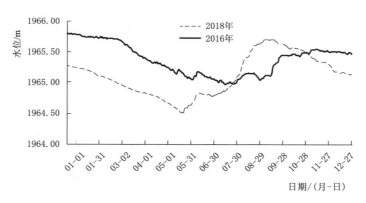

图 3.1-5　2016 年、2018 年洱海逐日水位变化过程

因此，湖泊水质变化和不适宜的水位波动是影响洱当前海湖滨带沉水植被空间分布和自然恢复能力的重要因素，它们直接或间接地影响了植物对资源（N、P、有效光合辐射总量等）的吸收利用，从而影响到沉水植物的生长、繁殖、分布和演替，抑制了洱海湖滨带沉水植物的自然恢复，无法使沉水植物生长与各种藻类繁殖形成植物营养竞争性环境，其生态系统价值与抑藻控藻功能被严重削弱。

（3）4—7 月适宜的低水位运行是洱海湖滨带沉水植物提高其自然繁殖能力并加快向深水区延展的主驱动力。

中国科学院武汉水生生物研究所的研究成果表明，洱海湖滨带沉水植被对改善洱海水质起到重要作用，同时洱海湖滨带水生植被面积占洱海湖面积18%时才能发挥较佳的净化功能，而且在20世纪80年代洱海的沉水植被分布面积占比还有40%，因此洱海湖滨带沉水植被的修复潜力巨大。

自2009年以来，洱海湖滨带水生植被分布面积总体呈缓慢增加趋势（图3.1-6），特别是2017年洱海实施"七大行动"以来，通过春季适度低水位运行（4—7月平均水位为1964.79m，水位变幅区间为1964.46～1965.04m）创造沉水植被复苏生长条件，并补充水生植物种子和种苗，水生植被分布面积比2016年洱海常态水位运行（4—7月平均水位为1965.18m，水位变幅区间为1964.97～1965.48m）大幅增加6km²以上，使全湖沿岸带水生态系统呈良性发展势头，螺类和鱼类幼苗增加。同时2018年、2019年、2020年结合流域来水条件继续实施春季适度低水位运行（详见图3.1-7），2018年水生植被分布面积占洱海水面的比例达到12%以上，2019年、2020年洱海湖滨带水生植被分布面积将进一步增加。截至2018年，洱海湖滨带水生植被空间分布见图3.1-8。

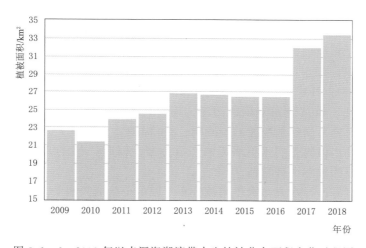

图3.1-6　2009年以来洱海湖滨带水生植被分布面积变化过程图

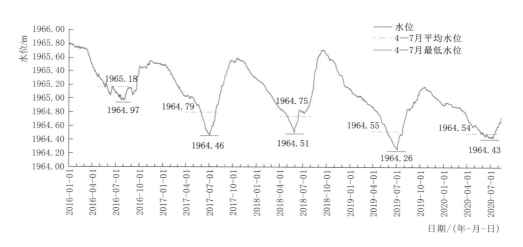

图3.1-7　2016—2020年期间洱海4—7月平均水位变化过程图

2009 年以来洱海湖滨带水生植被分布面积变化过程（图 3.1 - 6）及 2017 年洱海实施水力调控措施后 4—7 月水位变化过程（图 3.1 - 7）表明：4—7 月适宜的低水位运行是洱海湖滨带沉水植物生长期间提高其自然繁殖能力并加快向深水区延展的主驱动力，洱海湖滨带水生植被的快速复苏、生长与自然修复能力得到有效提升。

1）6—7 月水体真光层深度是洱海深水区水生植被复苏生长和耐受生长的限制性因素，可以通过水位调控影响洱海湖滨带水生植被的分布下限。

中国科学院武汉水生生物研究所对洱海水下真光层深度和植被分布下限的逐月监测结果表明，5 月水体透明度较好，真光层深度大于水生植被分布下限，深水区植被生长不受到水下光照的限制；6—7 月水体透明度快速下降，水体真光层深度处于植被分布下限的边缘，深

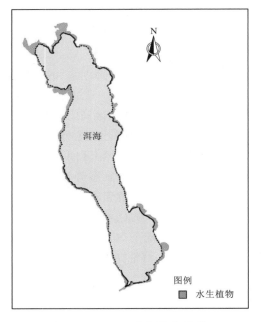

图 3.1 - 8　2018 年洱海湖滨带
水生植被空间分布图

水区沉水植物生长容易受到水位波动的影响；8—12 月，水体真光层深度大幅小于植被分布下限，深水区沉水植物受到水下弱光的严重抑制。因此，6—7 月是可以通过水位调控影响植被分布下限的敏感关键时期。

按四季度对洱海运行水位与水生植被分布下限的分析成果表明，洱海水位运行对水生植被分布下限的影响可以分为 3 个阶段：4—6 月为水生植被复苏生长期，植被分布下限对水位运行最为敏感，水位下降有利于植被向深水区扩张；7—9 月为植被耐受生长期，这一时期水体透明度大幅下降，并且水位升高，导致水生植被生长受到弱光胁迫的影响，但生物量仍呈增加趋势；10 月至次年 2 月为水生植被衰亡阶段，水生植被生物量下降，分布下限也略有减少，总体上这一阶段植被生物量和分布主要为植被发育阶段的自然衰亡结果，受水位影响较小。

2）4—7 月洱海维持较低水位运行（1964.30～1964.60m）是提高洱海湖滨带沉水植被自然修复能力并加快向适度深水区逐步延展的重要驱动力。

水生植被快速生长季节的水位波动是影响洱海湖滨带沉水植被分布的重要因素，在 4—6 月水温大于 15℃后开始复苏生长，该时段是洱海水位优化调控的窗口期。结合洱海保护条例的法定最低运行水位要求和汛后期蓄水的压力，洱海沉水植被复苏生长期（4—6 月）适度低水位（1964.30～1964.60m）运行，可促进 6m 水深以内沉水植被的快速复苏生长；同时 7—8 月相对较为浑浊的地表径流中挟带大量的面源负荷入湖，洱海水体相对较为浑浊、水体透明度明显下降时段维持低水位（1964.60～1964.80m）运行有利于湖滨浅水区（6m 以内）沉水植物生长，并为浅水区沉水植被逐步向适度深水区（6～10m）延展创造条件，因此，在维持洱海年内水资源量基本平衡的条件下，在 4—7 月水生植被

复苏生长和快速繁衍的季节洱海维持较低水位运行（1964.30～1964.60m）是提高洱海湖滨带沉水植被自然修复能力并加快向适度深水区逐步延展的重要条件和驱动力，可逐步恢复到 20 世纪 80 年代洱海湖滨带水生植被分布面积占比 40％的水平，即水生植被分布水深由 2020 年的 5～6m（湖底高程 1959.5m）延展到 10m（湖底高程 1956m，见图 3.1-9）。

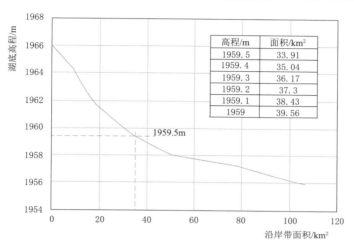

高程/m	面积/km²
1959.5	33.91
1959.4	35.04
1959.3	36.17
1959.2	37.3
1959.1	38.43
1959	39.56

图 3.1-9　洱海湖底高程及其对应的沿岸带面积关系

（4）科学强化洱海湖滨带水生植物的收割管理是加快洱海水质改善的重要举措。

尽管水生植物在生长过程中可以通过吸收、过滤、截留、富集等作用降低水体中的营养盐负荷，但在富营养化湖泊中，过量繁殖的水生植物在冬季死亡到第二年回春时，如果未及时收割，死亡的水生植物腐烂分解释放的各种营养盐物质会加剧水体富营养化程度。一般而言，植物腐解过程中大部分营养物质被释放向水体，剩余部分随植物残体沉向湖底，形成内源污染，因此，洱海湖滨带水生植被自然修复后的收割管理十分重要，如近几年洱海年内水质浓度在 5—6 月期间会出现显著的跳跃式升高，很大可能与过量繁殖的水生植物在冬天死亡后未及时收割关系密切。

以 2018 年为例，洱海湖区 COD、TP 两指标的整体水质浓度分别由 5 月 2 日的 14.13mg/L、0.020mg/L 升高到 6 月 4 日的 18.30mg/L、0.033mg/L，浓度增幅分别达 29.5％、68.7％，对应该期间洱海的平均水位（1964.61m）及其蓄水量（26.11 亿 m³），洱海中 COD、TP 负荷增量分别达 10887.9t、33.9t。经水量平衡和洱海水环境数学模型估算，该期间经陆域和湖面降水降尘入湖的 COD、TP 负荷分别约为 624.30t、8.64t，仅分别约占该期间 COD、TP 负荷增量的 5.73％、25.49％，其余增量均来自湖体内。由此可见，引起 2018 年 5—6 月期间洱海湖区水质整体显著跳跃式升高的主要因素很可能是水生植物冬季死亡后随着气温升高植物腐解后短期内大量释放、湖泊沉积内源释放和初期雨污水伴随着农田面源入湖的综合作用结果。

（5）现有的水资源条件无法支撑洱海 4—7 月适宜的低水位运行，急需生态补水来满足洱海水生态修复与水质保护的需求。

在本流域来水保障西洱河生态流量需求的条件下，规划水平 2035 年如 4—7 月洱海水位在 1964.30～1964.85m 区间变化，有利于湖滨湿地及浅水区沉水植物的生长，平、丰及特丰水年（$P=10\%$）在 7—10 月期间洱海水位可恢复到 1965.70m 及以上，年内水量基本平衡（图 3.1-10）；枯水年（$P=75\%$）年内最高水位为 1964.85m，出现月份为 10月，最低水位为 1963.78m，较洱海法定的最低运行水位低 0.52m，出现月份为 5 月，较起调水位低 0.52m，洱海库容减少约 1.30 亿 m³，洱海年内水资源量无法实现基本平衡。特枯水年（$P=90\%$）年内最高水位为 1964.82m，出现月份为 10 月，最低水位为1963.55m，较洱海法定的最低运行水位低 0.75m，出现时间为 5 月，较起调水位低0.91m，洱海库容减少约 2.28 亿 m³，洱海年内水资源量无法实现基本平衡。

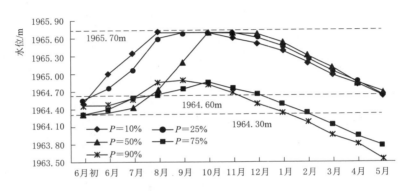

图 3.1-10　2035 年各典型水文年洱海水位年内变化过程模拟

在本流域来水保障西洱河生态流量需求的条件下，为使规划水平年洱海 4—7 月水位维持在 1964.30～1964.60m 区间变化，枯水年份都需要生态补水来实现洱海年内水资源量的基本平衡，即需要生态补水来为洱海湖滨带沉水植被的生长及向适度深水区延展创造条件，以促进洱海湖滨带沉水植被及湖泊水生态系统的自我修复能力，并提高湖滨带水生态系统的服务价值。

3.2　历史运行水位影响下洱海水生植被演替过程

3.2.1　洱海运行水位沿革

自 1950 年以来，洱海水位经历了几次剧烈的变化，1952—2019 年洱海年平均水位及适宜水生植被生长季节平均水位年际变化过程见图 3.2-1 和图 3.2-2。

（1）1970 年以前，即 1952—1974 年期间洱海水位处于天然调节状态，且无明显水位波动，多年平均水位维持在 1965.74m 左右，大部分年份的最高水位超过 1966.7m（最高水位均值为 1966.46m），最低水位均值为 1965.17m。

（2）1970 年后，随着西洱河梯级电站的相继运行及洱海出湖口西洱河段的疏浚，洱海水位持续降低。1983 年 7 月 13 日出现历史记录以来的最低水位（1962.21m）。1974—1983 年期间，洱海最高水位、年均水位和最低水位分别下降了 2.39m、2.91m、3.13m。为确保洱海周边地区工农业生产用水和城乡生活用水及水产、航运、旅游等事业的全面发展，维护洱海生态系统的良性循环，1988 年 12 月 1 日《大理白族自治州洱海管理条例》颁布实施，规定了洱海最高运行水位为 1965.69m，最低蓄水位为 1962.69m。

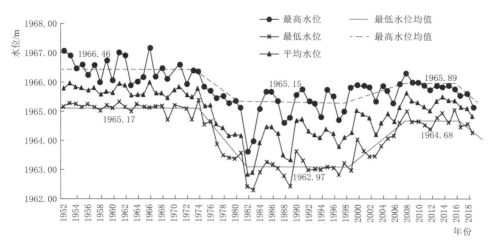

图 3.2-1　1952—2019 年洱海特征水位年际变化过程

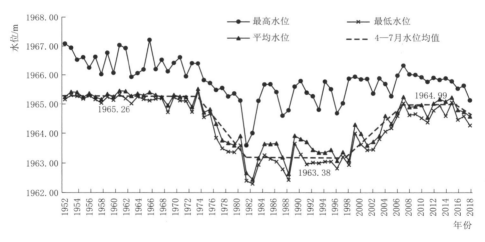

图 3.2-2　1952—2019 年洱海适宜水生植被生长季节平均水位年际变化过程

（3）2004 年 3 月 26 日，在《大理白族自治州洱海管理条例》修订版中，又将洱海最高运行水位从原来的 1965.69m 调整为 1966.0m，最低运行水位从原来的 1962.69m 调整为 1964.30m。因此，洱海水位在 1999—2006 年期间又经历了一个水位显著上升期，即洱海年最高水位、平均水位、最低水位均值分别从 1982—1998 年的 1965.15m、1964.04m、1962.97m 提升到 2006—2016 年的 1965.89m、1965.29m、1964.68m，各特征值分别提高了 0.74m、1.25m、1.71m。

3.2.2　洱海沉水植被演替过程

　　水生植物在洱海水生态系统的构建、平衡、维持、恢复等过程中举足轻重。第一，作为初级生产者，为洱海水体中各类水生动物直接或间接提供食物基础，进而形成复杂的食物链，为最终形成复杂的水生态系统提供必要条件；第二，调节湖泊水生态系统的物质和能量循环，维持水生态系统的良性循环；第三，大型水生植物通过植物营养和生长空间竞争，以及形成的遮光效应和分泌克藻物质，可较好地抑制藻类的过量繁殖，减少或避免藻类水华现象，维持较高的生物多样性和健康的水环境；第四，水生植物还具有各种物理化学效应，如固化底泥、提高其氧化性、附着和吸收有害物质，通过吸附、滤过作用，降低生物性和非生物性悬浮物，增加水体透明度，净化湖泊水质；第五，水体中植物的生存可以减少水动力，降低水体扰动所带来的底泥营养盐向水体释放；第六，还具有一定的水景观美化效应等。因此，在湖库水生态系统中，水生植物具有初级生产、生物多样性维护、底质环境稳定、营养固定和缓冲、清水及化感抑藻等诸多功能。沉水植物在水生生态系统中的作用见图 3.2 - 3。

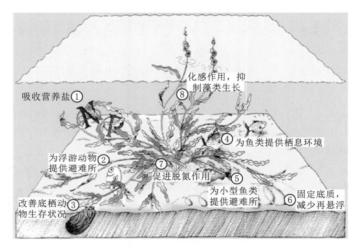

图 3.2 - 3　沉水植物在水生生态系统中的作用简图
(Jeppesen et al.，2004)

洱海因其独特的生态地理特征及适宜的气候条件，水生植被的物种丰富（38 科，76 属，100 种，其中沉水植物 16 种），群落类型多样，分布区地理成分较同一气候带的长江中下游湖泊复杂。热带类群分布占显著优势，其中建群种多为世界分布种。然而，近几十年来，随着洱海流域社会经济的发展，生活污水和农业污水排量增加，洱海水质从贫营养级过渡到中营养级，富营养化步伐加快；西洱河梯级电站的相继开发与运行使洱海水位由天然调控转变为人为调控，水位变化（年均水位及变幅、水位季节变化等）很大。洱海水体富营养化进程加剧使沉水植被面积大幅减少，植被结构趋于简单化，部分特有种和濒危物种消失，水生态系统的社会服务功能持续下降。

　　根据已有记载，20 世纪 50 年代以来，洱海水生植被经历了由少到多、由盛至衰的过程（图 3.2 - 4 和图 3.2 - 5）。其中，20 世纪 70—90 年代是洱海水生植被的鼎盛时期，最大面积达 100km² 以上，占湖泊水面积的 40% 以上，此阶段沉水植被充分体现其清水效应，水体透明度可达 4m，湖泊氮磷浓度在 I 类水质范围内，藻类叶绿素小于 5μg/L，洱海整体处于草型清水状态。2002—2003年洱海水生植被发生大面积衰退，沉水植被面积减少80%以上，导致沉水植被的清水效应大幅下降，水体藻类密度和氮磷浓度都大幅增加，此后洱海水体处于藻-草共存阶段，到2006年沉水植被面积只有约20km²。因此，在洱海水污染治理与水质保护治理过程中，逐步恢复沉水植被覆盖度并最终重建草型清水湖泊已成为学界共识。洱海水生植被与藻类存在相互制约，沉水植被面积需要达到湖面面积的18.6%（约47km²）才能扭转劣势。当前，洱海水生植被面积约32km²，与临界值47km²尚有15km²差距，这种劣势情况造成沉水植被对外界干扰非常敏感，水生植被生长很不稳定。

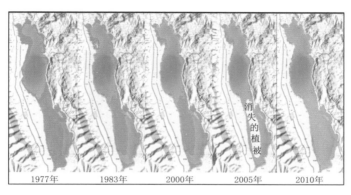

图3.2-4 洱海水生植被分布变化

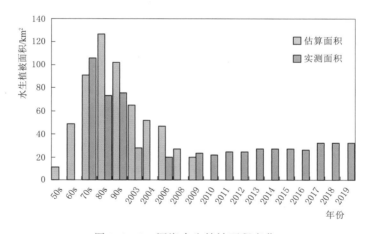

图3.2-5 洱海水生植被面积变化

洱海水生植物群落演替既具有深水湖泊的某些特征，也具有浅水湖泊的特点，其水生高等植物经历了扩散、稳定、轻度退化和持续退化的过程。20世纪70—90年代，大型水生植物生物量为3.7～3.9kg/m²，2003年仅为0.7kg/m²。就覆盖度而言，20世纪70—90年代曾保持40%的覆盖度，2003年由于水质恶化（图3.2-6），水生植被覆盖度不到10%。从分布下限来看，20世纪70年代水生植物在洱海水体中分布至6～10m水深处，80年代分布至9～10m水深处，90年代随着水质的恶化，水生植物衰亡严重，退回到6m水深的范围内。

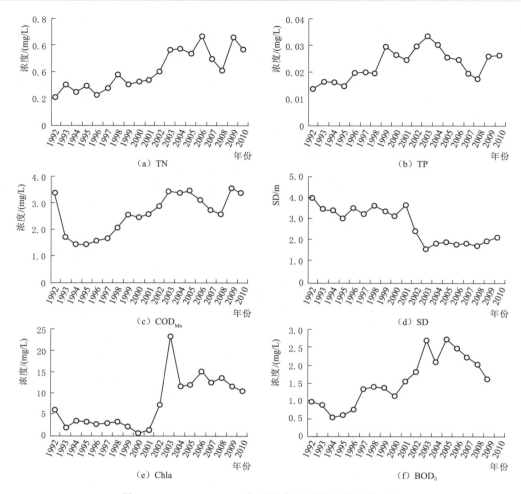

图 3.2 - 6　1992—2010 年洱海湖区整体水质变化过程

　　洱海水生植物优势种演替剧烈，其变动可以划分为 3 个主要时期：1957—1986 年左右的扩张期、1986—1998 年左右的稳定期，以及 90 年代以来的衰退期。已有洱海水生植物研究表明（符辉等，2013），对环境条件反应最为敏感的水生植被-沉水植被的演替有如下规律：由红线草、大茨藻与海菜花等群落为主的水生植被演替到黑藻占优势的群落，到黑藻与苦草占优势，再到 20 世纪末以来形成的微齿眼子菜占绝对优势的植被格局（图 3.2 - 7）。

　　20 世纪 50 年代占优势的红线草、大茨藻、海菜花等在 70 年代已被微齿眼子菜、黑藻、金鱼藻等所代替，且生物量和分布面积均有提高，分布深度也由不足 3m 扩张到 10m。70 年代洱海生态调查发现水生维管束植物共 51 种，以沉水植物为主（18 种），而 90 年代初沉水植物种类已经降低至 14 种，其中苦草分布面积最广。1995 年生态调查发现各种生活型水生植物 57 种，其中沉水植物 17 种。此时占优势的种类为苦草、黑藻和微齿眼子菜等耐污种类，红线草和大茨藻明显减少，芦苇、六蕊稻草和海菜花群落在 80 年代后期基本消失。近年来洱海沉水植物种类不断减少，物种多样性持续下降，群落结构趋于简单化，植被资源呈现退化趋势。较耐污的微齿眼子菜和苦草成为洱海最大的 2 个种群，

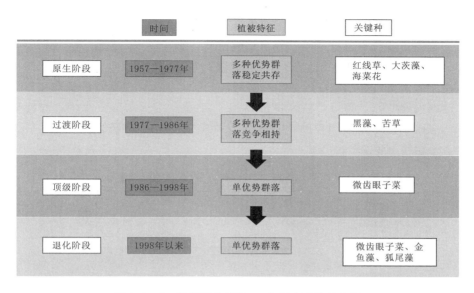

时间		植被特征	关键种
原生阶段	1957—1977年	多种优势群落稳定共存	红线草、大茨藻、海菜花
过渡阶段	1977—1986年	多种优势群落竞争相持	黑藻、苦草
顶级阶段	1986—1998年	单优势群落	微齿眼子菜
退化阶段	1998年以来	单优势群落	微齿眼子菜、金鱼藻、狐尾藻

图 3.2-7 洱海沉水植物 50 余年来演替趋势图

广泛分布于各个群落之中，其生物量占全湖总生物量的 77.56%。篦齿眼子菜、狐尾藻、光叶眼子菜和菹草主要分布于部分湖区，其生物量占总生物量的 5.14%。

综上所述，1957—2020 年以来洱海水体富营养化进程加剧使洱海水生高等植物经历由原生群落到多优势群落再到单优势群落和开始退化的过程，沉水植被面积大幅减少，期间水生植物多样性降低，群落结构趋于简单化，种类由贫营养型过渡到中-富营养型占据优势，植被资源的退化趋势严重，部分特有种和濒危物种消失，水生态系统的社会服务功能持续下降。

3.2.3 洱海沉水植被演替的驱动因子分析

湖泊底部良好的光照是沉水植物赖以生长的基本前提，其直接影响沉水植物在湖泊中的最大分布水深。湖底光强一般要大于水面光强的 1%～3% 才能维持沉水植物的正常生长（生理补偿点），实际上很多种类都需要底部光照达到水面光强的 10%～20% 才能维持正常的种群动态（生态补偿点）。湖泊底部光照强度主要由三大因素决定：湖泊所处区域的太阳辐射强度、湖底到水面的水深、水体对光的消减强度（即通常说的透明度）。湖泊富营养化导致水体透明度下降，光照强度随水深增加而快速衰减，一般只有少量光照可以到达湖泊底部。水位变化将直接影响湖水深度，并影响太阳光到达湖底的面积分布，从而驱动洱海沉水植被的自然演替。

1. 洱海水位变化与沉水植被分布变化

根据洱海历年水位变化的特点，可以将其分成 5 个时间段（表 3.2-1）：天然调节高水位、人工调节逐渐降低水位、枯水年份持续超低水位、人工调节低水位、人工调节高水位。与此对应的沉水植被依次经历了以下阶段：浅水湖滨带连续分布、湖滨带连续分布并向深水区和湖心平台扩张、湖滨带连续分布并向浅水区退却和湖心平台分布缩减、湖滨带不连续分布和湖心平台分布急剧缩减、湖滨带不连续分布和湖心平台植被消失。与此同时，沉水植被优势物种从多个物种占优势的结构逐渐转变为单一物种占优势的结构。期间洱海水位变化伴随着沉水植被结构与分布发生变化，如 1970 年较低的水位和较高的透明度有利于沉水植被向深水区和湖心平台扩张以及物种多样性增加，1980 年年初持续的极低水位有利于沉水植被群落的加速演替和优势种转变。此后，随着洱海周边工农业和城市化发展，进入洱海的氮、磷负荷持续增加，1990 年暴发了 2 次蓝藻水华，在此期间微齿眼子菜取代黑藻和苦草成为优势种；2003 年，洱海发生大规模蓝藻水华，随后 2 年多的时间里湖心平台植被消失。

表 3.2 - 1　1950 年来洱海水位调节模式、植被分布趋势、优势种群转变及突发事件

时间段	水位调节模式	植被分布	优势种	水位变化及突发事件
1952—1962 年	天然调节高水位	<3m 的湖滨带，且分布连续	海菜花、大茨藻、篦齿眼子菜	无明显变化
1963—1977 年	人工调节逐渐降低水位	向湖滨带深水区（4～7m）扩张，且分布连续，湖心平台几乎全部被覆盖	黑藻、金鱼藻、苦草、篦齿眼子菜、马来眼子菜、微齿眼子菜、狐尾藻、海菜花	最低水位降低约 0.9m
1978—1986 年	枯水年份持续超低水位	向湖滨带浅水区退却但分布仍连续，湖心平台分布面积显著降低	黑藻、苦草、微齿眼子菜、狐尾藻	出现历史最低水位（1970.52m），并持续 14 个月低水位（<1971.00m）
1995—2002 年	人工调节低水位	继续向浅水区退却但分布已不连续，湖心平台分布面积持续缩减	微齿眼子菜、黑藻、苦草	1996 年和 1998 年两次大规模蓝藻暴发
2003—2013 年	人工调节高水位	湖滨带呈断续分布，2005 年湖心平台植被消失	微齿眼子菜	2003 年蓝藻再次暴发，并于次年开始将最低水位提高 1.61m

　　注　表中水位为海防高程，与 1985 高程的关系为：海防高程＝1985 高程＋8.31m。

　　湖泊底部良好的光照是沉水植物赖以生长的基本前提，在洱海既有的湖盆地形条件下，不同时段的湖泊水位和水体透明度共同驱动着洱海湖滨带水生植被过程演替及其面积分布。1950 年以来，洱海水位经历了几次剧烈的变化（图 3.2 - 8）：1970 年以前，洱海水位处于天然调节状态，且无明显水位波动，年平均水位维持在 1965.70m 左右，各年的最高水位均超过 1966.00m；然而随着西洱河梯级电站的相继运行，洱海出流量增大，遇到枯水年（1977 年）时也没有严格控制出流量，以至 1970 年以后洱海水位持续降低，1983 年 7 月 13 日出现了历史最低水位（1962.21m），并且连续 14 个月出现平均水位低于 1963.00m 的低水位；1990 年以后洱海水位开始缓慢回升，但仍然处于低水位状态（1964.20m 左右）。持续低水位运行期间，1996 年、1998 年和 2003 年暴发大规模蓝藻水华。为保护洱海生态环境，增强湖泊自净能力，加大汛期污水出流和水体交换，经过专家反复论证，2004 年修正的《大理白族自治州洱海管理条例》把洱海最高运行水位从原来的 1965.69m 调整为 1966.00m，最低运行水位从原来的 1962.69m 调整为 1964.30m。

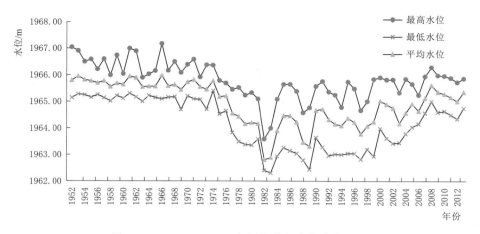

图 3.2-8 1952—2013 年洱海特征水位变化过程

水位的季节变化是否合理对于沉水植物的生长和分布有着十分重要的意义，洱海最高水位出现在集中降水后的 9—11 月，多数出现在 10 月；最低水位一般出现在 5—7 月，多出现在雨季开始的 6 月（图 3.2-9）。1980 年以前的全年水位均较其他时间段高；1970年末至 1980 年的全年水位均较其他时间段低（图 3.2-10），也就是在这个时间段湖心平台的沉水植被由初步建群到结构完善；1990 年春季水位开始增加，但夏季水位仍然很低，

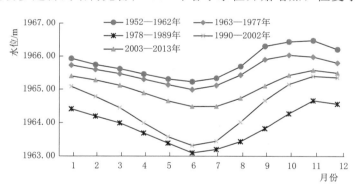

图 3.2-9 1950 年以来不同时期洱海水位年内变化过程

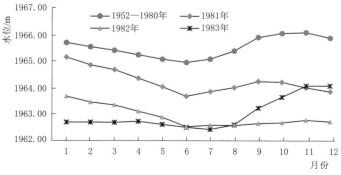

图 3.2-10 1980 年左右洱海水位年内变化过程

微齿眼子菜开始逐步成为优势种；2004—2013 年全年水位均较之前 20 年显著增加。然而，水位变幅是水位年变化的综合表现，表征了水位对湖泊生态系统干扰的程度，是研究沉水植被分布与演替不可或缺的重要因子。洱海历年水位变幅在 1980 年以前均在 1～2m 范围内波动（图 3.2-11）；从 1980—2000 年的 20 年里水位变幅急剧下降，并在约 1m 处波动；但 2000—2013 年水位变幅在 0～3m 范围内变化。值得注意的是，洱海水位变幅与沉水植被分布面积有着密切联系，1983 年、2003 年和 2006 年的年内水位变幅明显低于 1m，随之沉水植被分布面积均显著降低。如年内水位变幅从 1978 年大于 2m 降至 1983 年的 0.75m，沉水植被分布面积却从 60％显著下降至 30％，这主要是由于期间西洱河梯级电站建设，人为调控水位，年最高水位不断下降，水位和水量发生急剧减小，出现大片浅水带裸露和湖湾沼泽化。同样，2003 年年内水位变幅为 0.83m，该年内蓝藻继 1996 年、1998 年暴发后再次暴发，沉水植被分布面积降至 10％以内。2004 年修正的《大理白族自治州洱海管理条例》把洱海最低运行水位从原来的 1962.69m 调整为 1964.30m，而洱海最低水位一般出现在 5—7 月，此时正是沉水植物生长季节，调高最低运行水位使得植物对光获取量减少，再加上入湖营养盐的有增无减，使沉水植物生长受到多重胁迫，2006年分布面积较 2004 年骤减。

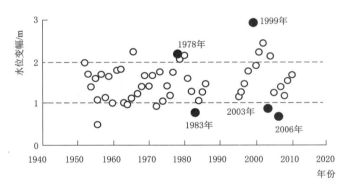

图 3.2-11 1950 年以来洱海水位变幅的变化情况

以上分析表明，洱海沉水植被分布不仅与水位的周年变化密切相关，而且水位的季节变化和水位变幅可能同样对沉水植被的分布有着重要影响。周期稳定的水位周年变化和适当的年水位变幅对沉水植物生长和分布以及沉水植被的演替是十分有利的。

2. 水质下降对沉水植物造成严重弱光胁迫

根据郑国强等（2004）对洱海水质演变过程及其趋势的研究、符辉等（2013）对洱海近 50 年来沉水植被演替及其主要驱动要素的研究和郭宏龙（2018）对洱海水环境历史变化规律的讨论成果（图 3.2-12～图 3.2-15），并结合图 3.2-7 所示的洱海水生植被演替变化过程表明：20 世纪 90 年代中后期洱海水生植被的快速退化主要是由于湖内网箱养殖面积的不断增加，大量的水草被打捞，水生植被遭到严重破坏，降低了湖泊水体的自净能力；同时洱海流域内化肥农药的大量使用改变了传统农业耕作方式，大量的 N、P 等营养盐随农田地表径流汇入湖中，加之 90 年代逐渐兴起的旅游业和机动游船污染等，加剧了洱海湖泊污染，加快了洱海水体富营养化进程，2003 年洱海首次突破中营养并达到轻

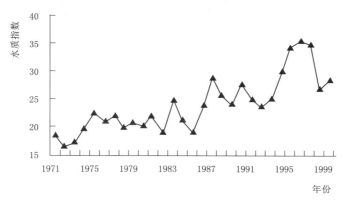

图 3.2-12 1971—1999 年洱海水质指数演替趋势图

（郑国强等，2004）

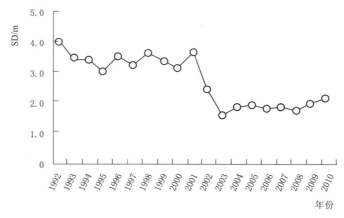

图 3.2-13 1992—2010 年期间洱海水体透明度 SD 年际变化过程

（符辉等，2013）

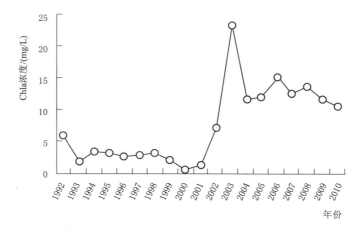

图 3.2-14 1992—2010 年期间洱海 Chla 浓度年际变化过程

（符辉等，2013）

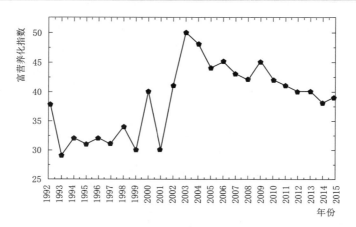

图 3.2-15　1992—2015 年洱海水体富营养化演变过程图

（郭宏龙，2018）

度富营养水平，该期间洱海由草型湖泊急剧向藻型湖泊转变，水体透明度由 20 世纪 90 年代平均 3.5m（2000 年为 3.7m）下降到 2003 年的 1.8m。因此，洱海污染引起湖泊由草型向藻型转变并引起水体透明度急剧下降（降幅超过 50%），这是洱海水生植被在 1990—2003 年期间快速退化的关键环境驱动因子。

根据图 3.2-12 和图 3.2-15 中洱海水质及水体富营养化年际变化过程可知，尽管洱海水质受人类活动加剧影响而有所变差，但整体水质仍基本满足湖泊Ⅱ～Ⅲ类标准，营养状态基本均维持在中营养水平，湖泊水质变差不应该成为洱海水生植被在 1990—2003 年期间快速退化的决定性因素，20 世纪 90 年代洱海湖内网箱养殖面积的不断增加，大量的水草被打捞，沉水植被遭到严重破坏且浮游植物大量繁殖是该期间水生植被快速退化的罪魁祸首。

综上所述，洱海沉水植被面积之所以在 1970—1990 年期间洱海水生植被面积占比保持超过 40%，主要有以下几个方面的水位控制因素：①洱海最低水位保持在 1963.00m 及以下；②洱海年内最高水位保持在 1965.80m 以内；③洱海年内水位变幅较大，年均超过 2.1m（区间变幅 1.5～2.9m）；④洱海 5—7 月水位在年内处于最低水位运行阶段。

3.2.4　洱海沉水植被演替与湖泊水位响应关系研究

基于大理州洱海流域管理局提供的 1952—2013 年洱海大关邑站逐月水位（月初值），整理分析不同时间段内的最高水位、最低水位、4—7 月平均水位，并以 10 年为时间尺度分析 1950—2010 年期间各特征值的变化过程（表 3.2-2），并结合近 70 年来洱海水生植被面积变化过程（图 3.2-5），分析研究洱海水生植被演替过程与湖泊水位变动的响应关系。

1. 洱海水生植被实测面积与湖泊水位变化响应关系

对 1980—2009 年期间适宜洱海湖滨带沉水植被生长发育的 4—7 月平均水位进行统计分析，并与同期洱海水生植被面积情况进行关联性分析（图 3.2-16），结果表明：4—7 月期间的平均水位与同期的水生植被面积呈反相关关系，即随着 1980—2009 年期间洱海

4—7月平均水位的逐步升高，洱海湖滨带水生植被面积呈现逐步萎缩过程，其中1990—2003年期间水生植被的快速萎缩应该是叠加了网箱养鱼大量打捞水草导致水生植被遭到严重破坏；同时年内月均最高水位与4—7月平均水位的差值越大，越有利于湖滨带水生植被的恢复与生长发育，因此，在流域水资源条件允许情况下降低4—7月期间的运行水位有利于提高洱海水生植被的自然恢复与繁殖能力，而且2017—2019年4—7月的低水位调度运行实践（2017—2019年洱海水生植被进入缓慢恢复期）也证明了适宜的水位调度运行是洱海湖滨带水生植被自然修复的重要驱动力。

表 3.2-2　　　　　　　　　1950—2010年洱海特征水位变化过程　　　　　　　　单位：m

时　段	月均最高水位	4—7月期间		
		平均水位	最低水位	最高水位
1950—1959 年	1966.62	1965.31	1965.21	1965.46
1960—1969 年	1966.44	1965.31	1965.14	1965.52
1970—1979 年	1965.97	1964.76	1964.57	1965.02
1980—1989 年	1964.87	1963.14	1962.80	1963.54
1990—1999 年	1965.38	1963.45	1963.03	1964.14
2000—2009 年	1965.85	1964.32	1964.00	1964.86
2010—2019 年	1965.91	1964.95	1964.65	1965.32

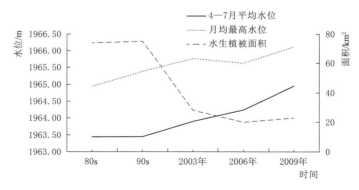

图 3.2-16　1980—2009年期间洱海水生植被面积与湖区水位变化图

2. 洱海水生植被估算面积与湖泊水位变化响应关系

通过对1950—2010年期间洱海湖滨带水生植被面积与对应时期的月均最高水位、月均最低水位、4—7月平均水位等特征水位（表3.2-3）进行相关性分析，其结果见图3.2-17。

表 3.2-3　　　　　　　　1950—2010年洱海特征水位与水生植被面积变化过程

时　段	月均最高水位/m	月均最低水位/m	4—7月平均水位/m	估算水生植被面积/km²
1952—1959 年	1966.62	1965.21	1965.31	16
1960—1969 年	1966.44	1965.14	1965.31	48

续表

时　段	月均最高水位/m	月均最低水位/m	4—7月平均水位/m	估算水生植被面积/km²
1970—1979 年	1965.97	1964.57	1964.76	90
1980—1989 年	1964.87	1962.80	1963.14	126
1990—1999 年	1965.38	1963.03	1963.45	102
2000—2009 年	1965.85	1964.00	1964.32	47.8
2010—2013 年	1965.91	1964.65	1964.95	25.2

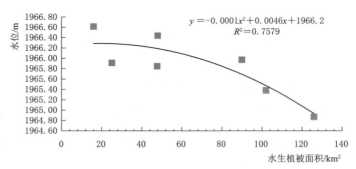

（a）水生植被面积与月均最高水位的相关关系

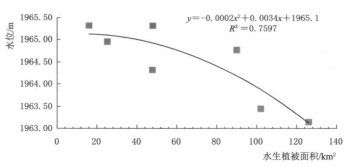

（b）水生植被面积与4—7月平均水位的相关关系

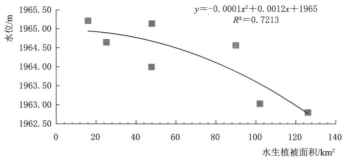

（c）水生植被面积与月均最低水位的相关关系

图 3.2-17　1950—2010 年洱海水生植被面积与各特征水位的相关关系图

由图 3.2-17 所示的结果可知，1950—2010 年期间洱海水生植被面积与洱海各特征水位（月均最高水位、月均最低水位、4—7 月平均水位）均具有较为显著的非线性反相关关系，均随着各特征水位的升高而逐渐减少，湖滨带水生植被演替过程受洱海水位驱动特征十分明显，故从整体演变趋势上看，近 60 多年来洱海水生植被演替，尤其是自 2000 年以后洱海沉水植被急剧萎缩主要受洱海水位整体持续抬升（2008 年洱海 4—7 月平均水位及最低水位分别较 1999 年升高了 2.16m、2.09m）影响所致，同时大量外源负荷入湖引起的湖泊水体富营养化导致水体透明度大幅度降低起到了推波助澜的作用，进一步加快了洱海沉水植物的萎缩。

3.3 洱海水生植被自然恢复的水位调度需求

3.3.1 洱海水生植被面积与 4—7 月平均水位调度关系

在洱海沉水植物自然复苏并恢复性生长期间，维持适宜的水深（即洱海水位变幅）是促进洱海湖滨带沉水植物快速复苏并提高其自然繁殖能力的重要驱动力，同时不适宜的水位运行过程（即整体水位过高，以 4—7 月平均水位表征）将抑制洱海沉水植物的自然复苏生长，并影响后续年份洱海水生植被的分布范围及其面积大小，2009—2020 年洱海湖滨带水生植被分布面积年际变化过程与洱海年内 4—7 月特征水位（平均水位、最低和最高水位）变动关系见图 3.3-1 和表 3.3-1。

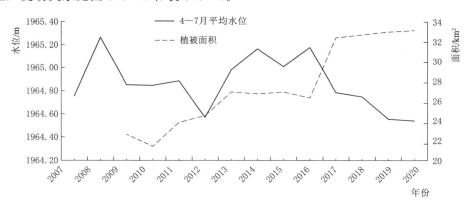

图 3.3-1　2009—2020 年期间洱海水生植被面积与 4—7 月平均水位变化关系

表 3.3-1　　　　　2006—2020 年洱海 4—7 月区间特征水位变化过程　　　　　单位：m

年份	4—7 月平均水位	水 位 变 幅	
		最低水位	最高水位
2006	1964.30	1964.18	1964.50
2007	1964.76	1964.56	1965.02
2008	1965.27	1964.96	1965.66
2009	1964.85	1964.52	1965.32
2010	1964.85	1964.48	1965.21

年份	4—7 月平均水位	水 位 变 幅	
		最低水位	最高水位
2011	1964.89	1964.50	1965.40
2012	1964.57	1964.36	1964.96
2013	1964.98	1964.77	1965.29
2014	1965.16	1964.89	1965.47
2015	1965.01	1964.56	1965.45
2016	1965.18	1964.97	1965.48
2017	1964.79	1964.46	1965.04
2018	1964.75	1964.51	1964.95
2019	1964.55	1964.26	1964.88
2020	1964.54	1964.43	1964.73

图 3.3-1 中，2009—2020 年洱海水生植被分布面积年际变化过程，有其较为深刻的水位驱动因子影响机制。近年来，洱海水生植被分布面积最小的时段出现在 2010 年，除受洱海湖泊水环境质量变差导致水体透明度下降、水体富营养化程度加重影响外，还受 2008 年洱海 4—7 月期间高水位运行的影响较为显著，即 2008 年 4—7 月期间的运行水位较 2007 年同期高出 0.51m，较 2006 年同期高出 0.97m，较 2009 年同期高出 0.42m，从而使得 2008 年、2009 年、2010 年水生植被的分布面积出现明显萎缩，并于 2010 年达到极小值（水生植被分布面积为 21.4km²，约占洱海水面面积比为 8.56%）。

如表 3.3-1 所示，2009—2011 年洱海 4—7 月期间平均水位基本均维持在 1964.85～1964.89m 之间（水位变幅差异不明显），洱海水生植被遭受 2008 年高水位运行的不利影响得到逐步缓解和恢复，并在 2012 年 4—7 月低水位运行（平均水位为 1964.75m）的刺激下，2013 年洱海水生植被得到明显恢复（水生植被分布面积为 26.9km²，占洱海水面面积比为 10.76%）；随后又在 2013—2016 年相对较高水位（4—7 月平均水位为 1964.98～1965.18m）驱动下，洱海水生植被分布面积又呈现轻微的逐年下降趋势，至 2016 年洱海水生植被分布面积为 26.5km²，占洱海水面面积比为 10.60%。

自 2016 年起洱海 4—6 月低水位运行方案提上议事日程，并于 2017 年开始进行试验性运行调度，2017 年、2018 年、2019 年、2020 年洱海 4—7 月的平均运行水位分别为 1964.79m、1964.75m、1964.55m、1964.54m，从实验性调度结果来看，2017 年、2020 年洱海水生植被分布面积恢复性增长十分显著，分别达到 32.4km²、33.14km²，占比分别为 12.84%、13.36%。

2009—2020 年洱海水生植被分布面积与洱海 4—7 月水位调度运行的年际变化过程表明，在水资源条件能够基本实现洱海流域用水需求和湖泊年内水量基本平衡的条件下，4—7 月实行低水位调度运行并辅以适当的人工修复措施，可以较大程度地加快洱海水生植被的自然恢复能力，以及水生植被的空间分布范围和面积占比，从而促进洱海水生态系统逐步向良好的方向发展。

3.3.2　基于沉水植被自然恢复的洱海水位调控需求

中国科学院武汉水生生物研究所的研究成果表明，沉水植被对改善洱海水质起到重要作用，在 4—6 月水温大于 15℃后开始复苏生长，该时段是洱海水位优化调控的窗口期，此外，水生植被占洱海水面积 18% 以上才能发挥较佳的净化功能。结合洱海保护条例的法定最低运行水位要求（水位大于等于 1964.30m）和汛后期蓄水的压力，洱海沉水植被复苏生长期（4—6 月）适度低水位（1964.30～1964.60m）运行，可促进 6m 水深以内沉水植被的快速复苏生长；同时 7—8 月相对较为浑浊的地表径流中挟带大量的面源污染负荷入湖，洱海水体相对较为浑浊、水体透明度明显下降时段维持低水位（1964.60～1964.80m）运行有利于湖滨浅水区（6m 以内）沉水植物生长，并为浅水区沉水植被逐步向适度深水区（6～10m）延展创造条件，因此，4—7 月洱海维持较低水位（1964.30～1964.60m）运行是促进洱海沉水植被自然修复的重要条件，也是基于湖滨带沉水植被自然恢复的生态水位调控需求。

1970—1990 年是洱海水生植被面积分布最广和湖泊水质最好的时段，该期间洱海湖滨带水生植被占比超过 40%，对比该期间洱海水位的调度运行特点（最低水位小于等于 1963.00m，年内最高水位大于等于 1965.80m，年内水位变幅年均超过 2.1m，年内 5—7 月水位最低），以 2018 年为例，现状调度运行过程与洱海沉水植被生长最好时期的水位调度过程相差甚远（图 3.3-2），无法为洱海沉水植被的自然恢复提供源动力。在洱海保护条例约束条件下，2018 年基于沉水植被自然恢复的洱海生态水位调度过程见图 3.3-3。

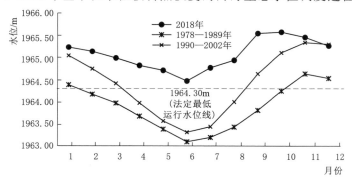

图 3.3-2　2018 年洱海水位调度过程与历史最好时期水位调度过程对比

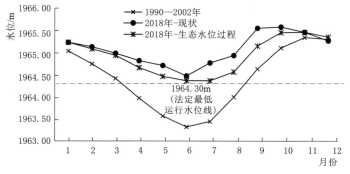

图 3.3-3　2018 年基于沉水植被自然恢复的洱海生态水位调度过程

从最低水位、年均水位与水生植被占湖面比例的历史数据关系图分析（图 3.3 - 4 和图 3.3 - 5）可以看出，若要使洱海水生植被占湖面比例逐步提升并发挥水生植被的诸多功能，在现有的洱海保护条例约束下，年内 4—7 月维持适度低水位运行（1964.30～1964.60m），7—8 月维持较低水位运行（1964.60～1964.80m），有利于加快洱海沉水植被的自然恢复并充分发挥水生植被在洱海水生态系统修复中重要作用。

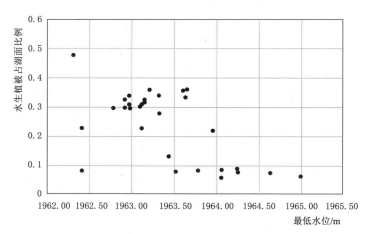

图 3.3 - 4　洱海水生植被占湖面比例与最低水位的关系

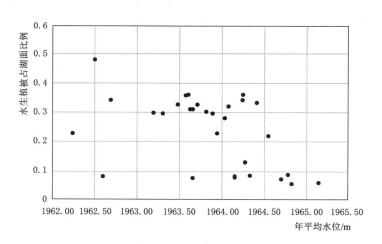

图 3.3 - 5　洱海水生植被占湖面比例与年平均水位的关系

3.4　洱海水质持续性改善的水位调度需求

　　2016—2018 年期间洱海水质模拟及其年内年际变化特征分析结果表明，洱海水质状况除受环湖河流入湖水量水质状况及湖面降水蒸发等边界条件影响外，洱海年内水位调度运行过程、西洱河出流过程及年初湖泊的水质状况都将对洱海年内的水质状况及其年内变化过程产生重要的影响。

3.4.1　水位变化与洱海水质间的相关性分析

根据 2018 年洱海湖区 17 个常规水质监测站点逐月水质监测资料和洱海大关邑水位站逐日水位监测数据，统计得到 2018 年洱海全湖各指标（以 COD、TP、TN、$NH_3 - N$ 为代表）逐月平均水质浓度及湖区月均水位值，并对湖区水位与水质变化过程进行对比，结果见图 3.4 - 1。

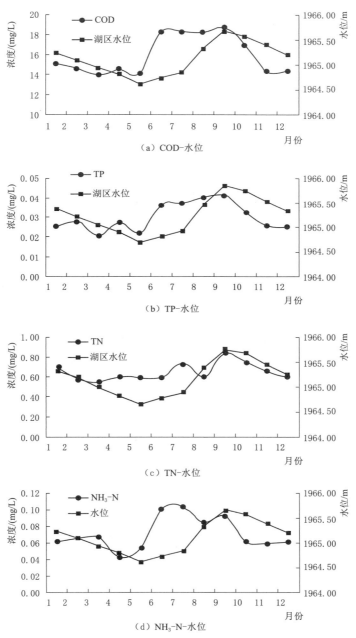

（a）COD-水位

（b）TP-水位

（c）TN-水位

（d）NH_3-N-水位

图 3.4 - 1　2018 年洱海水质与湖区水位变化响应关系图

图 3.4-1 所示的结果表明，2018 年年内水位最高值出现在 9 月，相对应的湖区 COD、TP、TN 浓度值最高值也出现在 9 月；湖区水位自 10 月开始逐渐下降直到 5 月达到湖区水位最低值，而相应的湖区水质浓度也呈逐月降低过程；随着雨季来临大量降水径流入湖，自 5 月底开始至 9 月下旬期间洱海水位持续升高并达到极大值，同时伴随着降水径流挟带大量的农田面源污染负荷及旱季沟渠积存的污染负荷进入洱海，导致入汛后的 6 月洱海水质指标浓度快速升高，7 月、8 月、9 月水质指标在较高的浓度水平波动变化。

2018 年洱海水质与湖区水位变化的响应关系表明：洱海湖区水位变化与湖泊水质具有相应的关联性，洱海水位受流域水资源条件的被动变化是洱海湖泊水质年内波动的关键因素，在流域水资源条件得到相应改善的条件下，结合流域污染源条件及其年内入湖过程，通过调控西洱河出湖流量以调控洱海的年内水位过程，从而改善雨季及汛后期的洱海水质状况是可能的。

3.4.2　现状年洱海水位调度运行方案设计

洱海生态水位调度需求主要有以下两个方面。

（1）沉水植被对改善洱海水质起到重要作用，成规模的沉水植被（水生植被占洱海水面面积 18% 以上）才能发挥相对最佳的水质净化功能。在 4—6 月水体开始复苏生长、水温大于 15℃，以及 7—8 月水体相对较为浑浊、水体透明度明显下降的时段维持较低水位运行有利于湖滨带浅水区沉水植物生长，并为浅水区植被向适度深水区（3～6m）延展创造条件，因此，在维持洱海水位年度水量适度平衡条件下，4—7 月低水位运行是非常必要的。

（2）洱海水位调度运行必须兼顾西洱河下游河道的生态环境最小流量需求。根据近年来西洱河出流过程的实测资料，并结合洱海出湖口至西洱河黑惠江汇合口区间的生产、生活及河流生态环境用水需求，西洱河出湖流量需求方案确定如下：①6—11 月西洱河下泄流量为 11.10m³/s；②12 月至次年 5 月西洱河下泄流量为 6.72m³/s。

按照上述洱海水位调度运行要求，现状年 2018 年洱海生态水位调度方案设计见图 3.4-2。

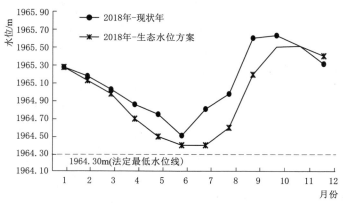

图 3.4-2　现状年 2018 年洱海生态水位调度方案

3.4.3 生态水位调度方案下洱海水质改善效果模拟

1. 研究方法

流场是湖泊中物质输移运动的主要载体，流场研究一直受到湖泊研究者高度重视。由于湖流运动缓慢，风是湖流运动的主驱动力且易受风场变化影响，导致大规模的湖流观测相对困难，因此，数值模型近年来被广泛地运用于各类水体动力学与水质迁移扩散的研究。生态水位调度方案下洱海水质改善效果模拟采用5.1节构建的洱海平面二维水动力与水质模型进行预测分析。

2. 计算边界条件

以2018年洱海流域环湖主要河流及排水沟渠的入湖水量与水质（包括各入出湖河流逐日流量与逐月入湖水质指标浓度、逐日湖面降水降尘及蒸发过程、湖周取用水情况及引洱入宾过程）为边界条件，生态水位调度方案以满足西洱河下游河道环境流量需求下的下泄流量（图3.4-3）为洱海出湖流量过程，采用建立的洱海水环境数学模型（见5.1节），模拟预测2018年洱海生态水位调度方案实施前后的洱海水质变化及其年内变化过程。

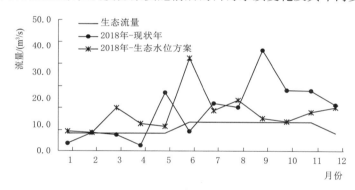

图 3.4-3 2018 年现状年与生态水位调度方案下西洱河出流对比

3. 生态水位调度方案下水质影响预测

基于上述水流水质边界条件，以洱海平面二维水环境数学模型为技术手段，模拟得到2018年生态水位调度方案实施前后的水质结果，分别见表3.4-1和图3.4-4。

表 3.4-1 2018 年现状年与生态水位调度方案下洱海水质对比

时间	2018年-现状年				生态水位调度			
	COD	TP	TN	COD$_{Mn}$	COD	TP	TN	COD$_{Mn}$
1月8日	15.43	0.022	0.72	3.55	15.42	0.022	0.72	3.54
2月8日	15.13	0.021	0.67	3.45	15.06	0.021	0.67	3.43
3月8日	14.81	0.021	0.62	3.34	14.70	0.021	0.62	3.32
4月8日	14.47	0.020	0.58	3.25	14.21	0.020	0.57	3.19
5月8日	14.67	0.021	0.55	3.23	14.41	0.021	0.54	3.16
6月8日	16.44	0.025	0.59	3.42	16.23	0.025	0.59	3.37
7月8日	17.96	0.032	0.67	3.69	17.42	0.032	0.65	3.57

续表

时间	2018 年-现状年				生态水位调度			
	COD	TP	TN	COD~Mn~	COD	TP	TN	COD~Mn~
8 月 8 日	17.89	0.037	0.69	3.75	17.43	0.037	0.68	3.64
9 月 8 日	17.91	0.039	0.74	3.84	17.62	0.040	0.74	3.77
10 月 8 日	17.82	0.036	0.75	3.89	17.12	0.036	0.73	3.72
11 月 8 日	16.62	0.029	0.67	3.64	16.07	0.029	0.66	3.51
12 月 8 日	15.99	0.025	0.61	3.39	15.52	0.025	0.60	3.28
年均值	16.26	0.027	0.65	3.54	15.93	0.027	0.65	3.46

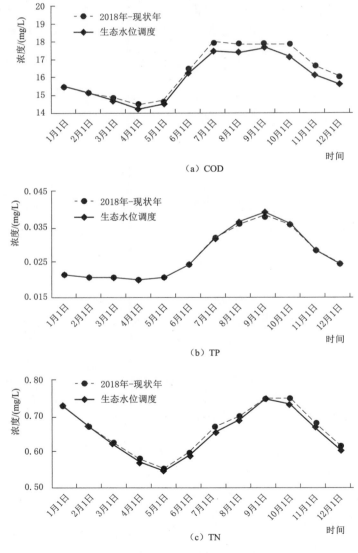

图 3.4-4　2018 年生态水位调度前后洱海水质年内变化过程对比图

根据表 3.4-1 和图 3.4-4 所示的模拟预测结果，2018 年生态水位调度方案下洱海湖区的 COD、TP、TN、COD$_{Mn}$ 四项指标年均水质指标浓度分别为 15.93mg/L、0.027mg/L、0.65mg/L、3.46mg/L，较 2018 年现状模拟水质指标浓度（16.26mg/L、0.027mg/L、0.66mg/L、3.54mg/L）分别改善 2.02%、−0.18%、1.23%、2.23%，除 TP 指标外其余各指标均有不同程度的改善。生态水位调度方案对洱海水质空间分布状况影响总体呈现中部湖心区水质改善效果相对最好、北部湖区（含沙坪湾、海潮湾）次之、南部湖区相对最小的空间分布格局，详见图 3.4-5 和图 3.4-6。

通过生态水位调度方案实施可为洱海沉水植被的自然恢复提供源动力，伴随着沉水植被的自然恢复并逐步向邻近的深水区逐步延展，沉水植被分布面积和生物量的逐步提高，不仅可提高水生植物对洱海水质的净化能力，而且通过其生物多样性维护、底质环境稳定、底泥营养固定和缓冲、清水及其对藻类化感等功能的发挥，可加快底泥的自然净化功效，大幅度减少底泥内源释放并抑制藻类的大面积生长繁殖。在当前暂时不考虑生态水位

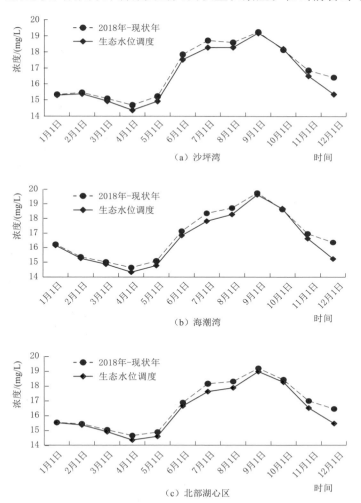

图 3.4-5（一） 生态水位调度下洱海沿程 COD 年内变化过程对比图

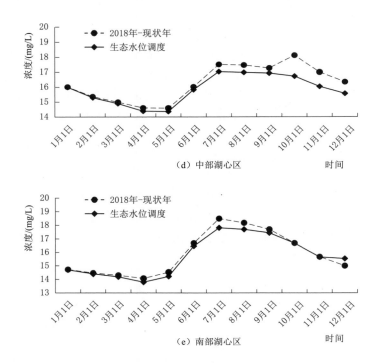

（d）中部湖心区

（e）南部湖心区

图 3.4-5（二）　生态水位调度下洱海沿程 COD 年内变化过程对比图

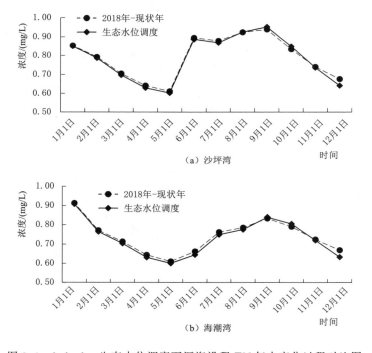

（a）沙坪湾

（b）海潮湾

图 3.4-6（一）　生态水位调度下洱海沿程 TN 年内变化过程对比图

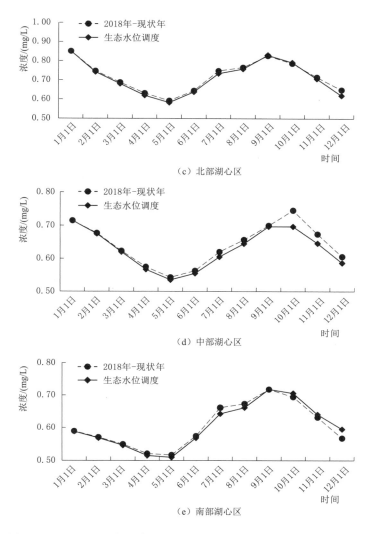

（c）北部湖心区

（d）中部湖心区

（e）南部湖心区

图3.4-6（二） 生态水位调度下洱海沿程TN年内变化过程对比图

调度方案下沉水植被自然恢复带来的水体自净能力提升、内源释放能力减弱带来的水质改善情况下，通过生态水位调度仍可以促进洱海水质的整体改善，尤其是对近年来洱海日益不利的碳、氮污染治理十分有利。

3.5 洱海水位调度的合理性分析

洱海是大理市主要饮用水源地，具有调节气候、提供城镇生活与工农业生产用水、保持水生生物多样性等多种功能，是整个流域乃至大理白族自治州经济社会可持续发展的基础。洱海的水位变化涉及区域水资源开发利用、湖泊水质保护及水生态系统演变等诸多方面，故其水位调度的合理性分析要兼顾上述的多目标需求。

3.5.1 气候调节

洱海具有调节气候、改善生态环境等诸多生态服务功能，使得洱海流域的极端温差值缩小，平均湿度相应提高，对大理地区的气候和生态环境将产生重大而深远的影响。湖泊内丰富的植物群落，能够吸收大量的二氧化碳，并释放出氧气，湖泊中的一些植物还具有吸收空气中有害气体的功能，能有效调节大气组分。但同时也必须注意到，湖泊中的生物也会排放出甲烷、氨气等温室气体。湖泊上面的蒸腾作用可保持当地的湿度和降水量，大量的降水通过树木被蒸发和转移，返回到大气中，然后又以雨的形式降到周围的地区。

湖泊对局地气候调节影响程度主要取决于湖泊容积和水面积大小。对洱海而言，最大湖面面积为 252km²，最大湖容为 29.59 亿 m³，年内最大水位变幅约 1.7m，湖泊水面面积变化不显著，故从气候调节需求角度看，洱海年内水位对其影响很小，无特定的水位调度过程需求。

3.5.2 生产生活用水

洱海是大理市的集中式饮用水源地，是湖周乡镇生产生活的用水水源，各提水泵站的取水最低高程均远低于洱海保护条例规定的法定最低运行水位 1964.30m，故在洱海保护条例规定的最低水位和最高水位区间（1964.30~1966.00m）运行，洱海生态水位调度运行对湖周城镇生产生活用水几乎无影响。

3.5.3 湖泊水质保护

根据 2018 年洱海湖区 17 个常规水质监测站点逐月水质监测资料和洱海大关邑水位站逐日水位监测数据，统计得到湖区整体水质（以 COD、TP 为代表）与洱海月均水位值间的相关关系（图 3.4-1）。2018 年洱海水位及湖区 COD、TP 浓度的最高值均出现在 9 月，湖区水位自 10 月开始下降，到 5 月达到最低值，相应的湖区水质浓度也呈逐月降低过程；同时随着雨季来临，降水径流挟带大量的农田面源负荷及旱季沟渠积存的点源负荷入湖，6 月洱海水质快速升高，7—9 月湖区水质维持在较高的浓度水平。由此说明：洱海水位变化与湖泊水质具有明显的关联性，在当前流域水资源条件日益短缺的情势下，拦蓄含有大量面源污染负荷的雨季来水只能维持湖泊水量的基本平衡，无法利用洱海 4.25 亿 m³ 的调蓄库容来发挥其"蓄清排浑"功效，是影响当前洱海水质年内大幅波动变化和雨季水质严重超标的重要因素。

当流域来水较为丰沛（即遭遇平及偏丰以上年份）或有外流域来水改善本区水资源条件下，减少汛（前）期初期雨污水和农田面源负荷的拦蓄量，将流域内 6—7 月水质较差的来水尽可能多地排出并减少汛前期蓄水量，降低 6—7 月期间的运行水位，拦蓄汛后期相对清洁的来水，并由外流域补水适当补充本区水资源量不足的问题，从而达到逐步改善雨季及汛后期的洱海水质状况，有利于促进洱海水质的持续性改善。

3.5.4 湖泊生物多样性保护

在湖库水生态系统中，水生植物具有初级生产、生物多样性维护、底质环境稳定、营养固定和缓冲、清水及化感抑藻等诸多功能，在洱海水生态系统的构建、平衡、维持、恢复等过程及水生生物多样性保护中举足轻重。洱海水生植物的整个生命周期（生长、衰亡、演替）都参与了湖泊水生态系统生物地球化学循环，在水生态系统牧食食物链中扮演着生产者角色，同时衰亡后为碎屑食物链提供有机质，而且水生植物在生长过程中可以通过吸收、过滤、截留等作用，降低环境中的有机物、无机物含量，减轻水体营养盐负荷，因此，水生植物在维持洱海水生态系统平衡、抑制洱海水体富营养化演变并促进洱海水生态系统良性循环发挥着重要作用。

湖泊底部良好的光照是湖滨带沉水植物赖以生长的基本前提，并直接影响沉水植物在湖泊中的最大分布水深。自20世纪80年代末起日益频繁的人类活动加快了洱海水体富营养化演替进程，水体透明度下降对湖滨带沉水植物造成了严重的弱光胁迫，沉水植被分布面积由40%下降至2016年的10%，沉水植物分布水深下限也由9～10m退化到6m以内。综合其成因，洱海水体富营养化和高水位运行（特别是春季高水位）是驱动沉水植被演替的主要因子。因此，现阶段应在大幅度削减陆域点源、面源入湖污染负荷的基础上，结合水资源条件在汛前期尽可能多地将水质相对较差的入湖水排出湖外、汛后期拦蓄相对清洁的入湖水，并发挥洱海"蓄清排浑"功效的水质改善需求，优化洱海水位调控过程。在洱海水温大于15℃后湖滨带沉水植物开始复苏生长的4—6月低水位（1964.30～1964.60m）运行，7—8月水体相对较为浑浊、水体透明度明显下降时段维持适当低水位（1964.60～1964.80m）运行有利于湖滨带浅水区（3～6m）沉水植物生长，并为浅水区沉水植被向适度深水区（6～10m）延展创造条件。通过2017—2018年期间4—7月适度的低水位调度实践（水位变幅1964.26～1964.79m）并结合适当的人工修复措施（栽种本地种水草），洱海水生植被恢复性增长十分显著，2018年分布面积达33.4km²，占比为13.36%。

对比2011—2019年多年逐月水位、2018年与2019年年内水位变化过程与基于水生生物多样性保护需求的年内变化过程（图3.5-1）可知，目前洱海的水位调度过程与沉

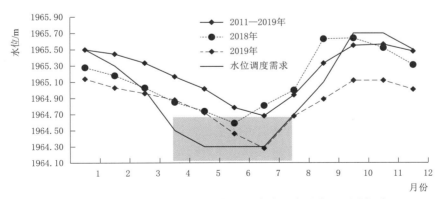

图 3.5-1 洱海水生生物多样性保护的水位调度需求（阴影部分）
与实际水位过程比较

水植被自然恢复的水生生物多样性保护存在较大的差距，急需在流域水资源条件得到基本保障的条件下，降低年内 4—7 月的运行水位，以加快洱海沉水植被自然恢复，从而为洱海水生生物多样性保护营造有利条件。

3.6　小结

（1）洱海隶属苍山洱海国家级自然保护区，是保护区的核心水域，水质保护目标为Ⅱ类，现状水质为Ⅱ～Ⅲ类。为实现近期洱海水质总体达到Ⅱ类，远期全湖水质稳定达到Ⅱ类，基本不发生水华现象的目标，当前洱海水质保护与水生态修复需求主要包括：①减少陆域污染物入湖，逐步减轻对洱海水质达到湖泊Ⅱ类标准的环境胁迫；②4—7 月期间维持适宜的低水位（1964.30～1964.60m）运行可为洱海湖滨带沉水植物自然恢复并逐步向深水区延展提供水力驱动；③日益匮乏的流域水资源条件无法支撑洱海 4—7 月适宜的低水位运行，急需外流域补水来为洱海生态水位调度运行创造资源条件支撑；④科学强化洱海湖滨带水生植物的收割管理可加快洱海水环境质量持续性改善。

（2）基于洱海历年水位、水质、水生植被种类与面积和浮游植物数量等相关数据，系统研究了洱海水位、水质变化过程及其与水生植被演替过程的关联性，研究结果表明：①近 70 年来洱海水生植被群落演替经历了扩张、鼎盛、衰退和稳定等过程，水生植被种群结构单一化、水深分布范围和面积大幅度萎缩，优势种群逐步由清水型转变为耐污型的苦草、金鱼藻和微齿眼子菜；②洱海水生植被演替受洱海水位变化驱动影响显著，年内 5—8 月维持低水位及年内水位的大变幅波动是驱动并维持洱海水生植被良好生长和最大面积分布的关键；③洱海水质污染引起湖泊由草型转向藻型并引起水体透明度急剧下降是 1990—2003 年期间洱海水生植被快速退化的关键环境驱动因子。

（3）受自然条件和人类活动双重驱动影响，近 70 年来洱海水生植被演替过程明显，水生植被资源呈现显著的衰退特征，其中洱海水生植被面积变化与同时期洱海各特征水位（最高水位、最低水位、4—7 月平均水位）均具有较为显著的非线性反相关关系，均随着各特征水位的升高而逐渐减少，湖滨带水生植被演替过程受洱海水位驱动特征十分明显。从整体演变趋势上看，近 70 多年来洱海水生植被演替，尤其是自 2000 年以后洱海沉水植被急剧萎缩主要受洱海水位整体持续抬升（2008 年洱海 4—7 月平均水位及最低水位分别较 1999 年升高了 2.16m、2.09m）影响所致，同时大量外源负荷入湖引起的湖泊水体富营养化导致水体透明度大幅度降低起到了推波助澜作用，进一步加快了洱海沉水植物的萎缩。

（4）在过去 60 多年的洱海水位调度运行管理中，多以水资源开发利用和供水安全保障为目标需求，忽略了水位变化可能对洱海水生植被演替产生的不利影响。但从水位变化驱动洱海水生植被演替的机理机制角度看，较为稳定的周期性水位变化和年内适当的水位变幅对于洱海沉水植物自然生长及其时空演替是十分有利的。从洱海水生植被历史最好时期（1970—1990 年期间洱海水生植被面积占比超过 40%）的水位变化过程来看，存在以下几个特点：①洱海最低水位保持在 1963.0m 及以下；②洱海年内最高水位保持在 1965.80m 以内；③洱海年内水位变幅较大，年均超过 2.1m（区间变幅 1.5～2.9m）；

④洱海 5—7 月在年内处于最低运行水位阶段。

（5）在现有的洱海保护条例约束和流域水资源条件能够实现水量年内基本平衡的条件下，通过西洱河出湖流量调节，以实现洱海年内 4—7 月维持适度低水位运行（1964.30～1964.60m）、7—8 月维持较低水位运行（1964.60～1964.80m），有利于洱海水环境质量的持续性改善，并加快洱海沉水植被的自然恢复，充分发挥水生植被在洱海水生态系统修复中重要作用。

第4章
洱海保护治理总体方案及实施效果预测

以《云南省大理白族自治州洱海保护管理条例》《云南省洱海流域水环境综合治理与可持续发展规划》《洱海保护治理规划（2018—2035年）》等确定的水质水生态保护目标要求为依据，合理确定洱海分阶段水质保护目标，并综合洱海流域保护治理抢救模式"七大行动""八大攻坚战"、经济社会发展规划、城市发展规划，以及《洱海保护治理规划（2018—2035年）》等规划治理措施，分析现状年洱海流域污染物来源组成及时空分布特征，预测不同设计水平年（2025年、2035年）流域点面源污染负荷来源组成及时空分布状况，评估规划水平年洱海流域污染治理效果及其规划目标的可达性，分析流域入湖污染负荷存在的不确定性，从而为规划水平年洱海湖泊水质预测、国控点水质目标可达性分析提供合理的边界条件。

4.1 洱海水质保护目标

1. 近期目标（2025年）

根据《云南省洱海流域水生态保护中长期规划（2020—2035）》，近期目标为：流域健康水循环初步建立，流域用水总量控制在4.11亿 m^3；流域水土流失基本得到控制，水源涵养能力明显提升；主要入湖河流水质持续改善，氮磷入湖污染负荷在2020年基础上削减15%~20%；洱海全湖水质总体达到Ⅱ类，全湖不发生规模化藻类水华，洱海水生态功能恢复到良好水平。

2. 远期目标（2035年）

根据《云南省洱海流域水生态保护中长期规划（2020—2035）》，远期目标为：建立与洱海水质保护目标相适应的流域经济发展模式；入湖河流水质全面达到功能区要求；洱海全湖水质总体达到Ⅱ类，基本不发生水华，水生植被面积达到20%，实现水生态系统良性循环，达到"河畅、水清、岸绿、湖美"目标。

4.2 洱海保护治理总体方案

4.2.1 洱海保护治理与流域生态建设"十三五"规划

自 1992 年以来，洱海水体富营养化综合指数呈波动性增加趋势，2003 年一度达到富营养化水平。目前，洱海处于中营养状态，但富营养化转型期特征明显，水生生物群落退化，脆弱的水生态系统使湖泊水质维持能力差，在年际及年内剧烈的水质波动下，夏秋季藻量较大，局部湖湾（尤其是海潮湾、沙坪湾等北部湖湾）及下风向湖岸边藻类水华频发，9—10 月规模化蓝藻水华暴发风险高，因此，"十三五"（2016—2020 年）是洱海保护治理的关键时期。

为深入贯彻落实习近平总书记考察云南重要讲话精神和"一定要把洱海保护好"的殷殷嘱托，大理白族自治州全力推进洱海保护治理工作。从流域系统治理理念出发，以洱海水质改善、水环境改善、水生态改善为核心，围绕"十三五"期间洱海湖心断面水质稳定达到湖泊Ⅱ类，全湖水质确保 30 个月、力争 35 个月达到Ⅱ类水质标准，水生态系统健康水平明显提升，全湖不发生规模化藻类水华的目标，编制了《洱海保护治理与流域生态建设"十三五"规划》（以下简称《"十三五"规划》），共规划实施六大类（含流域截污治污、入湖河道综合整治、生态建设、水资源统筹利用、产业结构调整、监管保障等）110 项工程，规划总投资 199.44 亿元。2017 年 2 月《"十三五"规划》通过云南省人民政府第 107 次常务会议审议，4 月由大理州人民政府印发实施，是"十三五"时期洱海保护治理的核心指导文件。

4.2.2 洱海抢救性保护"七大行动"

面对 2016 年洱海湖区 TP、TN、NH_3-N、COD、COD_{Mn} 等水质指标较 2015 年均出现明显下滑的严峻形势，2016 年 11 月云南省政府第 103 次常务会做出"采取断然措施，开启抢救模式，保护好洱海流域水环境"的决策，2017 年大理州人民政府印发了《关于开启抢救模式全面加强洱海保护治理工作的实施意见》。针对当前洱海保护治理面临的严峻形势和存在的突出问题，坚持长短结合，标本兼治，开启保护治理抢救模式，在洱海流域（2565km²）实施"两违"整治行动、村镇"两污"治理行动、面源污染减量行动、节水治水生态修复行动、截污治污工程提速行动、流域综合执法监管行动、全民保护洱海行动（简称"七大行动"），组建州、县（市）一线洱海保护治理"七大行动"指挥部，设立工作组，坚持一线指挥、一线调度、一线协调、一线解决问题，对现场工作的推进、组织、协调及时果断做出决策。按照抽强人、强抽人的要求，从州级、县（市）机关抽调 16 支一线驻乡镇工作队，督促指导协调服务洱海保护治理"七大行动"工作。

在《"十三五"规划》实施的基础上，面对洱海特殊的水环境形势，以环湖区域城镇、农村和旅游污染治理为重点，相机果断采取一系列抢救性保护措施，对改善洱海水质起到关键作用。一是严格整治违章建筑和违规经营。拆除违章建筑 1054 户（核心区 311 户），拆除面积 16.31 万 m²（核心区 3.86 万 m²）；暂时关停流域核心区餐饮客栈 2498 家，有效遏制环湖旅游无序发展态势。二是开展农村生活污水收集。对于近岸湖区村落和岛屿等对洱海产生直接影响的区域，在污水管网和污水处理设施尚不能正常投运的情况下，采用运输车、运输船抽吸等方式将污水外运，累计清运污水15.39万车次、58.8万 m^3。三是强化雨季污水溢流控制。针对古城、下关等主城区雨季污水溢流问题，全面排查污水管网体系，建成大理古城至下关污水输送应急管网15.5km。四是开展农灌沟渠、库塘、湿地大清理。流域6镇（乡）出动2941人次，清理农灌沟133.38km，清运垃圾216.5t、淤泥1073t，清理整治湿地库塘5030.5亩、杂草477.6t。五是强化蓝藻水华防控。实施除藻试验示范工程和藻水分离站等建设，组建蓝藻专业打捞队伍，对蓝藻进行早防控、早清除，增强了洱海大面积蓝藻水华发生风险防控能力。同时，大理州在规划以外及时启动实施了应急污水管网、应急库塘、农户化粪池、污水管网提升改造等抢救性保护项目。

4.2.3　洱海保护治理"八大攻坚战"

为深入贯彻落实2018年习近平总书记关于洱海保护治理的重要批示精神，并按照省人民政府在大理市召开洱海保护治理现场办公会议要求"结合洱海保护治理的困境和'怪圈'，一定要走出认识误区，从更大力度、更高水平、更宽领域、更加精准等方面狠下功夫，努力实现洱海保护治理质的飞跃"，大理州和省直有关部门始终把洱海保护治理作为压倒性的政治任务和绝对前置的重点工作，以不达目的决不罢休的决心和毅力，全力打赢洱海保护治理"八大攻坚战"。一是坚决打赢环湖截污攻坚战，决不让一滴污水进入洱海。将环湖截污作为首要任务，防止跑冒漏，彻底做到雨污分流，实现洱海流域生产生活废污水全部入网，严厉打击非法排污行为；加强运行监管，通过污水处理厂处理后的尾水必须达到现有工艺和设备条件的最好水平；科学调度尾水，杜绝尾水"二次污染"洱海。二是坚决打赢生态搬迁攻坚战，决不让"人进湖退"的现象发生。三是坚决打赢矿山整治攻坚战，决不让已关停取缔的矿山死灰复燃，抓紧开展矿山植被恢复。四是坚决打赢农业面源污染治理攻坚战，决不让"大药大水大肥"种植方式持续下去。洱海流域全面禁止使用含氮磷化肥和高毒高残留农药，坚决消除大药大水大肥作物对洱海的氮磷负荷污染；下决心彻底调整农业结构，坚定不移实施有机化绿色化，大力发展绿色生态农业，进一步压缩洱海流域限养区内畜禽养殖场的规模或外迁，以结构调整推进农业面源污染综合治理。五是坚决打赢河道治理攻坚战，决不让劣质水体流入洱海。六是坚决打赢环湖生态修复攻坚战，决不让湖滨生态再受伤害。以"零容忍"的态度严厉打击环湖生态环境违法行为，做好"三线"复绿、补绿、增绿等工作，努力恢复湖滨生态环境；全面修复面山裸露山体植被，大力实施退耕还林还湿工程，建设一批生态公益林地、湿地，不断增强洱海生态修复功能。七是坚决打赢水质改善提升攻坚战，决不让大面积水质恶化风险发生。坚持依法治湖，抓紧修订完善洱海保护管理条例及其配套措施和办法，从源头为洱海保护治理提供法律支撑；坚持科学治湖，强化洱海流域空间管控和生态增容，聚焦洱海流域管理减负，有效消减入湖污染负荷，提升洱海保护治理的科学性、精准性。八是坚决打赢过度开发建设治理攻坚战，决不让洱海流域无序开发乱象重现。强化洱海水环境承载力的刚性约束，以最严厉的举措加强洱海周边旅游开发管控，严禁在保护区范围内违法开展旅游活动，严格限制餐饮客栈数量；严控房地产过度开发，严控洱海流域内建设用地和房地产规模；依法拆除一切违章建筑，始终保持洱海流域"两违"整治的高压态势。

2019 年大理州人民政府印发了《洱海流域截污治污攻坚战作战方案》《生态搬迁攻坚战作战方案》《矿山整治攻坚战作战方案》《农业面源污染治理攻坚战作战方案》《河道治理攻坚战作战方案》《环湖生态修复攻坚战作战方案》《水质改善提升攻坚战作战方案》《过度开发建设治理攻坚战作战方案》等"八大攻坚战"作战方案。紧紧围绕"保水质、防蓝藻"两大目标任务，集中一切力量，采取一切措施，全力以赴打好洱海保护治理"八大攻坚战"，奋力开启洱海保护治理及流域转型发展新征程。

4.2.4　洱海保护治理规划（2018—2035 年）

4.2.4.1　洱海保护治理现状及成效

2016—2018 年，洱海保护治理取得阶段性初步成效，洱海全湖水质总体稳定保持在Ⅲ类，且年内满足Ⅱ类水质的月份有所增加，2016 年只有 5 个月达Ⅱ类，但 2017 年有 6 个月达Ⅱ类，2018 年有 7 个月达Ⅱ类。洱海水生态发生积极变化，当前洱海近岸水体感观明显好于往年同期，主要湖湾水生植物恢复生长较好，全湖水生植被面积达到 32km²，占湖面的 12.7%，为近 15 年来面积最大；洱海蓝藻防控扎实有效，目前未出现蓝藻区域性聚集和规模化蓝藻水华。工作成效主要体现以下几个方面。

（1）流域截污治污体系实现闭合。"十三五"以来，大理州采用"百日攻坚""30 天冲刺""倒排工期""挂图作战"等措施，全力推进截污治污工程体系建设。在 2018 年实现闭合后初步构建了覆盖全流域"从农户到村镇、收集到处理、尾水排放利用、湿地深度净化"的生活污水收集处理体系，开创了国内环湖截污治污流域全覆盖的先例。

（2）流域空间管控成效显著。"十三五"以来，开展了《洱海流域空间规划》编制和国土功能区划、"多规合一"试点，流域规划体系进一步完善；划定了洱海流域水生态保护核心区，严格整治违章建筑和违规经营，稳步推进洱海保护治理"三线"划定工作，不断优化洱海流域生产空间、生活空间和生态空间布局。

（3）产业结构调整稳步推进。以洱海保护治理倒逼流域农业产业结构调整。养殖业方面，大力整治禁养区和限养区规模化畜禽养殖，流域禁养区内畜禽规模养殖场已全部关停或搬迁，限养区内畜禽规模养殖场已完成整治。种植业方面，推进种植结构调整和高效生态农业建设，2018 年洱海流域大蒜种植面积减少了 10.18 万亩，2019 年大蒜种植面积趋零；推进化肥农药减量，洱海流域农作物化肥农药使用量实现负增长。工业方面，洱海流域 57 个非煤矿山已全部关闭取缔，并完成了 42 个矿山采矿许可证的注销废止，流域内 3 家水泥厂整体搬迁。

（4）洱海水生态调控持续强化。一是结合洱海水位调整开展洱海湖内水生生物恢复增量工作，使洱海湖内水生态状况发生积极变化，全湖水生植被面积达到近 15 年来最大。二是不断加大洱海渔业资源保护增殖放流与封湖禁渔力度，改善洱海渔业结构。三是全力严防严控规模化蓝藻水华，坚持人防、机防、技防相结合，通过蓝藻专业打捞队伍、无人机巡航手段开展藻类预警监测以及实施除藻试验示范工程和藻水分离站等建设，有效防止了大面积蓝藻水华发生。

（5）组织管理保障体系逐步完善。大理州及时调整充实由州委、州政府主要领导任双组长的洱海流域保护治理领导小组，组建了州、县（市）一线指挥部、工作组和乡镇工作队，确保各项工作举措落地见效。

落实"河长制"工作，压实河长责任。州委、州政府负责人担任 27 条主要入湖河道州级河长，30 个州级部门联系配合"河长制"工作，并且制定了洱海流域州级河长考核办法；持续开展"三清洁"环境卫生综合整治等全民参与行动；强化洱海保护治理技术支撑体系，组建了由国内一流科研单位组成的洱海保护科研团队和专家咨询体系，为洱海保护治理提供了科学的评价体系和技术支撑。

（6）项目投融资模式实现突破。大理州积极争取国家和省级支持，创新投融资机制向市场借力，缓解长期困扰洱海保护治理的资金难题。除了财政部、国家发展和改革委员会、云南省政府外，多方筹措洱海保护治理资金。积极运用 PPP 模式，引入中国水环境集团、北京碧水源科技股份有限公司、云南建设投资控股集团等企业作为社会投资人参与实施总投资为 84.06 亿元的截污治污重点项目。洱海流域水环境综合治理与可持续发展项目贷款首期 15 亿元及洱海保护专项债券 30 亿元已到位。

4.2.4.2　洱海水生态环境形势与问题诊断

1. 存在的主要生态环境问题

（1）洱海主要污染物浓度仍维持高位水平，水质尚未根本好转。1999 年以后，洱海水质由 Ⅱ 类下降到 Ⅲ 类，2003 年后总体稳定 Ⅲ 类，年际波动性变化特征明显。2016 年受流域入湖污染负荷增加的影响，洱海水质出现明显下滑，TP（0.029mg/L）较 2015 年大幅上升 31.8%，TN（0.53mg/L）上升 5.9%，COD（13.6mg/L）上升 3%。经过洱海《"十三五"规划》及抢救性保护等一系列措施实施，近 3 年洱海 TP 和氨氮浓度有所下降，但 TP 下降趋势缓慢仍处较高水平，TN、COD 浓度甚至出现小幅上升趋势。

2018 年洱海 TP 浓度较 2017 年下降 3.3%，较 2016 年下降 5.2%；氨氮较 2017 年下降 33.3%，较 2016 年下降 37.1%；但同期 TN 和 COD 出现小幅上升趋势，COD 较 2017 年上升 10.8%，较 2016 年上升 19.1%；TN 较 2017 年上升 12.3%，较 2016 年上升 17.1%。目前洱海水质尚未根本好转，洱海水环境保护形势依然十分严峻。

（2）洱海规模化水华暴发风险仍然较大，且会出现不同形式的蓝藻水华。在当前洱海流域氮磷负荷输入水平下，尤其是在雨期污染集中入湖后的 9—10 月，湖泊内的氮磷营养盐水平相对较高，气象条件适宜，蓝藻水华暴发风险大。近年来洱海丝状蓝藻生物量出现增加现象，群体微囊藻水华和丝状蓝藻水华都可能发生，使蓝藻水华防范困难进一步加大。2017 年和 2018 年藻类生物量分别为 5.95mg/L（藻细胞密度 2298 万个/L）、3.98mg/L（藻细胞密度 1967 万个/L）；秋季固氮蓝藻比例大幅增加，浮游植物优势种逐渐由微囊藻转变为束丝藻、拟柱孢藻和浮丝藻等固氮蓝藻。

（3）洱海水生态环境质量总体向好，但水生态系统仍然脆弱，外来鱼类入侵问题突出。21 世纪初以来洱海水生植被发生大面积退化，近几年洱海水生植被覆盖面积稳中有增，2018 年全湖水生植物覆盖度达 12% 以上，清洁种苦草、黑藻、光叶眼子菜等比例增加，水葫芦等几乎清除干净，洱海水生植被处于自 2003 年以来的最好水平，但水生植被面积仍然只恢复到 20 世纪八九十年代的 30% 左右，且优势种主要为金鱼藻、微齿眼子菜、狐尾藻等耐污种，尚不能对藻类形成竞争优势。另外，浮游动物枝角类和桡足类减少以及浮游动物小型化，底栖动物中耐污的水生昆虫和寡毛类所占比增加及鱼类杂型化、小型化等问题仍然突出。近年来，外来物种银鱼虽然大幅减少，但新出现的西太公鱼入侵问题突出，西太公鱼于2009年发现，2015年成规模，目前其捕捞量已经占到近50%。由于西太公鱼主要捕食浮游动物，与其他滤食性鱼类产生竞争，对洱海水生态食物网结构造成较大影响，且有可能影响水华暴发的态势。

（4）流域水资源开发不合理，河湖生态水量不足。由于洱海流域水资源开发利用程度相对较高，且节水水平不高，生产生活挤占了河道以及洱海的生态用水，主要反映在入湖河道断流、洱海水位下降等。苍山十八溪是洱海主要的清水来源，由于上游生活、生产用水的不合理取用，导致十八溪经常断流，减少入洱海水量，降低了洱海生态水量，对洱海水生态环境造成不利影响。2018年，洱海主要入湖河流中有16条存在不同程度的断流现象，其中葶溟溪、玉龙河等全年超过10个月断流，阳南溪、中和溪、桃溪、梅溪、双鸳溪、白石溪等全年超过5个月断流，致使优质水资源严重缺失，流入洱海的清洁水量减少。

（5）洱海入湖河流（沟渠）水质未根本改善。洱海流域入湖河流受人类活动影响大，2018年洱海27条主要入湖河流中Ⅰ类有2条，占7%；Ⅱ类有16条，占59%；Ⅲ类有5条，占19%；Ⅳ类有3条，占11%；全年断流的有1条，占3.7%。按照《地表水环境质量标准》（GB 3838—2002）中的河流标准虽不评价TN，但作为参考指标单独评价可看出，TN是洱海流域入湖河流水质污染最严重的指标。特别是洱海西南岸及北三江受区域高强度蔬菜种植影响，TN浓度在1.71（西闸河）～7.04mg/L（莫残溪），河流水质尚未根本改善。

此外，洱海入湖农灌沟渠氮磷污染问题突出。洱海环湖沟渠较多，纵横密布，尤其是流经蔬菜种植区、村落密集区的入湖沟渠水质污染严重，呈现出显著的氮磷污染特征，部分沟渠水质TP达到地表水河流水质标准的Ⅴ类或劣Ⅴ类，TN浓度达到1.77～15.24mg/L，入湖沟渠的污染负荷对洱海水质影响较大。

（6）洱海流域陆域生态退化，环湖生态屏障功能薄弱。洱海流域森林覆盖率仅39.33%，且植被覆盖分布不均匀，水源涵养区水土流失和石漠化问题突出，水源涵养能力下降。入湖河流中下游的湖泊、湿地、河口等重要生态节点缺乏系统的修复，河流两岸的生态屏障带建设严重不足，河流生态廊道功能退化；洱海湖滨带较窄，且在外围缓冲带内生态结构受到一定破坏，已实施的"三退三还"、湿地建设等工程在一定程度上对生态环境改善有利，但洱海湖滨缓冲带生态修复未做到系统化、连片化，生态质量提升效果不明显，入湖污染拦截净化功能薄弱。

2. 成因分析

（1）流域空间开发与洱海保护矛盾突出。洱海流域缺乏基于水资源、水环境承载力的整体性空间规划，与洱海流域水土资源环境承载能力相适应的城镇布局、产业布局和生态安全格局仍未形成。目前，洱海流域许多社会经济活动分布较为分散，凤仪等片区空间利用效率低，聚集度不够。此外，洱海流域特别是海西片区餐饮客栈、住户密集，且向临湖区域集中，洱海湖滨缓冲带内平均人口密度远高于流域的平均水平，湖滨生态空间被压缩，污染压力增大。

（2）洱海流域截污治污体系治理效率尚未充分发挥。目前，洱海流域村镇污水设施已经实现了全覆盖，但洱海流域污染治理体系仍然存在诸多问题。

1）环湖截污体系污水处理厂进水浓度不高，效益未充分发挥。新建环湖截污体系对大面积村镇雨污分流难度估计不足，项目设计、施工周期压缩，设计施工衔接不到位，雨污分流不彻底，管网地下水内渗问题仍然较重，在雨季出现污水管网满管、局部污水溢流、污水处理厂进水浓度低和运行难度大等问题，影响工程效益发挥。

2）老城区和农村老管网区域管网问题突出，是造成雨季管网污水溢流、洱海水质下降的重要原因。下关北、古城、凤仪、洱源县城等区域老管网面积大，可能是较为突出的区域。

3）污水管网缺乏系统化、专业化运行管理。污水管网家底、存在的问题、输送效率等不够清晰，错接、破、漏、损、堵等问题缺乏及时维护，缺乏有效监管。

（3）大批建成湿地出现运行和监管的难题。洱海流域建成湿地类型多，有湖滨近自然湿地、河滨近自然湿地、大型人工表流湿地、潜流湿地和库塘湿地等。由于大部分湿地都是边摸索、边设计，工程建成后，仍存在径流区水系管控与优化、湿地运行参数优化等问题；另外，如湿地工程监测、监管和运行管理不足，长效运行管理机制缺乏，制约湿地效率的发挥。

（4）流域农业面源污染控制存在的复杂性、滞后性和反弹性。洱海流域已经实现了全流域大蒜禁种和大面积有机肥推广，农田面源污染控制取得了重大成效，但仍存在以下一些问题。

1）流域农田面源污染控制存在复杂性，农业种植结构调整和产业布局规划有待进一步加强；随着流域社会经济的发展，一些新的农业种植模式和种植方式形成的面源污染对洱海的影响尚不清楚；农田径流污染，特别是蔬菜等高肥作物种植区农田径流污染缺乏系统的治理；此外，流域农业种植、畜禽养殖、农村加工业污染缺乏种-养平衡等区域性的综合控制，整体治理成本和治理效率仍有待提升。

2）农田面源控制存在滞后性。由于大蒜等高施肥作物的长期种植，农田土壤本底污染流失重，占农田面源污染总量的 70% 以上。大蒜禁种后，农田面源污染削减存在很大的滞后性。2018 年流域农田面源污染 TN 和 TP 入湖负荷占比达 29% 和 21%，成为洱海最主要的污染来源。

3）农业面污染控制可能出现反弹。农业生产受市场影响大，大蒜虽然禁种，一些新的需肥较多作物有可能出现；目前洱海流域处于养殖业发展的低谷期、养殖业增加等都有可能加重流域污染。

（5）水资源开发利用程度高，清水入湖量大幅减少。随着洱海流域城市扩大和人口增加，对水资源量的需求不断增加，目前流域现状水资源开发利用程度高达 50.5%，超过了国际公认的 40% 开发利用上限。洱海流域下关、凤仪等中心城区目前主要采用大截排模式片区雨水径流直接截流至流域外，降低了洱海可利用水资源，同时也增加了湖水的停留时间。此外，自 20 世纪 50 年代中期至 2018 年，洱海净入湖水量呈逐渐下降趋势，流域水资源短缺日益凸显，特别是近年来，由于连年干旱，枯水时间延长，加剧了洱海流域水资源的短缺。2018 年洱海入湖河流中累计断流 3 个月以上的有 16 条，其中葶溟溪、玉龙河等全年超过 10 个月断流。水资源的过度开发利用和不合理的循环方式使流域清水入湖量大幅减少。

（6）固氮藻类增加、湖泊水力停留时间增长、新的鱼类外来物种入侵使洱海水质呈复杂性变化特征。总体来说，洱海 COD、TN、TP 浓度均处于相对较高水平，除外源污染输入外，湖泊生态系统的变化也会造成一些重要影响。

1）近年来洱海丝状固氮蓝藻比例增加，造成湖泊氮的内负荷有增加趋势，会导致洱海水体 TN 改善过程十分缓慢；另外，丝状蓝藻虽然不形成明显的水华，但其造成藻类总生物量增加，其产生的藻源性内负荷可能造成 COD 缓慢上升，经过估算，水华期藻类的 COD 约 4～8mg/L。

2）湖泊水力停留时间增加会造成难降解溶解性有机质增加。洱海流域出现污染源 COD 排放量和入湖量明显减少，而湖泊 COD 呈缓慢上升的趋势，而且湖泊的 COD 浓度比河流高出近 1/3～1/4，溶解性难降解有机质如富里酸比例较高，随着湖泊水力停留时间加长，COD 浓度有可能进一步增加。

3）外来入侵鱼类西太公鱼对食物网结构影响不清，可能对湖泊营养盐的周转造成影响。

4.2.4.3 洱海流域资源环境承载力

洱海流域资源环境承载力是指支撑洱海流域社会经济可持续发展的资源、环境的承载能力。洱海流域社会经济发展的主要制约因素有土地资源、水资源和洱海水环境。结合相关规划及研究成果，重点分析流域资源环境对流域建设用地和人口发展的支撑能力。首先结合洱海流域空间规划，分析洱海流域土地资源对建设用地及人口的承载能力；再分析洱海水资源承载力和水环境承载力及其对洱海流域建设用地与人口发展的支撑能力。以洱海流域资源环境承载力为底线，按照最小限制原则，综合性判断洱海流域资源环境承载力，根据"以水定城、以水定地、以水定人、以水定产"的发展思路，寻求社会经济、资源利用与环境保护的最小约束值，最终得到洱海流域资源禀赋所能承载的建设用地规模和人口规模阈值。

1. 水资源承载力

（1）水资源承载力计算方法。水资源承载能力是指在一定的生活、生产和生态需水标准，能实现经济社会持续发展前提下，流域水资源条件开发利用对人口和经济社会发展的最大支撑能力。水资源是一个地区经济、社会发展的基础，水资源承载力研究的核心问题是：目前以及未来可预见的流域可供使用的水资源量，水资源开发利用进程，水资源究竟能够支撑多大规模的社会经济系统发展。

洱海流域水资源承载力研究，通过模糊综合评价法分析，明确水资源优化配置有利于流域承载能力提升，基于水资源优化配置方案，设置现状延续型、优化配置型（节水型）、优化配置＋外流域调水型 3 种情景。坚持"以水定城，以水定人"，落实最严格的水资源管理制度，根据流域可利用的水资源量，合理管控 3 种情景的社会经济发展水平，定量计算不同情景下，流域水资源可承载的人口、城乡建设用地总规模发展水平。

为了比较不同发展条件下区域的水资源承载能力，设置了 3 种承载能力情景：①现状延续型，即生活生产挤占洱海流域生态用水，节水水平保持现状水平，各水平年可供水量等于现状供水设施供水量；②水资源优化配置型（节水型），即在现状延续型基础上，提高节水水平（水管网漏失率降低至10%，农业灌溉水有效利用系数提高至0.70），退还洱海流域生态用水，规划年增加流域内水资源配置水量；③优化配置＋外流域调水型，即在优化配置型基础上，保障洱海生态用水，规划水平年增加外流域调水，即滇中引水工程和桃源水库工程。

（2）洱海流域水资源承载力综合分析。现状延续情景下，在挤占洱海流域生态用水、保证永久基本农田灌溉用水与工业正常发展用水的条件下，水资源充分用于人口规模的发展。2020年、2025年、2035年可承载的人口分别为100万人、103万人和110万人，城乡建设用地总规模分别为181km²、186km²和188km²。

优化配置（节水型）情景下，在优先退还挤占的洱海流域生态水量前提下，流域保证永久基本农田灌溉用水与工业正常发展用水，其余可利用水资源充分发展人口，支撑城镇建设。2020年、2025年、2035年仅依靠洱海流域本区水资源开发利用，流域分别可承载人口116万人、117万人、121万人，城乡建设用地总规模分别为190km²、192km²和199km²。

优化配置＋外流域调水情景下，优先保障洱海生态用水，在退还部分挤占的洱海生态水量基础上，2035年通过桃源水库工程，进一步增加洱海生态用水量，多年平均补水量近1.6亿m³。流域保证永久基本农田灌溉用水与工业正常发展用水，其余可利用水资源充分发展人口。2035年新增滇中引水工程，较优化配置情景（节水型）增加水资源量2878万m³，可进一步支撑流域城镇建设，扩大人口发展规模。2035年流域可承载人口158万人，城乡建设用地总规模218km²。各种情境下洱海流域水资源环境承载力成果详见表4.2-1。

表4.2-1　　　　　　　　各种情境下洱海流域水资源环境承载力成果

情　景	水平年	水资源社会经济承载力	
		总人口/万人	城乡建设用地总规模/km²
现状延续型	2017	99	178
	2020	100	181
	2025	103	186
	2035	110	188
优化配置型（节水水平型）	2017	99	178
	2020	116	190
	2025	117	192
	2035	121	199
优化配置＋外流域调水型	2017	99	178
	2020	116	190
	2025	117	192
	2035	158	218

2.土地资源承载力

（1）土地资源承载力计算方法。土地承载力是指一定生产条件下土地资源的生产能力和一定生活水平下所承载的人口限度。土地资源是一个地区经济、社会发展的基础，土地承载力研究的核心问题是：目前以及未来可预见的流域可供使用的土地资源量以及土地资源究竟能够支撑多大规模的社会经济系统发展。根据《大理州国土空间总体规划（2019—2035年）》，洱海流域土地资源承载力研究采用资源环境承载能力评价和国土空间开发适宜性评价的"双评价"方法，识别洱海流域生态系统服务功能极重要和生态极敏感空间，确定农业生产、城镇建设的适宜程度。在城镇建设适宜区基础上，综合考虑洱海流域土地资源利用状况，依次扣除生态保护极重要区、生态保护红线、永久基本农田等，计算得到适宜城镇建设的空间规模和能够承载的人口规模。

（2）洱海流域国土资源"双评价"分析。根据《大理州国土空间总体规划（2019—2035年）》研究成果（表4.2-2），因高海拔、大坡度、地势不平坦，洱海流域水土资源基础较差，导致全流域城镇建设和农业生产功能指向的资源环境承载能力均以"低"等级为主，分别占全流域国土面积的78.51%和74.13%，空间分布基本一致；生态保护等级以"高"等级为主，占流域国土面积的73.88%，分布连片且较为集中，一般重要的区域零星分布在全域。

表4.2-2　　　　　洱海流域资源环境承载能力等级评价结果汇总表

单位：面积（km²）；比例（%）

功能指向	低		较低		一般		较高		高	
	面积	比例	面积	比例	面积	比例	面积	比例	面积	比例
城镇建设	3262	78.51	68	1.64	220	5.29	97	2.33	508	12.23
农业生产	3163	74.13	190	4.45	223	5.23	108	2.53	583	13.66
生态保护	184	4.31	399	9.35	333	7.80	199	4.66	3153	73.88

根据《大理州国土空间总体规划（2019—2035年）》研究成果（表4.2-3），洱海流域资源环境本底对城镇建设、农业生产等开发活动适宜性较低，生态保护重要性极为重要，高强度的生产活动对当地资源环境易产生难以恢复的影响。洱海流域城镇建设开发适宜性和农业生产适宜性均以"不适宜"分区为主，城镇建设和农业生产"适宜区"面积分别仅占全流域面积的10.79%和11.90%，生态保护极重要区面积占全流域面积的73.17%。

表4.2-3　　　　　洱海流域空间开发适宜性分区结果汇总表

单位：面积（km²）；比例（%）

功能指向	不适宜（一般区）		一般适宜（重要区）		适宜区（极重要区）	
	面积	比例	面积	比例	面积	比例
城镇建设	3673	86.08	134	3.13	460	10.79
农业生产	3437	80.51	324	7.59	508	11.90
生态保护	845	19.80	300	7.03	3122	73.17

（3）洱海流域土地资源承载力分析。

1）建设用地规模。洱海流域土地资源约束下城镇建设承载规模计算，在洱海流域城镇建设适宜区基础上，依次扣除生态保护极重要区、生态保护红线、永久基本农田，得到适宜城镇建设的空间规模为 344.7km²，现状城乡建设用地面积为 173.5km²，仍有余量。

2）土地资源人口承载规模。洱海流域土地资源的人口承载规模采用式（4.2-1）进行计算：

$$P = \frac{\sum S_i}{D \cdot A} \qquad (4.2-1)$$

式中：P 为人口规模；S_i 为城镇建设不同适宜性等级土地面积；D 为人均用地规模；A 为城镇化率，％。

计算得到洱海流域土地资源人口承载规模为 442 万人。从土地资源的角度来看，洱海流域未来仍有较多的人口发展余量。

3. 水环境承载力

（1）水环境承载力计算方法。洱海水环境承载力是指在最不利水文条件及保障洱海目标水质与湖泊水环境系统功能可持续正常发挥的前提条件下，湖泊自然净化能承载的入湖污染物量。该污染物入湖量对应支撑社会经济的发展能力称为水环境承载力。水环境承载能力大小取决于水体的自净能力与排污治污水平。

当前洱海水质类别为Ⅲ类，超过其水质保护目标（Ⅱ类）要求，其入湖污染负荷量（含降水降尘及内源污染负荷）超过其水环境承载能力，洱海保护治理形势依然严峻，洱海流域社会经济发展与环境保护之间的矛盾依然突出。水环境承载力是洱海流域社会经济发展的重要依据，大理州确定了"一定要以保护治理洱海统领大理州经济社会发展全局"、全面推进保护治理洱海"八大攻坚战"、洱海流域社会经济发展优先保障洱海水环境保护的发展战略。

洱海流域水环境承载力研究，通过计算湖泊环境承载力和主要污染物入湖总负荷量，对总负荷量进行分配，确定流域区域承载力，并通过建立洱海水动力水质二维模型，构建基于水质-污染源响应系数、污染分担率、入湖河流允许排放量、削减量和削减率的湖泊水环境承载力的计算方法体系，在最不利水文条件及保障全湖Ⅱ类水质目标条件下，计算得到洱海湖泊自然净化能承载的污染物入湖量。

洱海水环境社会经济承载力是以水环境承载力为约束，基于水环境质量改善潜力，综合考虑区域功能定位、经济发展特点与目标、技术可行性等因素，结合污染物排放强度、排放总量控制、治污水平等因素，提出流域可承载的人口规模和经济发展的规模阈值。

1）水质目标值确定：根据洱海污染物分担率、特征污染因子及主要超标污染物选取化学需氧量（COD）、总磷（TP）、总氮（TN）3 个指标，洱海湖区的水质保护目标为Ⅱ类。

2）典型水文条件确定：选择洱海最低运行水位 1962.69m 及典型枯水年为典型水文条件。

3）边界条件：以典型枯水年洱海主要入湖河流流量（29 条）、入湖沟渠流量（38 条）、三库连通调水工程入湖流量以及西洱河出流和引洱入宾取水量作为边界条件。

4）入湖负荷：根据实测的入湖河流、入湖沟渠、调水工程入湖流量，综合考虑地下径流量、未测地表径流量和相应的污染物浓度估算入湖污染负荷。大气沉降负荷根据洱海流域干湿沉降的监测结果进行计算。

由于洱海入湖河流、入湖沟渠水量多采用水文巡测数据值进行估算，会忽略部分暴雨期径流进入洱海的水量，导致实际计算值偏低。因此，结合洱海多年平均入湖水量对其进行修正，计算得到正常水文年条件下的洱海污染物入湖负荷量。

（2）洱海水环境承载力分析。根据上述建立的湖泊水环境承载力计算方法体系及采用的计算条件，计算得到洱海在典型枯水年条件下的水环境承载力，其结果见表 4.2-4。

表 4.2-4 洱海典型枯水年条件下的水环境承载力

规划水质目标	水环境承载力/(t/a)		
	COD	TN	TP
Ⅱ类	7106	1100	95

现状排污水平下，根据计算结果，平水年条件下的 TN、TP 入湖负荷量（即洱海实际入湖负荷量）远超出洱海对污染物的容纳能力，为保障洱海Ⅱ类水质目标，主要污染物均要有一定幅度的削减。经初步核定，2018 年现状排污水平下 TN 入湖负荷需削减 497t，削减率为 31%；TP 入湖负荷需削减 30t，削减率为 24%；人口无承载空间。

规划近期 2020 年，预测洱海流域 TN、TP 排放量分别为 4446t、420t。洱海水环境承载力控制方案见表 4.2-5，为保证湖心断面水质达到Ⅱ类，全湖水质确保 6 个月达到Ⅱ类水质标准的目标，洱海流域 COD、TN、TP 入湖污染负荷在 2018 年现状基础上分别削减 10%、15%、15%。综合考虑水文条件波动引起的入湖负荷变化，经初步核定，2020 年近期目标 COD、TN、TP 入湖量分别为 5678t、1357t、106t，洱海水质得到改善。

表 4.2-5 洱海水环境承载力控制方案

水 环 境 承 载 力		COD	TN	TP
		7106	1100	95
2018 年现状	入湖量/t	6309	1597	125
2020 年近期目标	削减率（基于 2018 年）/%	10	15	15
	入湖量/t	5678	1357	106
2025 年中期目标	削减率（基于 2020 年）/%	10	20	15
	入湖量/t	5110	1086	90
2035 年远期目标	削减率（基于 2025 年）/%	15	25	25
	入湖量/t	4344	814	68

规划中期 2025 年，预测洱海流域 TN、TP 排放量分别为 4104t、315t。为确保全湖水质 7 个月达到Ⅱ类水质标准的目标，随着洱海流域综合治理能力进一步提升，洱海流域 COD、TN、TP 入湖污染负荷在 2020 年基础上分别削减 10%、20%、15%。综合考虑水文条件波动引起的入湖负荷变化，经初步核定，2025 年中期目标 COD、TN、TP 入湖量

分别为 5110t、1086t、90t，洱海水质进一步改善，水生态功能恢复到良好水平。

规划远期 2035 年，预测洱海流域 TN、TP 排放量分别为 2661t、255t。为确保全湖水质稳定达到 II 类水质标准的目标，全面有效削减污染负荷，洱海流域 COD、TN、TP 入湖污染负荷在 2025 年基础上分别削减 15％、25％、25％。综合考虑水文条件波动引起的入湖负荷变化，经初步核定，2035 年远期目标 COD、TN、TP 入湖量分别为 4344t、814t、68t，洱海水质达到水环境功能区要求，实现生态系统良性循环。

4.2.4.4　规划七大工程方案

1. 洱海流域空间管控方案

规划期实施洱源县西湖生态搬迁、金梭岛生态搬迁等项目，推动重要生态空间内建设用地退减，减少人类活动对洱海的影响。实施洱海一级、二级、三级保护区勘界定标，按照新修订的洱海保护管理条例要求，对洱海一级、二级、三级保护区进行勘界定标，洱海湖区和一级保护区应当设置界桩、标识，明晰保护边界。

2. 洱海流域水资源保护与利用方案

（1）水资源高效利用工程。近期主要开展大理市海西末端拦截消纳及灌溉综合利用试点工程、洱源县中型灌区节水配套改造项目等工程，优化洱海节水减排系统和水资源统筹布置系统，大幅提升洱海流域灌溉水有效利用系数；实施大理市洱海流域清水产水区清水疏导等工程，打造清水入湖（河）通道，增加清水入湖量，补充洱海生态用水。中期开展洱海大型灌区节水减排项目，构建农田退水综合回用循环体系，减少洱海流域"抽（取）清排污"水量、退还洱海生态水量。

（2）水资源优化调度工程。近期主要开展蓄水工程建设，提高山区灌溉供水能力；实施大理市城乡统筹供水二期、洱源县洱海流域城乡供水建设，减少流域内人畜无序取水，退还挤占的河湖生态水量；实施洱源县弥苴河至西湖引水工程、大理市北三江河流-库塘湿地-沟渠连通及提质增效改造工程，破解北三江流域水多、水少、水滞、水差困局。

（3）外流域引水工程。近期开展鲁地拉水电站水资源综合利用工程，置换洱海枯期向宾川、祥云的供水，减少洱海抽提水量。中期开展桃源水库洱海生态补水工程，增加洱海入湖清洁水量，增强洱海水体循环和水动力。

3. 洱海流域水污染防治方案

（1）截污治污体系提效工程。近期主要开展西洱河截污治污、污水处理提质增效、天井片区雨污水工程改造、古城污水管网完善等工程，提高主城区污水收集处理效率，提高黑惠江监测断面水质；对洱海环湖村落雨污分流管网进行提升，对洱源县分散农村污水收集管网进行完善，提高流域村落污水收集效率；建设大理经济技术开发区再生水系统，提升流域污水处理厂尾水再生利用能力。中期全面开展中心城区污水管网排查评估，继续实施管网雨污分流改造和干渠干管防渗维修，对各污水处理厂进行进一步提质增效。

（2）农业面源污染治理工程。近期主要在大理市和洱源县实施农作物绿色生态种植，包括有机肥替代、病虫害绿色防控、农作物绿色生态种植等；中期进一步控制下关、古城等重点区域农业面源污染，以蔬菜种植径流污染为对象，开展区域农田径流污染连片整治。

（3）城镇垃圾收集处理工程。近期主要是实施大理市第二（海东）垃圾焚烧发电二期工程，新建一条垃圾焚烧处理线，提高大理市垃圾处理能力。中远期不断完善流域垃圾收集、清运、处理处置体系。

4. 洱海流域水环境治理方案

从构建绿色生态屏障，促进清水入河入湖出发，围绕污染物产、汇、入湖迁移过程，依次考虑源头足量清水保障、重要区域和重要节点生态功能提升、沿途清水输送通道构建，共设置4大类工程。

（1）水源涵养区保护工程。针对流域水源涵养区森林覆盖率较低、部分地区水土流失严重的问题，重点开展天然林资源质量提升工程，主要实施面山绿化、封山育林、退耕还林、补植补种等内容，并对流域非煤矿山进行生态修复。近期以实施流域非煤矿山关停及生态修复为主，中期以实施大理市海东储备林建设及生态质量提升为主，远期以实施洱源县林业生态质量提升为重点。

（2）重要节点生态净化功能提升工程。对洱海源头及湖周重要节点湿地进行建设和功能提升优化，重点对洱海源头茈碧湖、西湖等湖泊湿地，及海北、海西重要净化湿地进行生态修复，提升湿地净化功能。近期重点实施洱海源头重要节点湿地建设和完善，中期重点实施北三江湿地系统整合优化，远期以实施洱海源头湿地系统的整体功能提升及改造为主。

（3）环湖生态屏障建设工程。对洱海环湖三线范围进行湖滨缓冲带生态修复与湿地建设，以及湖滨生态廊道生态修复与建设，重点实施空间管控、河口湿地建设、湖滨带生态修复、生态廊道建设等内容，以形成污染入湖的环湖生态屏障。近期以环洱海流域湖滨缓冲带生态修复与湿地建设为重点，中期以建设完善环湖生态廊道为重点，远期以优化滨河缓冲带的构建模式为重点。

（4）入湖河流综合整治工程。按照一溪一策的要求，从污染贡献、水质改善及水量保障多方面考虑，以河流清水系统健全优化为任务，重点对入湖水量大的海北北三江水系，及污染程度重的海西苍山十八溪水系进一步开展整治，并以小流域为单元形成河湖湿地净化系统，保障清水入湖。近期以北三江三大入湖河流及重要支流的综合整治及净化系统完善为重点，中期以苍山十八溪河道水质水量水生态功能的综合提升为重点。

5. 洱海流域水生态修复方案

（1）洱海湖湾污染底泥环保疏浚工程。对洱海北部红山湾、南部波罗江河口等湖湾污染底泥进行生态疏浚，清除表层重污染底泥，改善沉水植物生长状况；对疏浚产生的污泥应进行稳定化、无害化和资源化处理处置。

（2）洱海生态系统调控与生物多样性保护工程。补充洱海湖湾及近岸浅水区实施沉水、挺水、浮叶及湿生植被等水生植物繁殖体，开展水生植被群落优化及湖心平台沉水植被恢复。洱海水生植被繁殖体补充主要在红山湾、沙坪湾、喜洲湾、马久邑湾、挖色湾、长育湾、双廊北、青山湾、风浪箐湾和康朗湾等湖湾和非湖湾的近岸浅水区实施。湖心平台沉水植被试验性重建工作在洱海南部湖心平台约2万 m² 的湖区开展。另外，实施渔业资源保护与鱼类结构调控工程。

（3）洱海水生生物多样性恢复与保护。继续实施水生植被繁殖体补充及恢复工程，重点实施洱海渔业资源保护与增殖放流工程。目前洱海鲢鳙现存量较高，自2019年开始增加鲢的投放比例，提高土著鱼类投放。开展土著螺蛳栖息地、生长繁殖等研究工作，确定适合土著螺蛳生存区域，以便有针对性地投放。方案实施范围位于古生暂养池和北部鳌山湾试验围栏。

　　6. 洱海流域水灾害防治方案

　　（1）河道综合治理工程。依托河道综合治理工程，对老永安江、凤羽河、弥苴河、弥茨河条等河道及三营河、清源河等支流实施综合治理，治理河道 67km，采取河道整治、河势控导、堤防护岸等主要工程措施，使治理河段达到国家规定的防洪标准。

　　（2）大型灌区配套工程。近期依托灌区及配套设施建设和改造，对灌区现状存在问题的 13 座泵站进行改造或修复，新建干支渠、配套建设泵站、改造排水沟等措施，提高农业灌溉保障程度，缓解洪旱灾害。

　　7. 洱海流域综合管理方案

　　洱海流域综合管理项目包括洱海保护治理工程设施运营管理类项目、流域监管执法和能力建设项目、生态文明创建及管理类项目和洱海保护宣传教育项目等，近期以前两类项目为主，远期以后两类项目为主。

　　（1）洱海保护治理工程设施运营管理项目。对洱海流域内已建成的洱海保护治理污水、垃圾、畜禽粪便收集处理设施，湿地库塘、湖滨带等生态工程设施，节水与水资源生态调度设施进行有效的运营管护，保障工程长效运行及发挥效益，近中期运用大数据、平台等先进手段建设现代化的环保工程监管系统，远期以系统的信息化水平提升为重点。

　　（2）流域监管执法和能力建设项目。按照洱海保护管理条例的要求，建立洱海流域综合执法工作机制，开展监察执法能力达标建设及常规监察执法工作；配备必要的执法车辆、执法装备。综合运用物联网、大数据、云计算、人工智能、智能图像识别等现代技术手段，建设覆盖洱海全流域监管有力、协同高效、决策科学的智慧洱海监管体系。

　　（3）生态文明创建及管理项目。积极弘扬生态文化，开展绿色生态文明示范区创建，在洱海流域组织开展生态村、生态乡镇（社区）和生态市等创建工作，大力弘扬节水意识，积极开展节水城市、节水社区、节水单位创建工作。

　　（4）洱海保护宣传教育项目。开展"洱海保护日""开学第一堂课"等洱海保护宣讲教育活动，丰富宣传载体和平台，不断提高流域群众保护环境的思想意识，提高公众的环境素养，使流域的环境保护成为一种公众的行为自律。

　　（5）洱海保护科技支撑项目。以改善洱海水环境质量为核心，加强洱海保护科学技术研究，重点开展洱海污染负荷与水环境演变研究、洱海蓝藻水华暴发机制及风险预测研究、流域/区域农田面源污染控制研究、污水管网体系收集效率评估与完善研究、洱海小流域/区域水资源循环利用与污染减排研究、洱海流域山水林田湖草系统修复研究等；实施洱海科研平台建设，开展洱海生态环境演变观测等。

4.3　洱海保护治理总体方案实施效果预测

　　污染物按其进入水体的空间几何形态可分为点源和非点源，其中点源主要指集中排放的工业污水和城镇、农村生活污水；非点源则包括除上述点源以外所有进入湖中的污染物，包括农田面源、水土流失等。根据实地调查分析，洱海流域内主要污染源类型为生活污染、畜禽养殖污染、农田面源污染、旅游污染以及水土流失。受收集到的基础资料限制，洱海流域污染负荷分析在区域污染源调查与基础资料收集的基础上，对生活污染、畜禽养殖以及旅游污染负荷采用系数法计算其产生量及入河量。考虑到洱海流域实施保护治理抢救模式"七大行动""八大攻坚战"是在 2017 年开始陆续实施，故洱海保护治理总体方案的实施效果以 2016 年为现状年，对洱海流域的生活污染、畜禽养殖污染、农田面源污染、旅游污染源以及水土流失进行现状年的流域污染源评价。同时，在现有的治理水平下，根据洱海流域人口与社会经济发展趋势，综合考虑《洱海保护治理与流域生态建设"十三五"规划》、"七大行动""八大攻坚战"已落实的项目及《洱海保护治理规划（2018—2035 年）》等提出的新增污染治理措施，预测规划期（2025 年、2035 年）污染物总量及入湖量。

4.3.1　洱海流域污染源现状调查与分析

1. 生活污染源

（1）生活污染源调查。洱海流域地跨大理市和洱源县，共计 16 个乡镇，170 个行政村。2016 年洱海流域内常住人口 92.31 万人，其中城镇人口 55.38 万人，农村人口 36.93 万人，城镇化率 60%，洱海流域各行政区人口见表 4.3-1。

表 4.3-1　　　　　　　　　洱海流域各行政区人口

县（市、区）名称	分区名称	人口/万人			城镇化率/%
		总人口	城镇人口	农村人口	
洱源县	三营片	12.96	5.39	7.57	41.60
	凤羽片	3.49	0.59	2.9	16.90
	右所片	7.63	2.11	5.52	27.70
	小计	24.08	8.09	15.99	33.60
大理市	上关片	4.47	1.19	3.28	26.60
	喜洲片	12.77	4.68	8.09	36.60
	下关片	37.6	35.84	1.76	95.30
	凤仪片	6.48	2.28	4.2	35.20
	挖色片	4.26	1.89	2.37	44.40
	海东片	2.65	1.41	1.24	53.20
	小计	68.23	47.29	20.94	70.00
合　　计		92.31	55.38	36.93	60.00

按照城市规模、经济发展水平等不同，将洱海流域内城镇概化为一般集镇、重点城镇、县城、重要城市四个类型，其中，一般集镇主要指凤羽、右所等小集镇；重点城镇包括上关、喜洲等洱海周边特色旅游小镇；县城主要针对洱源县城；重要城市指下关、大理，为大理州的政治、经济、文化和旅游中心，用水定额也较其他城镇要高。参考《大理州洱海灌区工程规划》，一般集镇生活综合需水定额现状为 155L/（人·d），重点城镇生活综合需水定额现状取为 165L/（人·d），县城生活综合需水定额现状为 170L/（人·d），重要城市生活综合需水定额现状为 205L/（人·d）。根据实际调查（表 4.3-2），洱海流域现状农村居民生活用水定额差别不大，因此统一取为 60L/（人·d）。

表 4.3 - 2 　　　　　　　　　　　洱海流域生活需水定额

名　称	城镇需水定额/[L/(人·d)]	农村需水/[L/(人·d)]
凤羽片、右所片	155	60
上关片、喜洲片、凤仪片、挖色片、海东片	165	
三营片	170	
下关片	205	

根据《大理市洱海环湖截污工程可行性研究总报告》和《洱源县（洱海流域）城镇及村落污水收集处理工程 PPP 项目初步设计》，截至 2016 年，大理市共有 7 座污水处理厂，分别为大理市第一污水处理厂、大理市第二污水处理厂、向阳溪污水处理厂、周城污水处理厂、喜洲污水处理厂、上关镇污水处理厂、双廊镇污水处理厂，其中，大理市第一污水处理厂、第二污水处理厂排往西洱河，不进入洱海。同时，大理市还建设有 65 座村落污水处理设施，具体信息见表 4.3 - 3。洱源县共建有洱源县城第一污水处理厂、右所西湖污水处理厂、邓川镇污水处理厂共 3 座污水处理厂；同时建有村落污水收集处理设施 28 座，具体信息见表 4.3 - 4。

表 4.3 - 3 　　　　　　　　　　　大理市 2016 年污水收集现状

名称	城镇				农村				
	污水处理厂	污水处理规模/(万 m³/d)	出水标准	污水收集率/%	农村污水处理站/个	处理站规模/(m³/d)	服务人口	出水标准	污水收集率/%
下关镇	大理市第一污水处理厂	5.4	一级 B	54.50	10	845	4383	一级 A	43.30
凤仪镇					0	—	—	—	
大理镇					7	963	11435	一级 A	
银桥镇					11	1080	11818	一级 A	
海东开发区	大理市第二污水处理厂	1	一级 A		0	—	—	—	
湾桥镇	向阳溪污水处理厂	0.02	一级 A		7	495	6164	一级 A	
喜洲镇	周城污水处理厂、喜洲污水处理厂	0.2+0.2	一级 A		13	2720	23689	一级 A	
上关镇	上关镇污水处理厂	0.1	一级 A		5	255	4048	一级 A	
双廊镇	双廊镇污水处理厂	0.1	一级 A		0	—	—	—	
挖色镇	—	—	—		4	535	6500	一级 A	
海东镇	—	—	—		8	730	8431	一级 A	
合计		7.02			65	7623	76468		

（2）生活污染源计算。生活污染物及入河量计算方法如下：

$$W_{si} = 3.65 \times 10^{-7} \cdot \phi \cdot N \cdot V_d \cdot S_i \tag{4.3-1}$$

$$W_{ri} = \alpha \cdot W_{si} \cdot (S_{pi}/S_i) + (1-\alpha) \cdot W_{si} \tag{4.3-2}$$

式中：W_{si} 为第 i 种污染物产生量，t/a；ϕ 为产污系数；N 为总人口；V_d 为用水定额，L/(人·d)；S_i 为第 i 种污染物的浓度，mg/L；W_{ri} 为污染物入河量，t/a；α 为污水收集率；S_{pi} 为污水处理设施处理后排放的第 i 种污染物的浓度。

表 4.3-4　　　　　　　　　　洱源县 2016 年污水收集现状

名称	城　镇				农　村			
	污水处理厂	污水处理规模/(万 m³/d)	出水标准	污水收集率/%	农村污水处理站/个	处理站规模/(m³/d)	出水标准	污水收集率/%
茈碧湖镇	县城第一污水处理厂	0.37	一级 B	32.70	16	975	一级 A	21.90
						135	一级 B	
右所镇	右所西湖污水处理厂	0.05	一级 A		7	170	一级 A	
						20	一级 B	
邓川镇	邓川镇污水处理厂	0.04	一级 A		5	220	一级 A	

产污系数参考《第二次全国污染源普查生活源产排污系数手册》，同时考虑到洱海流域人均用水定额与西南地区平均人均用水定额的差距，对手册中的产污系数进行折算，计算得到各污染物的平均浓度。产污系数取值见表 4.3-5。

表 4.3-5　　　　　　　　　　洱海流域产污系数

区域	产污系数	COD/(g/L)	TP/(g/L)	TN/(g/L)	NH₃-N/(g/L)
城镇	0.900	0.500	0.008	0.092	0.064
农村	0.600	0.442	0.007	0.087	0.063

利用生活污染物的产生量及入河量计算公式，将洱海流域产排污系数以及污水收集率、污水处理厂尾水浓度等值代入，最终计算得到洱海流域生活污染物的产生量及入河量，计算结果见表 4.3-6。

表 4.3-6　　　　洱海流域 2016 年生活污染物产生量及入湖量　　　　单位：t/a

项目	COD	TN	TP	NH₃-N
染物产生量	20640.64	3232.94	273.71	2264.94
污染物入河量	9667.90	1830.61	152.76	1289.07

2. 畜禽养殖污染源

（1）畜禽养殖污染源调查。根据《大理州洱海灌区工程规划》，2016 年底洱海流域内共有大牲畜 23.58 万头，小牲畜 45.06 万头，禽类 116.61 万只，各牲畜存栏量见表 4.3-7。

表 4.3 - 7 洱海流域 2016 年牲畜存栏量

县市区名称	分区名称	牲畜/万头		家禽/万只	合计/万只
		大牲畜	小牲畜		
洱源县	三营片	6.65	11.93	31.48	50.06
	凤羽片	1.08	3.18	5.11	9.37
	右所片	3.36	5.58	15.90	24.84
	小计	11.09	20.69	52.49	84.27
大理市	上关片	1.63	3.24	7.72	12.59
	喜洲片	1.67	9.36	7.90	18.93
	下关片	0.53	6.08	2.51	9.12
	凤仪片	6.04	0.77	28.59	35.40
	挖色片	0.64	4.57	3.03	8.24
	海东片	1.98	0.35	9.37	11.70
	小计	12.49	24.37	59.12	95.98
合计		23.58	45.06	116.61	180.25

根据调查,流域内畜禽粪便普遍采用干清粪方式施入田中做有机肥还田,因此,畜禽粪便不计入畜禽养殖污染源而作为农田面源一起计算。

(2) 畜禽养殖污染量计算。畜禽养殖污染产生及入湖量计算公式如下:

$$W_{qi} = N \cdot P_{qi}/1000 \qquad (4.3-3)$$
$$W_{ri} = \alpha \gamma W_{qi} \qquad (4.3-4)$$

式中:W_{qi} 为第 i 种污染物产生量,t/a;N 为畜禽总数;P_{qi} 为第 i 种污染物的产生系数,kg/(头·a);W_{ri} 为第 i 种污染物入湖量,t/a;α 为污染物排污系数;γ 为污染物入湖系数。

根据《全国规模化畜禽养殖业污染情况调查及防治对策》中推荐的畜禽粪污日排放量,不同畜禽粪污日排放量见表 4.3 - 8。

表 4.3 - 8 不同畜禽粪污日排放量

污染排放	种类	大牲畜	小牲畜	家禽
COD/[kg/(头·a)]	粪	1136.5	76.7	5
	尿	85.5	13.5	0
TP/[kg/(头·a)]	粪	8.6	1.4	0.1
	尿	1.5	0.3	0
TN/[kg/(头·a)]	粪	31.9	2.3	0.3
	尿	29.2	2.2	0
NH$_3$-N/[kg/(头·a)]	粪	16	1.2	0
	尿	14.6	1.1	0

根据《第二次全国污染源普查畜禽养殖业源产排污系数手册》西南地区数据进行折算,并结合洱海流域的实际情况,最终确定的排污系数见表 4.3 - 9。

表 4.3-9　　　　　　　　　洱海流域畜禽养殖排污系数　　　　　　单位：g/(头·d)

禽类	处理方式	COD	TN	TP	NH_3-N
牛	干清粪	138.3	15.2	1.00	3.65
	水冲清粪	1200.29	58.1	8.94	—
猪	干清粪	54.3	1.2	0.4	0.49
	水冲清粪	336.36	16.2	3.65	—
家禽	干清粪	0.1	0.03	0.003	0
	水冲清粪	3.04	0.19	0.09	—

张玉珍等（2015）曾对九龙江流域的畜禽养殖污染进行了试验研究，得到了猪尿入河率为 0.25 的结论。据此计算得 2016 年畜禽养殖污染物产生量及入湖量，具体结果见表 4.3-10。

表 4.3-10　　　洱海流域 2016 年畜禽养殖污染物产生量及入湖量　　　单位：t/a

项目	COD	TN	TP	NH_3-N
污染物产生量	10069.04	1692.03	80.84	855.50
污染物入湖量	3020.71	507.61	56.09	145.49

3. 旅游污染源

根据《云南省大理州洱海灌区工程规划》，洱海流域 2016 年共接待旅游人次 1066.17 万人，主要包括宾馆、酒店及餐饮。旅游污染源污染物入河量计算公式：

$$W_{ri} = \alpha \cdot W_{li} \cdot \left(\frac{S_{pi}}{S_i}\right) + (1-\alpha) \cdot W_{li} \qquad (4.3-5)$$

式中：W_{ri} 为第 i 种污染物的入河量，t/a；α 为污水收集率；W_{li} 为第 i 种污染物的产生量，t/a；S_{pi} 为污水处理后第 i 种污染物的浓度，mg/L；S_i 为污水处理前第 i 种污染物的浓度，mg/L。

旅游污染源的产污系数参考《第二次全国污染源普查城镇生活源产排污系数手册》，取酒店客栈平均产污系数为 COD 50.5g/(人·d)、TN 7g/(人·d)、TP 0.88g/(人·d)、NH_3-N 5g/(人·d)；餐饮平均产污系数为 COD 180.67g/(人·d)、TN 3.05g/(人·d)、TP 0.62g/(人·d)、NH_3-N 1.32g/(人·d)。每位游客按平均停留两天，每天餐饮住宿正常，旅游污染入河负荷的计算与生活污染源相同。根据以上分析，估算得旅游污染物产生量及入湖量，详见表 4.3-11。

表 4.3-11　　　洱海流域 2016 年旅游污染物产生量及入湖量　　　单位：t/a

项目	COD	TN	TP	NH_3-N
污染物产生量	4929.26	214.3	27.72	134.7
污染物入湖量	568.16	106.53	12.16	75.44

4.3.2　现状年洱海流域面源污染估算

4.3.2.1　模型基础数据准备

1. 空间数据

（1）数字高程模型（DEM）。数字高程模型是模型进行流域划分、子水系生成以及水文过程模拟的基础。本书所用的数字高程来自地理空间数据云，图像分辨率为 30m，洱海流域数字高程模型见图 4.3-1。

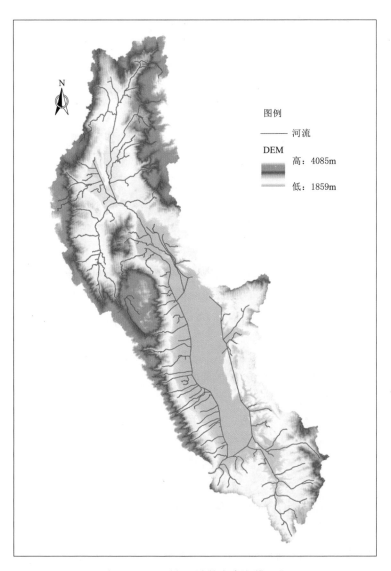

图 4.3-1　洱海流域数字高程模型图

（2）土地利用类型。土地利用类型通过影响地表水分蒸发、地表植被的截留量等因素影响着流域的水质和水量。本书中所用的土地利用类型图来自第二次全国土地调查

（2009 年完成），对无法确定的植物物种使用其他代表性的物种参数作为该种物种的参数，
对土地类型进行重分类，最终的土地利用类型重分类见表 4.3－12，土地利用类型分布图
见图 4.3－2。

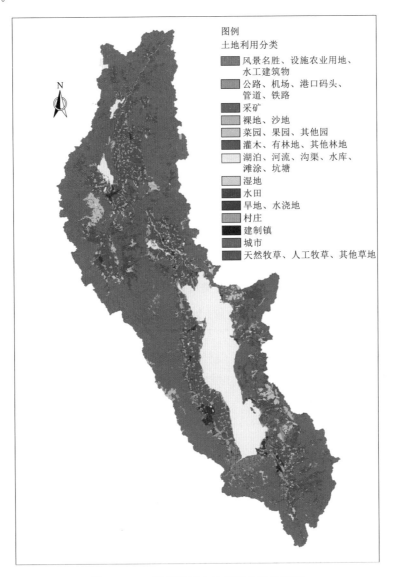

图 4.3－2　洱海流域土地利用类型分布图

表 4.3－12　　　　　　　　　　　　洱海流域土地利用类型重分类

SWAT 土地利用类型代码	面积/km²	面积比/%	中文名称
FRST	1607.38	61.82	灌木、有林地、其他林地
PAST	191.36	7.36	天然牧草、人工牧草、其他草地
AGRL	141.97	5.46	旱地、水浇地
RICE	247.63	9.52	水田

SWAT 土地利用类型代码	面积/km²	面积比/%	中文名称
WATR	369.59	14.22	湖泊、河流、沟渠、水库、滩涂、坑塘
ORCD	10.97	0.42	菜园、果园、其他园
URML	6.59	0.25	建制镇
BARR	2.76	0.11	裸地、沙地
URLD	3.77	0.14	村庄
URHD	17.96	0.69	城市
WETL	面积小，不计		湿地
OUINs	面积小，不计		风景名胜、设施农业用地、水工建筑物
UTRN	面积小，不计		公路、机场、港口码头、管道、铁路
合　计	2599.97		

（3）土壤分布。土壤类型影响着流域水文循环各个方面，土壤类型和土地利用类型综合确定子流域内水文响应单元划分。洱海流域主要土壤为红壤、暗棕壤、水稻土，洱海流域土壤类型分布情况见图 4.3-3，各土壤类型占洱海流域面积的比例见表 4.3-13。

表 4.3-13　　　　　　　　　洱海流域土壤类型统计表

SWAT 土壤类型代码	面积/km²	面积比/%	中文名称
Haplic Luvisols	885.85	34.07	简育高活性淋溶土
Haplic Acrisols	266.72	10.26	简育低活性强酸土
Cumulic Anthrosols	226.64	8.72	人工土
Chromic Cambisols	450.09	17.31	艳色雏形土
Haplic Calcisols	14.60	0.56	简育钙积土
Water Bodies	365.71	14.07	水体
Eutric Gleysols	15.33	0.59	饱和潜育土
Humic Acrisols	149.52	5.75	腐殖质低活性强酸土
Ferric Lixisols	72.22	2.78	铁质低活性淋溶土
Dystric Cambisols	153.28	5.90	不饱和雏形土
合计	2599.97		

2. 属性数据

（1）气象数据。SWAT 模型中计算所需气象数据主要包括：气温数据（包括日平均数据和日最高最低气温）、降水数据（包括降水强度、日均降水量）、太阳辐射、风速风向、相对湿度等。本书收集的气象数据资料主要来自大理、洱源、银桥、凤羽、牛街以及炼城等站点，见表 4.3-14。

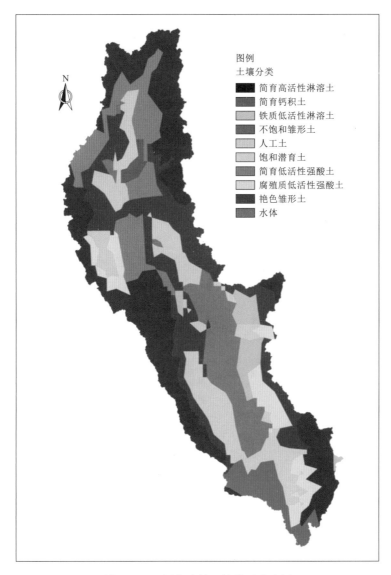

图 4.3-3 洱海流域土壤类型分布图

表 4.3-14 洱海流域气象站点分布

ID	站名	纬度/(°)	经度/(°)	高程/m
1	大理	25.70	100.18	1990
2	洱源	26.12	99.97	2103
3	银桥	26.02	100.08	1980
4	凤羽	25.98	99.93	2200
5	牛街	26.25	99.98	2110
6	炼城	26.09	100.01	2060

　　模型采用大理气象站（共 34 年）的气温、风速、降水、相对湿度等日值数据，构建洱海流域气候发生器数据库。模型所用水文站点及点源排放口位置分布见图 4.3 - 4。

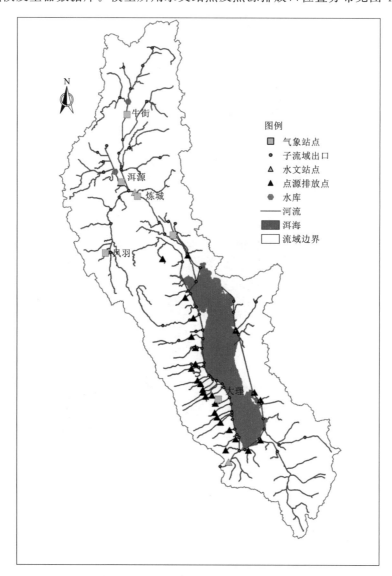

图 4.3 - 4　模型所用水文站点及点源排放口位置分布图

　　（2）水文数据。水文数据是模型参数率定和验证调整参数的依据。本书主要采用炼城站 2008—2011 年日径流数据进行率定，2012—2014 年日径流数据进行验证；同时，采用洱海相同时段月水量平衡进行模型验证。

　　（3）土壤特性数据库。SWAT 模型要求用户根据流域的土壤类型建立用户土壤特性数据库。研究中所用土壤特性来自世界土壤数据库 HWSD V1.2。世界土壤数据库（Harmonized World Soil Database version 1.2，HWSD V1.2）是由国际应用系统分析研究所（IIASA）及联合国粮农组织（FAO）以及国际土壤参考和信息中心（ISRIC）共同合作

建立，其中，中国地区数据源为 1995 年全国第二次土地调查南京土壤所提供的
1：1000000 土壤数据。模型所需土壤特性数据主要包括土壤的物理属性和化学属性。其
中，物理属性包括土壤名称、土壤分层数、土壤所需水文单元组、土壤容重、土壤级配组
成等，化学参数则主要包括有机质、TP、TN 等。

3. 污染源数据

作物种植管理措施主要包括播种、耕作、施肥、灌溉、收割等。本研究所用农田管理
数据主要来自《第二次全国污染源普查农业污染源肥料流失系数手册》，并结合实际走访
所得结果，建立数据集。

根据《云南省大理州洱海灌区工程规划》，并结合实际走访调查结果了解，目前洱海
流域现状粮食作物主要以水稻、玉米、大麦、豆类、薯类为主，经济作物主要有烤烟、蔬
菜、大蒜、油菜及经济林果。根据调查，洱海流域内主要包括 4 种轮作方式，分别为：水
稻-蚕豆、水稻-大蒜、水稻-大麦和水稻-油菜。每种轮作方式中，大春（4—10 月）种植
水稻，小春（10 月至次年 4 月）种植其他小春作物，其他轮作方式还包括：苞谷-大蒜轮
作，5 月种植苞谷，9 月收割，10 月种植大蒜，次年 3 月收割；苞谷-小麦轮作，5 月种植
苞谷，9 月收割，10 月种植小麦，次年 3 月收割。

流域内菜地种植以蔬菜为主，较为典型的轮作方式为南瓜、白菜、花菜轮作。轮作过
程中施肥量及施肥次数不同。因此于 5 月 22—23 日，通过在洱海流域农田内的实际走访
调查，统计得出洱海流域内不同作物施肥量最终结果（表 4.3-15），将主要肥料包括圈
肥和化肥折合为 TP、TN 肥参数（表 4.3-16）。

表 4.3-15　　　　　　2016 年洱海流域内不同作物施肥量统计表　　　　　单位：kg/亩

化肥类型	水稻	大蒜	蚕豆	玉米	烤烟	大麦	苞谷	蔬菜	土豆
底肥（复合肥）	20	120	15	35	60	20	10	0	75
尿素	22.5	30	0	10	10	9	20	35	20
普钙	0	0	40	0	0	0	0	0	0

表 4.3-16　　　　　　2016 年洱海流域不同作物化肥折纯量统计表　　　　　单位：kg/亩

化肥折纯量	水稻	大蒜	蚕豆	玉米	烤烟	大麦	苞谷	蔬菜	土豆
TN	13.58	31.8	2.25	9.85	13.6	7.14	10.7	16.1	20.45
TP	3	18	4.725	5.25	9	3	1.5	0	11.25

4.3.2.2　SWAT 模型构建

洱海流域被划分为 122 个子流域，子流域划分阈值为 1km²，并将其划分成 881 个水
文响应单元。划分过程中，土地利用、土壤及坡度被忽略的比例均为 15%，划分结果见
图 4.3-5。

4.3.2.3　模型的校准及验证

1. 参数敏感性分析

通过对模型参数的敏感性分析可判断模型中哪些参数对模型结果精确性的影响更大，
从而可以提高模型结果的准确性。采用基于全局性敏感分析（Global Sensitivity）和一次

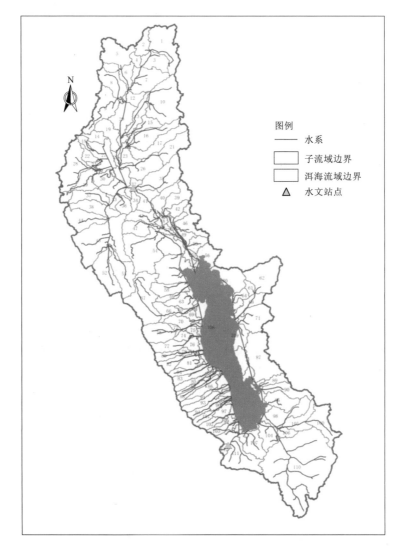

图 4.3-5　洱海流域子流域划分

一个（One-at-a-time）两种方式对 SWAT 参数进行敏感性分析。

　　SWAT 模型中可用于敏感性分析的参数共有 41 个，基于前人研究成果以及 SWAT 模型提供的敏感模型参数，最终确定 7 个水文敏感参数，取值范围见表 4.3-17。

表 4.3-17　　　　　　　　　　洱海流域 SWAT 模型中的敏感参数

敏感参数	最小值	最大值	影　　响
CN2	0	98	地表径流
GWQMN	0	5000	地下径流
SOL_AWC	0	1	地表径流、地下径流、侧向流、土壤含水量
GW_REVAP	0.02	0.2	地下水蒸发
SOL_K	0	1	侧向流

续表

敏感参数	最小值	最大值	影 响
REVAPMN	0	500	土壤蒸发补偿系数
V_ALPHA_BF	0	1	流量过程线形状

2. 模型参数的率定及验证

模型参数通过人工手动率定和自动率定（SWAT-CUP）相结合的方式完成，模拟 2012—2014 年日径流过程，纳什系数为 0.75，率定参数取值见表 4.3-18。

表 4.3-18 洱海流域 SWAT 模型率定参数取值

参数名称	率定值	最小值	最大值
1. V_REVAPMN.gw	310.829987	0	500
2. V_GW_REVAP.gw	0.182	0.02	0.2
3. V_CN2.mgt	59.259998	0	98
4. V_ALPHA_BF.gw	0.66	0	1
5. SOL_K.sol	0.29	0	1
6. V_SOL_AWC(..).sol	0.29	0	1
7. V_GWQMN.gw	3258.300049	0	5000

本项目最终确定 6 个水文敏感参数进，取值范围见表 4.3-19。

表 4.3-19 洱海流域 SWAT 模型敏感性参数

SWAT 参数	最小值	最大值	影 响
CN2	0	98	地表径流
GWQMN	0	5000	地下径流
SOL_AWC	0	1	地表径流、地下径流、侧向流、土壤含水量
GW_REVAP	0.02	0.2	地下水蒸发
SOL_K	0	1	侧向流
REVAPMN	0	500	土壤蒸发补偿系数

4.3.2.4 模型结果分析

根据 SWAT 模型最终模拟结果，洱海流域 2016 年面源 TN 流失量为 1290.7t，入湖总量为 406.4t；TP 流失量为 71.7t，入湖量为 23.53t；氨氮流失量为 173.6t，入湖量为 28t。从模拟结果来看，洱海流域北部污染物总流失量最大。从 TN 流失量来看，北三江为 827.5t，占全流域的 64.1%，西部苍山十八溪为 346.7t，占全流域产生量的 26.9%，波罗江、白塔河为 68.8t，占全流域 5.3%，东部凤尾箐、玉龙河以及海东中心排水沟为 47.72t，占全流域 3.7%。从 TP 流失量来看，北三江为 48.4t、占全流域的 67.4%，西部苍山十八溪为 19.2t、占全流域产生量的 26.8%，波罗江、白塔河为 1.87t、占全流域 2.6%，东部凤尾箐、玉龙河以及海东中心排水沟为 2.29t、占全流域 3.2%。洱海流域

2016年农田面源污染物流失量计算结果见表4.3-20。

表 4.3-20　　　　　　　　　洱海流域 2016 年农田面源污染物流失量

流域区域	TN		TP		NH₃-N	
	流失量/(t/a)	污染物占比/%	流失量/(t/a)	污染物占比/%	流失量/(t/a)	污染物占比/%
北部	827.5	64.1	48.4	67.4	113.7	65.5
西部	346.7	26.9	19.2	26.8	43.4	25
南部	68.8	5.3	1.87	2.6	7.4	4.3
东部	47.72	3.7	2.29	3.2	9.1	5.2
合计	1290.72	100	71.76	100	173.6	100

1. COD 污染负荷

由于 SWAT 模型不能模拟 COD 污染物，因此本研究中采用系数法对洱海流域 COD 面源进行计算分析。综合参考赵冲等（2015）的研究成果，取农田 COD 的综合流失系数为 5.441kg/亩，林地流失系数为 0.147kg/亩，COD 的入湖量计算公式为

$$W = \alpha \cdot A / 1000 \qquad (4.3-6)$$

式中：W 为污染物入河量，t/a；α 为污染物的流失系数，kg/亩；A 为相应利用类型土地的面积，亩。

经计算，2016 年洱海流域 COD 农田面源入河量为 15181.2t，水土流失 COD 入河量为 891.32t。

2. 干湿沉降入湖量

综合参考梁亚宇等（2018）、高蓉等（2018）的研究成果，最后取洱海流域干湿沉降入湖污染负荷为：COD 166.67t/月，TN 31.25t/月，TP 1.3t/月，NH₃-N 7.5t/a。年入湖污染负荷：COD 2000t、TN 375t、TP 15.6t、NH₃-N 90t。

3. 流域污染物产生量及入湖量

综合上述研究成果，最后得 2016 年入湖污染量 COD 11648.57t、TN 1964.21t、TP 157.48t、NH₃-N 465.67t。洱海流域 2016 年污染物产生量及入湖量见表 4.3-21 和表 4.3-22。

表 4.3-21　　　　　　　　　洱海流域 2016 年污染物产生量　　　　　　　　单位：t

污　染　源		污 染 物 产 生 量			
		COD	TN	TP	NH₃-N
点源	生活污染源	20641	3233	274	2265
面源	畜禽养殖	10069	1692	81	856
	旅游污染	4929	214	28	135
	农田面源	15181	1291	72	173
合　计		50820	6430	455	3429

表 4.3－22 洱海流域 2016 年污染物入湖量 单位：t

污 染 源		污 染 物 入 湖 量			
		COD	TN	TP	NH₃－N
点源	生活污染源	4607.81	948.65	84.5	307.17
面源	畜禽养殖	694.43	148.12	24.44	19.12
	旅游污染	300.22	61.09	7.73	19.55
	农田面源	3587.45	406.41	23.53	28.17
	水土流失	458.66	24.94	1.68	1.66
	干湿沉降	2000	375	15.6	90
合　计		11648.57	1964.21	157.48	465.67

4.3.3 规划水平年洱海流域污染负荷预测

4.3.3.1 规划水平年点源污染负荷预测

1. 洱海流域水污染治理措施对点源污染削减效果分析

（1）人口及城镇化率预测。人口增长采用指数模型进行预测，模型公式如下：

$$Pi = P(1+\alpha_i)^t \tag{4.3-7}$$

式中：Pi 为规划目标年的人口数；P 为现状年（2016 年）的人口数；α_i 为自然人口增长率；t 为规划年与现状年之间的时间间隔，年。

城镇化率预测采用联合国模型，模型公式如下：

$$URGD = \left[\ln \left(\frac{\dfrac{PU(2)}{1-PU(2)}}{\dfrac{PU(1)}{1-PU(1)}} \right) \right] \Big/ n \tag{4.3-8}$$

式中：$URGD$ 为城乡人口增长率差；PU（1）为前一次人口普查时的城镇人口比重；PU（2）为后一次人口普查时的城镇人口比重；n 为两次普查间的年数。

假定 $URGD$ 是一个常数，则可以向后预测某年的城镇化水平：

$$\frac{PU(t)}{1-PU(t)} = \left(\frac{PU(1)}{1-PU(1)} \right) \cdot e^{URGD \cdot t} \tag{4.3-9}$$

式中：t 为距离第一次人口普查的年数。

根据洱源县及大理市的国民经济和社会发展第十三个五年规划纲要，洱源县人口自然增长率为 7‰，大理市人口自然增长率为 5‰。2020 年洱海流域内总人口 94.4 万人，其中城镇人口 61.15 万人，农村人口 33.25 万人，城镇化率 64.6%，到 2035 年，洱海流域总人口 103 万人，其中城市人口 78.84 万人，农村人口 24.16 万人，城镇化率 76.54%；不同规划年洱海流域总人口及城镇化预测具体见表 4.3－23。

以 2016 年为基准年，随着生活水平的提高，居民生活用水定额也会提高，但是上升幅度不会很大。因此，认为到 2025 年，城镇及农村居民生活用水定额与基准年（2016 年）相同。到 2035 年，城镇及农村居民生活用水定额有所上升，具体见表 4.3－24。

表 4.3－23　　　　　　　　　　不同规划年洱海流域总人口及城镇化预测

县（市、区）名称	分区名称	水平年	人口/万人			城镇化率/%
			城镇人口	农村人口	总人口	
洱源县	三营片	2025 年	8.25	5.55	13.8	59.78
		2035 年	9.62	5.18	14.8	65.00
	凤羽片	2025 年	1.11	2.61	3.72	29.84
		2035 年	1.89	2.59	4.48	42.19
	右所片	2025 年	2.97	5.16	8.13	36.53
		2035 年	3.48	5.23	8.71	39.95
	小计	2025 年	12.33	13.32	25.65	48.07
		2035 年	14.99	13	27.99	53.55
大理市	上关片	2025 年	2.05	2.71	4.76	43.07
		2035 年	2.95	1.97	4.92	59.96
	喜洲片	2025 年	7.43	6.17	13.6	54.63
		2035 年	9.83	4.21	14.04	70.01
	下关片	2025 年	37.43	2.6	40.03	93.50
		2035 年	40.1	1.24	41.34	97.00
	凤仪片	2025 年	3.66	3.24	6.9	53.04
		2035 年	5.7	1.42	7.12	80.06
	挖色片	2025 年	2.71	1.82	4.53	59.82
		2035 年	3.25	1.43	4.68	69.44
	海东片	2025 年	1.5	1.33	2.83	53.00
		2035 年	2.02	0.89	2.91	69.42
	小计	2025 年	54.78	17.87	72.65	75.40
		2035 年	63.85	11.16	75.01	85.12
合　计		2025 年	67.11	31.19	98.3	68.27
		2035 年	78.84	24.16	103	76.54

表 4.3－24　　　　　　　　城镇及农村居民生活用水定额预测表　　　　　　单位：L/（人·d）

分区名称	城镇生活用水定额		农村生活用水定额	
	2025 年	2035 年	2025 年	2035 年
三营片	185	215	65	75
凤羽片	180	200		
右所片	180	200		
上关片	180	200		
喜洲片	220	240		
下关片	220	240		

续表

分区名称	城镇生活用水定额		农村生活用水定额	
	2025 年	2035 年	2025 年	2035 年
凤仪片	180	200		
挖色片	180	200	65	75
海东片	180	200		

（2）牲畜总数预测。参考《关于开展洱海流域农业面源污染综合防治打造"洱海绿色食品牌"三年行动计划》《大理州畜禽养殖污染防治"十三五"规划》等资料，结合洱海水环境治理与水质保护需要，规划水平年应对洱海流域牲畜规模进行控制，综合考虑流域内实际情况，规划水平年流域牲畜规模维持在现有水平。洱海流域畜禽养殖规模预测成果见表 4.3 – 25。

表 4.3 – 25 洱海流域畜禽养殖规模预测成果

分区名称	水平年	牲畜/万头			家禽/万只
		大牲畜	小牲畜	合计	
洱源县	2025 年	11.09	20.69	31.78	37.16
	2035 年	11.09	20.69	31.78	37.16
大理市	2025 年	5.59	30.15	35.74	41.79
	2035 年	5.59	30.15	35.74	41.79
合　计	2025 年	16.68	50.84	67.52	78.95
	2035 年	16.68	50.84	67.52	78.95

（3）旅游人口规模预测。根据《洱海保护治理与流域生态建设"十三五"规划》，并结合洱海水质保护要求，控制流域内旅游人次不增加，规划水平年洱海流域旅游人口规模与现状年相当，维持在 1066.17 万人次/a。

（4）污水处理预测。2018 年 6 月，洱海流域环湖截污工程闭合运行，到 2025 年洱海流域内共有污水处理厂 20 座，其中大理市 10 座，设计污水收集率 90%；洱源县 10 座，设计污水收集率 80%。同时，经过实际调查，发现目前环湖截污管道在实际使用中存在漏损现象。结合调查统计结果，大理市管道污水漏损率取值 10%，洱源县管道污水漏损率取值 15%。大理市污水处理厂除上关镇污水处理厂、双廊镇污水处理厂以及挖色污水处理厂由于地理位置原因尾水排往洱海流域北部湿地外，其余污水处理厂尾水都经污水转输管最终排往西洱河而不进入洱海。洱源县污水处理厂尾水都先排往各湿地，最终进入洱海。其中，污水处理厂的污染物削减率根据 2018 年和 2019 年 1—4 月进出污水处理厂的实测污染物浓度计算后取平均值得出。2035 年洱海流域污水处理情况与 2025 年大致相同，但是考虑到随着时间的推移，污水输运管道会出现磨损、锈蚀等情况，污水管道漏损率会增加，取保守估计。大理市管道污水漏损率取值 15%，洱源县管道污水漏损率取值 20%。同时，洱海环湖截污工程期间，新修建化粪池 12.07 万个。根据《村镇生活污染防治最佳可行技术指南》（HJ – BAT – 9）取化粪池削减率 COD 45%、TN 10%、TP 10%、$NH_3 - N$ 9%。

规划水平年洱海流域内各污水处理厂处理规模及其污染物削减具体情况见表 4.3 - 26。

表 4.3 - 26　规划水平年洱海流域内各污水处理厂处理规模及其污染物削减情况表

地	区	污水处理规模 /万 t	污染物削减率/%				尾水去向
			COD	TP	TN	NH₃ - N	
大理市	大鱼田一期	4	71.60	49.30	80	98	西洱河
	大鱼田二期	6.97	71.60	49.30	80	98	
	双廊厂	0.23	71.60	49.30	80	98	梨花潭水库
	上关厂	0.36	71.60	49.30	80	98	江尾湿地
	挖色厂	0.42	71.60	49.30	80	98	麻甸水库
	古城厂	1.58	71.60	49.30	80	98	西洱河
	湾桥厂	0.78	71.60	49.30	80	98	
	喜洲厂	0.82	71.60	49.30	80	98	
	凤仪厂	0.23	71.60	49.30	80	98	
	海东厂	0.39	71.60	49.30	80	98	
洱源县	洱源一污	0.34	71.60	49.30	80	98	对应污水处理厂尾水湿地
	洱源二污	0.53	71.60	49.30	80	98	
	三营厂	0.05	71.60	49.30	80	98	
	牛街厂	0.11	71.60	49.30	80	98	
	牛街老厂	0.06	71.60	49.30	80	98	
	右所厂	0.12	71.60	49.30	80	98	
	右所老厂	0.01	71.60	49.30	80	98	
	大庄厂	0.05	71.60	49.30	80	98	
	凤羽厂	0.06	71.60	49.30	80	98	
	邓川厂	0.09	71.60	49.30	80	98	

（5）湿地削减预测。截至 2016 年，洱海流域内已建湿地有 28 个，面积 21591 亩；在建湿地 16 个，面积 5777 亩；《洱海流域水环境保护治理"十三五"规划》规划拟建湿地 6 个，增加面积 6536 亩；农业面源污染末端拦截消纳及灌溉综合利用工程新建净化塘湿地 4210 亩。

洱海灌区现状湿地面积 21591 亩，预计到 2025 年，湿地面积增加至 30914.6 亩，2035 水平年增加到 38114 亩，根据生态塘库平均设计水深（1.5m）与对应湿地面积计算得生态塘库总库容。生态塘库库容与截留率之间对应关系参考《大理市洱海环湖截污工程可行性研究报告》，计算公式如下：

$$P = 10.036\ln\left(\frac{V}{10}\right) + 14.363 \qquad (4.3 - 10)$$

式中：P 为截留率；V 为湿地库容，m^3。

根据式（4.3 - 9）计算得不同规划年的湿地截留率。同时根据目前已有湿地进出水水质检测结果，结合目前生态塘库管理状况，综合取 2025 年湿地污染物平均削减率：COD

10%、TN 20%、TP 20%、NH$_3$-N 20%；到 2035 年，湿地监管措施加强后，湿地对污染物的削减效果有所提升，污染物平均削减率为 COD 40%、TN 50%、TP 50%、NH$_3$-N 50%。最终湿地削减效果预测成果见表 4.3-27。

表 4.3-27 设计水平年洱海流域湿地削减效果预测成果

年份	湿地面积/亩	流域截留率/%	污染物削减率/%			
			COD	TN	TP	NH$_3$-N
2025	30914.6	65.7	10	20	20	20
2035	38114.8	68.7	40	50	50	50

2. 规划水平年洱海流域点源污染物排放量及入河量预测

以现状产污系数和排污系数为基准，综合考虑不同规划水平年的产排污系数，根据规划水平年预测的人口数、用水定额来计算规划水平年的生活污水及污染物排放量。综合考虑规划水平年的污水收集、污水处理情况及各污染物削减措施来考虑污染物削减情况，从而确定污染物最终的入河情况。2025 年、2035 年规划水平年洱海流域点源污染物排放量及入河量预测成果分别见表 4.3-28 和表 4.3-29。

表 4.3-28 2025 年规划水平年洱海流域点源污染物排放量和入河量预测结果 单位：t/a

项 目	排 放 量				入 河 量			
	COD	TN	TP	NH$_3$-N	COD	TN	TP	NH$_3$-N
居民生活	23173.59	4271.89	362.73	2989.92	7933.79	1557.29	114.18	1146.37
畜禽养殖	10069.04	1692.03	80.84	855.50	3416.02	1000.00	46.23	546.75
旅游	4929.26	214.30	27.72	134.69	1423.07	63.98	7.51	42.32

表 4.3-29 2035 年洱海流域点源污染物排放量和入河量预测结果 单位：t/a

项 目	排 放 量				入 河 量			
	COD	TN	TP	NH$_3$-N	COD	TN	TP	NH$_3$-N
居民生活	30395.00	5590.85	476.15	3908.76	10322.13	1877.72	151.29	1183.73
畜禽养殖	10069.04	1692.03	80.84	855.50	2763.47	730.55	34.03	313.14
旅游	4929.26	214.30	27.72	134.69	1451.98	62.76	7.82	36.78

4.3.3.2 规划水平年面源污染预测

1. 规划水平年土地利用预测

规划水平年土地利用预测主要参考洱源、大理的国民经济"十三五"规划，农业发展规划以及《大理州洱海灌区工程规划》，根据洱海水质保护的需要，规划水平年内缩减大蒜等"大水大肥"作物，同时发展优质高效节水灌溉，规划水平年将提高蓝莓、蔬菜、葡萄、草莓、花卉、苗圃、经济林果等高效节水作物播种面积，常规作物播种面积将有所下降。根据以上思路和原则，对洱海流域的土地利用类型进行预测，同时考虑到作物种植结构的较易调整，因此认为 2025 年已经完成农田作物种植结构的调整，2035 年作物种植结构与 2025 年相同，详细结果见表 4.3-30。

表 4.3－30　　　　　　　规划水平年洱海流域作物种植结构预测表　　　　　　　单位：亩

灌溉模式	作物生长期	作物名称	洱 源 县		大 理 市		合 计	
			2025 年	2035 年	2025 年	2035 年	2025 年	2035 年
常规灌溉	大春	水稻	108951	108951	86265	86265	195216	195216
		玉米	33825	33825	31859	31859	65684	65684
		大春薯类	3543	3543	5150	5150	8693	8693
		大豆	3895	3895	0	0	3895	3895
		烤烟	17200	17200	9420	9420	26620	26620
		大春蔬菜	100	100	0	0	100	100
		大春其他	0	0	650	650	650	650
	小春	小麦	2580	2580	5770	5770	8350	8350
		蚕豆	58760	58760	39430	39430	98190	98190
		小春薯类	15050	15050	14600	14600	29650	29650
		大麦	28810	28810	20930	20930	49740	49740
		油菜	8800	8800	1840	1840	10640	10640
		大蒜	0	0	0	0	0	0
		小春蔬菜	480	480	280	280	760	760
		小春其他	4380	4380	2000	2000	6380	6380
	常年	林果	3720	3720	331	331	4051	4051
高效节水灌溉（小春）	小春	大蒜-微喷	41150	41150	9000	9000	50150	50150
		油菜-微喷	0	0	15950	15950	15950	15950
		蔬菜-滴灌	0	0	7600	7600	7600	7600
高效节水灌溉（常年）	大春	烤烟-管灌	42846	42846	8500	8500	51346	51346
	大春	玉米-管灌	12987	12987	8500	8500	21487	21487
	小春	薯类-管灌	14280	14280	6200	6200	20480	20480
	小春	蔬菜-管灌	7100	7100	2300	2300	9400	9400
	小春	蚕豆-管灌	7578	7578	1200	1200	8778	8778
	小春	油菜-管灌	11300	11300	3200	3200	14500	14500
	常年	蓝莓-滴灌	6000	6000	2500	2500	8500	8500
	常年	经济林果-滴灌	17042	17042	17706	17706	34748	34748
	常年	蔬菜-滴灌（喷灌）	5770	5770	14350	14350	20120	20120
	常年	葡萄-滴灌	0	0	6360	6360	6360	6360
	常年	车厘子-滴灌	9100	9100	1100	1100	10200	10200
	常年	苗圃、花卉-滴灌	0	0	6500	6500	6500	6500
	常年	草莓-滴灌	400	400	7100	7100	7500	7500
	常年	油橄榄-滴灌	0	0	29100	29100	29100	29100
	常年	冬樱花-滴灌	0	0	11000	11000	11000	11000

续表

灌溉模式	作物生长期	作物名称	洱源县		大理市		合计	
			2025 年	2035 年	2025 年	2035 年	2025 年	2035 年
灌区合计		合计	292379	292379	278941	278941	571320	571320
		其中：常规灌溉	171234	171234	133675	133675	304909	304909
		全年高效节水灌溉	94145	94145	112716	112716	206861	206861
		小春高效节水灌溉	27000	27000	32550	32550	59550	59550

2. 规划水平年面源污染入湖量预测结果

根据 SWAT 模型的模拟结果，2025 年、2035 年的农田面源污染物模拟预测结果分别见表 4.3-31 和表 4.3-32。

表 4.3-31 　　　　　　**洱海流域 2025 年农田面源污染物模拟预测结果**

流域分区	TN		TP		NH$_3$-N	
	污染物量/(t/a)	占比/%	污染物量/(t/a)	占比/%	污染物量/(t/a)	占比/%
北部	587.73	68.08	34.72976	73.58	61.73	48.51
西部	194.16	22.49	8.3308	17.65	30.34	23.84
南部	48.60	5.63	2.46384	5.22	3.51	2.76
东部	32.81	3.8	1.6756	3.55	4.41	3.47
合计	863.30	100	47.2	100	100	78.58

表 4.3-32 　　　　　　**洱海流域 2035 年农田面源污染物模拟预测结果**

流域分区	TN		TP		NH$_3$-N	
	污染物量/(t/a)	占比/%	污染物量/(t/a)	占比/%	污染物量/(t/a)	占比/%
北部	549.36	68.42	30.05	71.26	31.43	56.97
西部	170.11	21.19	8.01	19.00	19.70	35.71
南部	49.77	6.20	2.45	5.80	1.87	3.39
东部	33.64	4.19	1.66	3.94	2.17	3.93
合计	802.88	100	42.17	100	55.17	100

3. 规划水平年 COD 面源污染负荷

规划水平年 COD 面源污染负荷计算方法与现状年相同。到 2025 年，洱海流域全面推广绿色有机肥，因此 COD 的流失系数按有机肥来计算，参考赵冲等（2015）的实验研究结果，取值为 4.025kg/亩。经计算，2025 年农田 COD 流失量为 14644.86t，2035 年农田 COD 流失量为 10381.9t。

4.3.3.3　规划水平年入湖污染物负荷预测

综合上述成果，规划水平 2025 年洱海流域入湖污染物分别为 COD 10501.99t、TN 1483.18t、TP 110.43t、NH$_3$-N 377.11t；2035 年洱海流域入湖污染物分别为 COD

8572.61t、TN 1375.43t、TP89.31t、$NH_3 - N$ 320.06t。不同规划水平年洱海流域污染物入湖量详细结果见表 4.3 - 33 和表 4.3 - 34。

表 4.3 - 33　　　　　**2025 年规划水平年洱海流域污染物入湖量预测结果表**　　　　　单位：t

污　染　源		污 染 物 入 湖 量			
		COD	TN	TP	$NH_3 - N$
点源	生活污染源	3459.90	518.99	49.37	179.99
面源	畜禽养殖	783.13	176.48	16.38	89.00
	旅游污染	352.42	25.14	3.62	10.43
	农田面源	3503.26	347.35	16.80	29.47
	水土流失	403.28	40.22	3.07	4.65
	干湿沉降	2000.00	375.00	21.19	63.57
合　计		10501.99	1483.18	110.43	377.11

表 4.3 - 34　　　　　**2035 年规划水平年洱海流域污染物入湖量预测结果表**　　　　　单位：t

污　染　源		污 染 物 入 湖 量			
		COD	TN	TP	$NH_3 - N$
点源	生活污染源	2728.29	481.10	39.79	166.17
面源	畜禽养殖	483.52	183.94	8.13	54.54
	旅游污染	198.36	13.82	2.38	7.34
	农田面源	2790.46	286.07	15.70	25.16
	水土流失	371.98	35.50	2.12	3.28
	干湿沉降	2000.00	375.00	21.19	63.57
合　计		8572.61	1375.43	89.31	320.06

4.3.4　洱海保护治理实施效果预测

根据以上计算结果，洱海流域 2016 年入湖污染物削减率分别为 COD 78.14％、TN 71.24％、TP 67.06％、$NH_3 - N$ 86.63％。在洱海流域实施一系列水环境综合整治措施后，到 2025 年，洱海流域入湖污染物削减率分别提升为 COD 81.03％、TN 80.11％、TP 79.72％、$NH_3 - N$ 90.89％；到 2035 年，洱海流域入湖污染物削减率分别提升为 COD 85.33％、TN 84.29％、TP 86.29％、$NH_3 - N$ 93.65％。各设计水平年洱海流域各特征污染物的详细削减结果见表 4.3 - 35。由表 4.3 - 35 结果可知，洱海流域在实施一系列的水环境综合整治措施（包括"七大行动""八大攻坚战"等）后，洱海流域水污染治理综合成效逐年提升，入湖污染物削减效果十分显著，各设计水平年洱海流域污染物入湖量及削减情况详见表 4.3 - 36。

表 4.3－35　　　　　　　　　　洱海保护治理专项行动治污效果分析

污染物	年份	项目	点源 生活污染	面源 畜禽养殖	旅游业	农田面源	水土流失	干湿沉降	合计
COD	2016	产生量/t	20640.64	10069.04	4929.26	15181.16	458.66	2000.00	53278.76
		入湖量/t	4607.81	694.43	300.22	3587.45	458.66	2000.00	11648.57
		削减率/%	77.68	93.10	93.91	76.37	0.00	0.00	78.14
	2025	产生量/t	23173.59	10069.04	4929.26	14644.86	367.40	2000.00	55184.15
		入湖量/t	3459.90	783.13	352.42	3503.26	367.40	2000.00	10466.11
		削减率/%	85.07	92.22	92.85	76.08	0.00	0.00	81.03
	2035	产生量/t	30395.00	10069.04	4929.26	10381.90	318.97	2000.00	58094.17
		入湖量/t	2728.29	483.52	198.36	2790.46	318.97	2000.00	8519.60
		削减率/%	91.02	95.20	95.98	73.12	0.00	0.00	85.33
TN	2016	产生量/t	3232.94	1692.03	214.30	1290.71	24.94	375.00	6829.92
		入湖量/t	948.65	148.12	61.09	406.41	24.94	375.00	1964.21
		削减率/%	70.66	91.25	71.49	68.51	0.00	0.00	71.24
	2025	产生量/t	4271.89	1692.03	214.30	863.30	40.23	375.00	7456.75
		入湖量/t	518.99	176.48	25.14	347.35	40.23	375.00	1483.19
		削减率/%	87.85	89.57	88.27	59.77	0.00	0.00	80.11
	2035	产生量/t	5590.85	1692.03	214.30	802.80	27.11	375.00	8702.09
		入湖量/t	481.10	183.94	13.82	286.07	27.11	375.00	1367.04
		削减率/%	91.39	89.13	93.55	64.37	0.00	0.00	84.29
TP	2016	产生量/t	273.71	80.84	27.72	71.74	1.68	21.19	476.88
		入湖量/t	84.50	18.44	7.73	23.53	1.68	21.19	157.07
		削减率/%	69.13	77.19	72.11	67.20	0.00	0.00	67.06
	2025	产生量/t	362.73	80.84	27.72	47.20	2.61	21.19	542.29
		入湖量/t	49.37	16.38	3.62	16.80	2.61	21.19	109.97
		削减率/%	86.39	79.74	86.95	64.40	0.00	0.00	79.72
	2035	产生量/t	476.15	80.84	27.72	42.17	1.89	21.19	649.96
		入湖量/t	39.79	8.13	2.38	15.70	1.89	21.19	89.08
		削减率/%	91.64	89.95	91.42	62.77	0.00	0.00	86.29
NH₃-N	2016	产生量/t	2264.94	855.50	134.70	173.48	1.66	63.57	3493.85
		入湖量/t	257.17	69.12	17.55	58.17	1.66	63.57	467.24
		削减率/%	88.65	91.92	86.97	66.47	0.00	0.00	86.63
	2025	产生量/t	2989.92	855.50	134.69	78.58	3.31	63.57	4125.57
		入湖量/t	179.99	89.00	10.43	29.47	3.31	63.57	375.77
		削减率/%	93.98	89.60	92.26	62.50	0.00	0.00	90.89

污染物	年份	项目	点源	面　　　源					合计
			生活污染	畜禽养殖	旅游业	农田面源	水土流失	干湿沉降	
NH₃-N	2035	产生量/t	3908.76	855.50	134.69	55.16	2.02	63.57	5019.70
		入湖量/t	166.17	54.54	7.34	25.16	2.02	63.57	318.80
		削减率/%	95.75	93.63	94.55	54.39	0.00	0.00	93.65

表 4.3-36　　　　　　　　　　洱海流域各设计水平年治污效果对比

污染物	水平年	点　源/(t/a)			面　源/(t/a)		干湿沉降 /(t/a)	合计 /(t/a)	削减率 /%
		生活污染	畜禽养殖	旅游业	农业种植	水土流失			
COD	2016 年	4607.81	694.43	300.22	3587.45	458.66	2000	11648.57	
	2025 年	3459.9	783.13	352.42	3503.26	367.4	2000	10466.11	10.15
	2035 年	2728.29	483.52	198.36	2790.46	318.97	2000	8519.60	26.86
TN	2016 年	948.65	148.12	61.09	406.41	24.94	375	1964.21	
	2025 年	518.99	176.48	25.14	347.35	40.23	375	1483.19	24.49
	2035 年	481.1	183.94	13.82	286.07	27.11	375	1367.04	30.40
TP	2016 年	84.5	18.44	7.73	23.53	1.68	21.19	157.07	
	2025 年	49.37	16.38	3.62	16.8	2.61	21.19	109.97	29.99
	2035 年	39.79	8.13	2.38	15.7	1.89	21.19	89.08	43.29
NH₃-N	2016 年	257.17	69.12	17.55	58.17	1.66	63.57	467.24	
	2025 年	179.99	89	10.43	29.47	3.31	63.57	375.77	19.58
	2035 年	166.17	54.54	7.34	25.16	2.02	63.57	318.80	31.77

4.4　规划水平年入湖污染负荷预测的不确定性分析

　　洱海流域污染源主要包括生活污染源、畜禽养殖、旅游污染、农田面源、水土流失以及干湿沉降六大类，由于缺乏相关的实测数据支撑，故流域污染量一般都采用定额系数法作为流域面源模型的输入边界条件进行模拟估算；同时洱海流域保护治理"七大行动""八大攻坚战""洱海灌区建设"等措施的实施效果均是在相关设计参数和参考文献取值的基础上获得的，因此规划水平年洱海入湖污染负荷预测可能与规划水平年的实际情况存在一定的偏差，洱海流域 2025 年、2035 年规划水平年污染物入湖量变化范围见表 4.4-1和表 4.4-2，从而导致规划水平年洱海水质预测成果也存在相应的不确定性。

　　1. 污水处理厂水质削减效果的不确定性

　　2018 年 6 月，洱海流域环湖截污工程闭合运行，到 2020 年洱海流域内共有污水处理厂 20 座，其中大理市 10 座，设计污水收集率 96%；洱源县 10 座，设计污水收集率86%。同时，经过实际调查，发现目前环湖截污管道在实际使用中存在漏损现象。结合调查统计结果，大理市管道污水漏损率取值 10%，洱源县管道污水漏损率取值 15%。大理市污水处理厂除上关污水处理厂、双廊污水处理厂和挖色污水处理厂由于地理位置原因，尾水排往洱海流域北部湿地外，其余污水处理厂尾水都经污水转输管最终排往西洱河而不进入洱海。洱源县污水处理厂尾水都先排往各湿地，最终进入洱海。

表 4.4-1 　　　　2025 年规划水平年洱海流域污染物入湖量的变化范围　　　　单位：t

污 染 源		污 染 物 入 湖 量							
		COD		TN		TP		NH$_3$-N	
		最小值	最大值	最小值	最大值	最小值	最大值	最小值	最大值
点源	生活污染源	2997.53	4413.51	430.29	635.40	40.93	60.44	149.23	220.36
面源	畜禽养殖	678.48	998.98	146.32	216.07	13.58	20.06	73.79	108.96
	旅游污染	305.33	449.56	20.85	30.78	3.00	4.43	8.65	12.77
	农田面源	3035.09	4468.82	287.98	425.26	13.93	20.57	24.43	36.07
	水土流失	349.39	514.43	33.35	49.24	2.54	3.75	3.85	5.69
	干湿沉降	2000.00	2000.00	375.00	375.00	21.19	21.19	63.57	63.57
合　计		9365.82	12845.30	1293.79	1731.75	95.17	130.44	323.52	447.42

表 4.4-2 　　　　2035 年规划水平年洱海流域污染物入湖量的变化范围　　　　单位：t

污 染 源		污 染 物 入 湖 量							
		COD		TN		TP		NH$_3$-N	
		最小值	最大值	最小值	最大值	最小值	最大值	最小值	最大值
点源	生活污染源	2286.03	3631.35	386.66	645.11	31.98	53.35	133.55	222.82
面源	畜禽养殖	405.14	643.57	147.83	246.64	6.53	10.90	43.83	73.13
	旅游污染	166.20	264.01	11.10	18.53	1.91	3.19	5.90	9.84
	农田面源	2338.13	3714.10	229.91	383.59	12.62	21.05	20.22	33.73
	水土流失	311.68	495.10	28.53	47.61	1.70	2.84	2.64	4.40
	干湿沉降	2000.00	2000.00	375.00	375.00	21.19	21.19	63.57	63.57
合　计		7507.18	10748.13	1179.03	1716.48	75.93	112.52	269.71	407.49

污水处理厂对洱海流域城乡生活点源的削减效果，直接受污水处理厂配套管网覆盖率、污水管道质量、管道接口施工质量及污水处理厂是否正常运行等因素影响，因此，本次污染源预测按照设计参数并适当考虑其渗漏率。由于无法预判污水收集管网的漏接、错接及污水处理厂是否稳定达标运行等情况，因此，规划水平年的生活点源处理与实际情况可能存在差异，致使规划水平年生活点源入湖污染负荷预测成果存在相应的不确定性。

2. 洱海流域农田面源负荷预测的不确定性

规划水平年洱海流域土地利用方式主要参考洱源、大理的国民经济"十三五"规划、农业发展规划和《大理州洱海灌区工程规划》，根据洱海水质保护的需要，规划水平年内缩减大蒜等"大水大肥"作物，同时发展优质高效节水灌溉。规划水平年将提高蓝莓、蔬菜、葡萄、草莓、花卉、苗圃、经济林果等高效节水作物播种面积，常规作物播种面积将有所下降。根据以上思路和原则，对洱海流域的土地利用类型进行预测，同时考虑到作物种植结构的较易调整，因此认为 2025 年已经完成农田作物种植结构的调整，2035 年作物种植结构与 2025 年相同。

根据现场调查，在洱海流域全面禁种大蒜后，又发展了大量的烟叶生产；同时 2018 年洱海流域全面推广绿色有机肥，禁用少用化肥。但从农业生产需求角度，农家肥使用成本远高于化肥，且底肥和追肥对有机肥和化肥都有相应的需求，因此全面禁用化肥落实难度大。但到目前为止，无法获得较为准确的有机肥和化肥使用量数据，只能根据相关政策和实际调查成果，对农田土壤各污染负荷的流失率进行估计，根据马凡凡等（2019）的研究成果，使用有机肥代替化肥后 TN 的流失量减少 11.77%～24.60%。

此次研究仅根据以前的实验结果，设计了洱海流域全面推广绿色有机肥后氮磷等污染物流失量减少系数（取中位数），但由于农家肥使用成本远高于化肥，且底肥和追肥对有机肥和化肥都有相应的需求，在流域内有机肥替代化肥施用的多少难以科学有效估算，因此在流域面源负荷估算、高效农业生产和大型灌区建设带来的流域面源污染负荷削减效果均存在相应的不确定性。

3. 洱海流域塘库湿地水质削减效果的不确定性

截至 2016 年，洱海流域内已建湿地有 28 个，面积 21591 亩；在建湿地 16 个，面积 5777 亩；《洱海流域水环境保护治理"十三五"规划》规划拟建湿地 6 个，增加面积 6536 亩；农业面源污染末端拦截消纳及灌溉综合利用工程新建净化塘湿地 4210 亩。根据目前已有湿地进出水水质检测结果，结合目前生态塘库管理状况，综合取 2020 年湿地污染物平均削减率为 COD 10%、TN 20%、TP 20%、NH_3-N 20%；到 2035 年，湿地监管措施加强后，对污染物的削减效果有所提升，取污染物平均削减率为 COD 40%、TN 50%、TP 50%、NH_3-N 50%。

湿地塘库系统对地表径流及农村生活废污水具有一定的净化效果，但其水质净化效果不仅与水力水质负荷关系密切，在年内不同季节内的水质净化效果亦存在较大差异，同时其水质净化效果与塘库湿地的管护水平有较大关系，因此，目前设计的湿地污染物削减水平受水力负荷、污水负荷及地表径流收集范围、管理与维护水平、水资源重复利用等多因素影响，流域塘库湿地系统对污染物的削减量亦存在相应的不确定性，可根据其净化效果设计高、中、低三种情景方案。

4. 洱海湖岸生态缓冲带水质削减效果的不确定性

在洱海环湖公路至湖水面之间还存在不同宽度的湖岸生态缓冲带，起到流域污染物入湖的末端拦截效果；同时目前洱海环湖建设了一些生态调蓄带，在加强污染物末端拦截功效的同时，可实现农田退水和初期雨污水资源的再利用，从而可较大幅度地减少农田面源污染入湖，并适当节约湖周取用水对洱海湖泊清洁水资源的消耗。

目前对长时间序列下湖岸生态缓冲带对农田面源污染物削减作用的研究很少，因此，本文中假定缓冲带对污染负荷的吸附作用符合 Langmuir 吸附等温曲线模型，且其长期的削减特征与土壤对 N、P 的吸附特征类似。根据王琼等（2018）的研究，随着年限的增加，土壤对磷的吸附量会呈降低的趋势，2010 年较 1990 年降低了 33.35%。因此，可以认为在不对缓冲带进行任何干预的情况下，其对 N、P 等污染负荷的削减率会呈现逐渐下降的趋势。这里基于偏安全的角度，假定在不采取任何管理措施的情况下，2025 年湖滨缓冲带的削减能力下降 10％，2035 年湖滨缓冲带的削减能力下降 30％；同时考虑管理措施对削减率的影响，综合取 2025 年湿地污染物平均削减率为 COD 9％～13％、TN 18％～25％、TP 18％～25％、NH_3 - N 18％～25％，到 2035 年，取污染物平均削减率为 COD 28％～40％、TN 30％～50％、TP 30％～50％、NH_3 - N 30％～50％。

　　洱海湖滨生态缓冲带修复和生态调蓄带建设，对洱海流域农田面源污染能起到一定的末端拦截效果，微污染的农田退水重复综合利用可有效减少对洱海清洁水资源的消耗，节约宝贵的湖泊清洁水资源并实现入湖污染物的净削减，由于目前缺乏科学的试验数据及其年内变化过程的研究成果，因此洱海湖岸生态缓冲带的污染物削减效果存在一定的不确定性，对规划水平年入湖污染负荷预测成果产生相应的不确定性影响。

第5章
洱海水动力特性及规划水平年水质目标可达性

洱海属大型中偏浅型高原淡水湖泊,风是湖流运动的主要驱动力,受地球自转的柯氏力、流域局地风场及出入湖河流吞吐水量的共同作用影响,洱海湖流形态复杂多变、流速缓慢、流向多变、监测难度大,故依托数学模型来研究洱海湖流特性及水动力条件成为首选。本章基于研发的洱海三维水动力学模型及平面二维水动力学与水质数学模型,较为系统地研究了不同主导风场条件下洱海的湖流形态、环流结构及其季节性变化特征,初步揭示了洱海流域入湖污染物的迁移扩散特征及湖区水质的时空分布特征,分析预测了洱海保护治理抢救模式"七大行动""八大攻坚战"及洱海保护治理规划(2018—2035 年)等综合措施实施后的入湖污染物控制与洱海水质改善效果,并评估其洱海水质目标的可达性,以便为洱海流域系统治湖、科学治湖、精准治湖提供技术支撑。

5.1 洱海湖泊水环境数学模型研发

5.1.1 研发思路

洱海水面开阔,湖泊水域面积为 $250km^2$,平均水深 10.6m,湖流速度缓慢,湖泊水环境系统观测十分困难,目前在洱海布置了 11 个水质监测点,进行每月一次的常规水质观测,难以详细了解洱海水体水质在时间和空间上的动态变化,因而数值模拟一直成为洱海水环境研究的重要技术手段。数学模型研发技术流程包括以下四个方面。

1. 明确模拟指标,进行开发模块设计

污染物在湖体内的输移扩散等特性很大程度上取决于湖流运动规律。洱海属大型的宽浅型湖泊,水流运动主要受湖面风场影响,以风生流为主。因此,洱海水环境数学模型除水流模型、水质模型外,还应包括风场模型,水质模拟应该能反映 COD、$NH_3 - N$、TP、TN、COD_{Mn} 等指标的演变过程。

从模拟的角度看,视水流垂向混合的情况可以进行二维或者三维的模拟,视风场、水流和水质之间的相互关系可考虑进行耦合或者非耦合的模拟。风场影响水流、水流影响水质,但在水流模拟过程中,水质对湖流影响是非常小的,可以不考虑水质影响;而在风场模拟时，水流、水质的影响基本可以忽略。因此，在进行洱海水环境数学模型开发时，可以分成风场模块、水流模块和水质模块相对独立地开发，通过模块间数据动态传输，反映风场、水流、水质作用的特点，也可以将水流和水质耦合起来进行模拟。

2. 确定模型类型

洱海周围地形十分复杂，湖区湖面风场受到湖周山势影响，气流运动具有明显的方向性，但湖面风场受湖周山体遮挡影响较小，故可采用均匀风场条件。

对于洱海水体，尽管洱海水体相对太湖、滇池而言略深（平均水深约为 10.6m），但相对湖面宽度（南北长 42.5km、东西宽 5.9km）而言，洱海仍属于宽浅型湖泊类型，水体垂向混合相对较为均匀，空间平面的不均性分布比较显著。因此，从反映研究区域水流水质总体变化特征和满足实际需求角度考虑，采用水深平均的平面二维数学方程来描述洱海水流水质运动特点，且二维模型具有计算速度快，能较好地适应多种工况的比较研究。为考察使用二维模型进行洱海水质模拟的合理性，同时也建立了洱海三维的水动力学模型，分析洱海水动力在垂向方向的分布特征（均匀状况）。在确定数学模型类型的基础上，可根据洱海水流水质演变的动力机理，选择适宜的数学方程来描述模拟指标的水环境变化过程。

3. 数学模型数值求解

首先是湖泊形状和地形的概化，以反映湖体自然特征；其次是对数学方程进行数值离散，寻求方程数值解。目前，随着数值模拟技术的飞速发展，有关数值解技术的研究成果很多，技术方法相对比较成熟。

4. 数学模型参数率定与模型验证

湖泊水体内存在十分复杂的物理、化学及生物演变过程，数学模型是对这些过程的简化数学描述，需要利用实测资料对模型参数进行率定与模型验证，以保证建立的模型能够反映天然过程并且具有一定的模拟精度。

根据收集到的洱海水流水质资料，利用近年来洱海湖泊内固定点实测水质资料年变化过程和前期的研究成果，进行洱海水环境数学模型参数率定与模型验证计算，确保建立的洱海水环境数学模型能较好地反映洱海实际水质动态演变特征。

5.1.2 洱海水动力学模型

5.1.2.1 二维水动力学模型

1. 基本方程

大量的宽浅型湖泊水流运动机理观测研究表明，风是大型湖泊水流运动的主要驱动力，其次是环湖河道进出水量形成的吞吐流，湖流运动形成以风生湖流为主、吞吐流为辅的混合流动特性。描述洱海宽浅型湖泊水深平面二维水流运动基本方程为

$$\left.\begin{aligned}\frac{\partial h}{\partial t}+\frac{\partial(uh)}{\partial x}+\frac{\partial(vh)}{\partial y}&=q\\\frac{\partial(uh)}{\partial t}+\frac{\partial(u^2h)}{\partial x}+\frac{\partial(uvh)}{\partial y}+gh\frac{\partial z}{\partial x}-fv&=\frac{\tau_{wx}}{\rho}-\frac{\tau_{bx}}{\rho}\\\frac{\partial(vh)}{\partial t}+\frac{\partial(uvh)}{\partial x}+\frac{\partial(v^2h)}{\partial y}+gh\frac{\partial z}{\partial y}+fu&=\frac{\tau_{wy}}{\rho}-\frac{\tau_{by}}{\rho}\end{aligned}\right\}\quad(5.1-1)$$

163

式中：h 为水深；q 为单位面积上进出湖泊的流量（即环湖河道进出流量），以入湖为"＋"，出湖为"－"；u、v 分别为沿 x、y 方向的流速分量；Z 为洱海水位；g 为重力加速度；ρ 为水密度；f 为柯氏力系数，根据洱海所处经纬度，计算得到洱海柯氏力系数 $f=6.1\times10^{-5}1/\mathrm{s}$；$\tau_{bx}$、$\tau_{by}$ 为湖底切应力分量；τ_{wx}、τ_{wy} 为湖面风应力分量。

柯氏力系数：
$$f=2\cdot\omega\cdot\sin\varphi \tag{5.1-2}$$

式中：ω 为地球自转角速度；φ 为湖泊所处纬度。

湖面风应力分量：
$$\tau_{wx}=C_D\cdot w\cdot w_x,\tau_{wy}=C_D\cdot w\cdot w_y,C_D=\gamma_a^2\cdot\rho_a \tag{5.1-3}$$

式中：γ_a 为风应力系数；ρ_a 为空气密度；W 为离湖面 10m 处风速；w_x、w_y 为 x、y 方向的风速分量；C_D 为风阻系数。

湖底切应力分量：
$$\tau_{bx}=c_b\cdot\rho\cdot u\cdot\sqrt{u^2+v^2}, \tau_{by}=c_b\cdot\rho\cdot v\cdot\sqrt{u^2+v^2}$$
$$c_b=\frac{1}{n}\cdot h^{\frac{1}{6}} \tag{5.1-4}$$

式中：n 为糙率系数；c_b 为谢才系数。

2. 数值概化

（1）湖泊物理特征的数值概化。在 1∶50000 的洱海水下地形图上用 250m×250m 的正方形网格将洱海概化为 3969 个网格单元，概化后湖泊形状和网格布置见图 5.1-1。

（2）环湖河道概化。洱海环湖进出湖河道有几十条，根据进出河道空间分布情况，在数值模拟计算中将相近河流和取水口进行合并处理，最后将环湖河道和环湖取水口概化成 41 条，现状情况下入湖河道 31 条，出湖河道 2 条，分别位于西洱河和引洱入宾隧洞，取水口 8 个。

（3）湖流方程数值离散。采用显式有限差分法对湖泊水动力方程［式（5.1-1）］进行数值求解。为了使计算结果更能真实地反映水流洄流现象，运动方程中的非线性项不可忽略，即在运动方程中需考虑 $u\cdot M$、$v\cdot M$、$u\cdot N$、$v\cdot N$ 等项，但这些项的引入易引起计算的不稳定。为了提高模型的稳定性，在计算方法上吸取了差分法格式和有限体积法格式各自的优点，在网格的形心处计算水深，在网格的周边通道上计算单宽流量，时间和空间的网格点均采用错开布置，对方程中的非线性项均采用迎风差分格式，从而可提高模型计算的稳定性。

3. 参数率定与模型校验

二维水动力模型中需要率定的参数包括湖底糙率和湖面风应力系数。迄今为止，洱海尚没有较为完整的水流流态及环流结构监测资料，给模型参数率定带来了困难。但历年来有关洱海湖流模拟研究成果很多，对洱海湖流形态和流速量级已形成一些总体的经验性共识，可为本模型参数率定与验证提供基础。

结合资料情况，选取 2016—2018 年作为研究的基准年，也是数学模型进行验证计算及湖流过程模拟的重要年份。根据对 2016 年、2018 年洱海湖面风场分析结果（表 5.1-1、图 5.1-1 和图 5.1-2）可知，洱海湖面风场年内风向变化相对稳定，6—11 月在东风与东南风之间变动，12 月至次年 5 月以西南偏西风向为主导风向。

月　份		1	2	3	4	5	6	7	8	9	10	11	12
2016年	月均风速	2.52	2.52	2.55	2.59	2.55	2.54	2.51	2.51	2.45	2.43	2.49	2.55
	最多风向	SSE	WSW	WSW	WSW	E	E	SEE	E	E	E	E	SEE
2018年	月均风速	2.55	2.59	2.65	2.65	2.68	2.69	2.62	2.55	2.55	2.65	2.73	2.76
	最多风向	SSE	WSW	WSW	WSW	SW	E	ESE	E	E	E	SE	WSW

表 5.1-1　　　　　　　2016 年、2018 年洱海月平均风速及最多风向表　　　　　　单位：m/s

（1）基础资料。现状年洱海环湖入湖水量及其年内分布过程采用云南省水文水资源局大理分局编制的《洱海水资源监测评价年报》（2016 年、2018 年）成果数据，湖面降水、蒸发及净水资源量直接采用国家气象科学信息中心下载的气象资料，湖泊水位及西洱河、引洱入宾出湖流量采用实测数据资料。

1）湖面降水与蒸发。洱海流域面积为 2565km²，其中湖泊面积为 250km²。洱海流域内 2016 年、2018 年洱海流域降水量分别为 1004.0mm、990.9mm，水面蒸发量分别为 1156.0mm、1116.2mm。由于洱海水面面积较大，同时水面面积占流域面积比例约 10%，水面蒸发损失水量占水资源总量的 40% 左右，因此在模拟计算水位变化过程中

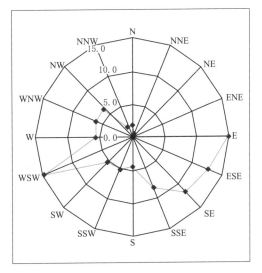

图 5.1-1　2018 年洱海湖面风场玫瑰图（单位：m/s）

必须考虑湖面本身的降水和蒸发损失对湖体水位及水量的影响。2016 年、2018 年洱海湖面降水、蒸发及湖面净水资源量年内变化详见图 5.1-3。

2）洱海逐日水位变化过程。2016 年、2018 年洱海湖区水位逐日变化过程见图 5.1-4。洱海年内最高水位分别为 1965.80m、1965.70m，出现日期分别为 1 月 1 日、9 月 23 日；年内最低水位分别为 1964.93m、1964.51m，出现日期分别为 7 月 27 日、5 月 30 日；年内水位最大变幅分别为 0.87m、1.19m。

3）洱海入湖及出湖水量过程。洱海环湖有 30 多条河流和 100 多沟渠，2018 年入湖水量为 5.634 亿 m³，其中河流来水量为 4.656 亿 m³，占 82.6%；沟渠入湖水量 0.9775 亿 m³，占 17.4%。区域入湖水量中，洱海西部苍山十八溪及邻近沟渠来水量 1.588 亿 m³，北部四河及邻近沟渠来水量 2.834 亿 m³，东部来水量 0.0129 亿 m³，南部来水量 0.2220 亿 m³。

（2）模型参数校验结果。将 2016 年、2018 年洱海水位站 1 月 1 日的水位作为洱海的初始水位，再将湖面风场、入湖水量过程、湖面降水蒸发量等资料输入水动力学模型，进行洱海全年的湖区流场数值模拟计算，并对典型风况下湖流流态、流速大小和湖泊水位变化特征进行分析验证。2016 年、2018 年洱海水位年内变化过程模拟结果见图 5.1-5。

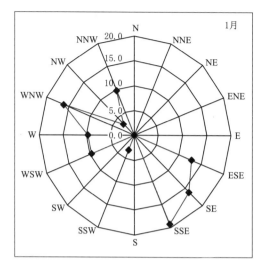

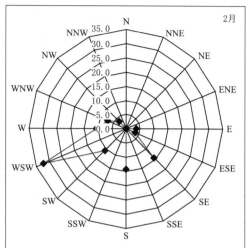

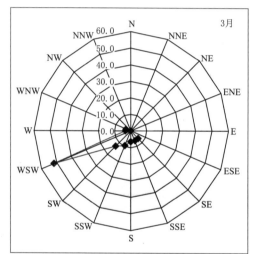

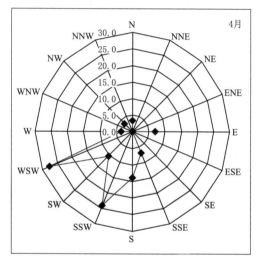

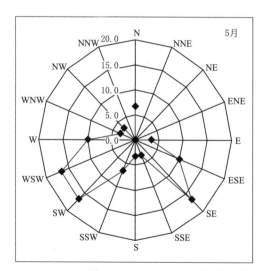

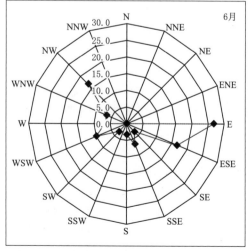

图 5.1-2（一）　2018 年洱海湖面年内逐月风场玫瑰图（单位：m/s）

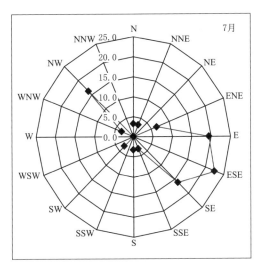

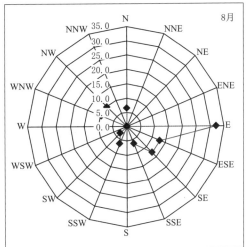

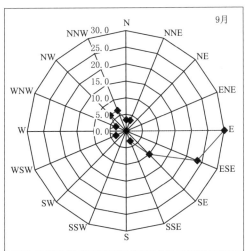

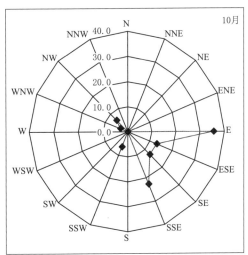

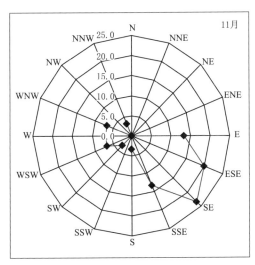

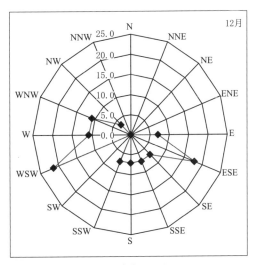

图 5.1-2（二） 2018 年洱海湖面年内逐月风场玫瑰图（单位：m/s）

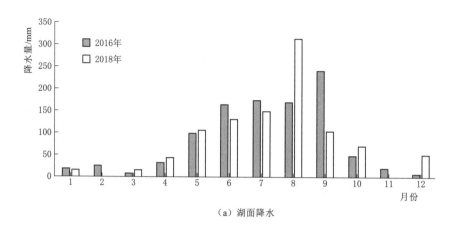

（a）湖面降水

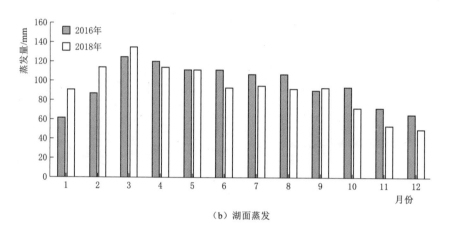

（b）湖面蒸发

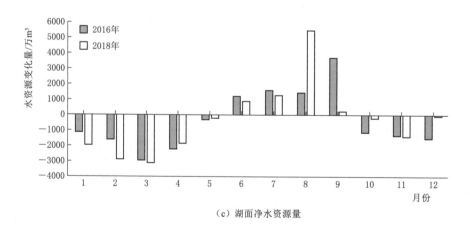

（c）湖面净水资源量

图 5.1-3　2016 年、2018 年洱海湖面降水、蒸发及湖面净水资源量年内变化过程

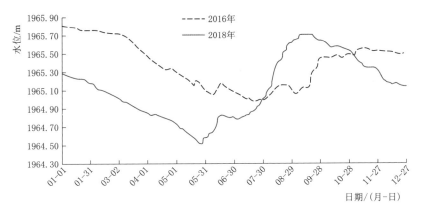

图 5.1-4　2016 年、2018 年洱海湖区水位逐日变化过程

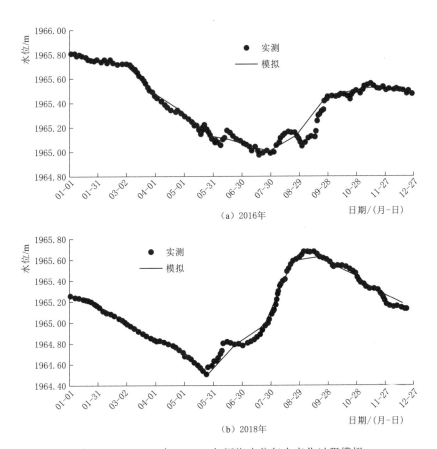

（a）2016 年

（b）2018 年

图 5.1-5　2016 年、2018 年洱海水位年内变化过程模拟

总结洱海多年研究成果，结合洱海湖床、水深和湖面概况，模型参数值取如下。

1）湖床糙率 $n＝0.02\sim0.04$。

2）湖面风应力系数 $\gamma a^2＝1.63\times10^{-6}$。

3）柯氏力系数 $f＝6.1\times10^{-5}\,\mathrm{s}^{-1}$。

4）时间步长 $\Delta t = 10\text{s}$。

4. 洱海湖泊水动力模拟

将 2016 年、2018 年不同月份风况资料组合相应月份的环湖吞吐流资料、降水与蒸发及其环湖用水等，输入湖泊平面二维水动力学流模型进行湖泊水流模拟计算，得到洱海不同月份不同主导风场条件下（6 月东风向，12 月西南偏西风向）2 种代表性月份的湖流流场，分别见图 5.1-6 和图 5.1-7。

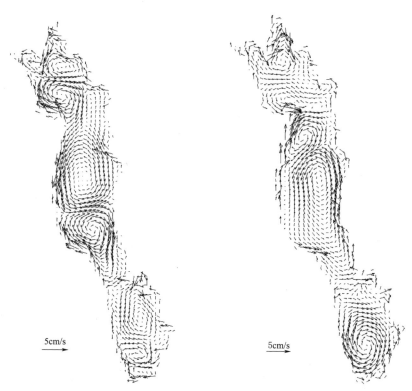

图 5.1-6　洱海湖流流场（东风向）　　　图 5.1-7　洱海湖流流场（西南偏西风）

在夏秋季主导风向东风（E）作用下，洱海自北向南依次分布逆-顺-逆-顺-逆时针 6 个环流，全湖平均流速为 1～2cm/s；在冬春季主导风向西南偏西风（WSW）作用下，洱海自北向南依次分布顺-逆-顺-逆-顺时针 5 个环流，洱海年内风场自东风逐渐向西南偏西风过程中，受湖泊地形地势影响，洱海自北向南的诸多环流均发生明显变化，详细分析见 5.2 节。

5.1.2.2　三维水动力学模型

水体的温度变化直接关系到水体的分层状态和垂向紊动强度，从而影响水体的运动状态。同样，当水体的运动状态改变时，内能在湖泊（水库）内的分布也会重新调整，其数值模拟的复杂性远远超过不考虑热力变化的水动力模型。洱海三维水动学模型主要分为以下几部分。

1. 控制方程及紊流模型

（1）控制方程。采用 u、v、w 表示 x、y、z 3 个方向的流速，浅水方程和标量输移

扩散方程为

$$\frac{\partial u}{\partial x}+\frac{\partial v}{\partial y}+\frac{\partial w}{\partial z}=0 \qquad (5.1-5)$$

$$\frac{\partial u}{\partial t}+u\frac{\partial u}{\partial x}+v\frac{\partial u}{\partial y}+w\frac{\partial u}{\partial z}-fv=-\frac{1}{\rho_0}\frac{\partial p}{\partial x}+\frac{\partial}{\partial x}(\tau_{xx})+\frac{\partial}{\partial y}(\tau_{xy})+\frac{\partial}{\partial z}\left(K_M\frac{\partial u}{\partial z}\right)$$
$$(5.1-6)$$

$$\frac{\partial v}{\partial t}+u\frac{\partial v}{\partial x}+v\frac{\partial v}{\partial y}+w\frac{\partial v}{\partial z}+fu=-\frac{1}{\rho_0}\frac{\partial p}{\partial y}+\frac{\partial}{\partial x}(\tau_{xy})+\frac{\partial}{\partial y}(\tau_{yy})+\frac{\partial}{\partial z}\left(K_M\frac{\partial v}{\partial z}\right)$$
$$(5.1-7)$$

$$\frac{\partial p}{\partial z}=-\rho g \qquad (5.1-8)$$

$$\frac{\partial T}{\partial t}+u\frac{\partial T}{\partial x}+v\frac{\partial T}{\partial y}+w\frac{\partial T}{\partial z}=\frac{\partial}{\partial x}\left(A_H\frac{\partial T}{\partial x}\right)+\frac{\partial}{\partial y}\left(A_H\frac{\partial T}{\partial y}\right)+\frac{\partial}{\partial z}\left(K_H\frac{\partial T}{\partial z}\right)+\frac{1}{\rho c_p}\frac{\partial \varphi}{\partial z}$$
$$(5.1-9)$$

式中：u、v、w 分别为 x、y、z 方向的速度；t 为时间；T 为水温；f 为柯氏力参数；p 为压强；ρ 为水体密度；ρ_0 为参考密度；g 为重力加速度；τ_{xx}、τ_{yy}、τ_{xy} 为水体内部应力（雷诺应力和黏性应力）；K_M 为垂向紊动扩散系数；A_H 为温度的水平扩散系数；K_H 为温度的垂向扩散系数；φ 为空气进入水体的热通量；c_p 为水体的等压比热容。

在计算压强梯度力时，首先要求解计算域内各点的密度，而密度大小又取决于水体温度值。因此，水流水温模型需要采取精度较高的水体状态方程。本模型采用盐度为零时的淡水状态方程：

$$\rho=a_1+a_2T+a_3T^2+a_4T^3+a_5T^4+a_6T^5 \qquad (5.1-10)$$

各参数取值见表 5.1-2。

表 5.1-2 水体状态方程中的参数取值

a_1	a_2	a_3	a_4	a_5	a_6
999.84259	6.79395×10^{-2}	-9.09529×10^{-3}	1.001685×10^{-4}	-1.120083×10^{-6}	6.536332×10^{-9}

（2）水平扩散系数。紊动扩散系数在水平方向和垂直方向有较大的差别，表面波幅和垂向尺度的比值为 ε 时，水平扩散项的作用是垂向扩散项的 $1/\varepsilon^2$ 倍。洱海水温模型中重点关注垂向扩散系数的计算，而水平扩散项可采用 Prandtl 混合长度的 Smagorinsky 方案。

$$\tau_{xx}=2A_M\frac{\partial u}{\partial x}, \quad \tau_{xy}=A_M\left(\frac{\partial u}{\partial y}+\frac{\partial v}{\partial x}\right), \quad \tau_{yy}=2A_M\frac{\partial v}{\partial y} \qquad (5.1-11)$$

其中，A_M 为水平紊动扩散系数，表示为

$$\left.\begin{aligned}
A_M &=C\Delta x\Delta y\frac{1}{2}\left|\nabla\bar{v}+(\nabla\bar{v})^T\right| \\
\frac{1}{2}\left|\nabla\bar{v}+(\nabla\bar{v})^T\right| &=\left[(\partial u/\partial x)^2+(\partial v/\partial y)^2+(\partial u/\partial y+\partial v/\partial x)^2/2\right]^{1/2}
\end{aligned}\right\}$$
$$(5.1-12)$$

式中：C 为控制参数，如网格尺寸足够小，C 一般介于 $0.10 \sim 0.20$ 之间。

对于温度方程中的水平扩散系数，可以表示为

$$A_H = A_M / Pr \tag{5.1-13}$$

式中：Pr 为普朗特常数。

（3）垂向扩散系数。垂向紊动扩散系数直接决定了水流的垂向分布和水温的分层结构，因此，在大型湖泊（水库）的水温水动力数值模拟中，垂向紊动扩散系数的正确求解极为关键。大型湖库可能出现分层现象，浮力成为垂直方向上重要作用力之一，紊流模型必须考虑浮力的效应。模型采用的 2.5 阶 Mellor – Yamada 模型，该模型在原有控制方程的基础上，引入 Rotta 假设和 Kolmogorov 假设等关系，对方程的各个参数进行模化，最后简化为紊动能和混合区长度两个变量的控制方程。该模型能够比较好地反映表面混合层和底部混合层的细微结构，适合于分层流动的模拟。

在 Mellor – Yamada 模型中，紊流动能 $q^2/2$ 和紊流动能与混合长度乘积 $q^2 l/2$ 的控制方程为

$$\frac{\partial q^2}{\partial t} + u\frac{\partial q^2}{\partial x} + v\frac{\partial q^2}{\partial y} + w\frac{\partial q^2}{\partial z} = 2(P_s + P_b - \varepsilon) + \frac{\partial}{\partial z}\left(K_q\frac{\partial q^2}{\partial z}\right) + F_q \tag{5.1-14}$$

$$\frac{\partial q^2 l}{\partial t} + u\frac{\partial q^2 l}{\partial x} + v\frac{\partial q^2 l}{\partial y} + w\frac{\partial q^2 l}{\partial z} = l(E_1 P_s + E_3 P_b - \widetilde{W}\varepsilon) + \frac{\partial}{\partial z}\left(K_q\frac{\partial q^2 l}{\partial z}\right) + F_l$$
$$\tag{5.1-15}$$

式中：$P_s = K_M\left[\left(\frac{\partial u}{\partial z}\right)^2 + \left(\frac{\partial v}{\partial z}\right)^2\right]$ 为流速切变引起的紊动产生项；$P_b = K_H\left(\frac{g}{\rho_0}\frac{\partial \rho}{\partial z}\right)$ 为浮力作用引起的紊动产生（或耗散）项；$\varepsilon = \frac{q^3}{B_1 l}$ 为紊流动能耗散率；$\widetilde{W} = 1 + E_2\left(\frac{l}{\kappa L}\right)^2$ 为逼近似函数，用来计算壁面附近的紊动动能耗散率，$\kappa = 0.4$ 为 von Karman 常数，$L^{-1} = (\eta - z)^{-1} + (H + z)^{-1}$，$H$ 为静水深；F_q、F_l 分别为紊流动能 $q^2/2$ 和紊流动能与混合长度乘积 $q^2 l/2$ 的水平扩散项。

垂向的紊动黏性系数 K_M、物质的紊动扩散系数 K_H 和紊动动能的紊动扩散系数 K_q 计算公式为

$$\left. \begin{aligned} K_M &= qS_M(l + \kappa z_0) \\ K_H &= qS_H(l + \kappa z_0) \\ K_q &= qS_q(l + \kappa z_0) \end{aligned} \right\} \tag{5.1-16}$$

式中：z_0 为和壁面有关的粗糙高度。

S_M、S_H、S_q 不能直接求得，计算公式如下：

$$G_H = \frac{l^2}{q^2}\frac{g}{\rho_0}\left(\frac{\partial \rho}{\partial z} - \frac{1}{c_s^2}\frac{\partial p}{\partial z}\right) \tag{5.1-17}$$

$$S_H[1 - (3A_2 B_2 + 18A_1 A_2)G_H] = A_2(1 - 6A_1/B_1) \tag{5.1-18}$$

$$S_M(1 - 9A_1 A_2 G_H) - S_H \cdot (18A_1^2 + 9A_1 A_2)G_H = A_1(1 - 3C_1 - 6A_1/B_1)$$
$$\tag{5.1-19}$$

$$S_q = 0.41S_M \tag{5.1-20}$$

值得注意的是，模型设定在不稳定分层的条件下，G_H 的上限值为 0.023；在稳定分层的条件下，G_H 的下限值为 -0.28。通过实验室大量试验结果的率定，紊流模型中的常数取值为

$$(A_1, A_2, B_1, B_2, C_1) = (0.92, 16.6, 0.74, 10.1, 0.08)$$

$$(E_1, E_2, E_3) = (1.8, 1.33, 1.0)$$

2. 水面热交换

水体和大气是一个相互耦合的热力系统，二者之间时刻进行着热量交换。如果水体面积较小，水体对气温的影响也比较小，在本章的数学模型中将忽略湖泊对气温的影响。湖泊表面主要热通量的表达式为

$$\varphi = SR + AR - BR - E - C \tag{5.1-21}$$

式中：SR 为水体吸收的太阳短波辐射量；AR 为水体吸收的大气长波辐射量；BR 为水体长波返回辐射量；E 为水体蒸发热损失量；C 为热传导通量。

一般认为水体长波返回辐射、大气长波辐射、蒸发和热传导等水气热交换过程只在水体表面发生，表层以下水体只是单纯地接收太阳短波辐射，水体表面热交换示意图见图 5.1-8。

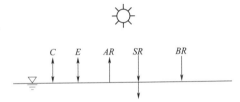

图 5.1-8　水体表面热交换示意图

（1）太阳短波辐射。太阳短波辐射量 SR 取决于太阳的纬度角、天气状况（云层覆盖率等）、水体的透明度等，可表示为

$$SR = SR_{tot}(1-\gamma)(1-0.65C^2) \tag{5.1-22}$$

式中：SR_{tot} 为晴天时太阳短波辐射量，W/m^2；γ 为水面反射率，一般取值为 0.03；C 为云层覆盖率，为无量纲数。

一部分太阳辐射在水面被吸收，其余部分按指数衰减进入水体深处：

$$SR_z = (1-\beta) \cdot SR \cdot \exp(-\eta h) \tag{5.1-23}$$

式中：β 为水体表面对太阳辐射的吸收率；η 为衰减系数；h 为水深。

其中 η 和水体的透明度有关，水体的透明度越大，水体衰减越慢，η 越小。水体表面吸收率 β 一般可取值为 0.5。

（2）大气长波辐射。根据热力学基本原理，所有绝对温度超过零度的物体都将产生热辐射。辐射的强弱与波长特性取决于辐射体本身的温度。温度越高，辐射越强，波长越短。因为大气的温度远低于太阳，所以大气的辐射能量集中在长波范围。根据 Stefan-Boltzmann 辐射定律，大气长波辐射量 AR 表示为

$$AR = (1-\gamma_a) \cdot \sigma \cdot \varepsilon_a \cdot (T_a+273)^4 \tag{5.1-24}$$

式中：σ 为 Stefan-Boltzmann 常数，$\sigma = 5.67 \times 10^{-8} W/(m^2 \cdot K^4)$；$T_a$ 为水面以上 2m 处的大气温度，℃；γ_a 为长波反射率，一般取 0.03；ε_a 为大气发射率，和大气的透明度有关。

晴天时：

$$\varepsilon_{ac} = 1 - 0.261 \cdot \exp(-0.74 \times 10^{-4} T_a^2) \tag{5.1-25}$$

考虑天空云量的影响，修正为

$$\varepsilon_a = \varepsilon_{ac} \cdot (1 + K \cdot C^2) \qquad (5.1-26)$$

式中：C 为云层覆盖率；参数 K 与云层高度有关，均值为 0.17。

（3）水体长波返回辐射。和大气长波辐射相类似，水体也具有长波辐射的能力。根据 Stefan - Boltzmann 辐射定律，水体长波辐射量 BR 为

$$BR = \sigma \cdot \varepsilon_w (T_s + 273)^4 \qquad (5.1-27)$$

式中：ε_w 为水体的长波发射率，取 0.97；T_s 为水体的表面温度，℃。

（4）水体蒸发热损失。水面热蒸发的机理是水面薄层和空气间存在水面蒸发压力梯度。水面蒸发热通量大多根据空气与水面的蒸发压力计算：

$$E = f(W)(e_s - e_a) \qquad (5.1-28)$$

式中：$f(W)$ 为风函数，反映自由对流和强迫对流对蒸发的影响。

$f(W)$ 计算式为

$$f(W) = 9.2 + 0.46W^2 \qquad (5.1-29)$$

式中：W 为水面以上 10m 处的风速；e_s 为相应于水面温度 T_s 的紧靠水面的空气饱和蒸汽压力，mmHg；e_a 为水面上空气的蒸发压力。由于空气的蒸发压力实测值匮乏，可以利用饱和蒸汽压力和温度的关系，将饱和蒸汽压力差用温度差近似表示：

$$e_s - e_a = \beta_1 (T_s - T_d) \qquad (5.1-30)$$

式中：T_d 为露点温度；β_1 为温度-饱和蒸汽压力曲线，可由下式计算：

$$\beta_1 = 0.35 - 0.015T + 0.0012T^2 \qquad (5.1-31)$$

其中，$T = (T_s + T_d)/2$。这样水面蒸发热通量可表示为

$$E = \beta_1 \cdot f(W) \cdot (T_s - T_d) \qquad (5.1-32)$$

但是，大多数情况下缺乏露点温度 T_d 观测值，该值可根据相对湿度和气温反算得到：

$$P_s = 100 \times \left(\frac{T_a + 273}{T_d + 273}\right)^{5.1734} \times \exp\left[6835.2 \times \left(\frac{1}{T_a + 273} - \frac{1}{T_d + 273}\right)\right] \qquad (5.1-33)$$

式中：P_s 为相对湿度，%。

（5）热传导通量。当水体与大气之间存在温差时，水气界面会通过传导进行热交换，热传导通量和二者温差成正比，风有助于热传导：

$$C = 0.47 f(W) \cdot (T_s - T_a) \qquad (5.1-34)$$

根据以上公式，水体表面热交换过程有以下两个特点。第一，上述所有通量中，太阳短波辐射量、大气长波辐射量、水体长波辐射量是主要部分，一般情况下其他两项要小一个量级。第二，一般情况下，水体的长波返回辐射要大于大气的长波辐射。这主要是由于长波辐射量和发射率关系密切。发射率主要取决于辐射体的透明程度，因为大气的透明度要高于水体，即 $\varepsilon_a > \varepsilon_w$，二者综合的结果会导致水面失去热量。

3. σ 坐标系转换及相关问题

洱海水下地形复杂多变，河床面和自由水面与坐标平面 z 并不平行，而且水面的变化较大，垂向坐标系的选择对水流的模拟结果影响很大。在浅水方程的求解中，应用较多的垂向坐标系，除 z 坐标系外，还包括 σ 坐标系、η 坐标系、θ 坐标系以及这些坐标系组合的混合坐标系。与其他几种坐标系相比，σ 坐标系能较好地适应水下地形和变化的自由表面，更容易满足连续方程，从而得到了较为广泛的应用。

（1）σ 坐标系及方程转换。σ 坐标系是一种适体坐标系，它以河床面和自由水面作为坐标系的基准面，对垂向坐标进行拉伸，从而将复杂的计算区域转换为等水深的计算域，使水深在空间和时间上都保持不变。σ 坐标系示意图见图 5.1-9。

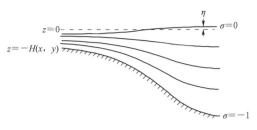

图 5.1-9 σ 坐标系示意图

在 σ 坐标系中，定义：

$$X = x, Y = y, \sigma = \frac{z - \eta}{D}, T = t \tag{5.1-35}$$

式中：x、y、z、t 为笛卡儿坐标系下的空间坐标和时间坐标；X、Y、σ、T 为 σ 坐标系下的空间坐标和时间坐标；$D = H + \eta$，其中 $H(x, y)$ 为静水深，η 为自由表面相对于静水深表面的位置。

由定义可知，$-1 \leqslant \sigma \leqslant 0$，自由表面处 $\sigma = 0$，床面 $\sigma = -1$。

根据求导链式法则，σ 坐标系和笛卡儿坐标系的转换关系有：

$$\left(\frac{\partial}{\partial x}, \frac{\partial}{\partial y} \right) = \left(\frac{\partial}{\partial X}, \frac{\partial}{\partial Y} \right) + (G_x, G_y) \frac{\partial}{\partial \sigma} \tag{5.1-36}$$

$$\frac{\partial}{\partial z} = \frac{1}{D} \frac{\partial}{\partial \sigma} \tag{5.1-37}$$

$$\frac{\partial}{\partial t} = \frac{\partial}{\partial T} + G_t \frac{\partial}{\partial \sigma} \tag{5.1-38}$$

其中

$$G_x = \frac{\partial \sigma}{\partial x} = -\frac{1}{D} \left(\frac{\partial \eta}{\partial x} + \sigma \frac{\partial D}{\partial x} \right)$$

$$G_y = \frac{\partial \sigma}{\partial y} = -\frac{1}{D} \left(\frac{\partial \eta}{\partial y} + \sigma \frac{\partial D}{\partial y} \right)$$

$$G_t = \frac{\partial \sigma}{\partial t} = -\frac{1 + \sigma}{D} \frac{\partial \eta}{\partial t}$$

将以上转换关系代入笛卡儿坐标系下的控制方程式（5.1-4）～式（5.1-8），并忽略高阶小量，可以得到 σ 坐标系下的控制方程：

$$\frac{\partial DU}{\partial X} + \frac{\partial DV}{\partial Y} + \frac{\partial \omega}{\partial \sigma} + \frac{\partial \eta}{\partial T} = 0 \tag{5.1-39}$$

$$\frac{\partial UD}{\partial T} + \frac{\partial U^2 D}{\partial X} + \frac{\partial UVD}{\partial Y} + \frac{\partial U\omega}{\partial \sigma} - fVD + gD \frac{\partial \eta}{\partial X} + \frac{gD^2}{\rho_0} \int_\sigma^0 \left(\frac{\partial \rho}{\partial X} - \frac{\sigma'}{D} \frac{\partial D}{\partial X} \frac{\partial \rho}{\partial \sigma'} \right) \mathrm{d}\sigma' = \frac{\partial}{\partial \sigma} \left(\frac{K_M}{D} \frac{\partial U}{\partial \sigma} \right) + F_x$$
$$\tag{5.1-40}$$

$$\frac{\partial VD}{\partial t} + \frac{\partial UVD}{\partial X} + \frac{\partial V^2 D}{\partial Y} + \frac{\partial V\omega}{\partial \sigma} + fUD + gD \frac{\partial \eta}{\partial Y} + \frac{gD^2}{\rho_0} \int_\sigma^0 \left(\frac{\partial \rho}{\partial Y} - \frac{\sigma'}{D} \frac{\partial D}{\partial Y} \frac{\partial \rho}{\partial \sigma'} \right) \mathrm{d}\sigma' = \frac{\partial}{\partial \sigma} \left(\frac{K_M}{D} \frac{\partial U}{\partial \sigma} \right) + F_y$$
$$\tag{5.1-41}$$

$$\frac{\partial TD}{\partial T} + \frac{\partial TUD}{\partial X} + \frac{\partial TVD}{\partial Y} + \frac{\partial T\omega}{\partial \sigma} = \frac{\partial}{\partial \sigma} \left(\frac{K_H}{D} \frac{\partial T}{\partial \sigma} \right) + F_T + \frac{1}{\rho_{c_p}} \frac{\partial SR}{\partial \sigma} \tag{5.1-42}$$

式中：U、V、ω 为 σ 坐标系下的 X、Y、σ 3 个方向的速度，其中，$U=u$，$V=v$，$\omega=D\dfrac{\mathrm{d}\sigma}{\mathrm{d}t}$。

由于在分析流场时 σ 坐标系下垂向速度不够直观，经常需要转换为 z 坐标系的垂向速度 w，ω 和 w 的转换关系为

$$
\begin{aligned}
w=\frac{\mathrm{d}z}{\mathrm{d}t}&=\left(\frac{\partial}{\partial t}+u\frac{\partial}{\partial x}+v\frac{\partial}{\partial y}\right)z=\left(\frac{\partial}{\partial t}+U\frac{\partial}{\partial x}+V\frac{\partial}{\partial y}\right)(D\sigma+\eta)\\
&=\left(D\frac{\partial\sigma}{\partial t}+\sigma\frac{\partial D}{\partial t}+\frac{\partial\eta}{\partial t}\right)+U\left(\sigma\frac{\partial D}{\partial x}+\frac{\partial\eta}{\partial x}\right)+V\left(\sigma\frac{\partial D}{\partial y}+\frac{\partial\eta}{\partial y}\right)\\
&=\omega+\sigma\frac{\partial D}{\partial t}+\frac{\partial\eta}{\partial t}+U\left(\sigma\frac{\partial D}{\partial x}+\frac{\partial\eta}{\partial x}\right)+V\left(\sigma\frac{\partial D}{\partial y}+\frac{\partial\eta}{\partial y}\right)
\end{aligned}
\tag{5.1-43}
$$

同样可以推导出，σ 坐标系下的 Mellor - Yamada 模型表达为

$$
\frac{\partial q^2 D}{\partial T}+\frac{\partial q^2 UD}{\partial X}+\frac{\partial q^2 VD}{\partial Y}+\frac{\partial q^2\omega}{\partial\sigma}=\frac{\partial}{\partial\sigma}\left(\frac{K_q}{D}\frac{\partial q^2}{\partial\sigma}\right)+\frac{2K_M}{D}\left[\left(\frac{\partial U}{\partial\sigma}\right)^2+\left(\frac{\partial V}{\partial\sigma}\right)^2\right]+
$$
$$
2K_H\frac{g}{\rho_0}\frac{\partial\rho}{\partial\sigma}-\frac{2Dq^3}{B_1 l}+F_q
\tag{5.1-44}
$$

$$
\frac{\partial q^2 lD}{\partial T}+\frac{\partial q^2 lUD}{\partial X}+\frac{\partial q^2 lVD}{\partial Y}+\frac{\partial q^2 l\omega}{\partial\sigma}=\frac{\partial}{\partial\sigma}\left(\frac{K_q}{D}\frac{\partial q^2 l}{\partial\sigma}\right)+l\left\{\begin{array}{l}\dfrac{E_1 K_M}{D}\left[\left(\dfrac{\partial U}{\partial\sigma}\right)^2+\left(\dfrac{\partial V}{\partial\sigma}\right)^2\right]+\\[2mm]E_3 K_H\dfrac{g}{\rho_0}\dfrac{\partial\rho}{\partial\sigma}-\dfrac{Dq^3\widetilde{W}}{B_1 l}\end{array}\right\}+F_l
\tag{5.1-45}
$$

（2）斜压梯度力项和水平扩散项的处理。σ 坐标系的最大优点就是将水体的自由表面和底部地形处理为等坐标面，简化了上部和底部的边界条件，有效地模拟了地形和自由表面的变化。但是，引入 σ 坐标系却使斜压梯度力和水平扩散的计算变得较为复杂，如处理不当会引起较大的计算误差，甚至造成计算失真。

1）斜压梯度力项的处理。在雷诺方程中，水平压强梯度力是影响流体运动状态的主要因素之一。水平压强梯度力包含三部分，水面大气压不均匀形成的水平梯度力、水面倾斜导致的水平压强梯度力和流体密度不均匀形成的压强梯度力。压强梯度力前两部分有时也被称为正压梯度力，和深度无关，在不同垂向坐标下没有区别。第三项由密度不均匀引起的压强梯度力随水深而有所变化，当垂向采用不同坐标系时也会引起形式上的不同。

在大型湖库的三维水温模拟中，由于入流水温的不同，在纵向存在水温梯度，而水深的横向差异也将导致水温的变化。水温的空间异质性将导致密度水平方向的变化，从而导致一定程度的斜压梯度力。尽管 σ 坐标系，有效地模拟了地形和自由表面的变化，但斜压梯度力的计算比较复杂，处理不当，将引起计算精度的降低。下面以 x 方向为例说明这一问题。

在 σ 坐标系下某点的压强为水面到该点的水体重量，即 $p=\displaystyle\int_\sigma^0\rho gD\mathrm{d}\sigma$。引入 $\dfrac{\partial\sigma}{\partial x}=$

$\dfrac{\partial}{\partial x}\left(\dfrac{z-\eta}{D}\right)=-\dfrac{1}{D}\dfrac{\partial \eta}{\partial x}-\dfrac{\sigma}{D}\dfrac{\partial D}{\partial x}$，将该点的压强在 x 方向上求导，得到该点的水平压强梯度力：

$$\frac{\partial p}{\partial x}=\frac{\partial p}{\partial X}+\frac{\partial p}{\partial \sigma}\frac{\partial \sigma}{\partial x}=\int_{\sigma}^{0}\left(\frac{\partial \rho}{\partial X}gD+\rho g\frac{\partial D}{\partial X}\right)\mathrm{d}\sigma-\rho gD\frac{\partial \sigma}{\partial x}$$

$$=\int_{\sigma}^{0}\frac{\partial \rho}{\partial X}gD\,\mathrm{d}\sigma+\sigma\rho g\frac{\partial D}{\partial X}\bigg|_{\sigma}^{0}-\int_{\sigma}^{0}\sigma g\frac{\partial D}{\partial X}\frac{\partial \rho}{\partial \sigma}\mathrm{d}\sigma-\rho gD\frac{\partial \sigma}{\partial x}$$

$$=\int_{\sigma}^{0}\frac{\partial \rho}{\partial X}gD\,\mathrm{d}\sigma-\rho g\sigma\frac{\partial D}{\partial X}-\int_{\sigma}^{0}\sigma g\frac{\partial D}{\partial X}\frac{\partial \rho}{\partial \sigma}\mathrm{d}\sigma+\rho g\frac{\partial \eta}{\partial x}+\rho g\sigma\frac{\partial D}{\partial x}$$

$$=\int_{\sigma}^{0}\frac{\partial \rho}{\partial X}gD\,\mathrm{d}\sigma-\int_{\sigma}^{0}\sigma g\frac{\partial D}{\partial X}\frac{\partial \rho}{\partial \sigma}\mathrm{d}\sigma+\rho g\frac{\partial \eta}{\partial X}\approx \rho_0\left[g\frac{\partial \eta}{\partial X}+\frac{gD}{\rho_0}\int_{\sigma}^{0}\left(\frac{\partial \rho}{\partial X}-\frac{\sigma}{D}\frac{\partial D}{\partial X}\frac{\partial \rho}{\partial \sigma}\right)\mathrm{d}\sigma\right]$$

$$(5.1-46)$$

如前所述，式（5.1-46）中的压强梯度可以分为两部分。第一部分和水力梯度成正比，与密度的梯度无关，为正压梯度力，如式（5.1-47）所示；第二部分和密度的水平梯度相关，为斜压梯度力 [式（5.1-48）]。

$$\frac{\partial p_{\text{bt}}}{\partial x}=\rho_0 g\frac{\partial \eta}{\partial X} \tag{5.1-47}$$

$$\frac{\partial p_{\text{bc}}}{\partial x}\approx gD\int_{\sigma}^{0}\frac{\partial \rho}{\partial X}\mathrm{d}\sigma-gD\int_{\sigma}^{0}\frac{\sigma}{D}\frac{\partial D}{\partial X}\frac{\partial \rho}{\partial \sigma}\mathrm{d}\sigma \tag{5.1-48}$$

式中：下标 bt 为正压（barotropic）；bc 为斜压（baroclinic）。

式（5.1-43）物理意义和计算过程见图 5.1-10，图中实线为 σ 坐标面，虚线为等密度面。对于稳定分层水体，总有 $\sigma\leqslant0$、$D>0$、$\dfrac{\partial \rho}{\partial \sigma}\leqslant0$。当 $\dfrac{\partial D}{\partial \sigma}>0$ 时，必有 $\dfrac{\partial \rho}{\partial x}>0$；当 $\dfrac{\partial D}{\partial \sigma}<0$ 时，必有 $\dfrac{\partial \rho}{\partial x}<0$。因此，式（5.1-46）中等号右边两项的数值总是符号相同。σ 坐标系下的斜压梯度力将通过两个符号相同数的差值来确定。

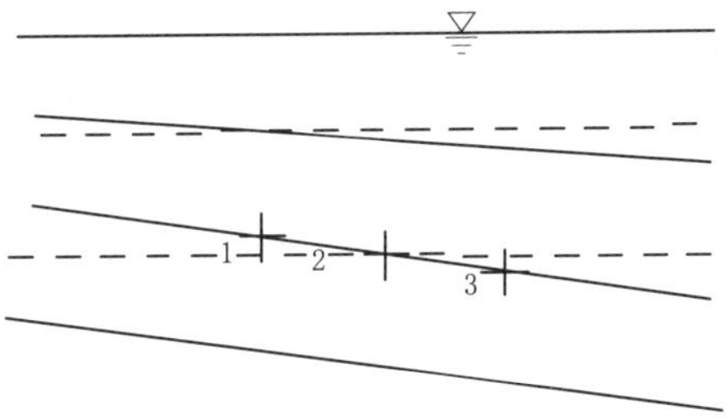

图 5.1-10　σ 坐标系下水平斜压梯度力求解的物理意义图解

注　实线表示 σ 坐标面，虚线表示等密度面；数字通常代表不同的水体状态或位置，通过这些标记来展示斜压梯度力的计算过程中不同点的压强和密度变化。

一般来说，自然水体中的斜压梯度力的数值较小，甚至趋近于零。对于图 5.1-10 中的水平等密度面，斜压梯度力的精确值为 0。但是 σ 坐标面是一个倾斜的平面，在计算节点 2 上：$\dfrac{\partial \rho}{\partial x}\approx\dfrac{\rho_3-\rho_1}{x_3-x_1}>0$，而 $\dfrac{\sigma}{D}\dfrac{\partial D}{\partial X}\dfrac{\partial \rho}{\partial \sigma}$ 正是为了抵消 σ 坐标面倾斜而进行的修正。

因此，式（5.1-48）的计算实际是两个数相减，其差趋近零的计算。在地形坡度较大且稳定分层的条件下，$\left|\dfrac{\partial D}{\partial \sigma}\right|$ 很大，而此时 $\left|\dfrac{\partial \rho}{\partial x}\right|$ 也比较大，两项之差要比各自的绝对值要小得多。斜压梯度力成为两个大项的小差，两项的截断误差对计算结果影响较大，

引起较大的计算误差，如果不经过处理，模拟时间较长时，该误差不断累积，计算结果可能严重失真。

解决 σ 坐标系下这类缺点的方法之一就是构造高阶的离散格式。有学者曾设计了一种三点六阶紧致格式，有效提高了斜压梯度力的计算精度，但计算量和低阶格式相比增加了许多倍。为了节省计算时间，本模型采用了较为简便的两种方法进行处理。

第一种方法为 z 平面均值扣除法。这种方法基于大型水库温度分层近似水平的假定，将密度分为两部分，一部分只与深度 z 有关，另一部分为相对于 z 平面均值的偏差，即 $\rho = \rho_{\text{mean}}(z) + \rho'$。由于在相同深度上，$\rho_{\text{mean}}(z)$ 的值相等，$\dfrac{\partial \rho_{\text{mean}}}{\partial x} = 0$，不产生斜压梯度力，代入式（5.1-45）时结果为 0，只需计算 ρ' 产生的斜压梯度力。因此，在计算斜压梯度力时，将密度扣除掉其相同深度的 z 平面密度均值，再进行计算，就可以避免"大项小差"的问题。

具体计算公式如下：

$$\rho' = \rho - \rho_{\text{mean}}(z) \tag{5.1-49}$$

$$\frac{\partial p_{\text{bc}}}{\partial x} = gD \int_{\sigma}^{0} \left(\frac{\partial \rho'}{\partial X} - \frac{\sigma}{D} \frac{\partial D}{\partial X} \frac{\partial \rho'}{\partial \sigma} \right) d\sigma \tag{5.1-50}$$

式中：$\rho_{\text{mean}}(z)$ 为相同深度的密度平均值；ρ' 为该点密度和其所在 z 平面的均值偏差。采用如下格式求解式（5.1-50）圆括号内的项，在 $U_{i,j}$ 位置上可以表示为

$$U_{i,j} = \frac{1}{2\Delta x} (\rho'_{i+\frac{1}{2},k} + \rho'_{i+\frac{1}{2},k-1} - \rho'_{i-\frac{1}{2},k} - \rho'_{i-\frac{1}{2},k-1}) -$$

$$\frac{\overline{\sigma_k}}{\overline{D_i}} \left(\frac{\partial D}{\partial x} \right)_i \frac{1}{2\Delta \sigma_k} (\rho'_{i+\frac{1}{2},k-1} + \rho'_{i-\frac{1}{2},k-1} - \rho'_{i+\frac{1}{2},k} - \rho'_{i-\frac{1}{2},k})$$

$$\tag{5.1-51}$$

其中，$\overline{\sigma_k} = \dfrac{1}{2}(\sigma_{k-1} + \sigma_k)$，$\overline{D_i} = \dfrac{1}{2}(D_{i+\frac{1}{2},j} + D_{i-\frac{1}{2},j})$，$\Delta \sigma_k = \sigma_{k-1} - \sigma_k$。

采用 DDD 格式对式（5.1-51）做进一步改进，能有效提高计算精度，其具体差分格式如下：

$$\frac{1}{2\Delta x}(\rho'_{i+\frac{1}{2},k} + \rho'_{i+\frac{1}{2},k-1} - \rho'_{i-\frac{1}{2},k} - \rho'_{i-\frac{1}{2},k-1}) -$$

$$\overline{\sigma_k} \left(\frac{\partial D}{\partial x} \right)_i \frac{1}{2\Delta \sigma_k} \left(\frac{\rho'_{i+\frac{1}{2},k-1} - \rho'_{i+\frac{1}{2},k}}{D_{i+\frac{1}{2}}} + \frac{\rho'_{i-\frac{1}{2},k-1} - \rho'_{i-\frac{1}{2},k}}{D_{i-\frac{1}{2}}} \right) \tag{5.1-52}$$

经综合考虑，本模型采用式（5.1-52）对斜压梯度力进行离散。由于温度和密度等物理量的变化比较慢，因此不必每一步时间积分都求出 z 平面的均值，可以根据其变化情况，相隔若干时间步更新一次这些量的平均值。这种方法主要适用于整个计算水域水体分层基本水平的区域，如湖泊及湖泊型水库等。

第二种方法为返回 z 坐标系计算斜压梯度力。当大型水库上游有密度差异非常大的流体进入计算水域，造成计算水域内的密度分布在水平面上极其不均匀。在这种情况下，密度分层近似水平的假定误差较大，如果采用 z 平面均值扣除法来修正 σ 坐标系下的斜压

梯度力计算，仍然会存在较大的误差，使计算结果出现失真，达不到工程要求的精度。为了解决这一问题，模型设计了返回 z 坐标系求解斜压梯度力。

首先，将密度所在深度对应的 σ 坐标转换为 z 坐标。由于自由表面的非水平性，左右两侧密度所在点的水深需要加入水面起伏的影响。左侧密度 σ 层的 z 坐标为 $z_{1,k}=D_{i-1,j}\sigma_k^{\mathrm{T}}+\frac{1}{2}(\eta_{i-1,j}-\eta_{i,j})$，对应密度值为 $\rho_{1,k}=\rho_{i-1,j,k}$；右侧密度 σ 层的 z 坐标为 $z_{2,k}=D_{i,j}\sigma_k^{\mathrm{T}}+\frac{1}{2}(\eta_{i,j}-\eta_{i-1,j})$，对应的密度值为 $\rho_{2,k}=\rho_{i,j,k}$。

其次，本模型采用垂向交错网格布置，确定待求两层速度中间位置所在的深度，$z_{n,k}=D_{i,j}^u\sigma_k^w$，并将速度左右两侧的密度插值到 $z_{n,k}$ 平面上，分别得到 $\rho_{3,k}$、$\rho_{4,k}$。

最后，积分求得 $u_{i,j,k}$ 受到的斜压梯度力：

$$\frac{\partial p_{\mathrm{bc}i,j,k}}{\partial x}=\frac{\partial p_{\mathrm{bc}i,j,k-1}}{\partial x}+\frac{(\rho_{4,k}-\rho_{3,k})g(\sigma_{k-1}^{\mathrm{T}}-\sigma_k^{\mathrm{T}})D_{i,j}^u}{\Delta x} \tag{5.1-53}$$

2）水平扩散项的处理。笛卡儿坐标系下控制方程转化到为 σ 坐标系下控制方程的过程中，为了求解方便，水平扩散项舍弃了一些和地形坡度有关的高阶项。对于坡度较小的地形，水平扩散项的精度可以达到工程要求，但是对于地形比较复杂的水库，这种简化会带来一定的误差。在水库地形坡度较大的地方，容易导致水温趋向于沿 σ 坐标面分层的现象，形成和实际不符的虚假分层。

为了提高该项的计算精度，同样可以采用以上处理方法，即扣除 z 平面均值后再进行扩散项的计算或是采用插值返回 z 坐标计算水平扩散项。在计算水平扩散项时，采取 z 平面均值扣除法的具体做法如下：

$$F'=F-F_{\mathrm{mean}}(z) \tag{5.1-54}$$

$$\frac{\partial^2 F'}{\partial x^2}=\frac{\partial}{\partial x}\left(\frac{\partial F'}{\partial x}\right) \tag{5.1-55}$$

式中：F 为求解的变量；$F_{\mathrm{mean}}(z)$ 为 z 平面的均值；F' 为变量相对于所在的 z 平面均值的偏差。

另外，由于在物质输移传递中，水平扩散的作用远小于平流项，可以尽量减小水平扩散系数，从而减小水平扩散项引起的虚假分层效应。

4. 数值概化

（1）模型网格。使用直角正交网格对模拟水域进行了离散，网格平面尺度为 400m×400m，平面网格总数为 1580，网格形态见图 5.1-12。由于洱海水面面积较大而水深相对较浅，模型在垂向使用标准的 σ 网格。一般认为，对水深较浅的湖泊，垂向 5 层网格能在刻画物理量的垂向变化和计算量之间取得较好的平衡，因此模型在垂向取 5 层网格。

（2）环湖河道概化。在本模型中，将环湖河道概化为 32 条，其中现状情况下入湖河道 30 条，出湖河道两条，分别是西洱河和引洱入宾隧洞。32 条出入湖河流（隧洞）位置见图 5.1-11，模型在平面上的网格分区见图 5.1-12。

鉴于湖泊水温对水动力以及水质有一定的影响，本模型在水动力模拟时，将水动力和水温进行耦合模拟。

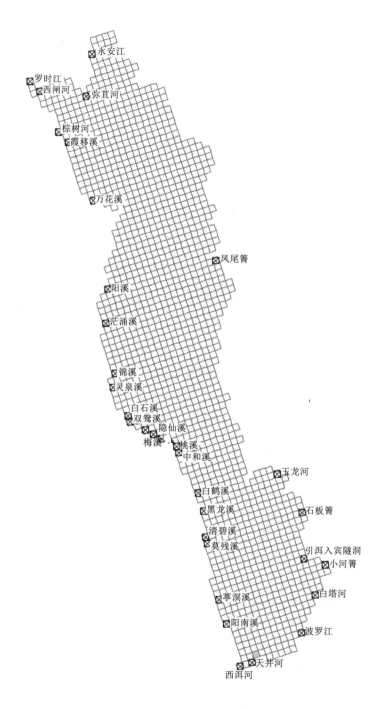

图 5.1-11　洱海三维模型平面网格及出入流边界

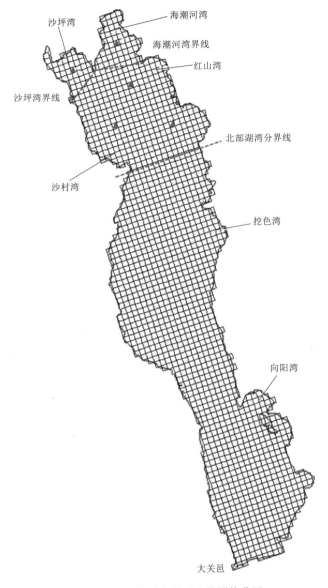

图 5.1-12 模型在平面上的网格分区

5. 参数率定与模型校验

参考一般湖泊湖底糙率,将本模型湖底糙率取为 0.02。由于当前尚无洱海湖面空间异质的风场成果,模型风边界条件使用大理气象站日平均风速、风向,风速函数采用 $f(w)=6.9+0.345w^2$,其中 w 为湖面以上 10m 的风速。在水温模拟中,使用大理气象站气压、气温、相对湿度、降水量、蒸发量逐日数据以及月均云量数据;鉴于大理气象站无实测辐射数据,模型中采用丽江气象站的辐射数据,并基于洱海实测水温结果对辐射进行修正。模型使用 2014 年数据进行率定,洱海环湖入湖水量及其年内分布过程采用云南省水文水资源局大理分局进行水量平衡后的成果,湖泊水位及西洱河、引洱入宾出湖流量,以及入湖河流水温等采用实测数据资料。从图 5.1-13 可知,模拟得到的 2014 年洱海水位过程和实测结果符合较好。图 5.1-14 为洱海内多个点位 2014 年表层水体水温比较，计算水温和表层水温总体上符合较好，1 月至 2 月中旬符合情况略差，这主要是受模型初始状态的影响（模型起算时间为 2013 年 10 月 1 日）。

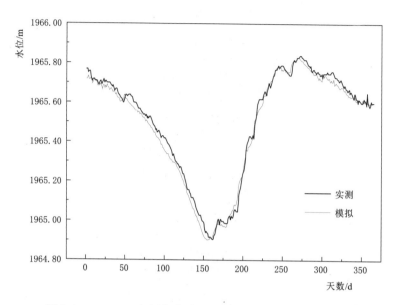

图 5.1-13　2014 年洱海大关邑站模拟和实测水位过程比较

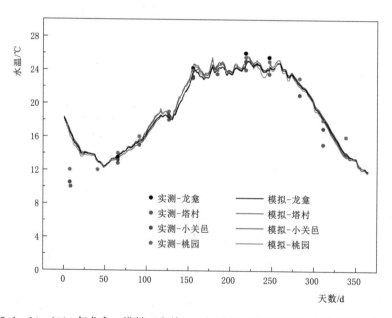

图 5.1-14　2014 年龙龛、塔村、小关邑、桃园等站模拟和实测表层水温过程比较

5.1.2.3　二维水动力学模型的适宜性

基于洱海三维水动力模型模拟的常年主导风场（东风）的环流结构见图 5.1-15，其

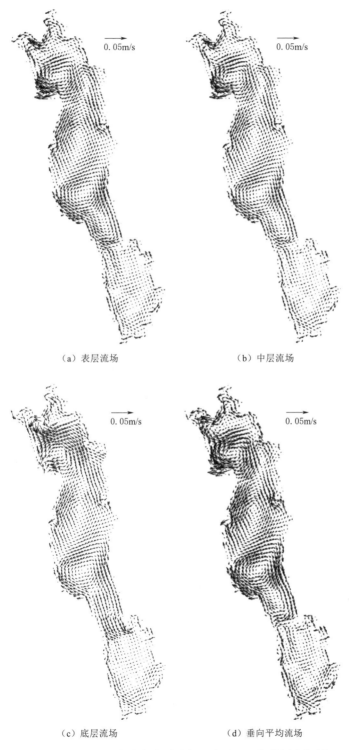

（a）表层流场   （b）中层流场

（c）底层流场   （d）垂向平均流场

图 5.1-15 2014 年常年主导风场（东风）洱海分层流场图

结果与基于平面二维模型的环流结构（图 5.1-6）基本相似。计算同时表明，洱海在冬、夏季表底略有温差，与实测的垂向水温监测结果（以湖心北和湖心南两站点为代表，见图 5.1-16）相一致，洱海垂向水温分层不明显。2018 年 1 月和 7 月洱海垂向的溶解氧浓度（以湖心北和湖心南两站点为代表，见图 5.1-17）无明显差异，表明洱海垂向水温、水质混合较为均匀，无明显分层现象。

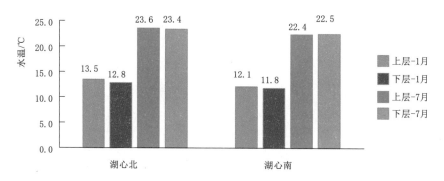

图 5.1-16　2018 年冬、夏季洱海水温垂向分布情况

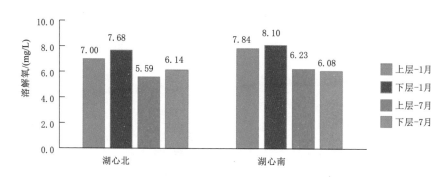

图 5.1-17　2018 年冬、夏季洱海溶解氧浓度垂向分布情况

综上所述，洱海年内水温水质在水深方向上无明显分层现象，且洱海表、中、底层流场结构和湖流形态与平面二维模拟结果基本一致，故选择洱海平面二维水动力模型来研究洱海湖泊水环境演变及外流域来水是合适的。

5.1.3　洱海水质数学模型

洱海属大型浅水湖泊，风是湖泊水流运动的主驱动力。在风生湖流作用下，湖泊水流结构复杂、湖流形态多变，同时受陆域污染物输入影响，湖区水质空间分布差异显著，故数值模拟技术是洱海湖泊水质模拟计算的重要技术手段。由于洱海水深相对较浅（正常高水位条件下平均水深约为 10.6m），湖区水质在水深方向混合相对比较均匀，故可采用平面二维水质模型模拟分析洱海入湖污染物的迁移扩散过程及时空分布特点。

1. 洱海二维水质模型基本方程

水质模型采用水深平均的平面二维数学模型，模型基本方程为

$$\frac{\partial (hC)}{\partial t} + \frac{\partial (MC)}{\partial x} + \frac{\partial (NC)}{\partial y} = \frac{\partial}{\partial x}\left(E_x h \frac{\partial C}{\partial x}\right) + \frac{\partial}{\partial y}\left(E_y h \frac{\partial C}{\partial y}\right) + S + F(C) \quad (5.1-56)$$

式中：h 为水深，m；C 为可以分别为 TP、TN、NH_3-N、COD 浓度，mg/L；M 为横向单宽流量，m^2/s；N 为纵向单宽流量，m^2/s；E_x 为横向扩散系数，m^2/s；E_y 为纵向扩散系数，m^2/s；S 为源（汇）项，$g/(m^2 \cdot s)$；$F(c)$ 为生化反应项。

水质模型中的生化反应项，反映了污染物质在水体中复杂的生化反应过程，影响因素很多。在洱海水质模拟过程中，根据洱海水污染特点并结合资料情况，选取有机污染指标 COD、总量控制指标 NH_3-N 及表征富营养化程度指标 TP、TN 作为研究对象，并对 4 个水质指标生化项处理如下。

（1）有机污染指标 COD 在水体中的生化反应过程考虑自净衰减过程的同时，也考虑底泥释放对上浮水体水质的影响。COD 在水体中的生化反应过程可简化为

$$F(c) = -K_c \cdot C \cdot h \quad (5.1-57)$$

式中：K_c 为 COD 自净衰减系数，是温度的函数。

$$K_c = K_{20} \cdot 1.047^{T-20} \quad (5.1-58)$$

式中：K_{20} 为温度在 20℃时的自净衰减系数。

（2）TP、TN、NH_3-N 在水体中的生化过程通常考虑底泥的释放及沉降、浮游植物的生长对磷和氮的吸收、死亡的浮游植物中所含磷和氮的返回等过程。在本次水质模拟过程中，浮游植物对 TP、TN、NH_3-N 浓度的影响是通过调试底泥释放与污染物综合沉降过程来综合反映的。

$$F(TP) = S_p - P_k \quad (5.1-59)$$

式中：P_k 为 P 沉降速率，$g/(m^2 \cdot d)$；S_p 为底泥释放 P 的速率，$g/(m^2 \cdot d)$。

水体磷沉降速率：

$$P_k = K_{TP} \cdot C_{TP} \cdot H \quad (5.1-60)$$

式中：K_{TP} 为 TP 综合沉降系数，d^{-1}；C_{TP} 为水体 TP 浓度，mg/L；H 为水深，m。

$$F(TN) = S_N - N_k \quad (5.1-61)$$

式中：S_N 为底泥释放 N 的速率，$g/(m^2 \cdot d)$；N_k 为 N 沉降速率，$g/(m^2 \cdot d)$。

水体氮沉降速率：

$$N_k = K_{TN} \cdot C_{TN} \cdot H \quad (5.1-62)$$

式中：K_{TN} 为 TN 综合沉降系数，d^{-1}；C_{TN} 为水体 TN 浓度，mg/L；H 为水深，m。

方程中源汇项的概化，主要考虑环湖河道的进出水量所挟带的污染物质量。水质基本方程的离散采用守恒方程的显格式，对流项采用迎风格式，扩散项采用中心差分，计算网格布置与水流相同，其中浓度计算点布置在水位点上。

2. 洱海水环境数学模型参数率定与模型验证

在大量研究工作的基础上，利用 2014 年、2016 年和 2018 年洱海流域概化的入湖水量资料、环湖巡测水质资料以及湖区实测的水质浓度资料和相应的湖区水文气象资料，对洱海水环境数学模型进行参数率定与模型验证。

基于基准年洱海沉积物 TP、TN 和 COD 的沉积量和释放规律，并结合现状年的湖泊水质变化过程，率定与验证得到的水质模型参数值见表 5.1-3。

表 5.1-3　　　　　　　　　　　洱海水质模型参数率定与校验结果

参数名称	参数值	单　位	参数名称	参数值	单　位
纵向和横向扩散系数	4	m^2/s	COD 衰减系数	0.001	d^{-1}
底泥释放 COD 速率	0~200	$mg/(m^2 \cdot d)$	TP 综合沉降系数	0.005	d^{-1}
底泥释放 TP 速率	0~5	$mg/(m^2 \cdot d)$	TN 综合沉降系数	0.004	d^{-1}
底泥释放 TN 速率	0~50	$mg/(m^2 \cdot d)$	NH_3-N 综合沉降系数	0.004	d^{-1}
底泥释放 NH_3-N 速率	0~10	$mg/(m^2 \cdot d)$			

在模拟精度方面，尽管受模型输入边界条件资料精度限制（如入湖水量是通过水量平衡反推的，入湖河流水质及湖区水质监测频次为 1 次/月等），湖区 11 个水质站点的模拟误差都基本控制在 20% 以内（表 5.1-4），代表性站点年内水质模拟结果及湖区水质空间分布详见图 5.1-18~图 5.1-25，精度较高；同时数学模型在缺乏基础资料的前提下很难模拟偶然因素所带来的影响，诸如一次短历时降水过程、突发污染事故等，而且水质资料受偶然因素影响显著，故在局部时段、局部区域往往模拟结果与实测资料偏差较大。

表 5.1-4　　　　　　　　　2018 年洱海各水质监测站点模拟误差统计表

站点名称	COD 实测浓度 /(mg/L)	COD 模拟浓度 /(mg/L)	COD 相对误差 /%	TP 实测浓度 /(mg/L)	TP 模拟浓度 /(mg/L)	TP 相对误差 /%	TN 实测浓度 /(mg/L)	TN 模拟浓度 /(mg/L)	TN 相对误差 /%	NH_3-N 实测浓度 /(mg/L)	NH_3-N 模拟浓度 /(mg/L)	NH_3-N 相对误差 /%
喜洲（280）	16.37	16.03	−2.08	0.028	0.027	−3.57	0.63	0.6	−4.76	0.063	0.08	26.98
湖心 1（281）	15.86	15.61	−1.58	0.026	0.025	−3.85	0.66	0.58	−12.12	0.07	0.075	7.14
龙龛（283）	16.05	15.5	−3.43	0.028	0.025	−10.71	0.59	0.59	0.00	0.071	0.077	8.45
湖心（284）	15.27	15.39	0.79	0.025	0.025	0.00	0.57	0.57	0.00	0.065	0.075	15.38
塔村（285）	15.84	14.97	−5.49	0.026	0.026	0.00	0.59	0.57	−3.39	0.075	0.076	1.33
小关邑（286）	15.91	14.88	−6.47	0.029	0.027	−6.90	0.62	0.57	−8.06	0.073	0.076	4.11
湖心 3（287）	15.91	14.85	−6.66	0.026	0.027	3.85	0.61	0.57	−6.56	0.069	0.076	10.14
石房子（288）	15.88	14.79	−6.86	0.026	0.026	0.00	0.63	0.56	−11.11	0.071	0.075	5.63
桃园（631）	16.71	16.89	1.08	0.029	0.033	13.79	0.67	0.67	0.00	0.077	0.096	24.68
湖心 0（632）	17.06	16.77	−1.70	0.029	0.032	10.34	0.67	0.67	0.00	0.077	0.094	22.08
双廊（633）	17.42	16.3	−6.43	0.03	0.029	−3.33	0.61	0.64	4.92	0.076	0.086	13.16
蟠溪（801）	15.76	15.85	0.57	0.028	0.025	−10.71	0.56	0.58	3.57	0.076	0.078	2.63
湖心 4（802）	15.84	15.71	−0.82	0.028	0.025	−10.71	0.6	0.58	−3.33	0.068	0.075	10.29
文笔村（804）	15.38	15.79	2.67	0.029	0.025	−13.79	0.63	0.58	−7.94	0.07	0.076	8.57
湖心 5（805）	16.01	14.84	−7.31	0.028	0.026	−7.14	0.57	0.57	0.00	0.071	0.075	5.63
洱海	16.08	15.61	−2.92	0.028	0.027	−3.57	0.61	0.59	−3.28	0.071	0.079	11.27

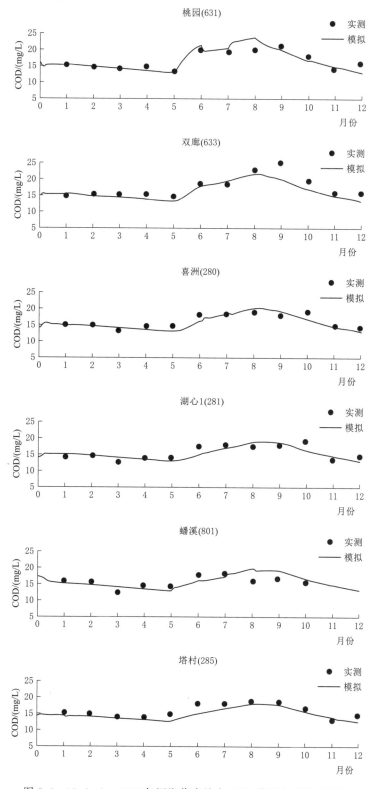

图 5.1-18（一） 2018 年洱海代表站点 COD 模拟与实测对比图

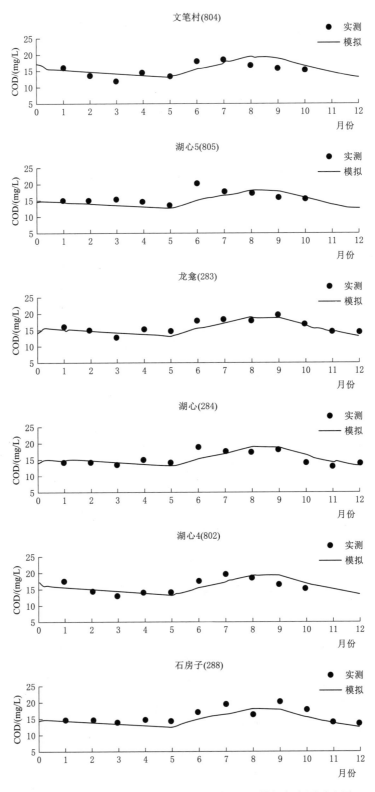

图 5.1-18（二）　2018 年洱海代表站点 COD 模拟与实测对比图

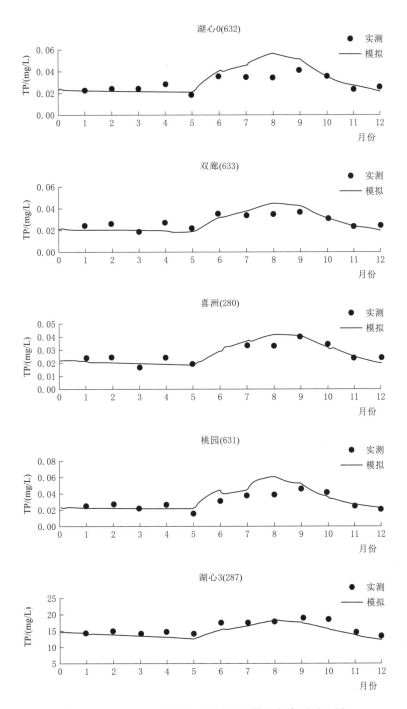

图 5.1-19（一） 洱海代表站点 TP 模拟与实测对比图

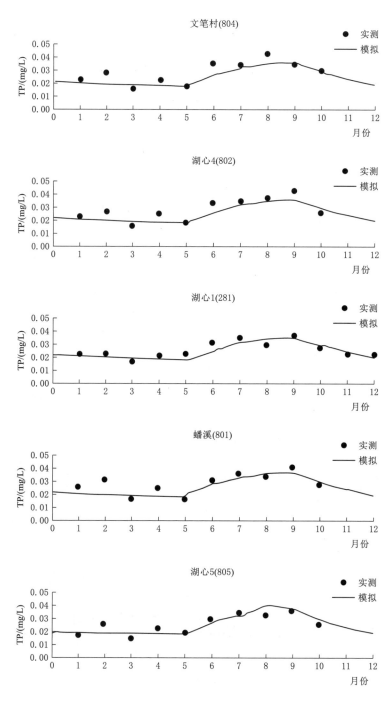

图 5.1-19（二）　洱海代表站点 TP 模拟与实测对比图

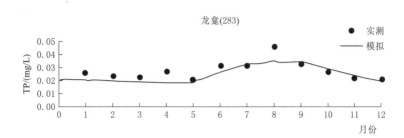

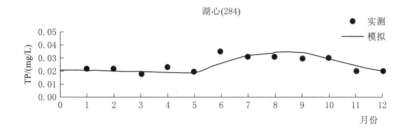

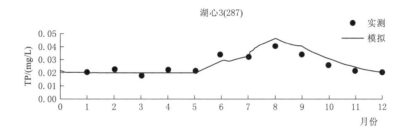

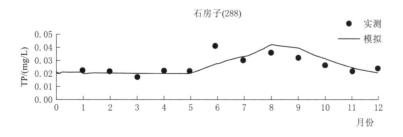

图 5.1-19（三）　洱海代表站点 TP 模拟与实测对比图

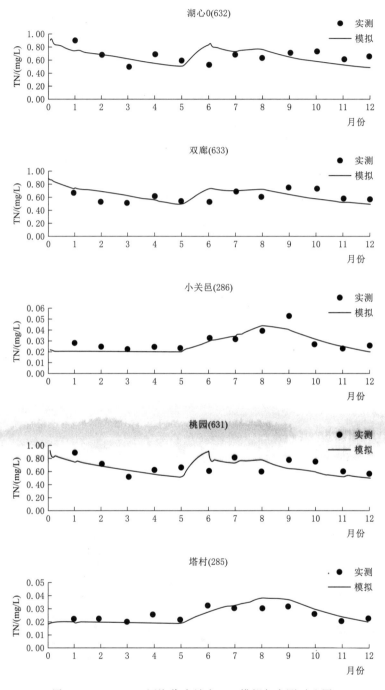

图 5.1-20（一） 洱海代表站点 TN 模拟与实测对比图

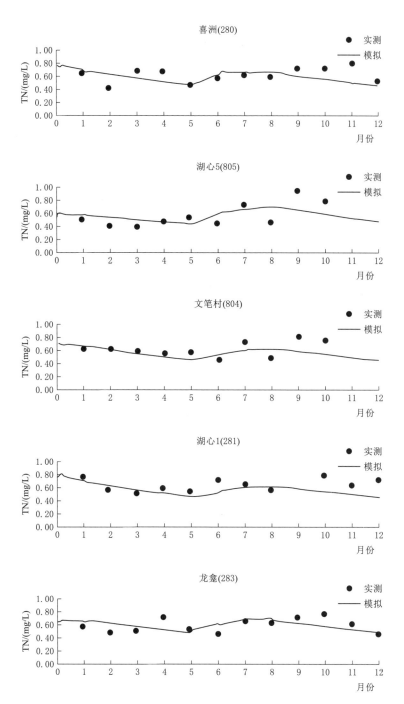

图 5.1-20（二） 洱海代表站点 TN 模拟与实测对比图

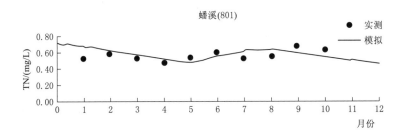

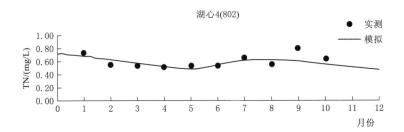

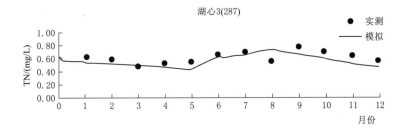

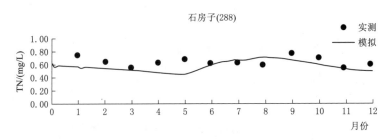

图 5.1－20（三）　洱海代表站点 TN 模拟与实测对比图

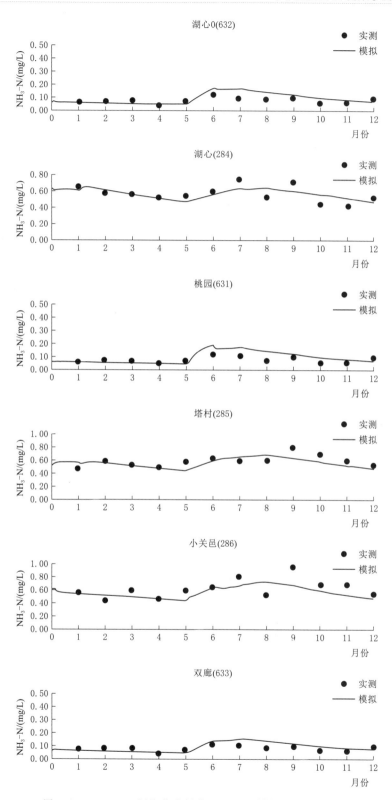

图 5.1-21（一） 洱海代表站点 NH$_3$-N 模拟与实测对比图

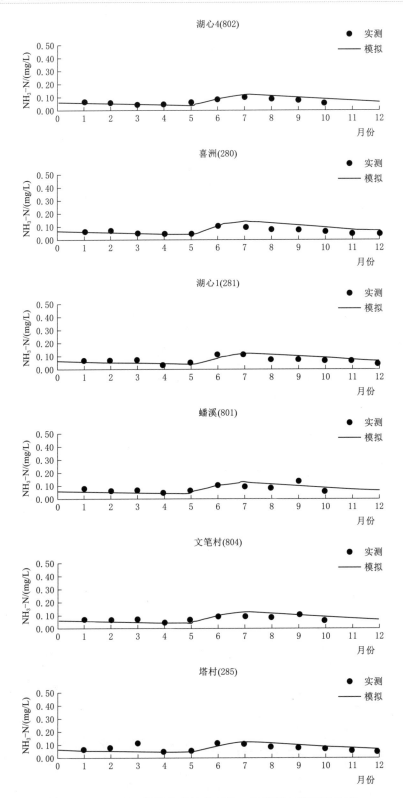

图 5.1 - 21（二）　洱海代表站点 NH$_3$ - N 模拟与实测对比图

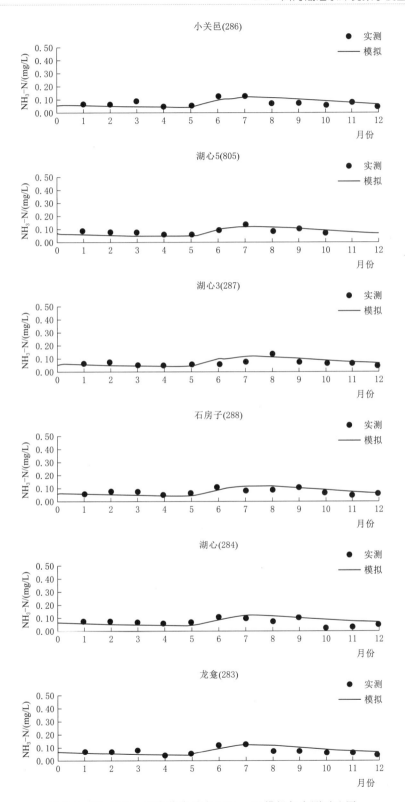

图 5.1-21（三）　洱海代表站点 NH$_3$-N 模拟与实测对比图

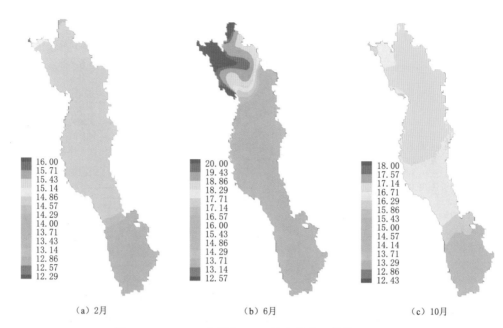

（a）2月　　　　　　　　　　（b）6月　　　　　　　　　　（c）10月

图 5.1 - 22　2018 年洱海 COD 浓度分布（单位：mg/L）

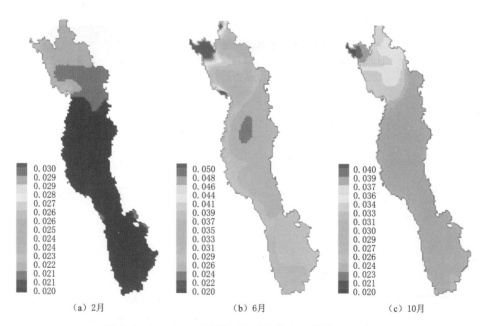

（a）2月　　　　　　　　　　（b）6月　　　　　　　　　　（c）10月

图 5.1 - 23　2018 年洱海 TP 浓度分布（单位：mg/L）

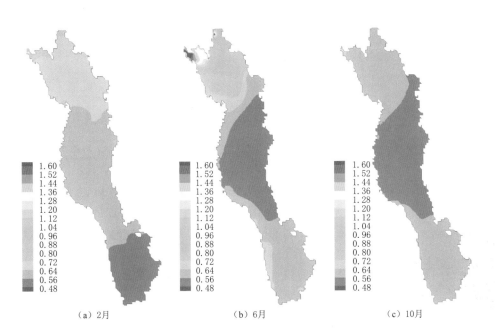

图 5.1-24 2018 年洱海 TN 浓度分布（单位：mg/L）

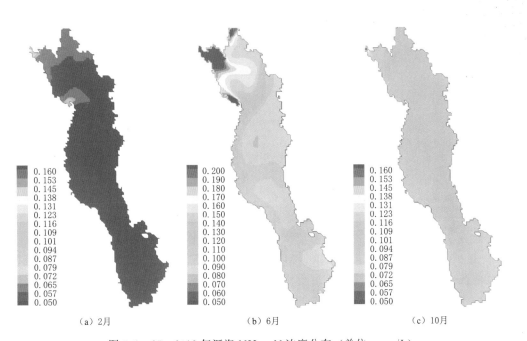

图 5.1-25 2018 年洱海 NH₃-N 浓度分布（单位：mg/L）

5.2　洱海水动力特性与入湖污染物迁移扩散规律

5.2.1　洱海湖泊水流特点

洱海属大型浅水湖泊，具有浅水型湖泊的水流特点，如风生流、风涌水、大范围环流、入湖河流水流、湖滨带植物中的水流和小范围涡流等。

1. 风生流

风是大型浅水湖泊水流运动的主驱动力，如果湖面风场在数小时乃至数天内保持不变，湖泊表层水体将顺风向沿湖岸流动，累积在湖的下风向岸边（图5.2-1）。引起湖水表面的剪切应力的计算公式为：$\tau = \rho_a C_{10} U_{10}^2$（N/m²）。据观察，风阻系数（$C_{10}$）为0.0005~0.002，其取值取决于风速$U_{10}$（高出水表面10m标准高度的风速值，m/s）和水面波浪状况。概括来讲，风越大，湖面波浪就越高，水面波浪起伏就越显著，C_{10}就越大。图5.2-1中，风驱动洱海表层水流向下风端流动，并造成比上风端稍高的浪高水平，左端水平面则稍微降低，这二者之间的位差约为数厘米。比水体横向移动更为重要的是湖内纵向运动，在下风端水表层H_1会变厚，而（较重的）下层水H_2会变薄，上风端与此相反。在大中型湖泊中需要数小时乃至数日的时间型态方能稳定。一般来说，夏季当上层水较轻、下层水较重时，形成稳定需时较短；冬季密度差$(\rho_1 - \rho_2)$较小时需时较长。洱海夏季形成稳定期（密度差约为0.3‰）需时约为2.5d，冬季自然摆动期为数周，故湖泊内部的"分层"不再发展。

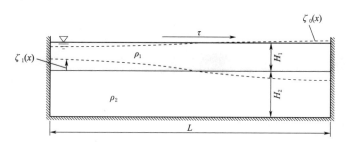

图5.2-1　两层流型的狭长湖示意图

风势停歇或减弱后，湖水表面上的剪切应力τ相应减小，风驱动作用下的水流移位也随之减弱，并在重力作用（水位差）和水温因素（温度差）影响下底层水和表层水开始向相反方向流动，从而易在纵向引起两层流型，形成周期性的持续数日的等温线纵向位移。图5.2-2（a）为8月德国米格尔湖（Müggelsee）风场作用下的简单两层流型，当湖面风速减弱或停止时，图中右岸的底层低温水受重力作用影响将向下运动，左岸的底层温水将受浮力作用影响向上层运动，左岸的热水层受水位差影响将向右岸运动，从而形成简单的两层流。图5.2-2（b）为2001年8月风场作用下的瑞士哈尔维尔湖（Hallwilersee）三层流型，当风场停止后，受表层水存在的水位差和中下层同一水深存在的温度差异影响，图右底层水上升、左边底层水下降、右边表层水下降、左边中层水上升，从而形成复杂的三层流。洱海属大型宽浅湖泊，水深较浅（10.6m），垂向温差不明显，风生湖流流速小（为1～3cm/s），故因湖面风场变化引起的水体纵向位移极小，可能会形成微弱的两层流，见图5.2-2（a）。

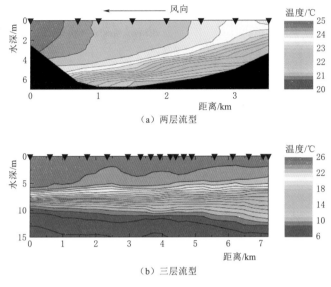

（a）两层流型

（b）三层流型

图 5.2-2　两种不同湖泊的等温线图

2. 风涌水

图5.2-1中，持续的单向风场将洱海表层水推向下风端，若刮风时间至少是湖水表面摆动期的1/4，那么下风端湖泊水位将逐步升高，并形成相对稳定的风生湖流形态。若继续不断刮风，远远超过稳定形态的形成时间，则在下风端形成下沉，在上风端形成上涌，从而出现风涌水。图5.2-3描绘的是美国太浩湖（Lake Tahoe）发生超常的大规模上涌和下沉。当时风速约为10m/s，持续约5d。这次大风过程导致太浩湖约一半的表层水顺风往东，纵向位移达500m，使原来的两层流型梯度变得很小。这样的纵向水流交换对营养物和污染物在水平方向的分布影响较大。洱海湖流属典型的风生湖流形态，在持续的超强风场作用下外海也会出现较大强度的风涌水现象，并造成湖底沉积物的大量再悬浮，导致湖泊水质的二次污染。

3. 大范围环流

风生流驱动可以造成长期的和大体积的水流横向移动，通常会形成环流，表层水流速度为1～10cm/s。环流形成主要是由于科里奥利效应（对流水的压力）和湖表面风场的差异（非均匀风的压力）所致。由于地球自转，科里奥利效应使水流偏移，在北半球向右偏移，在南半球向左偏移。这种大面积环流的形成可因湖水密度分层而强化。科里奥利效应、非均匀的风和湖水密度差异是形成湖泊大体积长期的横向水流的关键性因素。

根据观察并结合国内大型浅水湖泊的湖流流场研究结果，大中型湖泊的环流形态多为逆时针方向（北半球）。科里奥利效应驱使较轻的湖表层水沿岸边流动，并在那里涌积，这种水平方向上的密度分布有利于维持逆时针方向的循环水流。针对洱海夏冬季密度差小，环流形态主要取决于湖区常年主导风向（东风和西南偏西风）的压力。

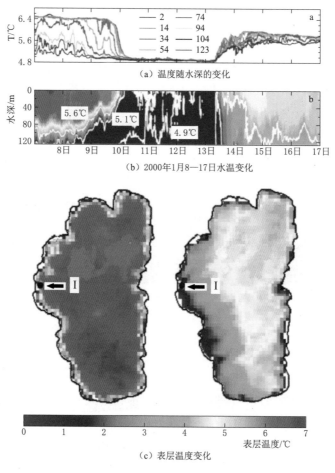

（a）温度随水深的变化

（b）2000年1月8—17日水温变化

（c）表层温度变化

图 5.2-3 太浩湖在一次因刮风促成超常水涌的温度演变图
（2000年1月9—14日）

4. 入湖河流水流

河水入湖后的情况可分为 3 种：①若河水密度小于湖表层水密度，在湖表层流；②若湖水与河水密度相似，混合流；③若河水重于湖水，进入底层。洱海入湖河流来水与湖水密度基本相当，河水入湖后很快混合，数百米以后就无法区分了。因此，入湖河流来水给洱海带来的即时稀释或污染效果只是局部的，在此之后，湖泊对河水的输送是由湖泊水流完成，这也由此揭示了洱海水质污染存在显著的区域性分布特征。

5. 湖滨带植物中的水流

根据洱海环湖湿地建设布置规划，洱海沿岸将形成湖滨沿岸植被带，这些湿生植物将影响湖泊的流体动力，特别是影响临近湖岸的水流。湖滨植物对水流影响主要有两种：一是在岸边，水流在植物中会明显减慢，可减少湍流和湖岸与开放水域的横向交流；二是由于日间有阴影和夜间光遮盖，沿岸区域的水温不同于开放水域，导致植物区和开发水域之间存在密度差，进而造成了局部区域水流，并以日夜交流为周期。另外，将洱海环湖富含营养物的入湖河水引入沿岸湖滨植物区内对湖区水质作用影响将较为显著。

6. 小范围涡流

除了风生流，风对湖泊表层水流还有另一直接影响：涡流。在刮风造成对湖表的压力并引起风生流后，如果风势停歇，唯一影响水流的是科里奥利效应，造成水流向右转（北半球）并形成顺时针旋转（在南半球则为逆时针方向）。涡流（或补偿流），是即时水流流速（u）与惯性周期（＝傅科摆周期）的乘积，其旋转的圆周为 $2\pi R$。洱海位于北纬 24.8°N，惯性周期约为 28h。在水流流速为厘米/秒量级时，包括洱海在内的大多数湖泊的惯性旋转圆周的半径约为数百米至 1km。

所有大中型湖泊的湖水体积远大于惯性旋转圆周，均应注意地球自转效应。只有很小或狭窄的湖泊（其宽度不大于 R）时，地球自转影响才可以忽略。如果涡流是湖泊的主要水流时，水平方向的扩散系数为 $u \cdot R \approx (0.02\text{m/s}) \cdot (500\text{m}) = 10\text{m}^2/\text{s}$，进而可估计洱海水平分布的梯度，而且也可粗略估算外海水平方向上均匀混合时间，其时间值＝湖面积/水平方向扩散系数＝11～12 个月。这也意味着在洱海湖水滞留时间（3～4 年）内，湖水几乎在水平方向上可以完全混合。

5.2.2　洱海水动力特性

洱海径流区流域面积为 2565km²，正常蓄水位为 1965.69m，其对应的湖泊水域面积为 250km²。洱海形似耳状，略呈狭长形，南北长 42.5km，东西宽 5.9km，平均水深 10.6m，最大水深 21.3m，湖岸线全长约 128km。洱海法定最高运行水位为 1966.00m，对应蓄水容量为 29.59 亿 m³，法定最低运行水位 1964.30m，对应蓄水容量为 25.34 亿 m³，可调蓄水深 1.7m，可调蓄水量为 4.25 亿 m³。

受洱海流域独特的地形地势特征影响，洱海湖面风场相对较为稳定，夏秋季以东风（含东南偏东风、东南风）为主，季节内主导风向均在较小的范围（小于等于 45°区间）内变化；冬春季节以西南偏西风为主，因此，受风驱动影响的洱海湖流形态和环流结构呈现明显的季节性变化特征，同时年内不同风场条件下的平均风速变化不大（2.55～2.76m/s）。下面以 2018 年年内洱海风场自东逐步向西偏移过程中的几种主导风向（图 5.1-2 和图 5.1-3）为例进行分析。

1. 主导风场（E，东风）下的湖流形态特征

根据 2018 年洱海湖区风场资料统计，洱海流域每年夏秋季多盛行东风及东南风，其中东风出现月份为 6 月、8 月、9 月、10 月，出现频率为 33.3%，各月平均风速为 2.55～2.68m/s。在东风向作用下，洱海湖区自北向南依次形成了逆-顺-逆-顺-顺-逆时针等大小不等的 6 个环流，各湖流流场见图 5.2-4。其中，挖色湾所在的逆时针环流最为发育，影响范围广泛，并影响了北部两个顺-逆时针环流和中南部向阳湾北部顺时针环流的发育；受海东镇凸出地形和风场共同作用影响，在向阳湾附近的洱海东西岸最窄处出现了明显的弱流区，不利于洱海中部与南部湖区水量、污染负荷的交换，东风风场条件下洱海全湖平均流速为 1.50cm/s，自北向南 8 个分区的湖流流速介于 1.10～1.90cm/s 之间，其中喜洲湾湖流流速相对最大，而向阳湾北侧的弱流区流速相对最小。

2. 次主导风场（SEE，东南偏东风）下的湖流形态特征

在东南偏东风向（出现月份为 7 月，月均风速为 2.62m/s）作用下，洱海湖面风场较东风向北偏移，与湖泊地理走向夹角减少，洱海湖区自北向南依次形成了逆-顺-逆-顺-顺时针等 5 个环流，各湖流流场见图 5.2-5。其中挖色湾所在的逆时针环流最为发育，影响范围继续向北延伸，并压缩了北部两个顺-逆时针环流范围和中南部向阳湾北部顺时针环流的发育；受海东镇凸出地形和风场共同作用影响，在向阳湾附近的洱海东西岸最窄处的弱流区范围扩大十分明显，并不利于洱海中部与南部湖区水量、污染负荷的交换，洱海南部湖区湖流以顺时针环流为主导，并在南部西岸出现了一个小型的逆时针补偿流。东南偏东风风场条件下洱海全湖平均流速为 1.70cm/s，自北向南 8 个分区的湖流流速介于 1.20～2.30cm/s 之间，其中喜洲湾湖流流速相对最大（2.30cm/s），而向阳湾北侧的弱流区流速相对最小（1.20cm/s）。

 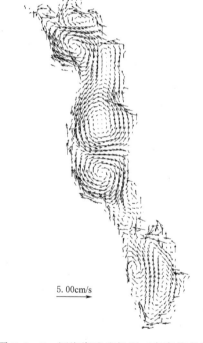

图 5.2-4　洱海湖流流场图（东风）　　图 5.2-5　洱海湖流流场图（东南偏东风）

3. 次主导风向（SE，东南风）下的湖流形态特征

在东南风向（出现月份为 11 月，月均风速为 2.73m/s）作用下，洱海湖面风场较东南偏东风继续向北偏移，与湖泊地理走向夹角进一步减少，洱海湖区自北向南依次形成了顺-逆-顺-顺时针等 4 个环流，各湖流流场见图 5.2-6。其中洱海北部湖区以顺时针环流为主导，洱海中部的挖色湾所在的逆时针环流继续向北延伸，加快了洱海北部湖区与中部湖区的水量、污染物的交换，并压缩了北部两个顺-逆时针环流范围和环流的发育；受海东镇凸出地形和风场共同作用影响，在向阳湾附近的洱海东西岸最窄处的弱流区范围向北偏移，并不利于洱海中部与南部湖区水量、污染负荷的交换；洱海南部湖区湖流仍以顺时针环流为主导，并在湖西岸出现了一小型的逆时针补偿流。东南风场条件下洱海全湖平均流速为1.90cm/s，自北向南8个分区的湖流流速介于1.10～2.50cm/s之间，其中喜洲湾湖流流速相对最大（2.50cm/s），而向阳湾北侧的弱流区流速相对最小（1.10cm/s）。

4. 次主导风向（SSE，东南偏南风）下的湖流形态特征

在东南偏南风向（出现月份为1月，月均风速为2.55m/s）作用下，洱海湖面风场较东南风继续向北偏移，与湖泊地理走向基本一致，洱海湖区自北向南依次形成了顺-逆-顺-逆-顺时针等5个环流，各湖流流场见图5.2-7。其中洱海中部的挖色湾所在的逆时针环流向北延伸到最北端，进一步加快了洱海北部湖区与中部湖区的水量及污染物的循环与交换，洱海北部湖区以顺时针环流为主导，中部湖区的顺时针环流亦向北发展，并在向阳湾北部湖区形成了一个小型的逆时针补偿性环流；受海东镇凸出地形和风场共同作用影响，在向阳湾附近的洱海东西岸最窄处的弱流区范围仍较为明显，并不利于洱海中部与南部湖区水量及污染负荷的交换；洱海南部湖区湖流仍以顺时针环流为主导，并在湖西岸靠北区域出现了一个小型的逆时针补偿流。东南风场条件下洱海全湖平均流速为1.90cm/s，自北向南8个分区的湖流流速介于1.10～2.20cm/s之间，其中喜洲湾湖流流速相对最大（2.20cm/s），其次是南部湖湾区，而向阳湾北侧的弱流区流速仍相对最小（1.10cm/s）。

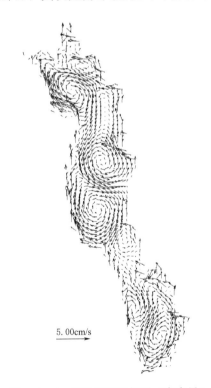

图 5.2-6　洱海湖流流场图（东南风）　　图 5.2-7　洱海湖流流场图（东南偏南风）

5. 次主导风向（SW，西南风）下的湖流形态特征

在西南风向（出现月份为5月，月均风速为2.68m/s）作用下，洱海湖面风场向东偏

移，与湖泊地理走向呈现较大的夹角，洱海湖区自北向南依次形成了顺-顺-逆-逆-顺时针等 5 个环流，各湖流流场见图 5.2 - 8。其中洱海北部湖区以顺时针环流为主导，并在双廊附近形成一个小型逆时针补偿环流；洱海中部的挖色湾西岸形成一顺时针环流，东岸偏南位置形成一个大型的逆时针环流；洱海南部湖区湖流仍以顺时针环流为主导，并在湖西岸靠北区域出现了一个小型的逆时针补偿。受海东镇凸出地形和风场共同作用影响，在向阳湾附近的洱海东西岸最窄处仍存在一定的弱流区，不利于洱海中部与南部湖区水量及污染负荷的交换。西南风场条件下洱海全湖平均流速为 1.70cm/s，自北向南 8 个分区的湖流流速介于 1.30～2.40cm/s 之间，其中南部湖湾区湖流流速相对最大（2.40cm/s），而向阳湾北侧的弱流区流速仍相对最小（1.30cm/s），但较其他风场条件其弱流区的流动条件明显有所改善。

6. 主导风向（WSW，西南偏西风）下的湖流形态特征

在西南偏西风向（出现月份为 2—4 月、12 月，出现频率为 33.3%，月均风速为 2.59～2.76m/s）作用下，洱海湖面风场较西南风继续向东偏移，与湖泊地理走向间的夹角进一步加大，洱海湖区自北向南依次形成了顺-逆-顺-逆-顺时针等 5 个环流，各湖流流场见图 5.2 - 9。其中洱海北部湖区在北南方向；洱海中部的挖色湾以大型的逆时针环流为主导，在中部与北部湖区连接带区形成了一顺时针补偿流；洱海南部湖区湖流仍以顺时针环流为主导；受海东镇凸出地形和风场共同作用影响，在向阳湾附近的洱海东西岸最窄处仍存在一个弱流区，不利于洱海中部与南部湖区水量及污染负荷的交换。西南偏西风场条件下洱海全湖平均流速为 1.50cm/s，自北向南 8 个分区的湖流流速介于 1.20～2.00cm/s

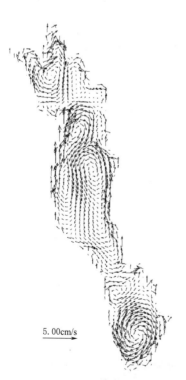

5.00cm/s　　　　　　　　　　　　5.00cm/s

图 5.2 - 8　洱海湖流流场图（西南风）　　　图 5.2 - 9　洱海湖流流场图（西南偏西风）

之间，其中喜洲湾湖流流速相对最大（2.00cm/s），而向阳湾北侧的弱流区和北部湖区南侧流速仍相对最小（1.20cm/s）。

综合所述，洱海的常年主导风向（东风和西南偏西风）均与洱海湖泊自然走向存在较大的夹角，在以风场为主驱动力的湖流结构中，洱海湖流形成相对独立的北、中、南3个湖区，尤其是中部和南部湖区在向阳湾附近的洱海东西岸最窄处常形成一个弱流区，从而对入湖污染物的自北向南输移扩散十分不利，易出现洱海北部湖区水质相对最差、南部次之和中部湖区水质相对最好的局面。

5.2.3　洱海入湖污染物迁移扩散特征

5.2.3.1　入湖污染负荷空间分布特征

根据2016年洱海流域水资源监测评价年报中提供的湖周河流入湖水量统计资料及空间分布特性，并结合湖泊逐日水位变化过程和西洱河、引洱入宾等出湖河流及隧洞的出流过程，合理估算洱海环湖32条入湖河流（125条沟渠概化入附近入湖河流）的年内逐月入湖水量过程，同时结合各入湖河流及邻近沟渠的逐月水质监测资料，统计得到2016年洱海陆域入湖污染负荷量及其时空分布状况，详细结果分别见表5.2-1和表5.2-2及图5.2-10～图5.2-12。

表5.2-1　　　　　　**2016年洱海陆域入湖污染负荷量及其空间分布**　　　　　　单位：t/a

项目		北三江	苍山十八溪	南部2河	东部诸河	湖面干湿沉降	全湖
入湖负荷量 /t	COD	5610.7	4079.7	895.9	137.0	2008.0	12731
	TP	43.6	67.7	14.0	2.5	30.1	158
	TN	675.6	892.8	159.3	18.4	366.5	2113
	NH_3-N	199.5	124.4	23.7	3.0	90.4	441
所占比重 /%	COD	44.1	32.0	7.0	1.1	15.8	100.0
	TP	27.6	42.9	8.8	1.6	19.1	100.0
	TN	32.0	42.3	7.5	0.9	17.3	100.0
	NH_3-N	45.2	28.2	5.4	0.7	20.5	100.0

表5.2-2　　　　　　**2016年洱海入湖污染物年内分布状况统计表**

项目		雨季（6—9月）	非雨季（10月至次年5月）	全年
入湖负荷量	COD	6801	3923	12731
	TP	93	35	158
	TN	1088	658	2113
	NH_3-N	237	114	441
所占比重/%	COD	53.4	30.8	84.2
	TP	58.8	22.2	80.9
	TN	51.5	31.2	82.7
	NH_3-N	53.7	25.8	79.5

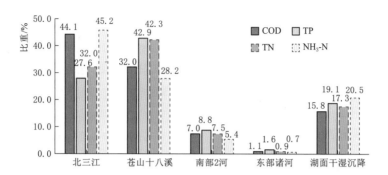

图 5.2-10　2016 年洱海入湖污染物空间分布图

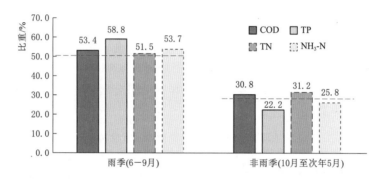

图 5.2-11　2016 年洱海入湖污染物雨季与非雨季分布图

根据表 5.2-1 及图 5.2-11 所示结果可知，2016 年经洱海各入湖河流及相关排水沟渠入湖的 COD、NH_3-N、TP、TN 分别为 10723t、351t、128t、1746t，其中北三江及邻近沟渠入湖负荷量所占比重最大，平均约占 37.2%（27.6%～45.2%）；其次是洱海西岸苍山十八溪及相关沟渠，各指标入湖量约占 36.4%（28.2%～42.9%）；南部 2 河入湖量约占 7.2%（5.4%～8.8%）；东部诸河及邻近沟渠所占比重最小，仅占 1.1%（0.7%～1.6%）；洱海湖面干湿沉降入湖负荷约占 18.2%（15.8%～20.5%）。

从洱海入湖污染负荷年内变化特征（表 5.2-2 及图 5.2-12、图 5.2-13）分析，雨季（6—9 月）月均入湖的 COD、NH_3-N、TP、TN 负荷量分别为 1700t、59t、23t、270t，平均约占全年总入湖量的 54.3%（51.5%～58.8%）；非雨季节（10 月至次年 5 月）月均入湖的 COD、NH_3-N、TP、TN 负荷量分别为 490t、14t、4.4t、82t，平均约占全年总入湖量的 27.5%（22.2%～31.2%）；如将随降水入湖的湖面负荷算入雨季，则雨季入湖量将超过 70%。

综上所述，农田面源（以农田种植径流冲刷、农村生产生活废污水排放为主）是洱海流域最主要的污染源，污染负荷多以入湖河流及排水沟渠为通道在雨季进入洱海。大量点源、面源污染负荷随降水径流集中入湖是近年来洱海水质超标的关键环境因素，同时也是影响洱海水质年内分布过程的决定性因素。

入湖污染物总量及其年内分布过程是影响洱海水质是否达标的关键因素，同时洱海入

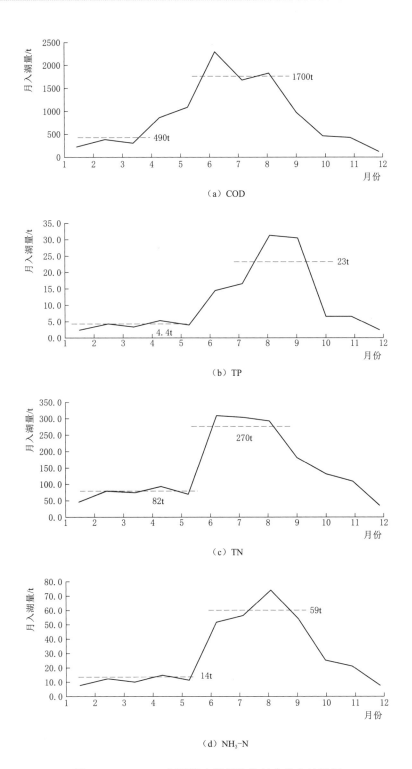

图 5.2-12 2016 年洱海入湖污染物年内分布过程图

湖污染物的空间分布特征也将对湖区水质空间分布产生重要影响。对比分析 2018 年洱海北部北三江、洱海西部苍山十八溪和南部 2 河年内入湖水质（图 5.2 - 13）表明，北三江和南部 2 河的 COD 和 TP 浓度明显高于苍山十八溪，但苍山十八溪来水的 TN 浓度较北部和南部河流差，这与苍山十八溪河流流程相对很短且入湖前多经过大面积的农业耕作区关系密切。洱海分区河流年内水质差异性比较结果说明，调整农业种植结构以减少化肥施用及水土流失中的肥效损失，以及在农业耕作区与湖滨带衔接区建设生态调蓄带等水污染防治措施是非常必要的，对控制农田面源产生及氮磷流失、减少高浓度初期雨污水入湖均具有十分重要的作用。

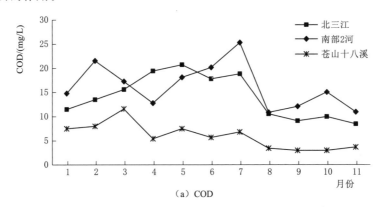

（a）COD

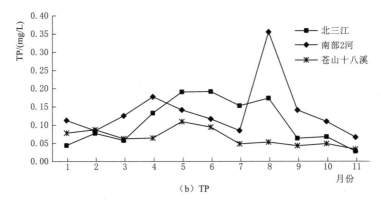

（b）TP

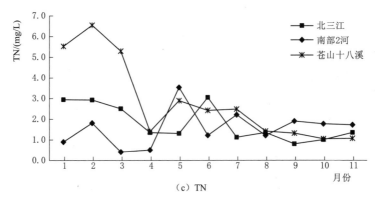

（c）TN

图 5.2 - 13　2018 年洱海分区河流入湖水质年内变化过程

5.2.3.2 洱海入湖污染物迁移扩散规律

洱海属于大型宽浅型湖泊，风是湖流运动的主驱动力，入湖污染物在风生湖流驱动及挟带下参与全湖物质循环与交换。入湖污染物在洱海湖泊内的迁移扩散特征及其时空分布特性，不仅受湖泊环流形态影响与控制，而且与入湖污染物的时空分布特征密切相关，同时也受湖泊调度运行方式影响。受地理位置、流域面积大小、湖泊容积及社会经济活动等多方面因素影响，洱海流域入湖污染物在湖泊内的迁移扩散过程有以下几个特点。

（1）洱海湖容大、湖泊换水周期长，不利于入湖污染物的顺利外排。2016—2018年期间洱海年出入湖水量约为 6 亿 m^3，同时期洱海蓄水库容超过 27 亿 m^3，在不考虑湖面蒸发损失条件下，洱海湖泊水体的换水周期长达 5 年之久，主要从洱海北部（北三江）和西岸（苍山十八溪）入湖的大量污染负荷在诸多环流的水力驱动和挟带作用下自北向南输移扩散过程中，大量的氮、磷负荷沉积到湖底，并逐步累积成为内源，洱海流域的自然环境条件十分不利于入湖污染物的顺利外排。如 2018 年全年入湖的 COD、TN、TP 负荷量分别为 10919t、1541t、131t，经西洱河、引洱入宾隧洞出湖的 COD、TN、TP 负荷量分别为 9372t、360t、18t，3 个指标的滞湖比分别为 14.2%、76.6% 和 86.2%，即有超过 76% 的 TN 和 86% 的 TP 负荷沉积于湖底或小部分被水生动植物、陆生植物吸收。

（2）湖泊水质受流域降水量影响显著，且无明显的滞后效应。根据洱海流域降水量、

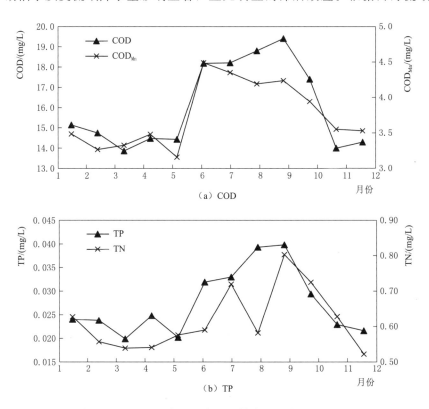

图 5.2-14 2018 年洱海湖区整体水质年内变化过程图

逐月入湖水质资料和洱海年内水质变化过程（图 5.2 - 14 和图 5.2 - 15）可知，在降水量相对稀少的 11 月至次年 5 月，洱海各项水质指标（主要包括 COD、COD_{Mn}、TP、TN 等）浓度变化均较为平缓，基本均满足湖泊 Ⅱ 类水质标准（其中 TN 不参评）；5 月中下旬均逐步进入雨季，大量的农田面源污染和农灌沟渠中累积的点源负荷跟随降水径流入湖，从而导致 5—6 月洱海水质出现明显的跳跃，随后的 7 月、8 月、9 月洱海水质均保持在一个相对较高的水平，与流域的降水量水平具有较好的一致性（图 5.2 - 15），并随着雨季的结束，10 月以后洱海水质又快速好转。

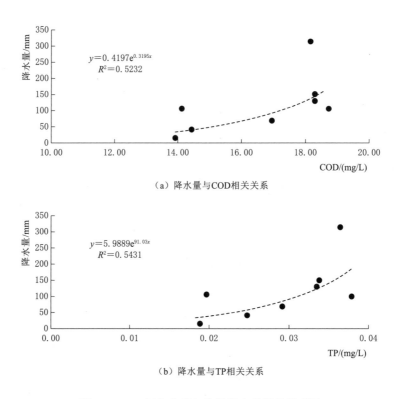

（a）降水量与COD相关关系

（b）降水量与TP相关关系

图 5.2 - 15　洱海水质与流域降水量相关关系图

（3）洱海年内水质变化受湖泊雨季蓄水调度运行关系密切。基于 2018 年洱海湖区整体水质（以 COD、TP 为例）与月均水位间的相关关系（图 3.4 - 1）可知，洱海年内水位最高值出现在 9 月，同期湖区水质浓度最高；洱海水位在 10 月至次年 5 月逐步下降，而该期间的水质浓度也呈逐月降低趋势；同时随着雨季来临，大量的农田面源及排水沟渠积存的点源负荷随降水径流入湖，导致入汛后洱海水质快速升高，并在 6—10 月维持较高的浓度水平。在当前流域水资源仅能维持湖泊水量基本平衡的条件下，洱海水质与湖泊水位变化具有明显的关联性，雨季将大量的面源负荷拦蓄在湖内是洱海水质年内波动的关键所在。因此，改变洱海目前因资源型缺水下的"蓄浑排清"调度运行方式，必须依托外流域调水工程，在"三先三后"原则指引下，充分利用洱海的 4.25 亿 m^3 的调蓄库容，实现汛前期不蓄水、汛中期少蓄水、汛后期蓄水的"蓄清排浑"调度运行方式，将有利于快速推进洱海湖区整体水质达标的实现。

（4）洱海水质呈北部高-中间低-南部稍高、西边高-东边低的空间分布格局。受湖泊地形地貌条件、入湖污染物时空分布状况、流域来水条件及湖面风场驱动等因素的综合影响，洱海水质在空间上形成了北部湖区高-中心湖区低-南部湖区稍高、湖西区高-湖东区略低的空间分布格局（图 5.2 - 16～图 5.2 - 18），在时间上形成了旱季（11 月至次年 5 月）洱海水质整体较好、雨季来临后洱海水质快速变差并在整个雨季（6—10 月）维持在较高的浓度水平，雨季结束后（11 月）洱海湖区整体水质呈现快速好转趋势。

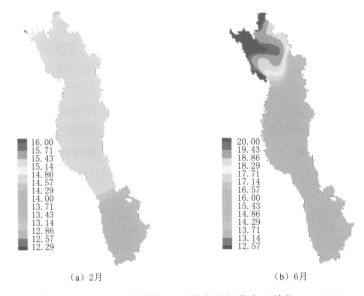

（a）2月　　　　　　　　　　　　　　（b）6月

图 5.2 - 16　2018 年洱海 COD 浓度空间分布（单位：mg/L）

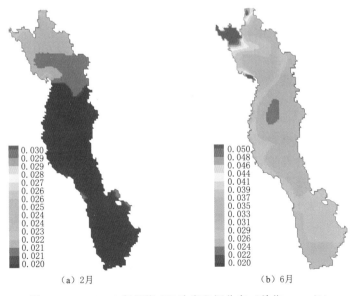

（a）2月　　　　　　　　　　　　　　（b）6月

图 5.2 - 17　2018 年洱海 TP 浓度空间分布（单位：mg/L）

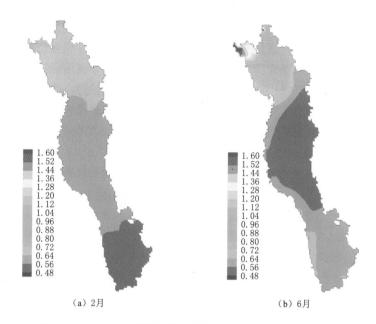

（a）2月　　　　　　　　　　　（b）6月

图 5.2-18　2018 年洱海 TN 浓度空间分布（单位：mg/L）

（5）位于洱海北部的沙坪湾、海潮湾、双廊湾、红山湾均是洱海营养盐输入相对较多、水质相对较差或湖流条件相对静止的湖湾，湖湾丰富的营养盐条件和相对静止的水动力环境为藻类的本地生长提供物质基础和动力环境，同时受风生湖流驱动影响湖湾外的表层浮藻带入湖湾进而逐步形成累积，因此，大量的营养盐输入和相对不利的静止水流环境是洱海北湖湖湾易出现藻类富集的重要驱动因素。

5.3　规划水平年洱海水质预测及其目标可达性

5.3.1　典型水文年选取

5.3.1.1　洱海径流还原及插补延长

洱海入湖径流还原计算采用吊草沟站和炼城（二）站长系列实测径流资料，并参考附近站点降水过程的相似性及工农业与城乡居民生活耗水、水利工程调蓄等作用影响，插补延长其径流过程，并还原洱海入湖径流的长系列过程。

1. 吊草沟站径流系列插补延长

吊草沟站具有 1975—2008 年共 34 年的实测径流系列资料，吊草沟站与大理气象站有 1975—2008 年共 34 年的同步观测资料，经点绘 1975—2008 年大理气象站年降水量与吊草沟水文站年径流深相关图（图 5.3-1），两站年相关点据呈明显的带状分布，相关系数为 0.85，说明大理气象站年降水量与吊草沟水文站年径流深具有较好的相关关系。依据相关点据的分布，用经验目估定线得到的相关方程如下：

$$R_{吊草沟} = 0.844P_{大理} - 346$$

按上述相关方程插补得到吊草沟站 1952—1974 年、2009—2014 年历年径流量，以插补得到的年径流量为控制采用相应的三哨水库月径流分配模式分配得到吊草沟各月天然径流量。

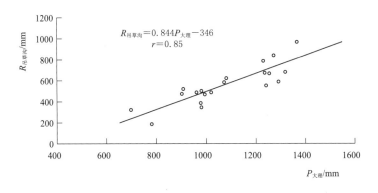

图 5.3-1 大理气象站年降水量与吊草沟水文站年径流深相关图

2. 炼城（二）站天然径流系列还原

炼城（二）站地处洱源坝子出口处，由于上游工程拦蓄、河道外用水等人类活动影响不断增加，炼城水文站实测径流已不能完全代表天然径流，需将测站以上受人类开发利用影响而增减的水量进行还原计算，将实测径流系列还原为天然径流系列。天然径流还原计算水量平衡方程式为

$$W_{天} = W_{实} + \alpha_{工}W_{工} + \alpha_{农}W_{农} + \Delta V \tag{5.3-1}$$

式中：$W_{天}$ 为天然径流；$W_{实}$ 为实测径流；$\alpha_{工}$、$\alpha_{农}$ 为工、农业耗水系数；$W_{工}$、$W_{农}$ 为工、农业用水量；ΔV 为上游蓄水工程的蓄水变量（包括茈碧湖、海西海、三岔河水库）。

考虑到分析区域内无跨流域引水和分洪，同时由于洱源县工矿企业及城镇生活用水量一般都较少，加之该项用水回归系数大，耗水量就更少，因此可忽略工业及城镇生活耗水项。茈碧湖、海西海水库虽然由天然断陷盆地形成，但由于加固扩建，蓄水能力大为提高，须考虑蓄水变量。此外，流域内有大片耕地，农业灌溉用水量大。因此，最终炼城（二）站天然径流还原计算考虑中型水库蓄水变量和农业灌溉耗水量两项。

在云南省水利水电勘测设计研究院 2011 年完成的《大理州洱源县洱源坝区水资源利用规划报告》中对炼城（二）站 1957—2009 年天然径流进行了还原。根据长系列降水资料分析，2009—2014 年均为枯水年，说明 2009 年后洱海流域处于相对枯水期，对径流调节不利，因此本阶段径流分析计算系列应延长至 2014 年。同时为与洱海天然入湖径流系列统一，本次规划径流分析计算系列采用 1952—2014 年，还原方法与洱源坝区水资源利用规划相同，成果见表 5.3-1。

表 5.3－1　　　　　**炼城(二)站年径流量还原成果表**　　　　　单位：万 m³

年份	实测水量	还原水量	误差/%	年份	实测水量	还原水量	误差/%
1954	39000	39209	0.5	1985	44770	50122	10.7
1955	46094	46240	0.3	1986	34013	40135	15.3
1956	28657	30426	5.8	1987	28157	34333	18.0
1957	38628	41664	7.3	1988	20338	25786	21.1
1958	27338	31398	12.9	1989	32757	38961	15.9
1959	30367	34209	11.2	1990	48768	55120	11.5
1960	25028	28885	13.4	1991	48150	54679	11.9
1961	43322	48048	9.8	1992	33330	39553	15.7
1962	53420	58718	9.0	1993	40726	46657	12.7
1963	43788	48882	10.4	1994	25504	30356	16.0
1964	35410	40033	11.5	1995	37359	42888	12.9
1965	39570	44029	10.1	1996	32700	36833	11.2
1966	68139	74114	8.1	1997	26510	31750	16.5
1967	42480	47219	10.0	1998	28999	33424	13.2
1968	38809	43217	10.2	1999	34311	39119	12.3
1969	36761	41285	11.0	2000	46452	50473	8.0
1970	37410	41799	10.5	2001	41713	46325	10.0
1971	44818	49676	9.8	2002	45518	49412	7.9
1972	30127	34207	11.9	2003	25520	29735	14.2
1973	38929	43549	10.6	2004	42056	47385	11.2
1974	38160	42621	10.5	2005	28448	32474	12.4
1975	33993	38201	11.0	2006	21170	25957	18.4
1976	32828	37753	13.0	2007	33287	39068	14.8
1977	21557	26213	17.8	2008	49968	54033	7.5
1978	49065	54295	9.6	2009	30109	28968	−3.9
1979	37655	43041	12.5	2010	31190	42026	25.8
1980	41700	47097	11.5	2011	19170	23136	17.1
1981	26947	31576	14.7	2012	20367	25635	20.5
1982	16177	20631	21.6	2013	22474	28955	22.4
1983	26808	31984	16.2	2014	22278	27247	18.2
1984	31911	36791	13.3	多年平均	35553	39796	10.7

3. 洱海天然入湖径流系列还原及插补延长

(1) 1952—1999 年洱海天然入湖径流系列还原。在云南省水利水电勘测设计研究院 2001 年完成的《云南省大理白族自治州洱海流域及相关地区水资源保护与利用规划报告》中，根据洱海大关邑水位站的实测水位观测资料、西洱河天生桥水文站和引洱入宾隧洞两部分洱海出湖流量资料、大理气象站蒸发观测资料，再结合洱海流域内的工农业用水资料等，按常规的湖泊入湖水量平衡公式（不考虑渗漏）还原得到洱海 1952—1999 年的入湖径流系列（表 5.3-2）。其中，根据洱海周边蒸发资料实际，采用大理气象站（$d=20cm$）观测资料时，用 0.69 的折算系数将其转换为水面蒸发量后，再由洱海逐月平均湖面面积推求得逐月蒸发总量。本次洱海入湖径流还原采用 1952—1999 年系列成果，具体见表 5.3-2。

表 5.3-2　　　　　　　　洱海天然入湖年径流量还原成果表　　　　　　单位：万 m³

年份	水量	年份	水量	年份	水量
1952	146000	1973	144000	1994	104000
1953	125000	1974	140000	1995	139000
1954	114000	1975	105000	1996	103000
1955	134000	1976	106000	1997	89300
1956	89000	1977	74800	1998	98100
1957	126000	1978	147000	1999	129000
1958	74700	1979	124000	2000	145900
1959	111000	1980	126000	2001	128400
1960	70300	1981	80900	2002	138200
1961	143000	1982	57900	2003	91330
1962	158000	1983	101000	2004	139400
1963	121000	1984	119000	2005	96000
1964	102000	1985	147000	2006	81800
1965	128000	1986	136000	2007	111000
1966	221000	1987	106000	2008	147000
1967	143000	1988	66200	2009	98500
1968	133000	1989	114000	2010	110800
1969	124000	1990	160000	2011	82500
1970	137000	1991	150000	2012	84900
1971	139000	1992	109000	2013	85100
1972	104000	1993	132000	2014	82900

（2）2000—2014 年洱海天然入湖径流系列还原。参照洱海 1952—1999 年入湖径流系列的还原方法，根据规范拟定洱海 2000—2014 年入湖径流还原的水量平衡方程为

$$W_{天然}=W_{出湖}\pm\Delta V+W_{蒸发}+W_{农灌}+W_{工业}+W_{生活}+W_{引水} \qquad (5.3-2)$$

式中：$W_{天然}$ 为月入湖径流及湖面产水总和，万 m^3；$W_{出湖}$ 为出湖水量，万 m^3；ΔV 为湖内蓄水变量（$\Delta V=V_{月末}-V_{月初}$），万 m^3；$W_{蒸发}$ 为湖面蒸发损失量，万 m^3；$W_{农灌}$ 为沿湖提灌农耗水量，万 m^3；$W_{工业}$ 为工业净耗水量；$W_{生活}$ 为城镇生活净耗水量；$W_{引水}$ 为外流域引水量，万 m^3。

根据现阶段资料，$W_{出湖}$ 根据西洱河天生桥水文站实测的出湖流量确定；$W_{引水}$ 为引洱入宾的引水量；ΔV 根据洱海的水位站大关邑站的实测月初、月末水位，查算洱海的水位-库容曲线推求；$W_{蒸发}$ 首先根据大关邑站的实测月平均水位查洱海的水位-面积曲线推求得到各月平均水面面积，然后移用大理气象站的水面蒸发量，两者相乘得到洱海的各月湖面蒸发损失量；$W_{工业}$ 和 $W_{生活}$ 根据实际调查的历年工业、生活耗水量统计得到；$W_{农灌}$ 计算为

$$W_{农灌}=W_{总}\cdot(1-\alpha) \qquad (5.3-3)$$

$$W_{总}=M\cdot F \qquad (5.3-4)$$

式中：$W_{总}$ 为灌溉供水量；α 为回归系数；M 为万亩综合供水量；F 为实际灌溉面积。

灌溉供水量 $W_{总}$ 和灌溉面积 F 根据收集到的洱海径流区内各灌区 63 座泵站提水量和历年灌溉面积统计整理得到；万亩综合灌溉供水量 M、回归系数 α 根据经灌溉制度分析确定。

2000—2014 年洱海天然入湖径流系列还原成果见表 5.3-2。

（3）径流还原成果合理性分析。经还原计算，1952—1999 年洱海多年平均天然入湖径流量为 11.9 亿 m^3，出湖径流量为 7.957 亿 m^3，农业耗水量为 0.327 亿 m^3，城市及工业耗水量为 0.0225 亿 m^3，湖面蒸发量为 3.264 亿 m^3。2000—2014 年洱海多年平均天然入湖径流量为 10.8 亿 m^3，出湖径流量为 6.83 亿 m^3，农业耗水量为 0.864 亿 m^3，城市及工业耗水量为 0.168 亿 m^3，湖面蒸发量为 2.974 亿 m^3。对比两段系列的还原成果，2009 年起云南出现多年不遇的连续干旱，因此，天然入湖径流量、出湖流量 2000—2014 年系列较 1952—1999 年系列小；而随着人类活动的加剧、生产生活水平的提高，农业耗水量、城市及工业耗水量 2000—2014 年系列较 1952—1999 年系列大；两阶段的湖面蒸发量相近。经综合对比分析，两段系列还原成果无明显矛盾，且还原结果相近。

以大理和洱源气象站实测年降水量的算术平均值近似代表洱海流域平均降水量，并与经过还原后的洱海入湖年径流深建立降水与径流关系（图 5.3-2），由图中可看出点据呈明显的带状分布，径流随降水增大而增大的趋势明显。从时间上看，降水与径流关系点据无系统偏离。

上述分析表明，洱海入湖径流还原成果基本合理。但需要指出的是，洱海天然径流还原是按水文计算相关的规范进行，即农田耗水量的计算主要考虑有调蓄工程措施保证下的农田部分，一般引水工程由于无法按需引水，故灌溉也相应无法得到保证，该部分耗水不

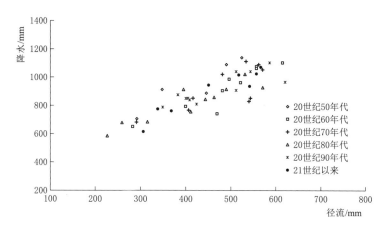

图 5.3-2 洱海流域年降水与径流关系图

在还原之列,故"天然径流"也仅为近似的天然径流。在进行供需平衡时还应考虑小水库、坝塘的供水及无灌溉保证措施的农田用水问题。

以各站、水库(湖泊)实测、还原及插补延长的 1952—2014 年径流系列为频率分析计算样本,用矩法公式初估统计参数,频率曲线线型采用 P-Ⅲ型,通过目估适线最终确定径流系列的统计参数,成果见表 5.3-3。

表 5.3-3　　　　　　　　各参证站径流量统计参数成果表

名称	径流面积 /km²	降水量 /mm	径流量统计参数			各频率流量设计值/(m³/s)				产水模数 /(万 m³/km²)
			均值 /(m³/s)	C_v	C_s/C_v	$P=25\%$	$P=50\%$	$P=75\%$	$P=95\%$	
吊草沟	5.38	1140	0.093	0.38	2	0.114	0.089	0.067	0.043	54.5
洱海	2565	1097	37.1	0.28	2	43.5	36.1	29.7	21.8	44.9
炼城(二)	1024	1018	12.7	0.28	2	14.9	12.4	10.2	7.47	39.1

5.3.1.2 典型水文年的代表年型

根据洱海径流还原计算的 1952—2014 年长系列成果,采用经验频率法,按汛期(6—10 月)、枯水期(11 月至次年 5 月)时段来水量控制,确定不同降水频率条件下的典型水文年代表年型,即特丰水年($P=10\%$,1985—1986 年)、丰水年($P=25\%$,1970—1971 年)、平水年($P=50\%$,1979—1980 年)、枯水年($P=75\%$,1998—1999 年)、特枯水年($P=90\%$,1981—1982 年),设计水平 2025 年各典型水文年型下洱海入湖水量分别为 9.72 亿 m³、8.56 亿 m³、8.19 亿 m³、5.09 亿 m³、4.25 亿 m³,2035 水平年各水文年型下洱海入湖水量分别为 9.60 亿 m³、8.74 亿 m³、8.24 亿 m³、5.34 亿 m³、4.69 亿 m³,各典型水文年陆域入湖水量、湖面降水量、水面蒸发量、引洱入宾、湖周生活工业取水及湖周农业灌溉取水的年内过程分布详见图 5.3-3~图 5.3-8。

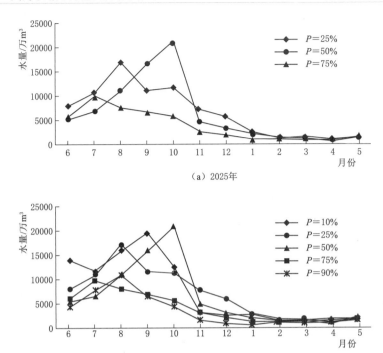

（a）2025年

（b）2035年

图 5.3-3　规划水平年不同典型水文年型下洱海入湖径流年内变化过程

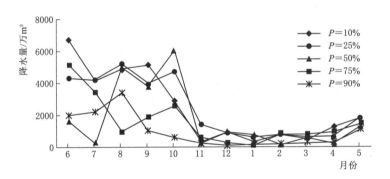

图 5.3-4　规划水平年不同典型水文年型下洱海湖面降水量年内变化过程

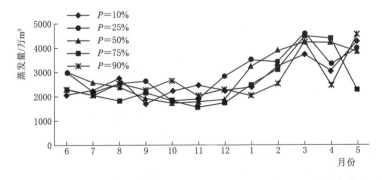

图 5.3-5　规划水平年不同典型水文年型下洱海湖面蒸发量年内变化过程

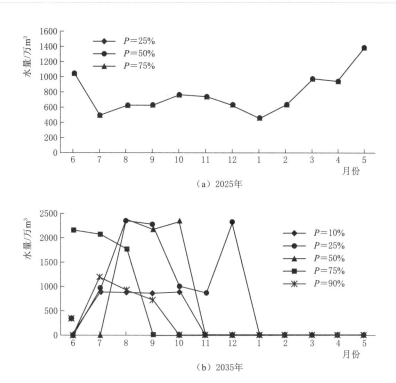

（a）2025年

（b）2035年

图 5.3-6 规划水平年不同典型水文年型下引洱入宾水量年内变化过程

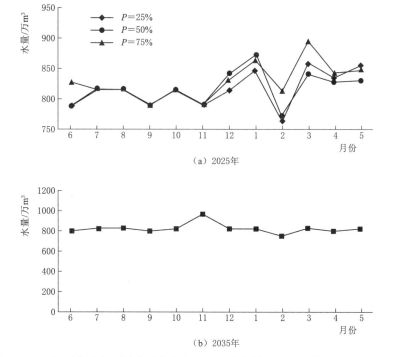

（a）2025年

（b）2035年

图 5.3-7 规划水平年不同典型水文年型下洱海湖周生活工业供水年内变化过程

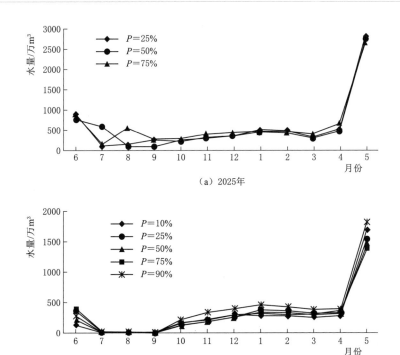

图 5.3 - 8　规划水平年不同典型水文年型下洱海湖周农业灌溉取水年内变化过程

5.3.2　规划水平年洱海水位调度运行方案

2016—2018 年洱海水质模拟及其年内年际变化特征分析结果表明，洱海水质状况除受环湖河流入湖水量水质状况及湖面降水、蒸发等边界条件影响外，洱海年内水位调度运行过程、西洱河出流过程及年初湖泊的水质状况都将对洱海年内的水质状况及其年内变化过程产生重要的影响。

5.3.2.1　洱海水位变化与湖泊水质响应关系

1.洱海水位变化特征

根据 2004—2016 年洱海大关邑水位站逐月平均水位统计得到近年来洱海逐年最高与最低水位值及其出现月份，其结果见表 5.3 - 4。2004—2016 年洱海月均水位变化过程及水位年内变化过程分别见图 5.3 - 9 和图 5.3 - 10。

表 5.3 - 4　　　　　　　　　2004—2016 年洱海最高与最低水位值特征表

年　份	最　高　水　位		最　低　水　位	
	水位值/m	出现月份	水位值/m	出现月份
2004	1965.89	10	1963.79	5
2005	1965.59	1	1964.06	7
2006	1965.12	1	1964.25	5
2007	1965.99	11	1964.64	4

续表

年　份	最　高　水　位		最　低　水　位	
	水位值/m	出现月份	水位值/m	出现月份
2008	1966.15	11	1965.03	5
2009	1966.00	1	1964.61	6
2010	1966.02	10	1964.68	7
2011	1965.93	1	1964.61	7
2012	1965.78	9	1964.44	4
2013	1965.91	9	1964.84	7
2014	1965.79	8	1964.97	6
2015	1965.87	10	1964.65	6
2016	1965.77	1	1965.02	7

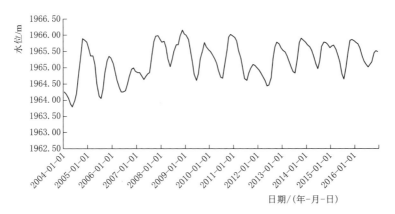

图 5.3-9　2004—2016 年洱海月均水位变化过程图（大关邑站）

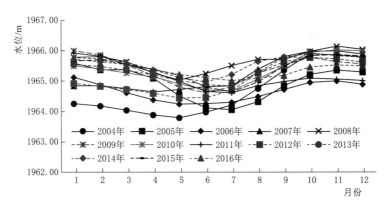

图 5.3-10　2004—2016 年洱海水位年内变化过程图

由表 5.3 - 4 及图 5.3 - 9 和图 5.3 - 10 所示结果可知，洱海最低水位常出现在每年的 5—7 月，最高水位常出现在 10—11 月及 1 月，其中 2004 年、2005 年、2006 年洱海实际最低水位低于法定最低水位限值 （1964.30m），2008 年、2010 年湖泊最高水位略高于洱海法定最高水位限值 （1966.00m）。根据 2004—2016 年洱海水位变化过程分析，洱海自身具有强大的调蓄能力和防洪库容，基本没有防洪压力，在整个雨季期间洱海水位都处于上涨过程，最高水位出现时段与当年洱海流域来水量关系密切。洱海水位下降过程及其最低水位的出现时段与洱海流域湖周取用水、西洱河下泄生态环境用水及湖面蒸散发耗用水资源量关系密切，从而致使洱海年内水位变化及年内最大、最小值出现时机均存在差异性。

总体而言，在洱海流域水资源条件总体只能维持湖泊水量基本平衡的条件下，洱海水位随流域来水量变化而波动变化，不具备"蓄清排浑"功能。

2. 洱海水位变化与湖泊水质响应关系

根据 2018 年洱海湖区 17 个常规水质监测站点逐月水质监测资料和洱海大关邑水位站逐日水位监测数据，统计得到 2018 年洱海全湖各指标（以 COD、TP、TN、NH_3 - N 为代表）逐月平均水质浓度及湖区月均水位值，并对湖区水位与水质变化过程进行对比，结果见图 3.4 - 1。结果表明，2018 年年内水位最高值出现在 9 月，相对应的湖区 COD、TP、TN 浓度值最高值也出现在 9 月；湖区水位自 10 月开始逐渐下降直到 5 月达到湖区水位最低值，而相应的湖区水质浓度也呈逐月降低趋势；随着雨季来临大量降水径流入湖，自 5 月底开始至 9 月下旬期间洱海水位持续升高并达到极大值，同时伴随着降水径流挟带大量的农田面源污染负荷及旱季沟渠积存的污染负荷进入洱海，导致入汛后的 6 月洱海水质浓度快速升高，7 月、8 月、9 月水质在较高的浓度水平波动变化。

因此，洱海湖区水位变化与湖泊水质具有相应的关联性，洱海水位随流域水资源条件的被动变化是洱海湖泊水质年内波动的关键所在，在流域水资源条件得到相应改善的条件下，结合流域污染源条件及其年内入湖过程，通过调控西洱河出湖流量以调控洱海的年内水位过程，从而改善雨季及汛后期的洱海水质状况是可能的。

5.3.2.2 洱海水位调度运行过程

1. 洱海湖滨适宜沉水植物分布的空间范围变化特征

洱海湖滨湿地沉水植物分布主要受湖滨带底质条件、水深大小和水体透明度等因素影响与控制，在不考虑湖滨底质因素制约条件下，湖滨适宜沉水植物生长的范围主要受湖滨地形和水体透明度影响。根据 2017—2018 年洱海湖区逐月水体透明度监测数据 （图 5.3 - 11），在适宜沉水植物生长季节 （4—9 月）的水体透明度介于 138.8～255.9cm 之间，故本研究按照不同水体透明度条件 （140cm、180cm、220cm、260cm）和洱海水位与水面面积关系曲线 （图 5.3 - 12）分析洱海最适宜沉水植物生长 （即面积最大）的水位区间，其结果见图 5.3 - 13。

根据图 5.3 - 13 结果可知，当前水体透明度条件 （140.0～260.0cm）下，洱海运行水位在 1966.00～1962.00m 变化时，适宜沉水植物生长范围均随着运行水位的降低而有缓慢增加，但增幅不明显；但当水位从 1962.00m 继续下降至 1961.00m 时，高透明度存在明显拐点，并随着湖水位下降而适宜栖息地面积则显著增加；在低透明度时出现拐点的

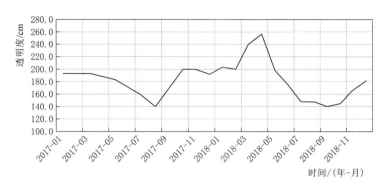

图 5.3-11 2017—2018 年洱海湖区逐月水体透明度变化过程图

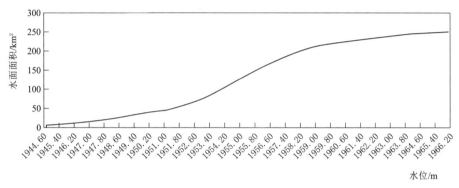

（a）水位-面积关系曲线(水位1944.60~1966.20m)

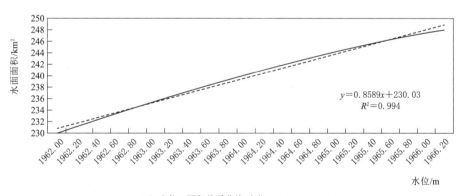

$$y=0.8589x+230.03$$
$$R^2=0.994$$

（b）水位-面积关系曲线(水位1962.00~1966.20m)

图 5.3-12 洱海水位与水面面积关系图

水位较高透明度时湖水位低 1.2m 左右。

结合洱海水位调度运行规程（最高运行水位为 1966.00m、最低运行水位为 1964.30m）要求，当沉水植物生长季节洱海水位适当降低有利于增加湖滨带沉水植物的分布范围，但增加幅度不明显。

225

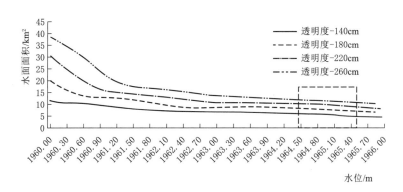

图 5.3 - 13　洱海运行水位与适宜沉水植物生长面积变化关系图

2. 2017—2018 年洱海水位调度方案

为保护洱海水环境，落实大理州人民政府"以适度低水位运行"促进水生态恢复的精神，2017—2018 年洱海水资源优化调度方案如下。

（1）2011—2015 年期间洱海流域遭遇连续干旱，水资源调控以水量保障及应急调水改善水质为主；在未来年份雨情条件为平偏丰时，水资源调控将转向促进水生态恢复与长效水质改善为主。

（2）沉水植被对改善洱海水质起到重要作用，其在 4—6 月水温大于 15℃后开始复苏生长，该时段是水位优化调控的窗口期；此外水生植被占洱海水面积 18% 时才能发挥最佳净化功能，适度低水位可促进深水区（3～6m）植被恢复。

（3）适度低水位使岸带湿地裸露增加，从而促进岸带潜留污染物的氧化分解，也为开展岸带清洁与清除浅层淤积创造有利条件。

（4）多年实践表明，月末水位控制是洱海水资源调控的可靠手段，大流量下泄是排出高污染初期雨水和改善水质的有效调控措施。

结合 2018 年实际水资源条件，2018 年洱海水位实际调度过程见图 5.3 - 14。对比 2017 年拟订的洱海水位调度运行方案（图 5.3 - 14）可知，拟订的水位调度运行方案最低水位为 1964.40m，出现时间为 6 月底，而 2018 年最低水位为 1964.51m，出现时间为 5 月 30 日，较方案提前了 1 个月；同时 6—8 月洱海运行水位较拟订的水位调度方案提高了

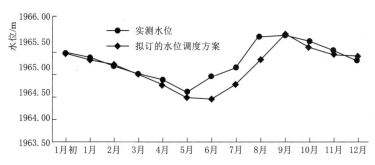

图 5.3 - 14　2018 年洱海水位运行过程与拟订的水位调度方案比较

33～46cm，洱海蓄水时间提前了 1 个月，加之雨季受入湖泥沙等悬移质影响湖泊水体透明度降低，不利于湖周沉水植物的生长。

3. 2020—2035 年洱海水位调度要求

按照中国科学院武汉水生生物研究所近年来的研究成果，并结合 2017—2018 年 5—6 月期间湖湾浅水区湖滨湿地发育情况和与蓝藻生长的协同改善状况，2020—2035 年期间洱海水位调度存在以下两个方面的要求。

（1）沉水植被对改善洱海水质起到重要作用，成规模的沉水植被（水生植被占洱海水面面积 18% 以上）才能发挥相对最佳的水质净化功能。因此，在洱海水温大于 15℃ 后开始复苏生长的 4—6 月低水位运行，7—8 月水体相对较为浑浊、水体透明度明显下降时段维持较低水位运行有利于湖滨浅水区沉水植物生长，并为浅水区植被向适度深水区（3～6m）延展创造条件，故在维持洱海水位年度水量适度平衡条件下，4—7 月低水位运行是非常必要的。

（2）洱海水位调度运行必须兼顾西洱河下游河道的生态环境最小流量需求。根据近年来西洱河出流过程的实测资料，并结合洱海出湖口至西洱河黑惠江汇合口区间的生产、生活及河流生态环境用水需求，2020—2035 年期间西洱河出湖流量方案为：①6—11 月西洱河下泄流量为 11.10m³/s；②12 月至次年 5 月西洱河下泄流量为 6.27～6.94m³/s。

5.3.2.3　2025—2035 年洱海水位调度运行方案设计

规划水平年洱海水位调度运行方案：2025—2035 年期间洱海水位调度，在满足洱海年内水量基本平衡和西洱河下游河道生态流量需求的条件下，使洱海 4—7 月尽可能长的维持低水位运行，湖泊低水位运行期间水位不超过 1964.60m，正常高水位不高于 1965.70m（预留 7500 万 m³ 防洪库容），各典型水文年 6 月初的起调水位采用长系列调算中的上一年 5 月底水位，2025 年各典型水文年（$P = 25\%$、50%、75%）的起调水位分别为 1964.44m、1964.30m、1964.30m，2035 年各典型水文年（$P = 10\%$、25%、50%、75%、90%）的起调水位分别为 1964.48m、1964.54m、1964.30m、1964.30m、1964.46m。

在保障西洱河下游河道生态流量需求的条件下，规划水平 2025 年期间平、丰水年年内洱海水位均维持在最低水位（1964.30m）以上运行，4—6 月水位在 1964.03～1964.70m 区间变化，有利于湖滨湿地及浅水区沉水植物的生长，平、丰水年汛后期（9—10 月）洱海水位可回复到 1965.70m，年内水量基本平衡（图 5.3 - 15）；枯水年年内最高水位为 1964.89m，出现月份为 10 月，最低水位为 1963.42m，较洱海法定的最低运行水位低 0.88m，出现时间为 5 月底（图 5.3 - 15），较起调水位低 0.88m，洱海库容减少约 2.20 亿 m³，洱海年内水资源量无法实现基本平衡。

规划水平 2035 年除枯水年和特枯年份（$P = 75\%$、90%）外其他典型水文年（$P = 10\%$、25%、50%）年内洱海水位均可维持在最低水位（1964.30m）以上运行，4—7 月水位在 1964.30～1964.85m 区间变化，有利于湖滨湿地及浅水区沉水植物的生长，平、丰及特丰水年在 7—10 月期间洱海水位可回复到 1965.70m，年内水量基本平衡（图 5.3 - 15）；枯水年（$P = 75\%$）年内最高水位为 1964.85m，出现月份为 10 月，最低水位为 1963.78m，较洱海法定的最低运行水位低 0.52m，出现月份为 5 月，较起调水位低 0.52m，洱海库容减少约 1.30 亿 m³，洱海年内水资源量无法实现基本平衡。特枯水年

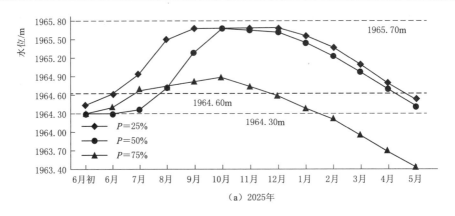

（a）2025年

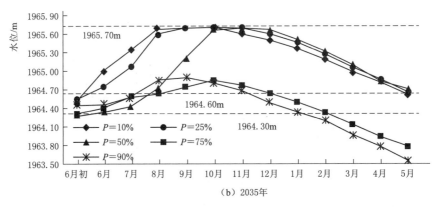

（b）2035年

图 5.3-15　规划水平年低水位运行需求下洱海水位年内变化过程模拟

（P＝90％）年内最高水位为 1964.82m，出现月份为 10 月，最低水位为 1963.55m，较洱海法定的最低运行水位低 0.75m，出现时间为 5 月，较起调水位低 0.91m，洱海库容减少约 2.28 亿 m³，洱海年内水资源量无法实现基本平衡。

5.3.3　规划水平年洱海水质模拟预测与评价

　　以 2018 年底洱海各湖区的水质状况为初值，以典型水文年型（丰、平、枯）条件下的入湖水量与入湖污染负荷（见 4.3 节成果）、湖面降水降尘及蒸发过程、湖周取用水情况为边界条件，以设计的引洱入宾过程（图 5.3-6）及满足西洱河下游环境流量需求及洱海 4—7 月尽可能低水位运行下的下泄流量（图 5.3-16）为洱海出湖流量过程，采用建立的洱海水环境数学模型，合理去除洱海水质初始值带来的影响，模拟预测 2025 年各典型水文年下洱海水质状况及其年内变化过程，其结果见表 5.3-5 和图 5.3-17。

表 5.3-5　　2025 年不同水文年型下洱海湖区水质及其年内变化过程预测结果

全湖平均	丰水年				平水年				枯水年			
	COD	TP	TN	COD$_{Mn}$	COD	TP	TN	COD$_{Mn}$	COD	TP	TN	COD$_{Mn}$
1月8日	13.29	0.023	0.55	3.51	14.74	0.023	0.57	3.73	14.24	0.020	0.50	3.60
2月8日	13.26	0.023	0.54	3.53	14.66	0.023	0.56	3.75	14.16	0.021	0.50	3.63

续表

全湖平均	丰水年				平水年				枯水年			
	COD	TP	TN	COD$_{Mn}$	COD	TP	TN	COD$_{Mn}$	COD	TP	TN	COD$_{Mn}$
3月8日	13.18	0.023	0.54	3.55	14.57	0.023	0.55	3.76	14.11	0.022	0.50	3.66
4月8日	13.06	0.023	0.53	3.59	14.51	0.023	0.54	3.83	14.09	0.022	0.50	3.75
5月8日	13.09	0.023	0.53	3.78	14.52	0.023	0.54	4.02	14.18	0.023	0.51	3.99
6月8日	13.53	0.027	0.59	3.91	14.95	0.026	0.55	4.05	14.97	0.027	0.58	4.06
7月8日	14.53	0.033	0.68	4.02	15.92	0.031	0.64	4.16	16.15	0.034	0.67	4.22
8月8日	16.86	0.033	0.69	4.23	18.13	0.030	0.67	4.33	17.53	0.034	0.69	4.43
9月8日	16.77	0.033	0.71	4.14	17.98	0.029	0.68	4.23	17.86	0.030	0.66	4.20
10月8日	15.39	0.028	0.66	3.92	16.96	0.028	0.64	4.13	16.43	0.026	0.62	3.99
11月8日	14.31	0.025	0.63	3.71	15.91	0.026	0.61	3.94	15.46	0.023	0.58	3.83
12月8日	13.67	0.024	0.59	3.57	15.19	0.024	0.58	3.80	14.71	0.021	0.53	3.68
年均值	14.25	0.026	0.60	3.79	15.67	0.026	0.59	3.98	15.41	0.025	0.57	3.92

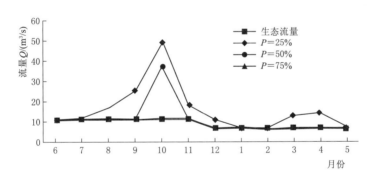

图 5.3 - 16 2025年各典型水文年型下洱海西洱河出湖流量过程

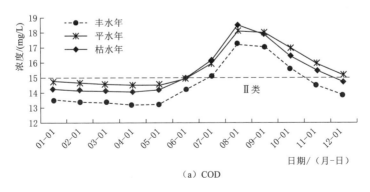

（a）COD

图 5.3 - 17（一） 2025年各典型水文年型下洱海水质年内变化过程模拟图

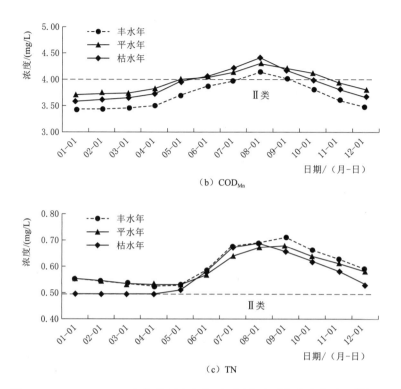

（b）COD_{Mn}

（c）TN

图 5.3 - 17（二）　2025 年各典型水文年型下洱海水质年内变化过程模拟图

以 2035 年各典型水文年模拟的洱海水质模拟结果（汛前期水质）为初值，以典型水文年（$P=10\%$、25%、50%、75%、90%）条件下的入湖水量与入湖污染负荷（见 4.3 节成果）、湖面降水降尘及蒸发过程、湖周取用水情况为边界条件，以设计的引洱入宾过程（图 5.3 - 6）及满足西洱河下游环境流量需求及洱海 4—7 月尽可能低水位运行下的下泄流量（图 5.3 - 18）为出湖流量过程，采用建立的洱海水环境数学模型，模拟预测 2035 年各典型水文年型在满足西洱河下游河道生态环境用水需求的水位运行方式下洱海水质状况，其结果见表 5.3 - 6 及图 5.3 - 19。

表 5.3 - 6　　　　　2035 年洱海湖区水质及其年内变化过程预测结果

时间	$P=25\%$				$P=50\%$				$P=75\%$			
	COD	TP	TN	COD_{Mn}	COD	TP	TN	COD_{Mn}	COD	TP	TN	COD_{Mn}
1 月 8 日	13.74	0.023	0.50	3.43	14.95	0.024	0.54	3.86	14.50	0.020	0.46	3.65
2 月 8 日	13.66	0.023	0.49	3.40	14.88	0.024	0.53	3.84	14.45	0.021	0.46	3.63
3 月 8 日	13.57	0.023	0.48	3.37	14.78	0.024	0.53	3.81	14.41	0.021	0.46	3.62
4 月 8 日	13.51	0.023	0.48	3.34	14.69	0.024	0.52	3.77	14.38	0.021	0.46	3.60
5 月 8 日	13.45	0.023	0.48	3.30	14.59	0.024	0.52	3.72	14.36	0.022	0.47	3.57
6 月 8 日	13.90	0.026	0.53	3.54	14.57	0.025	0.54	3.68	14.38	0.024	0.52	3.66
7 月 8 日	14.94	0.031	0.61	3.79	15.39	0.027	0.58	3.88	15.25	0.029	0.60	3.86

时间	P=25%				P=50%				P=75%			
	COD	TP	TN	COD_Mn	COD	TP	TN	COD_Mn	COD	TP	TN	COD_Mn
8月8日	17.18	0.032	0.65	4.19	17.61	0.029	0.61	4.27	17.50	0.030	0.64	4.26
9月8日	17.01	0.030	0.63	4.11	17.63	0.030	0.62	4.28	17.31	0.028	0.59	4.18
10月8日	15.49	0.026	0.57	3.83	16.43	0.028	0.60	4.15	16.04	0.024	0.54	3.98
11月8日	14.35	0.025	0.53	3.57	15.45	0.026	0.58	3.96	15.09	0.022	0.50	3.78
12月8日	13.97	0.024	0.52	3.48	15.11	0.025	0.55	3.89	14.69	0.021	0.48	3.69
年均值	14.56	0.026	0.54	3.61	15.51	0.026	0.56	3.93	15.20	0.024	0.52	3.79

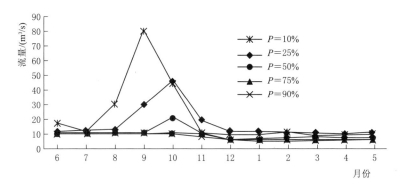

图 5.3-18 2035 年各典型水文年型下洱海西洱河出湖流量过程

5.3.3.1 洱海整体水环境质量评价

1. 2025 年洱海整体水环境质量评价

根据表 5.3-5 中的模拟预测结果，2025 年丰、平、枯水年洱海湖区的 COD、TP、TN、COD_Mn 四项指标年均水质浓度分别为 14.25mg/L、0.026mg/L、0.60mg/L、3.79mg/L，15.67mg/L、0.026mg/L、0.59mg/L、3.98mg/L，15.41mg/L、0.025mg/L、0.57mg/L、3.92mg/L，COD、TP、TN、COD_Mn 四项指标水质类别为Ⅱ～Ⅲ类、Ⅱ～Ⅲ类、Ⅲ类和Ⅱ类。在 TN 指标不参评时，丰、平、枯水年洱海总体水质不满足湖泊Ⅱ类，其中 COD 指标超Ⅱ类标准值为 2.71%～4.74%，TP 指标超Ⅱ类标准值为 1.03%～4.77%；在 TN 参评条件下丰、平、枯水年洱海水质均为Ⅲ类，水质类别控制指标为 TN，超Ⅱ类水质标准值 9.80%～20.45%。

2. 2035 年洱海整体水环境质量评价

根据表 5.3-6 中的模拟预测结果，2035 年不同典型水文年（P=10%、25%、50%、75%、90%）洱海全湖的 COD、TP、TN、COD_Mn 四项指标年均水质浓度分别为 14.91mg/L、0.025mg/L、0.56mg/L、3.51mg/L，14.56mg/L、0.026mg/L、0.54mg/L、3.61mg/L，15.51mg/L、0.026mg/L、0.56mg/L、3.93mg/L，15.20mg/L、0.024mg/L、0.52mg/L、3.79mg/L，15.37mg/L、0.023mg/L、0.49mg/L、4.10mg/L。COD、TP、TN、COD_Mn 四项指标水质类别均为Ⅱ～Ⅲ类，其中丰水年和特丰水年 COD 和 COD_Mn 指

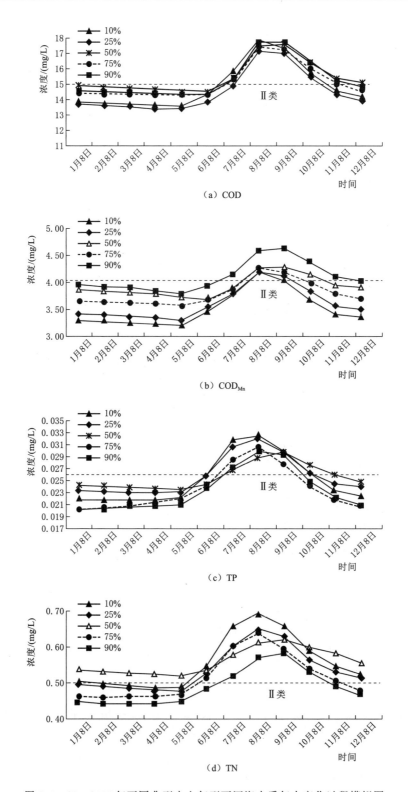

图 5.3-19　2035 年不同典型水文年型下洱海水质年内变化过程模拟图

标年均水质浓度均满足湖泊Ⅱ类水质标准，TP 和 TN 指标超标，平、枯及特枯水年均存在各指标（COD、TP、TN、CODMn）单项或多项超标现象，不满足湖泊Ⅱ类水质保护目标要求。

从水文情势变化对洱海总体水质影响来看，COD、CODMn 指标均表现为丰水年最好、枯水年次之、平水年相对最差；TP 和 TN 指标则表现为丰水年相对较差，枯水年及特枯水年相对较好。

5.3.3.2 洱海水质年内达标月份

1．2025 年达标月份预测

根据表 5.3-5 和图 5.3-17 中模拟预测结果，2025 年丰、平、枯水年条件下，COD、TP、CODMn 指标年内有 1 月、2 月、3 月、4 月、5 月、6 月（11 月）、12 月合计 7 个月达到湖泊Ⅱ类水质标准，TN 指标在枯水年年内的 1—5 月有 4 个月达到湖泊Ⅱ类水质标准，综合起来在 TN 指标不参评时洱海全年有 7 个月满足湖泊Ⅱ类水质标准，水质超标月份主要分布在 6—11 月。

2．2035 年达标月份预测

根据表 5.3-6 和图 5.3-19 中模拟预测结果，对 COD 而言，各年型有 6～10 个月满足湖泊Ⅱ类水质标准，超标月份多为 7—9 月；对 TP 指标而言，各年型有 7～9 个月满足湖泊Ⅱ类水质标准，超标月份为 7—10 月；对 CODMn 指标而言，丰水年全年达标，其他年型有 7～10 个月满足湖泊Ⅱ类水质标准，超标月份多为 9—10 月；对 TN 指标而言，平水年型全年不达标，其他年型水质达标月数为 5～7 个月。综合起来在 TN 指标不参评时，不同水情条件下，洱海全年大多数年份均有 6～8 个月（1—6 月和 11—12 月）满足湖泊Ⅱ类水质标准，水质超标月份主要分布在 7—10 月。

5.3.3.3 "七大行动""八大攻坚战"对洱海水质影响预测

1．2025 年影响预测

根据 2016 年湖区 5 个监测站点、2018 年湖区 17 个监测站点的逐月水质监测数据，统计得到 2016 年、2018 年洱海月均水质浓度变化过程，再与 2025 年水质模拟结果（以枯水年为代表）进行对比分析，其结果见图 5.3-20。由图中对比结果可知，到 2025 年，洱海流域水环境综合治理"七大行动""八大攻坚战"各项工作基本都落实到位，包括环湖截污工程、种植结构调整、有机肥逐步替代农业种植中的底肥、生态塘库等对入湖污染负荷影响显著的工程措施都已经发挥效益并逐步在湖泊水质演变中反映出来，影响洱海水质类别的 4 项关键性指标 COD、TP、TN、CODMn 的年内水质浓度均有较大程度地改善，仍无法使洱海水质总体达到湖泊Ⅱ类水质标准。

2．2035 年影响预测

根据 2016 年、2019 年湖区 17 个监测站点的逐月水质监测数据，统计得到现状年洱海全湖月均水质浓度变化过程，再与 2025 年、2035 年水质模拟结果（以平水年为代表）进行对比分析，其结果见图 5.3-21。由图中对比结果可知，到 2035 年，洱海流域水环境综合治理"七大行动""八大攻坚战"各项工作基本都落实到位，包括环湖截污工程、种植结构调整、畜禽养殖肥还田、有机肥替代不必要的化肥使用环节、生态塘库建设与科学运行管理、洱海环湖生态调蓄带工程、洱海大型高效节水大型灌区建设等对入湖污

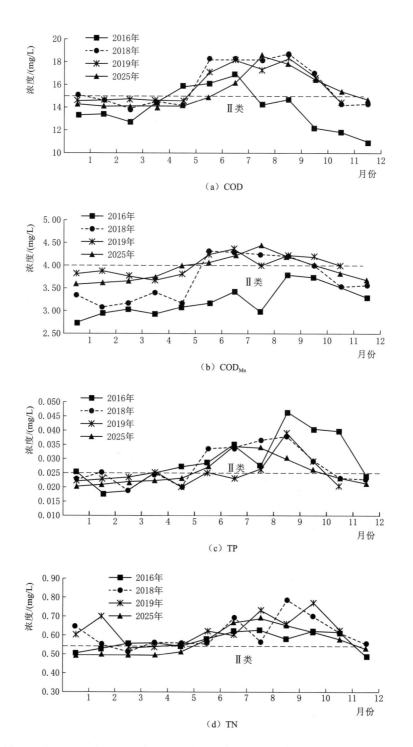

（a）COD

（b）COD_Mn

（c）TP

（d）TN

图 5.3 - 20 2016 年、2018 年、2019 年、2025 年洱海水质年内变化过程对比图

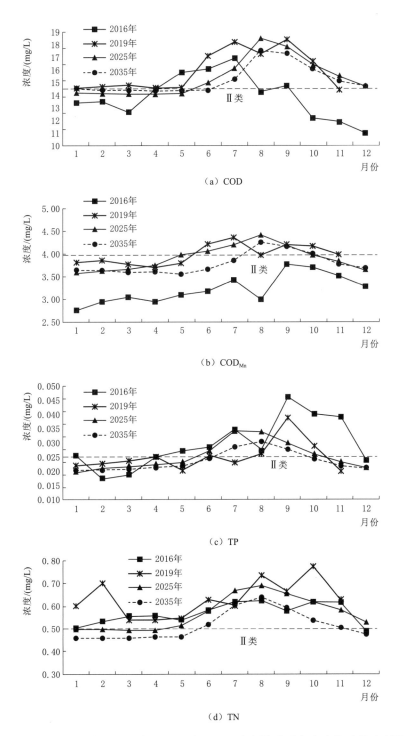

图 5.3-21 2016 年、2019 年、2025 年、2035 年洱海水质年内变化过程对比图

染负荷有明显影响的工程措施都已经发挥效益并逐步在湖泊水质演变中反映出来,影响洱海水质类别的 3 项关键性指标 COD、TP、TN 的年内水质浓度较 2019 年均有不同程度的降低,较 2025 年水质浓度也有较大程度地改善,年内水质达标月数由"七大行动""八大攻坚战"各项工作开展前(2016 年)的 5 个月逐步提升到 2018 年的 7 个月、2025 年的 7 个月和 2035 年的 8 个月,同时丰水年及特丰水年型下洱海年度整体水质均满足湖泊Ⅱ类水质标准,平、枯水年及特枯水年洱海个别指标水质还存在不同程度的超标问题,由此说明落实"七大行动""八大攻坚战"对洱海水质持续性改善是十分必要的,应在现有的工作方案指导下加快推进和落实。但受流域水资源条件的约束和流域面源治理的复杂性与艰巨性影响,亟须实施外流域清水补湖,以解决流域内不利来水条件下的资源型缺水问题,同时协助解决流域面源污染负荷入湖时间较长时引起的湖泊水质不达标问题。

5.3.3.4　洱海国控考核点水质状况评价

1. 2025 年水质状况评价

根据 2025 年的水质模拟预测结果和 2019 年国控考核点的水质实测数据,2019 年和 2025 年(以平水年为代表)洱海国控考核点[湖心(284)]的 COD、TP、TN、COD_{Mn} 四项指标年均水质浓度分别为 15.36mg/L、0.024mg/L、0.63mg/L、3.68mg/L、15.35mg/L、0.022mg/L、0.56mg/L、3.90mg/L,COD、TP、TN、COD_{Mn} 四项指标水质类别为Ⅲ类、Ⅱ类、Ⅲ类和Ⅱ类,其中 TP 和 COD_{Mn} 满足湖泊Ⅱ类水质标准,超标指标为 COD 和 TN。在 TN 指标不参评时,2019 年和 2025 年国控点年度综合水质类别均为Ⅲ类,2019 年和 2025 年国控考核点的 COD 指标年内均有 7 个月达标,TP 指标则由 2019 年的 7 个月达标提升到 2025 年 8 个月达标,2025 年国控点年内水质达标月数为 8 个月;在 TN 指标参评时,国控点达标月数由 2018 年的 2 个月提升到 2025 年的 5 个月。不同水平年各水质指标的年内变化过程及其达标情况详见图 5.3-22。

2. 2035 年水质状况评价

(1)284-湖心点水质达标评价。根据 2035 年的水质模拟预测结果和 2018 年国控考核点的水质实测数据,2018 年、2019 年、2025 年和 2035 年(以枯水年为代表)洱海国控考核点(284-湖心)的 COD、TP、TN、COD_{Mn} 等指标年均水质浓度分别为 15.27mg/L、0.025mg/L、0.57mg/L、3.62mg/L,15.36mg/L、0.024mg/L、0.63mg/L、3.68mg/L、15.35mg/L、0.022mg/L、0.56mg/L、3.90mg/L,15.24mg/L、0.022mg/L、0.49mg/L、3.78mg/L。COD、TP、TN、COD_{Mn} 四指标水质类别Ⅱ~Ⅲ类、Ⅱ类、Ⅱ~Ⅲ类。2018 年和 2019 年国控点年度综合水质类别均为Ⅲ类,2025 和 2035 年国控点年度综合水质类别也为Ⅲ类,超标指标主要为 COD 和 TN。

规划水平年湖心国控点的 COD 指标年内达标月数与现状年(2018 年、2019 年)基本一致,为 6~8 个月;TP 指标年内达标月数则由现状年(2018 年、2019 年)的 7~9 个月提升到 11~12 个月;TN 指标年内达标月数则由现状年(2018 年、2019 年)的 1~2 个月提升到 2035 年的 6~8 个月,COD_{Mn} 指标各规划水平年年内均有 9~10 个月满足湖泊Ⅱ类水质标准。2035 年不同典型水文年及不同规划水平年各指标水质的年内变化过程及其达标情况分别详见表 5.3-7、图 5.3-23 及图 5.3-24。

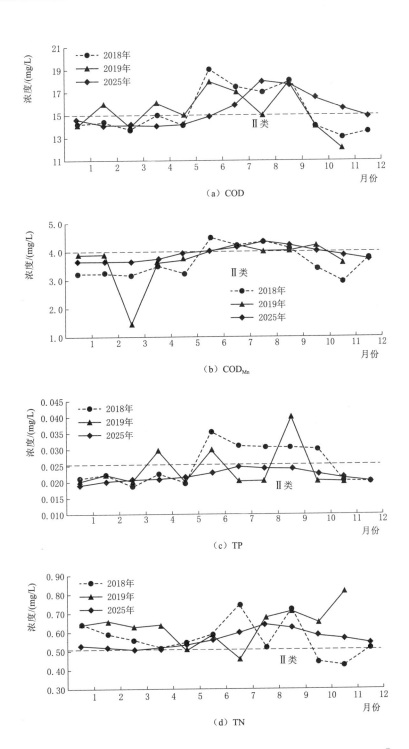

图 5.3 - 22　2018 年、2019 年、2025 年洱海国控考核点［湖心（284）］
水质年内变化过程对比图

表5.3-7　　　2035年洱海国控考核点水质及其年内变化过程预测结果

时间	P=75%				P=50%				P=25%			
	COD	TP	TN	COD_Mn	COD	TP	TN	COD_Mn	COD	TP	TN	COD_Mn
1月8日	14.82	0.020	0.44	3.70	15.47	0.023	0.52	3.95	13.28	0.022	0.44	3.53
2月8日	14.48	0.020	0.45	3.63	14.96	0.024	0.53	3.86	12.90	0.023	0.45	3.44
3月8日	14.43	0.020	0.45	3.62	14.83	0.024	0.53	3.82	12.76	0.023	0.44	3.40
4月8日	14.41	0.021	0.46	3.60	14.75	0.024	0.52	3.78	12.72	0.023	0.44	3.38
5月8日	14.40	0.021	0.46	3.58	14.80	0.024	0.53	3.78	12.73	0.024	0.44	3.35
6月8日	14.36	0.022	0.47	3.65	14.55	0.023	0.51	3.67	13.10	0.024	0.44	3.48
7月8日	15.26	0.024	0.51	3.83	15.41	0.023	0.51	3.85	14.14	0.026	0.49	3.73
8月8日	17.25	0.026	0.56	4.18	17.32	0.024	0.54	4.19	16.31	0.028	0.54	4.15
9月8日	17.30	0.025	0.55	4.16	17.66	0.025	0.56	4.26	16.46	0.028	0.53	4.17
10月8日	16.12	0.023	0.51	3.98	16.76	0.025	0.55	4.19	14.95	0.025	0.49	3.90
11月8日	15.19	0.021	0.49	3.79	15.92	0.024	0.55	4.05	13.81	0.024	0.47	3.65
12月8日	14.84	0.021	0.47	3.72	15.45	0.024	0.54	3.95	13.39	0.023	0.46	3.56
年均值	15.24	0.022	0.49	3.78	15.66	0.024	0.53	3.95	13.88	0.024	0.47	3.64

（2）北湖、湖心及南湖国控点水质评价。2020年洱海国控考核点在湖心（284）的基础上增加了北湖湖心和南湖湖心2个点，并结合北湖湖心和湖心点之间的湖心4（802），形成了自北向南的湖心点中轴线，其年内水质变化过程详见图5.3-25，由图可知洱海水质浓度整体呈现自北向南逐渐降低的空间分布格局，从国控点达标考核来看，北湖湖心水质相对较差，极易受北三江雨季来水水质影响，水质达标考核难度很大。

5.3.4　规划水平年洱海水质保护目标可达性分析

1. 近期水平年水质目标可达性

在2025年不同典型水文年型（丰、平、枯水年）、满足西洱河下游生态环境流量并兼顾洱海4—7月低水位运行下，洱海整体水质状况及其年内变化过程模拟预测与评价结果表明，2025年洱海整体水质类别为Ⅲ类；在TN指标不参评时，丰、平、枯水年洱海总体水质仍不满足湖泊Ⅱ类，其中COD指标超Ⅱ类标准值约为2.71%～4.74%，TP指标超Ⅱ类标准值约为1.03%～4.77%；在TN参评条件下丰、平、枯水年洱海水质均为Ⅲ类，水质类别控制指标为TN，超Ⅱ类水质标准值约9.80%～20.45%。

2. 远期水质目标可达性

在2035年不同典型水文年型、满足西洱河下游生态流量并兼顾洱海4—7月低水位运行下，洱海整体水质状况及其年内变化过程模拟预测与评价结果表明，2035年不同典型水文年型（P=10%、25%、50%、75%、90%）下洱海总体水质均满足湖泊Ⅱ～Ⅲ类，其中丰水年和特丰水年COD和COD_Mn指标年均水质浓度均满足湖泊Ⅱ类水质标准，TP和TN超标；平、枯及特枯水年均存在各指标（COD、TP、TN、COD_Mn）单项

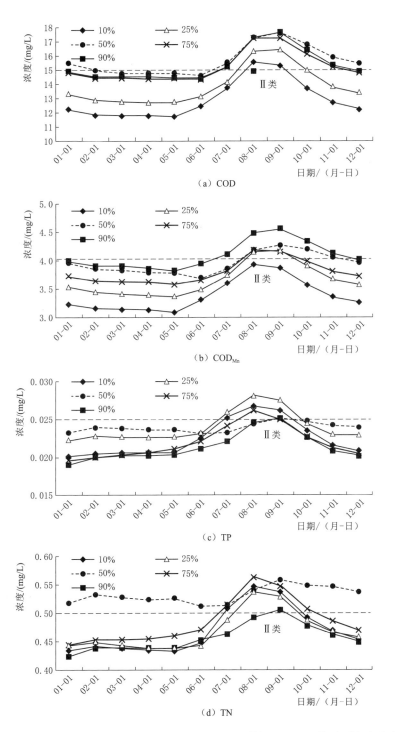

(a) COD

(b) COD_Mn

(c) TP

(d) TN

图 5.3-23 2035 年不同典型水文年型洱海国控考核点 [湖心 (284)] 水质年内变化过程

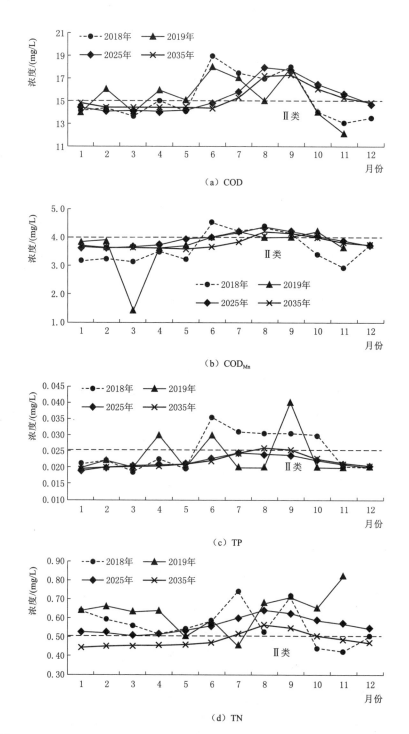

（a）COD

（b）COD$_{Mn}$

（c）TP

（d）TN

图 5.3-24　2018 年、2019 年、2025 年、2035 年洱海国控考核点［湖心（284）］
水质年内变化过程对比图

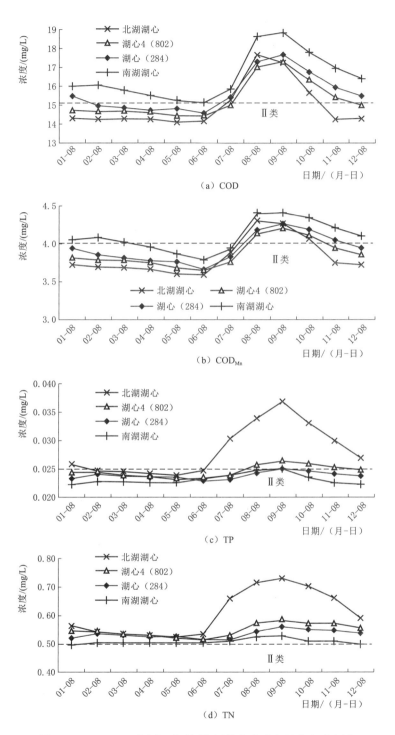

图 5.3 - 25　2035 平水年型下洱海国控点水质空间分布对比图

或多项超标现象，超标幅度分别为 2.44％～3.37％、1.77％～2.67％、3.05％～12.03％、2.56％。

近、远期洱海水质目标可达性分析均表明：在洱海流域全面落实"七大行动""八大攻坚战"、洱海大型节水灌区建设及流域生态修复与保护等诸多措施条件下，规划水平年洱海整体水质仍无法稳定达标，流域不利的来水资源条件和面源污染大量入湖都将导致洱海水质出现超标风险，因此，需在增加洱海流域清洁水资源条件的刚性需求前提下，结合湖滨湿地恢复、生长繁衍及水生态系统良性循环的水位调度运行和湖泊水质持续性改善需求，研究其满足湖滨湿地生态系统实现良性循环条件下的清洁水资源需求，以便帮助并提高 2035 年洱海顺利实现其规划水质目标的可靠性和保证率。

5.4　小结

（1）基于洱海的自然环境条件和湖泊地形特征，构建了适合洱海水动力特性和入湖污染物迁移扩散特征的平面二维水动力与水质数学模型，并以 2014 年、2016 年和 2018 年的水文气象资料、出入湖流量与水质资料及湖泊逐日水位资料等为边界条件，对洱海水动力与水质模型进行参数率定与模型校验，模拟精度较好，能够为洱海水动力特性分析、入湖污染物迁移扩散特征研究及外流域补水对洱海水质改善效果模拟预测提供科学的技术手段。

（2）洱海属大型浅水湖泊，具有浅水湖泊的水流特点，风是湖流运动的主驱动力。在常年主导风场（东风、西南偏西风）作用下，湖区平均流速为 1.1～2.5cm/s，洱海湖流形态以风生环流为主，自北向南依次为逆-顺-逆-顺-顺-逆时针的环流，湖区环流结构十分复杂，洱海北部、中部和南部水流运动界限较为清晰，中部与南部湖流运动及水量交换存在一定的弱流区，不利于北部、中部入湖污染物向南部迁移扩散并经西洱河出湖。

（3）洱海年均蓄水湖容超过 27 亿 m³，年入湖水量仅约 6 亿 m³，湖泊水力停留时间将超过 5 年，北部湖湾水体的停留时间将更长。主要来自洱海北三江和苍山十八溪的入湖污染物在湖流驱动和挟带作用下自北向南输移扩散过程中，接近或超过 80％的 N、P 负荷滞留在湖泊内，不利于入湖污染物的顺利外排，同时会逐步加重洱海的内源污染。洱海水质受雨季降水径流挟带大量农田面源入湖及因流域水资源短缺拦蓄全部雨季雨污水影响显著，在雨季大量面源污染负荷自北部和西部农业耕作区及南部城镇建成区入湖后，从而形成洱海水质北部高-中间低-南部稍高、西边高-东边略低及雨季（6—10 月）水质明显变差的时空分布格局。

（4）根据近年来中国科学院武汉水生生物研究所针对洱海湖滨带湿地植被修复及生长发育状况的系列研究成果，沉水植被对改善洱海水质起到重要作用，成规模的沉水植被（水生植被占洱海水面面积 18％以上）才能发挥相对较佳的水质净化功能，同时沉水植被一般在水温大于 15℃后的 4—6 月开始复苏生长，因此需要该时段的洱海降低水位运行；同时 7—8 月受陆域降水径流挟带大量泥沙及其他悬浮颗粒物入湖影响湖水相对较为浑浊，水体透明度明显下降时段维持低水位运行有利于湖滨浅水区沉水植物继续生长，并为浅水区（3～6m）植被向适度深水区（>6m）延展创造必要条件。故在维持洱海年度水量基本平衡条件下，洱海4—7月低水位运行对湖滨带水生植被恢复与延展是非常必要的。

（5）以筛选的典型水文年代表年型下模拟预测的陆域水文过程为入湖水量边界条件，以洱海流域水环境综合治理"七大行动""八大攻坚战"各项工作落实情况的概化模拟效果为入湖水质边界条件，以构建的洱海水环境数学模型为技术手段，模拟预测得到规划水平2025年丰、平、枯水年下洱海湖区的COD、TP、TN、COD_{Mn}四项指标年均水质浓度分别为 14.25mg/L、0.026mg/L、0.60mg/L、3.79mg/L，15.67mg/L、0.026mg/L、0.59mg/L、3.98mg/L，15.41mg/L、0.025mg/L、0.57mg/L、3.92mg/L，COD、TP、TN、COD_{Mn}四项指标水质类别为Ⅱ～Ⅲ类、Ⅱ～Ⅲ类、Ⅲ类和Ⅱ类。在TN指标不参评时，丰、平、枯水年洱海总体水质不满足湖泊Ⅱ类，其中COD指标超Ⅱ类标准值为2.71%～4.74%，TP指标超Ⅱ类标准值为1.03%～4.77%；在TN参评条件下丰、平、枯水年洱海水质均为Ⅲ类，水质类别控制指标为TN，超Ⅱ类水质标准值9.80%～20.45%。

（6）以筛选的典型水文年代表年型和"七大行动""八大攻坚战"和后续的各项治污措施落实情况的概化模拟效果作为入湖水量与水质边界条件，以构建的洱海水环境数学模型为技术手段，模拟预测得到规划水平2035年不同设计来水条件（$P=10\%$、25%、50%、75%、90%）下洱海湖区的COD、TP、TN、COD_{Mn}四项指标年均水质浓度分别为 14.91mg/L、0.025mg/L、0.56mg/L、3.51mg/L，14.56mg/L、0.026mg/L、0.54mg/L、3.61mg/L，15.51mg/L、0.026mg/L、0.56mg/L、3.93mg/L，15.20mg/L、0.024mg/L、0.52mg/L、3.79mg/L，15.37mg/L、0.023mg/L、0.49mg/L、4.10mg/L，COD、TP、TN、COD_{Mn}四项指标水质类别均为Ⅱ～Ⅲ类，其中丰水年和特丰水年COD和COD_{Mn}指标年均水质浓度均满足湖泊Ⅱ类水质标准，TN和（或）TP指标超标，平、枯及特枯水年均存在各指标（COD、TP、TN、COD_{Mn}）单项或多项超标现象，各水文年仍不能稳定达到湖泊Ⅱ类水质保护目标要求。

（7）近、远期洱海水质目标可达性分析均表明：在洱海流域全面落实"七大行动""八大攻坚战"、洱海大型节水灌区建设及流域生态修复与保护等诸多措施条件下，规划水平年洱海整体水质仍无法稳定达到湖泊Ⅱ类水质要求，流域不利的来水条件和面源污染入湖时间持续偏长都将导致洱海水质出现超标风险，因此，需在增加洱海流域清洁水资源条件的刚性需求前提下，结合湖滨带沉水植被自然恢复、生长繁衍及水生态系统良性循环的水位调度运行和湖泊水质持续性改善需求，研究其满足湖滨湿地生态系统实现良性循环条件下的清洁水资源需求，以便帮助并提高2035年洱海顺利实现其规划水质目标的可靠性和保证率。

第6章
基于水生态修复与洱海水质达标的生态补水研究

　　浅水湖泊水生植物生命周期中的生长、衰亡、演替阶段都参与了湖泊生态系统的生物地球化学循环，水生植物在湖泊生态系统中具有初级生产、生物多样性维护、底质环境稳定、营养固定和缓冲、清水及化感抑藻等诸多功能，在洱海整个水生态系统的构建、平衡、维持、恢复等过程中举足轻重，对促进洱海水体富营养化治理及水质可持续性改善具有重要作用。故本章基于营造适宜洱海湖滨带沉水植被恢复性生长及持续向深水区逐步延展的周期性低水位运行需求，结合洱海流域现有水资源条件研究提出加快促进洱海湖滨带水生植被自然修复与湖泊整体水质达标的生态环境补水量及其过程，识别洱海湖泊内存在水质问题的敏感区域、敏感问题及其敏感程度，通过水环境数学模型模拟预测规划水平年洱海整体水质及国控点水质达标所需的外流域生态补水量及其过程分配，以及生态环境补水过程的水质约束条件，分析预测洱海生态水位调度运行带来的水生态修复效果，以便为洱海流域外流域补水工程论证及生态水位调度运行提供科学的技术支撑。

6.1　基于洱海水生态修复与水质达标的生态环境补水量预测

6.1.1　洱海4—7月低水位调度运行及其目标水位可达性

　　1. 洱海西洱河最小下泄生态流量

　　洱海西洱河汛期（6—11月）最小下泄生态流量为西洱河多年平均天然流量的30%，枯期（12月，1—5月）取西洱河多年平均天然流量的15%和典型枯水年（$P=90\%$）最枯月平均流量两种计算方法的大值（计算结果见表6.1-1）。洱海西洱河多年平均径流量为11.7亿 m^3（折合流量为37.10m^3/s），则西洱河汛期最小下泄生态流量为11.1m^3/s，枯期最小下泄生态流量为6.72m^3/s。当洱海入湖的天然来水量小于拟定的最小生态流量时，按天然来水量下泄。1960—2019年期间汛期（6—11月）336个月天然径流中，有3个月径流量低于最小下泄生态流量（11.1m^3/s）；枯期（12月，1—5月）336个月天然径流中，有5个月径流量低于最小下泄生态流量（6.72m^3/s），具体见表2.2-2。

2. 洱海 4—7 月适宜的低水位需求

根据 2019 年 11 月大理白族自治州人大常委会通过的《云南省大理白族自治州洱海保护管理条例》规定：洱海最高运行水位为 1966.00m（1985 国家高程基准，下同），最低运行水位为 1964.30m，同时结合 2017—2020 年洱海 4—7 月期间水位实际调度运行情况（其中最低水位 1964.26m，出现时间为 2019 年 7 月 4 日；最高水位为 1965.04m，出现时间为 2017 年 4 月 6 日）和洱海湖滨带湿地植被修复与水生态系统保护的季节性需要，本研究将洱海低水位运行期间（4—7 月）的运行水位确定为 1964.30～1964.60m，同时年内最高水位不高于 1966.00m，年内水量尽可能保持基本平衡。

3. 规划水平年满足洱海水生态系统修复需求的 4—7 月低水位运行可行性

按照规划水平 2035 年洱海流域不同典型水文年型（$P=10\%$、25%、50%、75%、90%）的入湖流量过程、湖面降水蒸发过程、引洱入宾年内引水过程、湖周生活工业及农田灌溉取用水过程，在满足洱海年内水量基本平衡和西洱河下游河道生态流量需求（6—11 月最小下泄生态流量 11.1m³/s，12 月至次年 5 月最小下泄生态流量 6.72m³/s）的条件下，使洱海 4—7 月尽量维持低水位（1964.30～1964.60m）运行，模拟分析了 2035 年不同水文年型下洱海年内的水位变化过程及其西洱河出湖流量过程，其结果分别见图 6.1-1 和图 6.1-2。

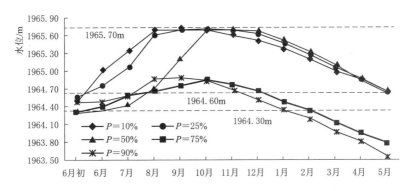

图 6.1-1　2035 年不同典型水文年型条件下洱海水位年内变化过程模拟

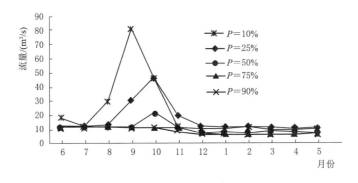

图 6.1-2　2035 年不同典型水文年型条件下西洱河出湖流量过程模拟

由图 6.1-1 及图 6.1-2 所示结果可知，远期规划水平 2035 年在满足西洱河下游河道生态环境流量需求、洱海湖滨湿地生长发育季节（4—7 月）低水位运行需求（1964.30～1964.60m）和洱海年内水量基本平衡（水文年内水位基本持平）的条件下，除特枯水年（$P=90\%$）和枯水年（$P=75\%$）2—5 月的水位低于洱海最低运行水位（1964.30m）0～0.75m 和 0～0.52m 外，其余年型及特枯水年与枯水年的 6—7 月均可维持低水位（1964.30～1964.60m）运行。从维持年内水量基本平衡角度，枯水年及特枯水年洱海年内水量无法实现自平衡，水文年内洱海蓄水量分别减少约 1.30 亿 m^3、2.28 亿 m^3；除特枯与枯水年外其他水文年型年内水量基本可实现自平衡。

结合图 6.1-2 所示的西洱河出湖流量过程可知，特枯水年和枯水年西洱河出流过程除满足下游生态环境最小流量需求外，全年无多余水量出湖；平水年、丰水年和特丰水年在雨季（6—10 月）及洱海降低水位运行期间出湖水量均大于西洱河所需的最小生态环境流量限值，西洱河生态环境流量可得到充足保障。

综上所述，在满足西洱河下游河道基本生态环境流量需求、洱海湖滨湿地生长发育季节（4—7 月）低水位运行需求的条件下，规划水平年 2035 年洱海在平水年及偏丰以上年份基本可以实现年内水资源量的基本平衡，但在枯水年及其来水更少的年份洱海无法实现年内水量的基本平衡，枯水年及特枯水年水文年内洱海蓄水量将分别减少约 1.30 亿 m^3、2.28 亿 m^3。因此，为加快推进洱海流域湖滨带沉水植被的自然恢复及湖泊水环境质量的持续性改善，急需通过外流域调水来解决因满足洱海湖滨带湿地自然生长发育季节的低水位运行需求带来的水资源约束问题，从而可提高因流域水环境质量下降和湖泊水体富营养化导致洱海湖滨带水生植被严重退化后的自然恢复能力，并逐步实现洱海水生态系统逐步向良好湖泊方向发展。

6.1.2　洱海 4—7 月低水位调度运行的生态补水量预测

规划水平 2035 年在满足西洱河下游河道生态环境流量需求（汛期 11.1m^3/s、枯期 6.72m^3/s）、洱海湖滨湿地生长发育季节（4—7 月）低水位运行需求（1964.30～1964.60m）的条件下，平水年及其水文年内雨水偏多的年份基本不需要补水，可通过年内水量调配实现水文年内水位基本持平和洱海年内水量的基本平衡，枯水年型需要补水 1.63 亿 m^3、特枯水年需要补水 2.41 亿 m^3，才能满足西洱河下游河道生态环境流量需求并弥补因洱海 4—7 月低水位调度运行带来的汛期蓄水量减少问题，并为洱海长系列年洱海湖滨湿地生长发育季节持续的低水位调度运行提供可靠的水资源条件保障。

规划水平 2035 年，在洱海湖滨湿地生长发育季节低水位运行并满足西洱河下游河道生态环境流量需求约束条件下，平水年、枯水年及特枯水年份的生态补水过程详见图 6.1-3，西洱河出湖过程及其最小生态流量满足情况详见图 6.1-4，各典型年洱海年内水位变化响应过程详见图 6.1-5。

6.1.3　洱海水质达标的环境补水量及其过程需求预测

按照规划水平 2035 年洱海全湖水质稳定达到 Ⅱ 类的远期水质保护目标要求，并结合典型水文年型的湖区水质模拟与评价结果，丰水年（$P=25\%$）和特丰水年（$P=10\%$）

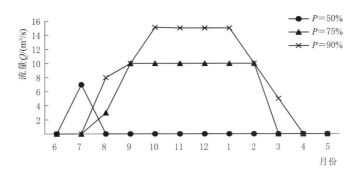

图 6.1 - 3 2035 年典型水文年型水生态修复条件下洱海的生态补水过程模拟

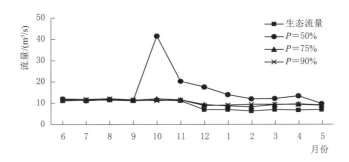

图 6.1 - 4 2035 年典型水文年型水生态修复条件下西洱河出湖流量过程模拟

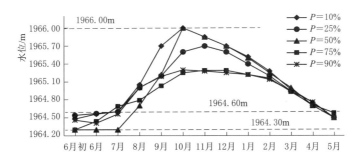

图 6.1 - 5 2035 年典型水文年型水生态修复条件下洱海年内水位变化过程模拟

受大量面源负荷入湖影响，存在一定的 TP 和 TN 超标问题；平水年（$P=50\%$）、枯水年（$P=75\%$）、特枯水年（$P=90\%$）全湖水质无法稳定达标，均存在个别水质指标超标或湖泊水资源无法实现基本平衡导致湖泊水质不达标等问题，均需外流域补水以保障规划水平 2035 年洱海全湖水质稳定达标。根据水质超标月份的水质超标程度、汛后期洱海蓄水要求和洱海湖滨湿地沉水植被复苏及生长发育期（4—7 月）的低水位需求，采用试算法，模拟计算得到适宜的生态补水过程条件下规划水平 2035 年平水年、枯水年及特枯水年洱海水质年内变化过程，其结果见表 6.1 - 1 和图 6.1 - 6，相应的生态补水过程及洱海水位年内模拟结果详见图 6.1 - 7 和图 6.1 - 8。

表 6.1-1　　2035 年典型水文年型生态补水条件下洱海湖区水质年内变化过程　　　　　　　　　　　单位：mg/L

时间	P=90%				P=75%				P=50%				P=25%				P=10%			
	COD	TP	TN	COD_{Mn}	COD	TP	TN	COD_{Mn}	COD	TP	TN	COD_{Mn}	COD	TP	TN	COD_{Mn}	COD	TP	TN	COD_{Mn}
1月8日	14.14	0.020	0.44	3.83	14.11	0.021	0.45	3.62	14.28	0.023	0.50	3.75	13.45	0.023	0.50	3.51	12.74	0.023	0.48	3.44
2月8日	14.15	0.020	0.44	3.82	14.13	0.021	0.45	3.61	14.14	0.023	0.49	3.70	13.40	0.023	0.49	3.49	12.71	0.023	0.47	3.43
3月8日	14.13	0.021	0.44	3.81	14.13	0.021	0.46	3.60	14.03	0.023	0.49	3.65	13.31	0.023	0.49	3.46	12.64	0.023	0.47	3.41
4月8日	14.07	0.021	0.44	3.77	14.10	0.022	0.46	3.57	13.94	0.023	0.49	3.60	13.22	0.023	0.48	3.43	12.62	0.023	0.46	3.39
5月8日	14.09	0.021	0.45	3.76	14.16	0.022	0.47	3.57	13.93	0.023	0.49	3.57	13.16	0.023	0.48	3.44	12.59	0.023	0.46	3.35
6月8日	14.44	0.024	0.48	3.82	14.51	0.024	0.49	3.75	14.36	0.025	0.52	3.78	13.83	0.025	0.53	3.57	13.69	0.025	0.52	3.48
7月8日	15.16	0.028	0.52	4.01	15.17	0.028	0.55	3.88	15.07	0.028	0.57	3.95	14.61	0.029	0.59	3.80	14.20	0.029	0.58	3.58
8月8日	17.12	0.030	0.57	4.36	16.96	0.030	0.61	4.14	16.95	0.031	0.61	4.26	16.44	0.030	0.63	3.98	16.12	0.030	0.62	3.89
9月8日	16.93	0.029	0.58	4.27	16.65	0.027	0.62	4.01	16.94	0.031	0.62	4.22	16.00	0.028	0.60	3.84	15.57	0.028	0.59	3.72
10月8日	15.41	0.025	0.50	3.99	15.22	0.023	0.55	3.79	15.78	0.027	0.57	4.06	14.70	0.025	0.55	3.65	14.01	0.025	0.53	3.52
11月8日	14.50	0.021	0.45	3.88	14.44	0.020	0.50	3.66	14.78	0.023	0.51	3.86	13.85	0.024	0.53	3.59	13.18	0.024	0.50	3.48
12月8日	14.25	0.020	0.45	3.84	14.20	0.019	0.47	3.63	14.46	0.021	0.50	3.79	13.60	0.024	0.52	3.49	12.91	0.023	0.49	3.45
年均值	14.86	0.023	0.48	3.93	14.81	0.023	0.51	3.73	14.89	0.025	0.53	3.85	14.13	0.025	0.53	3.60	13.58	0.025	0.51	3.51

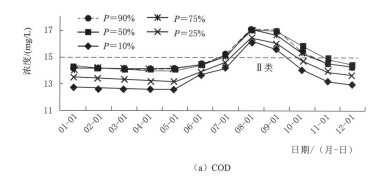

（a）COD

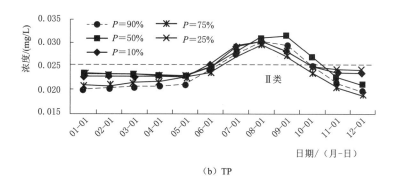

（b）TP

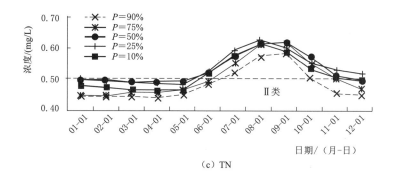

（c）TN

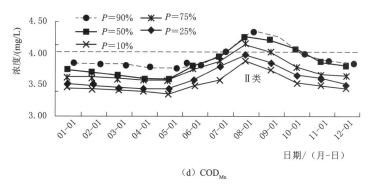

（d）COD$_{Mn}$

图 6.1-6　2035 年典型水文年型生态补水条件下洱海水质年内变化过程模拟

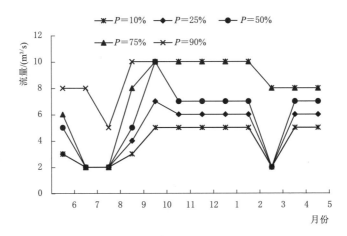

图 6.1-7　2035 年基于洱海水质达标及维持水量平衡的各典型
水文年型洱海生态补水过程需求

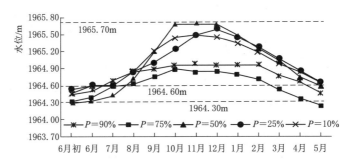

图 6.1-8　2035 年典型水文年型生态补水条件下洱海水位年内变化过程模拟

根据表 6.1-1 及图 6.1-6～图 6.1-8 所示结果可知：

(1) 在图 6.1-7 中生态补水过程条件下，规划水平 2035 年特丰水年、丰水年、平水年、枯水年、特枯水年下洱海湖区的 COD、TP、TN、COD_{Mn} 四项指标年均水质浓度分别为 13.58mg/L、0.025mg/L、0.51mg/L、3.51mg/L，14.13mg/L、0.025mg/L、0.53mg/L、3.60mg/L，14.89mg/L、0.025mg/L、0.53mg/L、3.85mg/L，14.81mg/L、0.023mg/L、0.51mg/L、3.73mg/L，14.86mg/L、0.023mg/L、0.48mg/L、3.93mg/L，COD、TP、COD_{Mn} 三项指标水质类别均属Ⅱ类，TN 指标水质类别为Ⅱ～Ⅲ类。在总氮指标不参评条件下，各典型水文年型水质均满足湖库Ⅱ类水质标准，洱海全湖水质总体达到Ⅱ类标准。

(2) 在图 6.1-7 中生态补水过程条件下，各典型水文年型下洱海年内水量及水位均能实现基本平衡，同时为营造适宜洱海湖滨带沉水植被复苏、生长并逐步向适宜的水深水区（＞6m）延伸，不同典型水文年型下 4—7 月期间洱海水位均维持在 1964.30～1964.60m 区间波动。

(3) 规划水平 2035 年为满足洱海全湖水质稳定达标并维持枯水年份洱海湖泊水资源量的总体平衡，特丰水年、丰水年、平水年、枯水年、特枯水年洱海所需的生态环境补水量分别为 1.30 亿 m³、1.53 亿 m³、1.66 亿 m³、2.75 亿 m³、3.13 亿 m³，需水量最大的时段为每年的枯水季节（11 月至次年 5 月），约占全年补水量的 52.0%～62.2%，主要是为雨季后期洱海蓄水并适当补充因湖面大量水面蒸发而带来的水资源量损失提供必要的清洁水资源条件；6—10 月补水量约占全年补水量的 37.8%～48.0%，主要是为充分利用外流域相对优质的水资源条件，增加洱海流域水资源量，增强洱海汛期"排浑"能力，并为汛后期蓄水提供相对较好的湖泊本底水质条件。

6.2 洱海生态环境补水的水源条件比选及其补水过程

6.2.1 洱海生态补水水源方案比选

1. 水源条件简介

洱海属澜沧江水系，地处澜沧江、金沙江和元江三大水系分水岭地带，洱海北方、东北方较大的河流为金沙江，东面有达旦河，南面为元江，西面为黑惠江及澜沧江干流。洱海周边水系及补水方案示意图见图 6.2-1。

（1）达旦河。洱海东面的达旦河为金沙江一级支流，属于热河谷地带，达旦河径流面积为 1888km²，多年平均水资源总量为 1.88 亿 m³，人均水资源量为 611m³，仅为全省人均水资源量的 13%，亩均水资源量为 361m³，属水资源严重紧张地区，目前达旦河流域水资源开发利用程度已经很高。达旦河不但没有条件向洱海补水，反而通过引洱入宾工程从洱海引水 0.73 亿 m³ 解决宾川灌区高原特色农业发展的用水需求，不具备向洱海补水的条件。

（2）元江。洱海南面的元江为红河源头区域，由于地处源头区域，控制径流面积为 974km²，水资源量为 2.58 亿 m³，人均水资源量为 1093m³/人，现状水资源开发利用率为 25%，从水资源量和开发利用率上看，不具备向洱海补水的条件。元江为红河水系，向洱海补水的同时存在水质兼容性、外来物种的入侵对洱海本土物种的影响等问题。

（3）金沙江滇中引水。金沙江滇中引水工程输水线路从洱海东岸通过，滇中引水工程 2030 水平年多年平均引水量为 26.23 亿 m³（渠首水量），2040 水平年多年平均引水量为 34.03 亿 m³。从水量上看，2040 年以前可以利用渠道输水补水 7.8 亿 m³；2040 年后，滇中引水工程达到设计供水规模，没有多余水量向洱海补水。根据滇中引水工程设计前期工作中对金沙江滇中引水进不进洱海进行了专题研究，综合评价结论是：金沙江引水进入洱海存在着较大的生态安全风险，从保护洱海高原淡水湖泊、维护洱海水生生态系统的功能和稳定出发，滇中引水工程不宜利用洱海。

（4）黑惠江。洱海西面的黑惠江为澜沧江一级支流，弥沙河交汇口以上控制径流面积为 2681km²（含弥沙河流域），多年平均径流量为 9.11 亿 m³，现状水资源开发利用率低于 10%，从水量上看具备补水条件。

（5）澜沧江干流。黑惠江以西的澜沧江干流小湾电站径流面积为 11.33 万 km²，多年平均径流量为 387.9 亿 m³，小湾电站调节库容为 98.95 亿 m³，从水量上看具备补水条件。

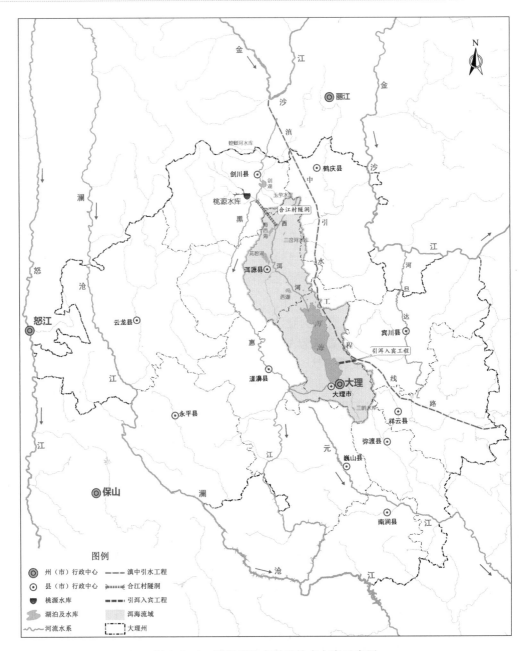

图 6.2-1　洱海周边水系及补水方案示意图

2. 水源方案比选

从水资源条件、水质条件、工程地质条件、补水量及供水保证率、建设征占地、环境影响评价、工程投资、提水电费等方面对澜沧江干流小湾电站提水水源方案、澜沧江支流黑惠江引水水源方案进行综合比选（表 6.2-1），推荐供水量勉强满足洱海生态补水需求、工程措施简单、输水线路短、自流引水、运行费用低的澜沧江支流黑惠江引水水源方案。

表 6.2-1   水源方案综合比较表

序号	分项	澜沧江干流 小湾电站提水水源方案	澜沧江支流 黑惠江引水水源方案	结论
1	水资源条件	多年平均径流量为 387.9 亿 m³	多年平均径流量为 4.81 亿 m³	小湾电站提水方案优
2	水质条件	Ⅱ类	现状水质Ⅲ类、少数时段Ⅳ类。设计水平年水污染防治措施实施后可以达到Ⅱ类。	小湾电站提水方案优
3	地质条件	工程位于洱海断裂与澜沧江断裂之间，断层及褶皱构造发育，但未见活动性断层发育，主要构造线与线路近于垂直，分布地层单一，岩性主要为砂泥岩和变质岩，水文地质条件也相对简单，存在隧洞软岩大变形及大塌方等工程地质问题	工程地处龙蟠—乔后区域活动性断裂带上，附近还发育其他较大规模的活动性断裂，区域构造稳定性差；引水线路广泛分布碳酸盐岩，岩溶发育，工程地质及水文地质条件复杂，存在隧道涌水、突泥及疏干暗河地下水等工程地质问题	均不存在颠覆性的重大工程地质问题
4	供水量	2.02 亿 m³	1.7 亿 m³	小湾电站提水方案优
5	供水保证率	100%	66.9%	小湾电站提水方案优
6	工程布置	输水线路长 98km，泵站装机 189.9MW	桃源水库总库容 1.11 亿 m³，输水线路长 15.26km	均不存在制约技术问题
7	建设征占地	建设征占地 1332.26 亩，建设征地移民安置补偿估算投资 1.75 亿元	建设征地总面积 9013.17 亩，桃源水库淹没影响 1193 户 4087 人，影响房屋建筑面积 33.58 万 m²，工程建设征地移民安置补偿估算投资 23.16 亿元	小湾电站提水方案优
8	环境影响评价	澜沧江小湾提水方案引水量占取水口断面径流量的比例很小，工程调水后对小湾水库鱼类栖息生境基本无影响	引水会导致一定的鱼卵、鱼苗等损失，但不会导致鱼类重要生境丧失，影响鱼类完成生活史，鱼类种类组成基本不会发生改变	小湾电站提水方案略优
9	总投资	37.8 亿元	44.51 亿元	小湾电站提水方案略优
10	提水电量	提水 1000m，年提水耗电量 64842 万 kW·h，年提水电费 2.84 亿元	自流供水	黑惠江引水方案优
11	工期	40 个月	48 个月	小湾电站提水方案优

6.2.2 黑惠江引水水源条件分析

黑惠江引水方案（桃源水库工程，图 6.2-2）由桃源水库枢纽、合江村引水枢纽组成，在黑惠江干流桃源河汇口下游合江村处建引水枢纽取水，通过长 15.26km 的合江村隧洞，穿越黑惠江流域与洱海流域分水岭，自流引水将黑惠江水引入洱海流域洱源县牛街乡下站村马王庙附近的弥茨河，利用河道弥茨河、弥苴河向洱海灌区供水（置换用于洱海流域北三江片区农灌的三岔河、海西海、茈碧湖三库优质水源并回归洱海）或向洱海生态补水（当黑惠江水质稳定达到Ⅱ类以后）；并在黑惠江取水口上游右岸一级支流桃源河下游的上桃源村上游 2.4km 附近新建桃源水库，调蓄水库以上径流，重点在枯水期向洱海生态补水，增加工程枯期补水量，桃源水库供水量通过输水底孔放入桃源河，利用河道输水到合江村取水口，通过合江村隧洞输水到洱海流域。

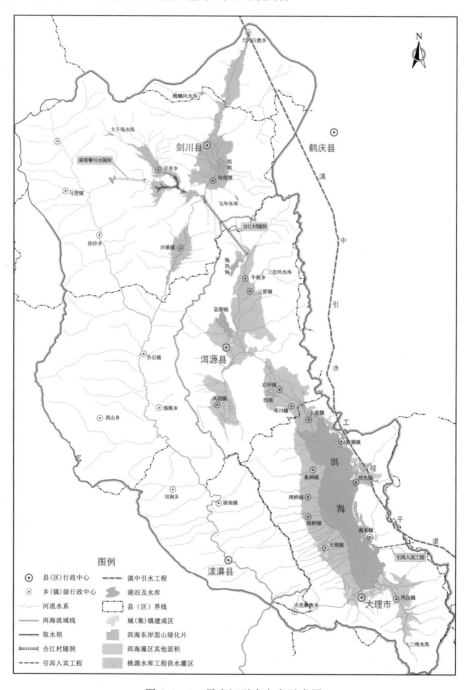

图 6.2-2　黑惠江引水方案示意图

综上，桃源水库工程引水水源包括黑惠江干流、桃源河支流和用于洱海流域北三江片区农灌的三岔河、海西海、茈碧湖三库优质水源，下面将重点分析比较其水源条件及其水质状况。

1. 桃源水库工程水源条件及其水质状况

根据桃源水库工程来水条件、规模条件及洱海生态需求过程进行 1960—2016 年长系列调节计算，在桃源水库正常蓄水位 2282.00m 方案下桃源水库工程多年平均补水量为 1.62 亿 m^3，特丰水年（$P=10\%$）、丰水年（$P=25\%$）、平水年（$P=50\%$）、枯水年（$P=75\%$）、特枯水年（$P=90\%$）设计水文条件下桃源水库及黑惠江干流可补水量分别为 1.12 亿 m^3、1.58 亿 m^3、2.31 亿 m^3、2.38 亿 m^3、2.07 亿 m^3，其中平水年、枯水年及特枯水年份引自桃源水库的水量分别为 1.07 亿 m^3、1.19 亿 m^3、1.06 亿 m^3，分别占总引水量的比重为 46.44%、49.84%、50.97%。各典型年桃源水库工程补水过程见表 6.2-2，其中来自桃源水库的补水量过程见表 6.2-3，来自黑惠江干流（合江村断面为代表）的补水量过程见表 6.2-4。

表 6.2-2 　　　　　　　各典型年桃源水库工程补水过程 　　　　　单位：万 m^3

频率	6 月	7 月	8 月	9 月	10 月	11 月	12 月	1 月	2 月	3 月	4 月	5 月	合计
$P=10\%$	0	0	0	1088	1069	1005	1497	1638	1208	1271	1200	1200	11176
$P=25\%$	0	0	0	700	1837	1864	2681	2023	1758	1600	1678	1662	15803
$P=50\%$	778	804	804	3888	4018	2592	3278	1404	1326	1404	1378	1404	23078
$P=75\%$	1037	2877	3118	3888	1469	769	2987	3018	1452	1071	1037	1071	23794
$P=90\%$	1325	4018	2327	1923	723	3888	4018	2273	221	0	0	0	20716
多年平均	306	893	1065	2548	2382	1095	2430	1669	1102	941	886	887	16204

表 6.2-3 　　　　　　　各典型年来自桃源水库的补水过程 　　　　　单位：万 m^3

频率	6 月	7 月	8 月	9 月	10 月	11 月	12 月	1 月	2 月	3 月	4 月	5 月	合计
$P=10\%$	0	0	0	0	0	0	1000	1000	1000	1200	1200	1200	6600
$P=25\%$	0	0	0	0	0	0	1600	1600	1600	1600	1600	1662	9662
$P=50\%$	778	804	0	0	0	1211	2099	785	982	1278	1378	1404	10719
$P=75\%$	1028	0	0	1170	390	61	2082	2617	1337	1065	1037	1071	11858
$P=90\%$	391	0	0	748	194	3709	3561	1943	12	0	0	0	10558
多年平均	124	46	0	54	32	216	1681	1199	876	832	829	796	6685

表 6.2-4 　　　　　　　各典型年来自黑惠江干流的补水过程 　　　　　单位：万 m^3

频率	6 月	7 月	8 月	9 月	10 月	11 月	12 月	1 月	2 月	3 月	4 月	5 月	合计
$P=10\%$	0	0	0	1088	1069	1005	497	638	208	71	0	0	4576
$P=25\%$	0	0	0	700	1837	1864	1081	423	158	0	78	0	6141
$P=50\%$	0	0	804	3888	4018	1381	1180	618	344	126	0	0	12359
$P=75\%$	9	2877	3118	2718	1079	708	904	401	114	6	0	0	11934
$P=90\%$	934	4018	2327	1175	529	179	457	330	209	0	0	0	10158
多年平均	182	847	1065	2494	2349	879	749	470	226	109	57	91	9518

桃源水库工程引水水源来自两部分：黑惠江干流（以北庄村断面代表）和桃源水库。黑惠江干流枯水期现状水质：枯水期 COD_{Mn}、TP、TN 三指标的平均值分别为 1.75mg/L、0.027mg/L、0.52mg/L，丰水期三指标的平均值分别为 3.00mg/L、0.055mg/L、0.95mg/L，结合黑惠江干流甸南段的水质保护目标（河流Ⅱ类）、洱海水质保护目标（湖泊Ⅱ类）和引水不劣于现状的要求，规划水平年黑惠江干流引水水质条件设计为：①枯水期：COD 6mg/L，COD_{Mn} 1.5mg/L，TP 0.025mg/L，TN 0.50mg/L；②丰水期：COD 10mg/L，COD_{Mn} 2.5mg/L，TP 0.050mg/L，TN 0.50mg/L。

基于 2017 年 12 月至 2019 年 8 月期间桃源河水质监测资料（图 6.2-3），桃源河

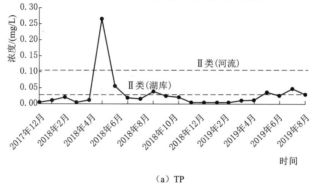

（a）TP

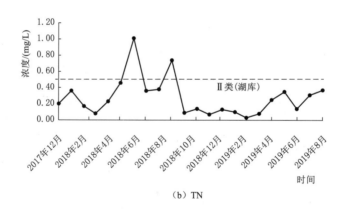

（b）TN

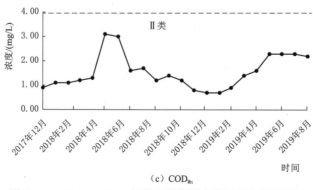

（c）COD_{Mn}

图 6.2-3　2017—2019 年期间桃源河水质逐月变化过程图

COD$_{Mn}$、TP、TN 三指标的年均值分别为 1.55mg/L、0.031mg/L、0.28mg/L，枯水期（2018 年 11 月至 2019 年 5 月）三指标的平均值分别为 1.20mg/L、0.011mg/L、0.14mg/L，丰水期三指标的平均值分别为 1.42mg/L、0.024mg/L、0.34mg/L，桃源河水质较好，满足其水质目标要求。桃源水库建库后具有多年调节性能，相对优质的桃源河来水在桃源水库内沉淀和净化后，其水质将优于枯水期水质状况，故规划水平年桃源水库水质设计为：COD 4mg/L，COD$_{Mn}$ 1.1mg/L，TP 0.010mg/L，TN 0.14mg/L。

对比黑惠江干流和桃源河水质结果（图 6.2－4）可知：桃源河水质明显优于黑惠江

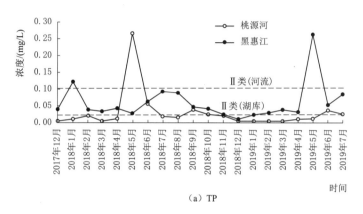

（a）TP

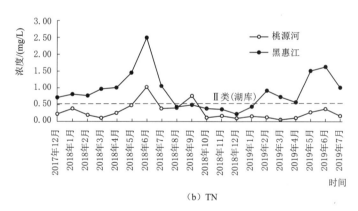

（b）TN

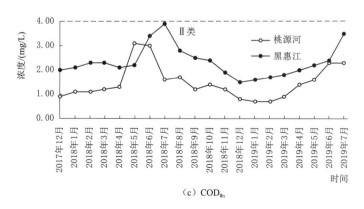

（c）COD$_{Mn}$

图 6.2－4　2017－2019 年期间桃源河与黑惠江干流水质逐月变化对比

干流，在落实黑惠江干流水污染防治规划（桃源河流域）治理措施条件下，当桃源水库建成运行后引水量越多，则相同引水量对洱海水质改善效果就越好，同时洱海水质达标所需的外流域引水量就越少。

2. 洱海流域北三江三库置换水源及其水质条件

在洱海流域水资源条件日益短缺的条件下，为贯彻落实"洱海保护优先"原则，应尽可能退还流域内因灌溉农田占用的优质水源并回归洱海，农田灌溉用水可依托桃源水库工程中的黑惠江干流水源解决。根据桃源水库工程来水条件、规模条件、洱海北部依托三库（三岔河水库、海西海水库和茈碧湖）灌溉用水需求及洱海生态需求过程进行 1960—2016 年长系列年调节计算，在桃源水库正常蓄水位 2282.00m 方案下桃源水库工程多年平均补水量为 1.70 亿 m^3，特丰水年（$P=10\%$）、丰水年（$P=25\%$）、平水年（$P=50\%$）、枯水年（$P=75\%$）、特枯水年（$P=90\%$）设计水文条件下桃源水库生态补水量分别为 2.24 亿 m^3、1.96 亿 m^3、2.33 亿 m^3、2.06 亿 m^3、1.34 亿 m^3，其中平水年、枯水年及特枯水年份引自桃源水库和三岔河水库、海西海水库和茈碧湖三库置换的水量分别为 1.52 亿 m^3、1.40 亿 m^3、0.90 亿 m^3，分别占总引水量的比重为 65.22\%、67.99\%、67.44\%。各典型年桃源水库生态补水水源组成及其补水过程见表 6.2-5，其中来自三岔河水库、海西海和茈碧湖的补水过程分别见表 6.2-6～表 6.2-8。

表 6.2-5　　　　　　　　各典型年桃源水库生态补水水源组成及其补水过程　　　　　　单位：万 m^3

水源	频率	6月	7月	8月	9月	10月	11月	12月	1月	2月	3月	4月	5月	合计
三库	$P=10\%$	0	0	29	2316	1434	1933	1200	1200	1035	650	650	300	10747
	$P=25\%$	0	0	0	2019	965	1003	1245	1000	600	600	1030	340	8802
	$P=50\%$	0	804	0	0	898	894	1100	1100	1100	1050	780	350	8076
	$P=75\%$	91	0	786	1341	669	1510	1500	1273	0	0	310	266	7746
	$P=90\%$	2152	472	1402	781	10	41	0	1200	1339	656	260		8313
	多年平均	216	197	124	793	739	864	1020	921	801	718	746	362	7501
桃源水库	$P=10\%$	0	0	0	0	0	471	962	402	484	400	400	0	3119
	$P=25\%$	777	0	0	0	0	220	1751	536	484	268	519	0	4555
	$P=50\%$	778	0	0	0	0	626	1877	960	960	960	960	0	7121
	$P=75\%$	0	0	0	1089	549	122	900	900	900	900	911	0	6271
	$P=90\%$	0	0	0	0	0	0	0	0	0	713	0		713
	多年平均	237	31		61	130	394	563	406	414	385	490	0	3111
黑惠江干流直引	$P=10\%$	778	804	774	2592	2678	688	110	133	0	0	0	0	8557
	$P=25\%$	0	804	804	573	1714	1589	745	0	0	0	0	0	6229
	$P=50\%$	0	0	804	2592	2678	1072	801	155	0	0	0	0	8102
	$P=75\%$	0	1071	1379	2415	914	351	469	0	0	0	0	0	6599
	$P=90\%$	380	1377	1444	797	359	0	0	0	0	0	0	0	4357
	多年平均	160	547	847	1934	1873	595	357	61	5	2	2	0	6383

续表

水源	频率	6月	7月	8月	9月	10月	11月	12月	1月	2月	3月	4月	5月	合计
桃源水库工程	$P=10\%$	778	804	803	4908	4112	3092	2271	1736	1519	1050	1050	300	22423
	$P=25\%$	777	804	804	2592	2678	2812	3741	1536	1084	868	1549	340	19585
	$P=50\%$	778	804	804	2592	3576	2592	3778	2215	2060	2010	1740	350	23299
	$P=75\%$	91	1071	2165	4845	2132	1983	2869	2173	900	900	1221	266	20616
	$P=90\%$	2533	1849	2846	1578	359	10	41	0	1200	1339	1369	260	13384
	多年平均	613	776	971	2788	2742	1852	1940	1388	1220	1105	1239	362	16996

表 6.2-6 各典型年来自三岔河水库的置换入湖水量过程 单位：万 m³

频率	6月	7月	8月	9月	10月	11月	12月	1月	2月	3月	4月	5月	合计
$P=10\%$	0	0	29	0	0	46	0	0	0	0	0	0	75
$P=25\%$	0	0	0	208	190	341	145	0	0	0	0	0	884
$P=50\%$	0	194	0	0	0	0	0	0	0	0	0	0	194
$P=75\%$	0	0	0	241	83	10	0	0	0	0	0	0	334
$P=90\%$	0	0	0	261	0	0	0	0	0	0	0	0	261
多年平均	11	11	19	121	81	69	25	2	0	0	4	2	345

表 6.2-7 各典型年来自海西海的置换入湖水量过程 单位：万 m³

频率	6月	7月	8月	9月	10月	11月	12月	1月	2月	3月	4月	5月	合计
$P=10\%$	0	0	0	2316	1434	1387	700	700	650	650	650	300	8787
$P=25\%$	0	0	0	1811	775	662	500	400	0	0	430	0	4578
$P=50\%$	0	610	0	0	898	894	700	700	700	650	650	350	6152
$P=75\%$	0	0	0	564	286	1200	1200	1161	0	0	310	266	4987
$P=90\%$	944	0	0	0	0	10	41	0	1200	1339	656	260	4450
多年平均	165	109	27	455	523	647	635	555	516	500	505	217	4854

表 6.2-8 各典型年来自茈碧湖的置换入湖水量过程 单位：万 m³

频率	6月	7月	8月	9月	10月	11月	12月	1月	2月	3月	4月	5月	合计
$P=10\%$	0	0	0	0	0	500	500	500	385	0	0	0	1885
$P=25\%$	0	0	0	0	0	600	600	600	600	600	340		3340
$P=50\%$	0	0	0	0	0	0	400	400	400	400	130	0	1730
$P=75\%$	91	0	786	536	300	300	300	112	0	0	0	0	2425
$P=90\%$	1208	472	1402	520	0	0	0	0	0	0	0	0	3602
多年平均	41	77	78	217	135	147	360	364	284	219	237	142	2301

基于 2016—2019 年茈碧湖、海西海及黑惠江水质监测数据，综合对比桃源水库工程多水源现状水质状况及其年内变化过程，分别见表 6.2-9 和图 6.2-5。

表 6.2－9　　　　　　　　桃源水库工程多水源现状水质比较　　　　　　　单位：mg/L

2018 年	TP				TN			
	海西海	茈碧湖	桃源河	黑惠江	海西海	茈碧湖	桃源河	黑惠江
1 月	0.01	0.005	0.011	0.122	0.17	0.49	0.36	0.79
2 月	0.01	0.010	0.021	0.039	0.14	0.38	0.17	0.75
3 月	0.01	0.009	0.005	0.034	0.15	0.21	0.08	0.95
4 月	0.01	0.010	0.012	0.043	0.22	0.24	0.23	0.99
5 月	0.01	0.013		0.028	0.21	0.23	0.46	1.44
6 月	0.01	0.010	0.019	0.063	0.13	0.28	0.36	2.49
7 月	0.01	0.008	0.016	0.093	0.14	0.17	0.38	1.04
8 月	0.01	0.008	0.039	0.089	0.14	0.10	0.74	0.41
9 月	0.02	0.009	0.025	0.047	0.22	0.18	0.09	0.47
10 月		0.011	0.021	0.042		0.37	0.14	0.36
11 月		0.011	0.005	0.025		0.32	0.07	0.34
12 月		0.019	0.005	0.011		0.56	0.13	0.2
年均值	0.011	0.010	0.016	0.053	0.17	0.29	0.27	0.85

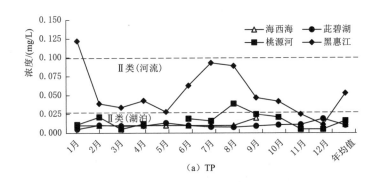

（a）TP

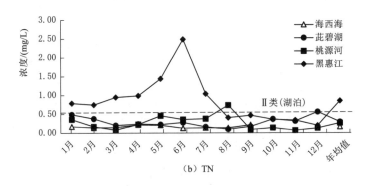

（b）TN

图 6.2－5　桃源水库生态补水工程多水源现状水质年内变化过程比较

对比表 6.2-9 和图 6.2-5 中的多水源现状水质状况可知，三库（其中三岔河水库 COD 2mg/L、TP 0.018mg/L、TN 0.33mg/L）和桃源河现状水质均满足湖泊Ⅱ标准，水质优良（三库水质优于桃源河水质），黑惠江干流水质较三库和桃源河差，基本符合地表Ⅱ类水质标准，但按湖库标准评价则为Ⅲ～Ⅳ类，因此利用黑惠江干流来水尽可能替换洱海流域内三库的农田灌溉功能，让更优质的三库水回归洱海对洱海水质保护是十分有利的。

桃源水库工程利用黑惠江干流来水置换水质相对优良的三库水源的灌溉功能，从现状水质来看：三岔河 COD、TP、TN 三指标的平均值分别为 2.0mg/L、0.018mg/L、0.33mg/L，海西海 COD、TP、TN 指标的年均值分别为 4.67mg/L、0.011mg/L、0.17mg/L，茈碧湖 COD、TP、TN 指标的年均值分别为 8.50mg/L、0.010mg/L、0.29mg/L，均满足三库的水质保护目标（湖泊Ⅱ类），故三库水源置换方案的引水水质可直接采用现状水质浓度。

6.3 洱海生态水位调度方案研究

6.3.1 基本原则

截至目前，人们关于生态调度的概念有不同的见解。现阶段，河流、湖泊及水库生态调度处于探索阶段，强调将生态因子纳入传统的水库调度过程中，实现水库综合调度。Symphorian et al. 强调生态调度过程能够同时满足人类社会发展和河流生态系统对水资源的需求；谭红武等将生态调度归纳成维系和恢复河流生态系统而采取的多种水利工程调度措施的总称；董哲仁等指出生态调度是在实现防洪、发电、供水、灌溉等多种经济社会目标的条件下，兼顾河流生态系统需求的一种多目标水库调度手段。

洱海生态水位调度，是以洱海为对象，结合洱海流域防洪安全、湖周生产生活用水及在湖滨带沉水植被恢复性生长季节（4—7 月）维持较低水位运行（1964.30～1964.60m）的生态水位需求，在充分了解流域社会经济用水与生态环境需水之间的矛盾，权衡社会经济可承载力的基础上，并根据流域水资源管理要求，适当开发利用水资源，制定洱海生态水位调度的原则及措施。洱海生态水位调度主要有生态优先、均衡利用、就近调水、非完全保障及协作等原则。

6.3.2 洱海生态水位调度运行方案

基于过去 70 年来洱海的历史水位数据和洱海保护条例确定的法定运行水位范围（1964.30～1966.00m），并结合洱海水质、沉水植被与水位之间的响应关系，洱海生物多样性保护需求下的年内水位过程和"三生用水"安全的水资源条件保障，综合确定洱海生态水位调度运行过程方案见图 6.3-1，具体运行过程为：①1—4 月：洱海水位自然消落期，水位运行区间为 1964.60～1966.00m，4 月底洱海水位降低至 1964.60m；②5—8月：洱海维持较低水位（1964.30～1964.60）运行，其中 6—7 月水位维持在 1964.30m附近；③9—12 月：蓄水及高水位运行期，洱海运行水位区间为 1964.60～1966.00m。

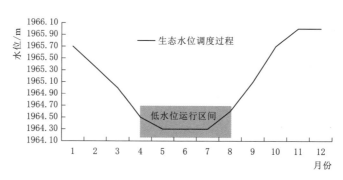

图6.3-1 洱海生态水位调度运行过程方案

1. 近期水平年洱海生态水位调度方案

在洱海流域水资源条件日益短缺的条件下，为贯彻落实"洱海保护优先"原则，应尽可能退还流域内因灌溉农田占用的优质水源并回归洱海，故农田灌溉用水可依托桃源水库工程中的黑惠江干流和桃源水库水源解决，同时桃源水库相对优质水源可兼顾洱海生态环境补水的部分需求和9—12月洱海北部湖湾藻类水华应急防控的水量调度需求。近期桃源水库工程实施后，多年平均可使洱海流域水资源量增加1.09亿 m^3，结合"茈碧湖、海西海和三岔河水库"三库调蓄和高效节水灌溉，近期约有1.31亿 m^3 的清洁水量进入洱海，为洱海生态水位调度方案的有效落实提供了一定的水资源条件支撑。

在满足洱海流域生产生活和西洱河下游生态用水需求（分别见图5.3-7、图5.3-9）的约束条件下，尽可能为洱海水生植被，尤其是沉水植被生长发育季节的低水位运行创造条件，不同典型水文年（丰、平、枯水年）代表年型下，各典型水文年型洱海年内生态水位调度运行方案见图6.3-2，相应方案下的西洱河出湖流量过程见图6.3-3。

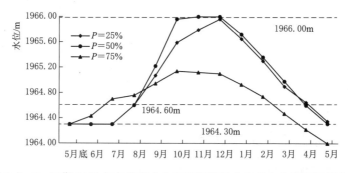

图6.3-2 近期2025年各典型水文年型洱海年内生态水位调度运行方案

由图6.3-2和图6.3-3所示结果可知，在桃源水库工程供水替换洱海流域三库水源方案下，平水年及来水偏多年份拟定的洱海生态水位调度方案可以得到较好执行和落实；而来水较常年偏少和极其严重偏少年份，在保障洱海流域"三生"用水需求条件下年内最低水位将突破洱海保护条例确定的法定最低水位限值（1964.30m），降低到1943.00m附近，将为洱海沉水植被恢复性生长提供良好条件。

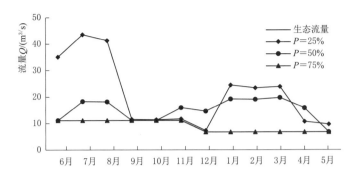

图 6.3-3　近期 2025 年各典型水文年型洱海生态水位调度方案下的西洱河出湖流量过程

2. 远期水平年洱海生态水位调度方案

在黑惠江干流水质逐渐好转并稳定达到或接近湖库 Ⅱ 类水质标准时，桃源水库工程将为洱海水质保护、水生态修复及北部湖湾的藻类水华应急调度提供更多的水资源条件和为洱海更加灵活的调度运行方式提供资源条件保障。远期桃源水库工程多年平均补水量为 1.62 亿 m³，在满足洱海流域生产生活和西洱河下游生态用水需求（分别见图 5.3-7～图 5.3-9）的约束条件下，尽可能为洱海水生植被，尤其是沉水植被生长发育季节的低水位运行创造条件，不同典型水文年（特丰、丰、平、枯及特枯水年）代表年型下，各典型年洱海年内生态水位调度运行方案见图 6.3-4，相应方案下的西洱河出湖流量过程见图 6.3-5。

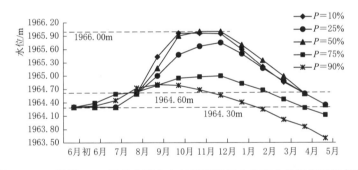

图 6.3-4　远期 2035 年各典型水文年型洱海年内生态水位调度运行方案

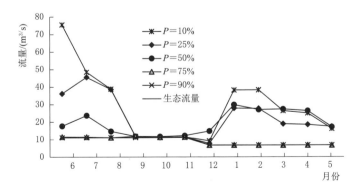

图 6.3-5　远期 2035 年各典型水文年型洱海生态水位调度方案下的西洱河出湖流量过程

由图 6.3-4 和图 6.3-5 结果可知，在远期桃源水库工程无水质限制性约束时可直补洱海生态用水，平水年及来水偏多年份拟定的洱海生态水位调度方案可以得到较好执行和落实；而来水较常年偏少和极其严重偏少年份，在保障洱海流域"三生"用水需求条件下年内最低水位将突破洱海保护条例确定的法定最低水位限值（1964.30m），其中枯水年年内最低水位较法定最低水位降低 0.17m，特枯水年最低水位较法定最低水位降低 0.70m，不过也可为洱海沉水植被恢复性生长提供良好条件。

6.4　生态环境补水改善洱海湖泊水质效果预测

6.4.1　桃源水库补水对洱海水动力条件影响预测

为抑制蓝藻水华现象的发生，根据桃源水库工程水源区和受水区的相对位置关系，结合工程隧道规模（10m³/s），并从最大可能地改善易发生蓝藻水华湖湾的水动力条件出发，将桃源水库工程的入洱海位置布置在洱海北部的沙坪湾和海潮湾。

在桃源水库工程来水条件下，将加快入湖口所在湖区的水体流动。在补水规模 10m³/s 作用下，洱海北部沙坪湾湖区湖流流速由 0.012m/s 增加到 0.013m/s，流速增加约 0.1cm/s；海潮湾的湖流流速由 0.0165m/s 增加到 0.017m/s，流速增加约 0.05cm/s；补水工程对洱海整体流速增幅很小，约为 0.01cm/s。桃源水库补水前后洱海北部湖湾流场变化对比见图 6.4-1，桃源水库补水后洱海北部湖湾流场变化增量情况见图 6.4-2。

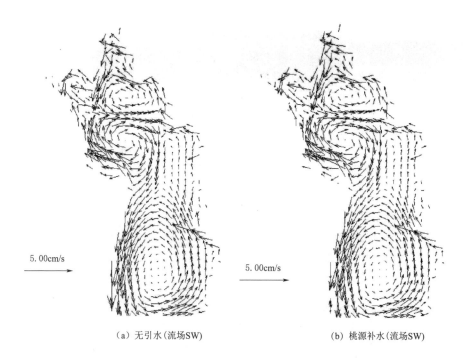

（a）无引水（流场SW）　　　　　（b）桃源补水（流场SW）

图 6.4-1　桃源水库补水前后洱海北部湖湾流场变化对比图

6.4.2 桃源水库补水对洱海水质改善效果预测

基于桃源水库工程水源区条件，并遵循"洱海保护优先"原则，设计了桃源水库工程生态直补和外流域来水置换三库水源的灌溉功能两种方案，预测不同补水模式下洱海水质的响应状况，并从洱海水质改善效果相对较好且有利于桃源水库工程综合效益发挥角度推荐适宜的补水方案与工程调度运行方式。

6.4.2.1 桃源水库工程生态直补对洱海水质影响预测

1. 生态补水对洱海整体水质影响预测

规划水平 2035 年，平水年、枯水年、特枯水年代表年型下桃源水库工程补水入湖后，预测得到各典型下洱海全湖的 COD、TP、TN、COD_{Mn} 四项指标年均水质浓度分别为 13.92mg/L、0.025mg/L、0.53mg/L、3.57mg/L，14.66mg/L、0.024mg/L、0.50mg/L、3.60mg/L，15.02mg/L、0.023mg/L、0.48mg/L、3.88mg/L，较工程实施前的洱海水质（15.51mg/L、0.026mg/L、0.56mg/L、3.93mg/L，15.20mg/L、0.024mg/L、0.52mg/L、3.79mg/L，15.37mg/L、0.023mg/L、0.49mg/L、4.10mg/L）

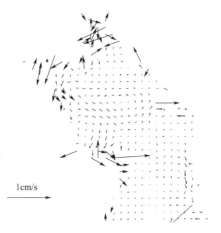

图 6.4-2 桃源水库补水后洱海北部湖湾流场变化增量图（流场 SW）

均有不同程度地改善（年内变化过程详见表 6.4-1～表 6.4-3），各指标年内水质改善幅度分别为 2.28%～10.23%、0.25%～1.75%、2.13%～5.86%、4.97%～9.06%（补水前后水质变化过程分别见图 6.4-3～图 6.4-5，水质空间分布变化情况见图 6.4-6～图 6.4-8），补水前后洱海 COD、TP、TN、COD_{Mn} 四项指标水质类别分别为Ⅱ类、Ⅱ类、Ⅱ～Ⅲ类和Ⅱ类；在 TN 指标不参评条件下，洱海各水文年的总体水质均基本满足湖泊Ⅱ类标准。

表 6.4-1　2035 年平水年桃源水库补水前后洱海水质年内变化过程（$P=50\%$）　单位：mg/L

时 间	补 水 前				补 水 后			
	COD	TP	TN	COD_{Mn}	COD	TP	TN	COD_{Mn}
1月8日	14.95	0.024	0.54	3.86	13.39	0.024	0.51	3.50
2月8日	14.88	0.024	0.53	3.84	13.20	0.024	0.50	3.45
3月8日	14.78	0.024	0.53	3.81	13.02	0.023	0.49	3.39
4月8日	14.69	0.024	0.52	3.77	12.88	0.023	0.48	3.34
5月8日	14.59	0.024	0.52	3.72	12.73	0.023	0.48	3.28
6月8日	14.57	0.025	0.54	3.68	13.03	0.024	0.50	3.37
7月8日	15.39	0.027	0.58	3.88	13.88	0.026	0.55	3.57
8月8日	17.61	0.029	0.61	4.27	16.12	0.028	0.58	3.97
9月8日	17.63	0.030	0.62	4.28	16.15	0.029	0.59	3.97

续表

时 间	补 水 前				补 水 后			
	COD	TP	TN	COD_Mn	COD	TP	TN	COD_Mn
10月8日	16.43	0.028	0.60	4.15	15.00	0.027	0.57	3.83
11月8日	15.45	0.026	0.58	3.96	14.04	0.026	0.55	3.64
12月8日	15.11	0.025	0.55	3.89	13.61	0.025	0.53	3.55
年均值	15.51	0.026	0.56	3.93	13.92	0.025	0.53	3.57
水质类别	Ⅲ类				Ⅱ类（TN不参评）			

表 6.4－2　　2035 年枯水年桃源水库补水前后洱海水质年内变化过程（$P=75\%$）　　单位：mg/L

时 间	补 水 前				补 水 后			
	COD	TP	TN	COD_Mn	COD	TP	TN	COD_Mn
1月8日	14.50	0.020	0.46	3.65	13.98	0.021	0.45	3.48
2月8日	14.45	0.021	0.46	3.63	13.97	0.021	0.45	3.47
3月8日	14.41	0.021	0.46	3.62	13.94	0.021	0.45	3.46
4月8日	14.38	0.021	0.46	3.60	13.91	0.022	0.46	3.45
5月8日	14.36	0.022	0.47	3.57	13.90	0.022	0.46	3.42
6月8日	14.38	0.024	0.52	3.66	13.97	0.024	0.51	3.46
7月8日	15.25	0.029	0.60	3.86	14.79	0.028	0.59	3.66
8月8日	17.50	0.030	0.64	4.26	16.94	0.030	0.63	4.04
9月8日	17.31	0.028	0.59	4.18	16.63	0.028	0.58	3.95
10月8日	16.04	0.024	0.54	3.98	15.34	0.024	0.52	3.75
11月8日	15.09	0.022	0.50	3.78	14.49	0.022	0.49	3.58
12月8日	14.69	0.021	0.48	3.69	14.12	0.021	0.47	3.50
年均值	15.20	0.024	0.52	3.79	14.66	0.024	0.50	3.60
水质类别	Ⅲ类				Ⅱ类			

表 6.4－3　　2035 年特枯水年桃源水库补水前后洱海水质年内变化过程　　单位：mg/L

时 间	补 水 前				补 水 后			
	COD	TP	TN	COD_Mn	COD	TP	TN	COD_Mn
1月8日	14.67	0.020	0.45	3.96	14.38	0.020	0.44	3.76
2月8日	14.58	0.020	0.44	3.92	14.34	0.020	0.44	3.74
3月8日	14.51	0.021	0.44	3.89	14.26	0.021	0.44	3.71
4月8日	14.44	0.021	0.44	3.85	14.17	0.021	0.44	3.67
5月8日	14.35	0.021	0.45	3.80	14.10	0.021	0.44	3.63
6月8日	14.43	0.024	0.48	3.95	14.15	0.023	0.47	3.71
7月8日	15.30	0.027	0.52	4.16	14.96	0.026	0.50	3.91

续表

时 间	补 水 前				补 水 后			
	COD	TP	TN	COD$_{Mn}$	COD	TP	TN	COD$_{Mn}$
8月8日	17.70	0.030	0.57	4.61	17.25	0.030	0.55	4.33
9月8日	17.81	0.029	0.58	4.62	17.29	0.029	0.57	4.33
10月8日	16.39	0.025	0.53	4.36	15.90	0.025	0.51	4.10
11月8日	15.31	0.022	0.49	4.11	14.86	0.022	0.48	3.86
12月8日	14.89	0.021	0.47	4.01	14.50	0.021	0.46	3.78
年均值	15.37	0.023	0.49	4.10	15.02	0.023	0.48	3.88
水质类别	Ⅲ类				Ⅱ类			

工程实施后，平水年型下 COD、COD$_{Mn}$ 指标年内达标月数提高 3 个月，TN 指标达标月数增加 5 个月，TP 指标达标月数仍维持 7 个月；枯水年 COD、COD$_{Mn}$ 指标年内达标月数提高 1～2 个月，TN 指标达标月数增加 1 个月，TP 指标达标月数仍维持 9 个月；特枯水年 COD、COD$_{Mn}$ 指标年内达标月数提高 2 个月，TN 指标达标月数增加 1 个月，TP 指标达标月数仍维持 9 个月。

2. 生态补水对北部湖湾水质影响预测

桃源水库工程由洱海北部的沙坪湾和海潮湾补水入洱海，因此，沙坪湾和海潮湾是受桃源水库引水最敏感的湖湾，也是受桃源水库补水湖区水质改善效果最为显著的湖湾，由图 6.4-9～图 6.4-11 所示的沙坪湾补水前后年内水质变化过程可知，受洱海流域来水、湖区本底水质状况、桃源水库工程可引水量等多因素综合影响，不同年型下沙坪湾的各水质指标的年内变化过程存在一定的差异，但桃源水库工程补水对北部湖湾水质改善是比较明显的，平水年型下桃源水库补水对沙坪湾 COD、TP、TN、COD$_{Mn}$ 的改善幅度分别为 13.07%（8.71%～15.66%）、2.64%（−1.89%～8.91%）、7.60%（4.30%～14.63%）、11.91%（7.50%～18.52%），枯水年型下桃源水库补水对沙坪湾 COD、TP、TN、COD$_{Mn}$ 的改善幅度分别为 8.11%（6.61%～10.81%）、1.31%（−1.97%～4.64%）、5.68%（3.91%～8.47%）、9.02%（8.06%～11.56%），特枯水年桃源水库补水对沙坪湾 COD、TP、TN、COD$_{Mn}$ 的改善幅度分别为 6.57%（3.35%～13.20%）、2.20%（0.61%～5.99%）、5.29%（3.46%～9.84%）、9.16%（5.76%～14.86%），从桃源水库补水对洱海各湖区水质影响程度变化来看，呈现自北向南逐渐减弱趋势。

3. 生态补水对洱海分区水质影响预测

桃源水库工程由洱海北部的沙坪湾和海潮湾补水入洱海，再由洱海南部的西洱河排出，对洱海分区（北、中、南）水质改善效果呈现自北向南逐渐减弱的趋势（图 6.4-12～图 6.4-14），如平水年桃源水库补水对洱海北部 COD、TP、TN、COD$_{Mn}$ 的改善幅度分别为 12.71%、2.45%、7.63%、11.54%，对洱海中部 COD、TP、TN、COD$_{Mn}$ 的改善幅度分别为 10.22%、1.77%、5.95%、8.99%，对洱海南部 COD、TP、TN、COD$_{Mn}$ 的改善幅度分别为 8.59%、1.38%、4.34%、7.50%。

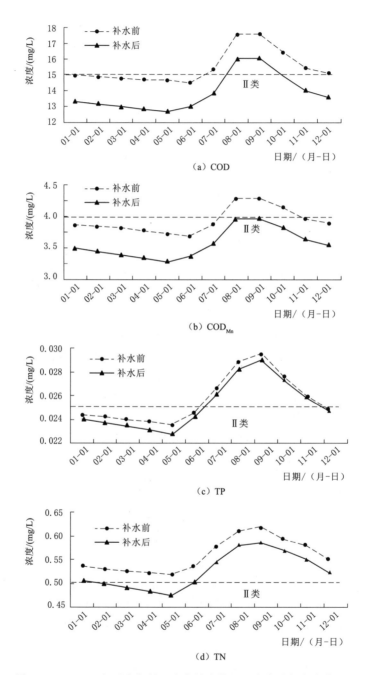

图 6.4-3　2035 年平水年桃源水库补水前后洱海水质年内变化过程
($P=50\%$)

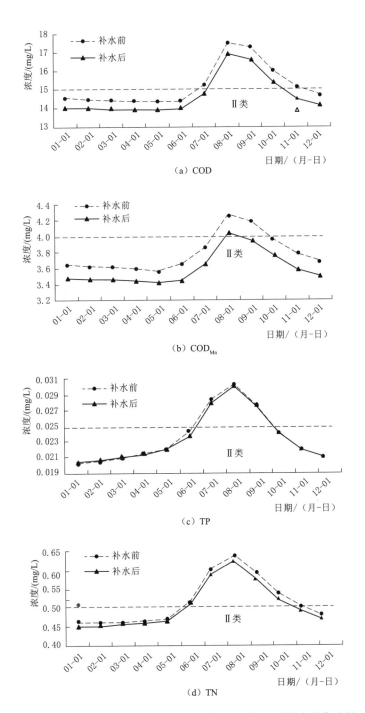

图 6.4-4　2035 年枯水年桃源水库补水前后洱海水质年内变化过程

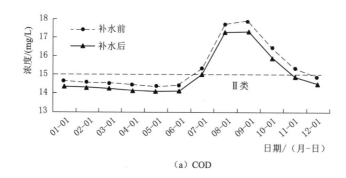

（a）COD

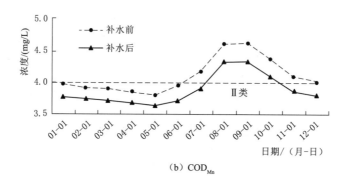

（b）COD$_{Mn}$

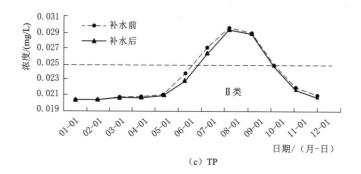

（c）TP

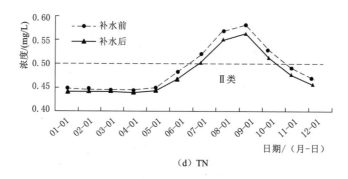

（d）TN

图 6.4-5　2035 年特枯水年桃源水库补水前后洱海水质年内变化过程

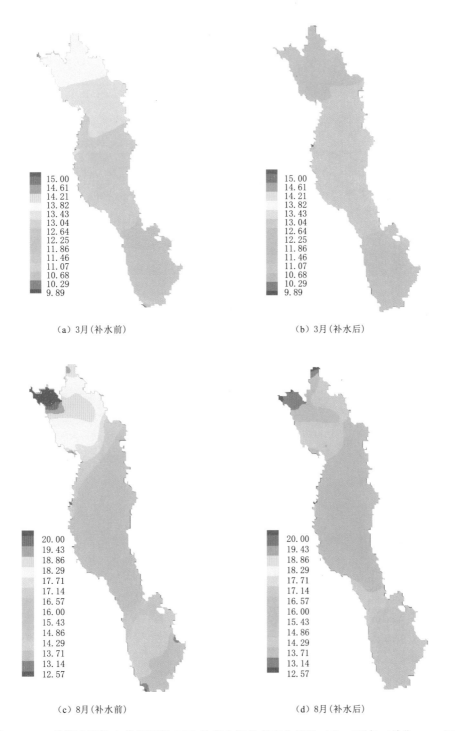

（a）3月（补水前）　　　　　　　　　　　（b）3月（补水后）

（c）8月（补水前）　　　　　　　　　　　（d）8月（补水后）

图 6.4-6　桃源水库补水前后洱海 COD 浓度空间分布变化情况（$P=75\%$）（单位：mg/L）

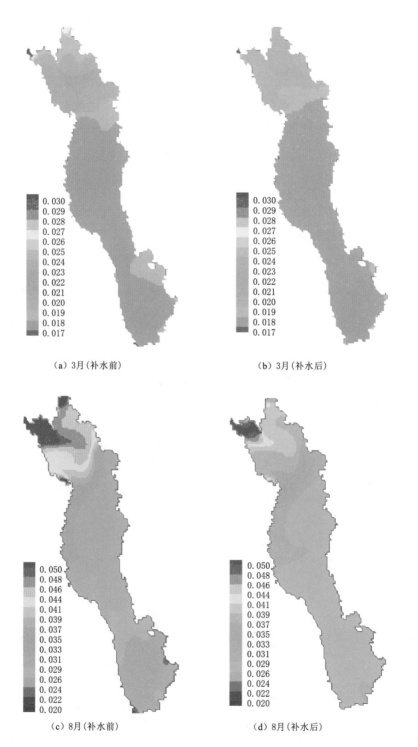

图 6.4-7 桃源水库补水前后洱海 TP 浓度空间分布变化情况 （$P=75\%$）（单位：mg/L）

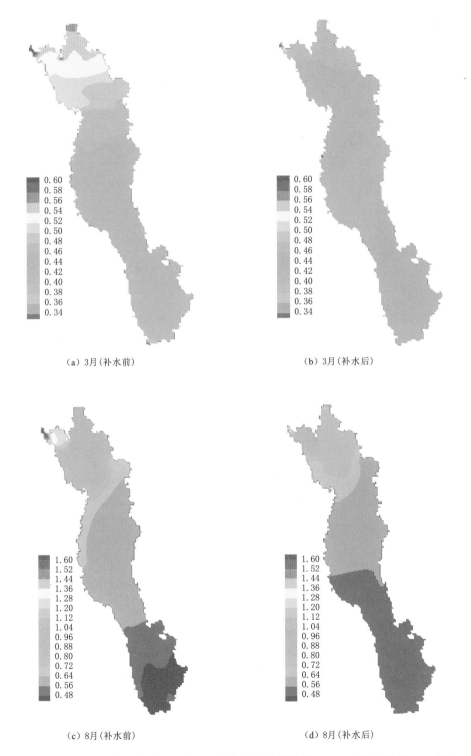

（a）3月（补水前）　　　　　　　　　　（b）3月（补水后）

（c）8月（补水前）　　　　　　　　　　（d）8月（补水后）

图 6.4-8　桃源水库补水前后洱海 TN 空间分布变化情况（$P=75\%$）（单位：mg/L）

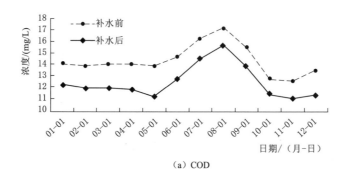

（a）COD

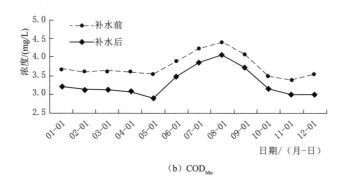

（b）COD_{Mn}

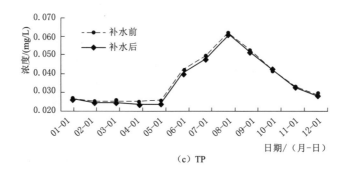

（c）TP

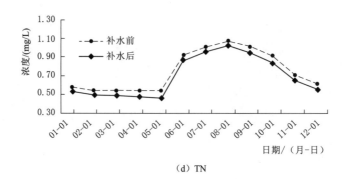

（d）TN

图 6.4-9　2035 年平水年桃源水库补水前后对洱海北部沙坪湾年内水质变化影响

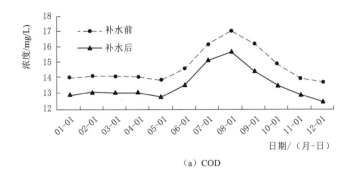

（a）COD

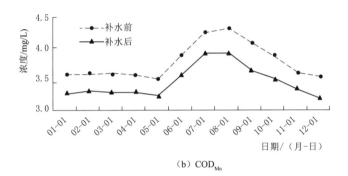

（b）COD_{Mn}

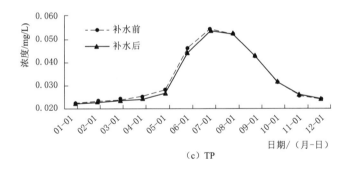

（c）TP

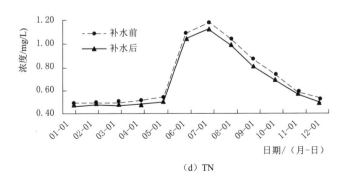

（d）TN

图 6.4-10　2035 年枯水年桃源水库补水前后对洱海北部沙坪湾年内水质变化影响

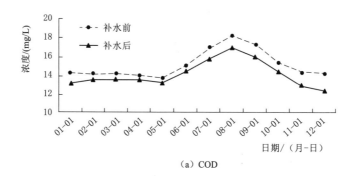

（a）COD

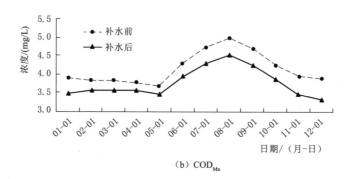

（b）COD_{Mn}

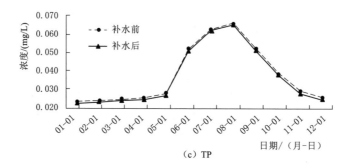

（c）TP

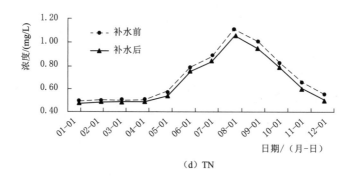

（d）TN

图 6.4－11　2035 年特枯水年桃源水库补水前后对洱海北部沙坪湾年内水质变化影响

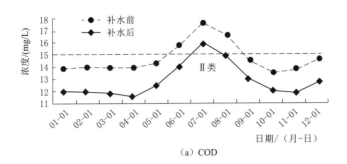

(a) COD

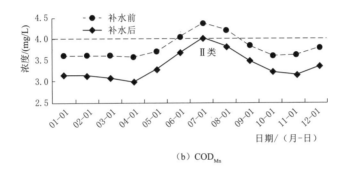

(b) COD$_{Mn}$

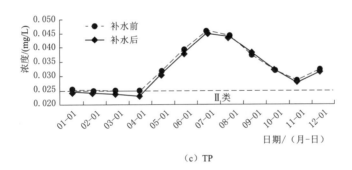

(c) TP

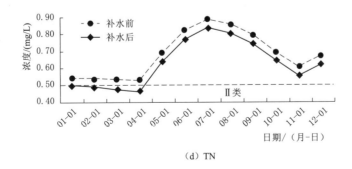

(d) TN

图 6.4-12　2035 年桃源水库补水前后对洱海北部湖区年内水质变化影响（$P=50\%$）

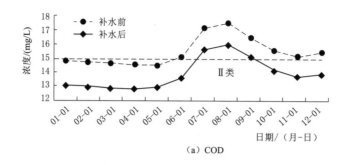

（a）COD

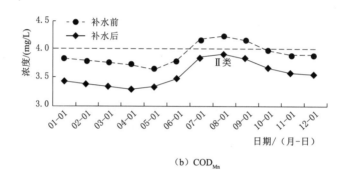

（b）COD_{Mn}

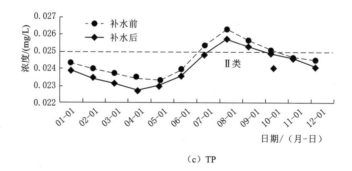

（c）TP

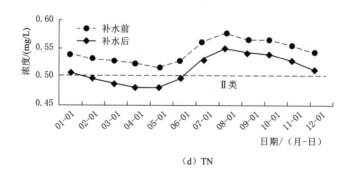

（d）TN

图 6.4－13　2035 年桃源水库补水前后对洱海中部湖区年内水质变化影响（$P=50\%$）

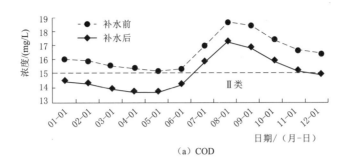

（a）COD

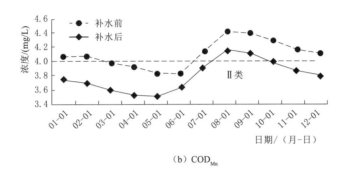

（b）COD$_{Mn}$

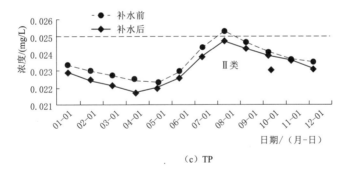

（c）TP

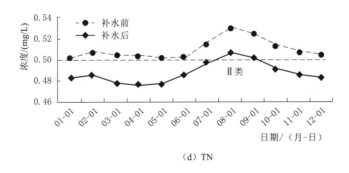

（d）TN

图 6.4－14　2035 年桃源水库补水前后对洱海南部湖区年内水质变化影响（$P=50\%$）

6.4.2.2 桃源水库工程水源置换对洱海水质影响预测

在洱海流域水资源条件只能维持湖泊水位基本平衡和流域用水条件日益紧张的条件下，洱海水质保护的资源约束问题日益突出。依托桃源水库工程中的黑惠江水源解决以洱源县三库优质水资源为农田灌溉水源的用水需求，并尽可能退还流域内因灌溉农田占用的优质水源并回归洱海，符合"洱海保护优先"原则，同时也大幅度降低了可能因外流域补水水质不达标带来的洱海水质污染风险，故利用黑惠江干流来水尽可能替换洱海流域内三库的农田灌溉功能，让更优质的三库水回归洱海对洱海水质保护是十分有利的。

1. 三库水源置换对入湖负荷减排影响分析

现状年洱源县的三岔河水库、海西海和茈碧湖三库的功能为向周边提供生产、生活与农田灌溉用水，其水质优良（全年基本均满足湖泊Ⅱ类水质标准），现状水质优于桃源河（满足湖泊Ⅱ类水质标准），明显优于黑惠江干流水质（基本符合地表Ⅱ类水质标准，按湖库标准评价则为Ⅲ~Ⅳ类），因此，通过水源置换让黑惠江干流来水替换现有的三库灌溉水源，从而可使优良的三库水顺弥苴河流入洱海北部的沙坪湾和分流入海潮湾，进而实现入湖污染物的减排并实现洱海北部及湖区整体水质的逐步改善。

基于桃源水库工程直补方案（表 6.2-2~表 6.2-4）和三库水源置换方案（表 6.2-5~表 6.2-8），并结合现状年（2018—2019 年）桃源河、黑惠江干流、三库等水源的实测水质资料（表 6.4-4），以平水年型（$P=50\%$）为例统计得到桃源水库工程直补方案和三库水源置换方案对洱海入湖污染物增量影响见表 6.4-5 和表 6.4-6。

表 6.4-4   2018—2019 年桃源水库工程各水源水质状况   单位：mg/L

月份	黑 惠 江			桃 源 河			海 西 海			茈 碧 湖		
	TP	TN	COD$_{Mn}$	TP	TN	COD$_{Mn}$	TP	TN	COD$_{Mn}$	TP	TN	COD$_{Mn}$
6	0.063	2.49	3.40	0.019	0.36	1.60	0.010	0.13	1.38	0.010	0.28	1.38
7	0.093	1.04	3.90	0.016	0.38	1.70	0.010	0.14	1.26	0.008	0.17	1.26
8	0.089	0.41	2.80	0.039	0.74	1.20	0.010	0.14	1.15	0.008	0.10	1.15
9	0.047	0.47	2.50	0.025	0.09	1.40	0.020	0.22	1.08	0.009	0.18	1.08
10	0.042	0.36	2.40	0.021	0.14	1.20	0.17	0.17	1.05	0.011	0.37	1.05
11	0.025	0.34	1.90	0.005	0.07	0.80	0.010	0.17	0.81	0.011	0.32	0.81
12	0.011	0.20	1.50	0.005	0.13	0.70	0.010	0.17	1.28	0.019	0.56	1.28
1	0.024	0.42	1.60	0.005	0.10	1.20	0.010	0.17	1.20	0.012	0.60	1.20
2	0.030	0.90	1.70	0.005	0.03	0.90	0.010	0.14	1.20	0.005	0.54	1.20
3	0.039	0.71	1.80	0.011	0.08	1.40	0.010	0.15	1.20	0.021	0.40	1.20
4	0.032	0.55	2.00	0.012	0.25	1.60	0.010	0.22	1.20	0.008	0.25	1.20
5	0.263	1.50	2.20	0.037	0.35	2.30	0.010	0.21	1.48	0.006	0.31	1.48

表 6.4－5　　　　　现状年桃源水库生态补水工程对洱海入湖污染物增量影响统计

月份	生态补水/t			水源置换/t			水源置换增量/t			水源置换增量/%		
	TP	TN	COD_Mn	TP	TN	COD_Mn	TP	TN	COD_Mn	TP	TN	COD_Mn
6	0.01	0.28	1.24	0.01	0.28	1.24	0.00	0.00	0.00	−0.05	−0.05	−0.05
7	0.01	0.31	1.37	0.01	0.15	1.01	0.00	−0.16	−0.35	−25.47	−51.12	−25.93
8	0.07	0.33	2.25	0.07	0.33	2.25	0.00	0.00	0.00	−0.06	−0.06	−0.06
9	0.18	1.83	9.72	0.12	1.22	6.48	−0.06	−0.61	−3.24	−33.33	−33.33	−33.33
10	0.17	1.45	9.64	0.12	1.12	7.37	−0.05	−0.33	−2.27	−28.02	−22.79	−23.56
11	0.04	0.55	3.59	0.04	0.56	3.26	0.00	0.01	−0.33	−4.20	1.09	−9.20
12	0.02	0.51	3.24	0.03	0.75	3.92	0.01	0.24	0.68	39.72	46.85	20.96
1	0.02	0.34	1.54	0.02	0.52	2.24	0.00	0.18	0.70	7.81	54.15	45.62
2	0.02	0.34	1.47	0.01	0.34	2.18	0.00	0.00	0.72	−9.39	0.51	48.71
3	0.02	0.19	2.02	0.03	0.33	2.60	0.01	0.14	0.59	33.14	74.39	29.17
4	0.02	0.34	2.20	0.03	0.45	2.47	0.00	0.10	0.27	15.07	29.29	12.12
5	0.05	0.49	3.23	0.00	0.07	0.52	−0.05	−0.42	−2.71	−93.26	−85.04	−83.96
合计	0.63	6.96	41.51	0.48	6.12	35.54	−0.14	−0.85	−5.94	−98.04	13.89	−19.51

表 6.4－6　　　　　现状年桃源水库生态补水对洱海入湖污染物影响统计

项　目	入湖负荷量/t			入湖负荷增量/%		
	TP	TN	COD_Mn	TP	TN	COD_Mn
现状年	157.07	467.24	2912.14			
桃源水库直补增量	0.63	6.96	41.51	0.41	1.49	1.43
桃源水库补水水源置换增量	0.48	6.12	35.54	0.31	1.31	1.22

由表 6.4－5 和表 6.4－6 结果可知，在现状年水质条件下桃源水库工程生态直补入洱海，平水年型下引水挟带入湖的 TP、TN 及 COD_Mn 负荷量分别为 0.63t/a、6.96t/a、41.51t/a，分别占现状年洱海入湖污染物总量的 0.41%、1.49%、1.43%；三库水源置换方案下平水年型引水挟带入湖的 TP、TN 及 COD_Mn 负荷量分别为 0.48t/a、6.12t/a、35.54t/a，分别占现状年洱海入湖污染物总量的 0.31%、1.31%、1.22%。

比较桃源水库工程生态直补方案，三库水源置换方案下平水年型引水挟带入湖的 TP、TN 及 COD_Mn 负荷量将有明显减少，入湖负荷量分别减少 0.14t/a、0.85t/a、5.94t/a，减少幅度分别为 22.56%、12.08%、14.35%。尽管桃源水库工程挟带的入湖负荷量占比较小，但从引水挟带的净入湖负荷量减少幅度来看，三库水源置换方案相较直补方案具有较大的优势。

2. 三库水源置换对洱海水质影响预测

（1）三库水源置换对洱海整体水质影响预测。规划水平 2035 年平水年、枯水年、特枯水年代表年型下桃源水库工程补水三库水源置换后，各典型下洱海全湖的 COD、TP、TN、COD_Mn 四项指标年均水质浓度分别为 13.81mg/L、0.025mg/L、0.53mg/L、

3.54mg/L，15.00mg/L、0.023mg/L、0.51mg/L、3.68mg/L，15.17mg/L、0.023mg/L、0.48mg/L、3.84mg/L，较工程实施前的洱海水质（15.51mg/L、0.026mg/L、0.56mg/L、3.93mg/L，15.20mg/L、0.024mg/L、0.52mg/L、3.79mg/L，15.37mg/L、0.023mg/L、0.49mg/L、4.10mg/L）均有不同程度地改善（年内变化过程详见表 6.4-7～表 6.4-9），各指标年均水质改善幅度分别为 1.24%～10.95%、2.50%～3.20%、2.27%～5.47%、2.81%～9.81%（平水年型下补水前后水质变化过程见图 6.4-15），补水前后洱海 COD、TP、TN、COD$_{Mn}$ 四项指标水质类别分别为 Ⅱ～Ⅲ类、Ⅱ类、Ⅱ～Ⅲ类和 Ⅱ类；在 TN 指标不参评条件下，洱海各水文年的总体水质均基本满足湖泊Ⅱ类标准。

表 6.4-7　桃源水库工程、三库水源置换对洱海水质年内变化过程影响($P=50\%$)　　单位：mg/L

时间	无　补　水				桃源水库补水				三库水源置换			
	COD	TP	TN	COD$_{Mn}$	COD	TP	TN	COD$_{Mn}$	COD	TP	TN	COD$_{Mn}$
1 月 8 日	14.95	0.024	0.54	3.86	13.39	0.024	0.51	3.50	13.30	0.024	0.51	3.47
2 月 8 日	14.88	0.024	0.53	3.84	13.20	0.024	0.50	3.45	13.25	0.024	0.51	3.45
3 月 8 日	14.78	0.024	0.53	3.81	13.02	0.023	0.49	3.39	13.12	0.024	0.50	3.41
4 月 8 日	14.69	0.024	0.52	3.77	12.88	0.023	0.48	3.34	12.97	0.023	0.49	3.36
5 月 8 日	14.59	0.024	0.52	3.72	12.73	0.023	0.48	3.28	12.80	0.023	0.48	3.30
6 月 8 日	14.57	0.025	0.54	3.68	13.03	0.024	0.50	3.37	13.01	0.024	0.51	3.37
7 月 8 日	15.39	0.027	0.58	3.88	13.88	0.026	0.55	3.57	13.85	0.026	0.55	3.57
8 月 8 日	17.61	0.029	0.61	4.27	16.12	0.028	0.58	3.97	16.01	0.028	0.58	3.94
9 月 8 日	17.63	0.030	0.62	4.28	16.15	0.029	0.59	3.97	15.86	0.029	0.59	3.90
10 月 8 日	16.43	0.028	0.60	4.15	15.00	0.027	0.57	3.83	14.55	0.027	0.56	3.71
11 月 8 日	15.45	0.026	0.58	3.96	14.04	0.026	0.55	3.64	13.62	0.025	0.55	3.53
12 月 8 日	15.11	0.025	0.55	3.89	13.61	0.025	0.53	3.55	13.37	0.024	0.52	3.48
年均值	15.51	0.026	0.56	3.93	13.92	0.025	0.53	3.57	13.81	0.025	0.53	3.54
水质类别	Ⅲ类				Ⅱ类（TN 不参评）				Ⅱ类（TN 不参评）			

表 6.4-8　桃源水库工程、三库水源置换对洱海水质年内变化过程影响($P=75\%$)　　单位：mg/L

时间	无　补　水				桃源水库补水				三　库　水　源　置　换			
	COD	TP	TN	COD$_{Mn}$	COD	TP	TN	COD$_{Mn}$	COD	TP	TN	COD$_{Mn}$
1 月 8 日	14.50	0.020	0.46	3.65	13.98	0.021	0.45	3.48	14.41	0.020	0.46	3.57
2 月 8 日	14.45	0.021	0.46	3.63	13.97	0.021	0.45	3.47	14.37	0.020	0.46	3.55
3 月 8 日	14.41	0.021	0.46	3.62	13.94	0.021	0.45	3.46	14.33	0.021	0.46	3.54
4 月 8 日	14.38	0.021	0.46	3.60	13.91	0.022	0.46	3.45	14.29	0.021	0.46	3.53
5 月 8 日	14.36	0.022	0.47	3.57	13.90	0.022	0.46	3.42	14.29	0.022	0.47	3.51
6 月 8 日	14.38	0.024	0.52	3.66	13.97	0.024	0.51	3.46	14.08	0.023	0.51	3.55
7 月 8 日	15.25	0.029	0.60	3.86	14.79	0.028	0.59	3.66	14.92	0.027	0.60	3.76
8 月 8 日	17.50	0.030	0.64	4.26	16.94	0.030	0.63	4.04	17.10	0.029	0.63	4.07

时间	无 补 水				桃 源 水 库 补 水				三 库 水 源 置 换			
	COD	TP	TN	COD$_{Mn}$	COD	TP	TN	COD$_{Mn}$	COD	TP	TN	COD$_{Mn}$
9月8日	17.31	0.028	0.59	4.18	16.63	0.028	0.58	3.95	16.97	0.027	0.59	4.01
10月8日	16.04	0.024	0.54	3.98	15.34	0.024	0.52	3.75	15.81	0.024	0.54	3.85
11月8日	15.09	0.022	0.50	3.78	14.49	0.022	0.49	3.58	14.91	0.021	0.50	3.67
12月8日	14.69	0.021	0.48	3.69	14.12	0.021	0.47	3.50	14.54	0.021	0.48	3.59
年均值	15.20	0.024	0.52	3.79	14.66	0.024	0.50	3.60	15.00	0.023	0.51	3.68
水质类别	Ⅲ类				Ⅱ类				Ⅱ类（TN不参评）			

表 6.4-9　桃源水库工程、三库水源置换对洱海水质年内变化过程影响（P=90%）　单位：mg/L

时间	无 补 水				桃 源 水 库 补 水				三 库 水 源 置 换			
	COD	TP	TN	COD$_{Mn}$	COD	TP	TN	COD$_{Mn}$	COD	TP	TN	COD$_{Mn}$
1月8日	14.67	0.020	0.45	3.96	14.38	0.020	0.44	3.76	14.52	0.020	0.44	3.72
2月8日	14.58	0.020	0.44	3.92	14.34	0.020	0.44	3.74	14.43	0.020	0.43	3.69
3月8日	14.51	0.021	0.44	3.89	14.26	0.021	0.44	3.71	14.36	0.020	0.43	3.67
4月8日	14.44	0.021	0.44	3.85	14.17	0.021	0.44	3.67	14.30	0.020	0.43	3.65
5月8日	14.35	0.021	0.45	3.80	14.10	0.021	0.44	3.63	14.25	0.021	0.44	3.61
6月8日	14.43	0.024	0.48	3.95	14.15	0.023	0.47	3.71	14.07	0.022	0.46	3.59
7月8日	15.30	0.027	0.52	4.16	14.96	0.026	0.50	3.91	15.02	0.026	0.51	3.82
8月8日	17.70	0.030	0.57	4.61	17.25	0.030	0.55	4.33	17.44	0.029	0.56	4.29
9月8日	17.81	0.029	0.58	4.62	17.29	0.029	0.57	4.33	17.60	0.028	0.57	4.33
10月8日	16.39	0.025	0.53	4.36	15.90	0.025	0.51	4.10	16.23	0.025	0.52	4.10
11月8日	15.31	0.022	0.49	4.11	14.86	0.022	0.48	3.86	15.16	0.022	0.48	3.87
12月8日	14.89	0.021	0.47	4.01	14.50	0.021	0.46	3.78	14.74	0.020	0.45	3.77
年均值	15.37	0.023	0.49	4.10	15.02	0.023	0.48	3.88	15.17	0.023	0.48	3.84
水质类别	Ⅲ类				Ⅱ类				Ⅲ类			

在三库水源置换方案下，平水年型下桃源水库生态补水入湖水量基本不受影响，枯水年减少约 3000 万 m³，特枯水年减少约 7000 万 m³。平水年型下受三库水源置换大量优质水入湖影响，生态补水后 COD、COD$_{Mn}$、TP 等指标水质改善效果整体提升 0.75%，水源置换带来的洱海水环境改善效益显著。枯水年和特枯水年受生态补水入湖水量减少影响，水源置换带来的水环境改善效果不明显。

（2）三库水源置换对洱海北部湖湾水质影响预测。图 6.4-16 和图 6.4-17 分别为桃源水库生态补水实施前后沙坪湾、海潮湾水质年内变化过程。平水年型下桃源水库补水工程三库水源置换方案对沙坪湾 COD、TP、TN、COD$_{Mn}$ 的改善幅度分别为 14.17%（9.39%～18.32%）、3.89%（1.42%～6.95%）、7.78%（4.39%～13.18%）、13.15%（8.30%～17.92%），对海潮湾 COD、TP、TN、COD$_{Mn}$ 的改善幅度分别为 15.04%

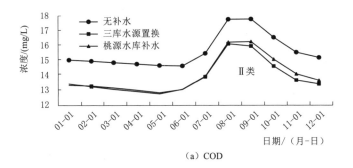

（a）COD

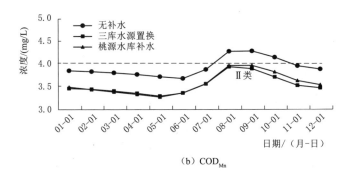

（b）COD$_{Mn}$

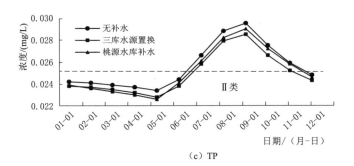

（c）TP

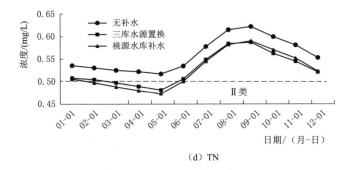

（d）TN

图 6.4-15　桃源水库补水、三库水源置换对洱海全湖
整体水质年内变化过程影响图（$P=50\%$）

（10.39%～18.11%）、4.69%（0.85%～7.17%）、9.24%（5.93%～11.94%）、14.09%（9.44%～17.39%），相较桃源水库生态补水方案而言，各指标 COD、COD$_{Mn}$、TP 改善效果提升了 1.2%，三库水源置换方案对洱海北部湖湾及整个湖区水质改善都是十分有利的。

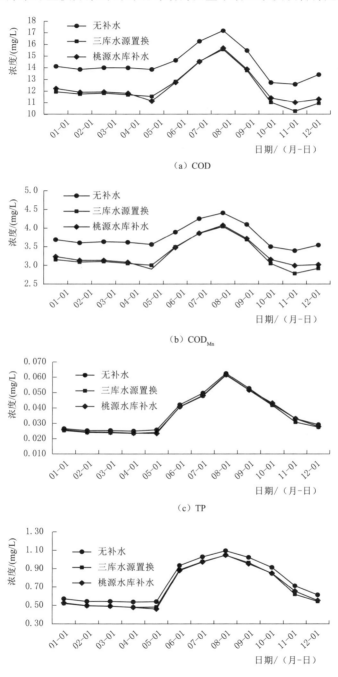

图 6.4－16　平水年型下桃源水库补水、三库水源置换方案对洱海北部（沙坪湾）
水质年内变化过程影响

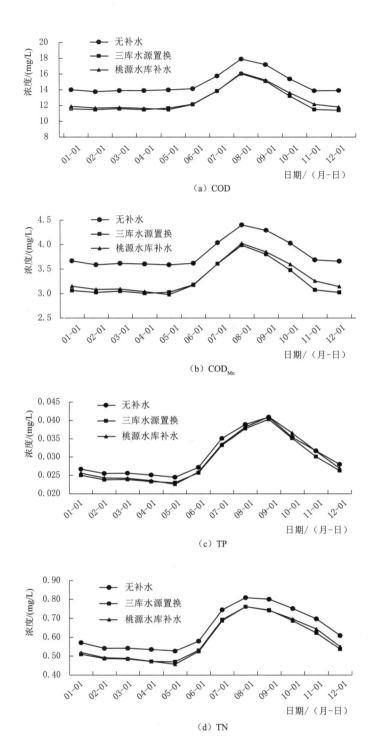

图 6.4-17　平水年型下桃源水库补水、三库水源置换方案对洱海北部（海潮湾）
水质年内变化过程影响

（3）三库水源置换对洱海分区水质影响预测。桃源水库—洱海补水工程由洱海北部的沙坪湾和海潮湾补水入洱海，再由洱海南部的西洱河排出，对洱海分区（北、中、南）水质改善效果呈现自北向南逐渐减弱趋势（图 6.4-18～图 6.4-21），如平水年桃源水库补

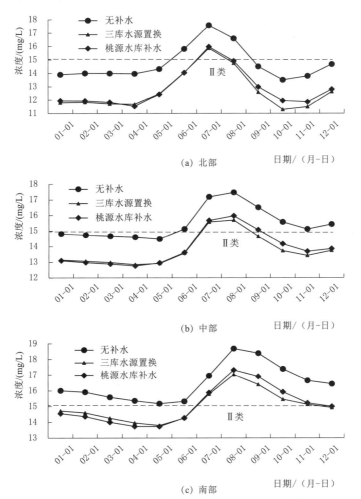

图 6.4-18　平水年型下桃源水库补水、三库水源置换方案对洱海分区水质
年内变化过程影响（COD）

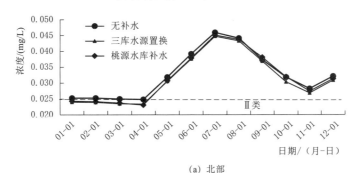

（a）北部

图 6.4-19（一）　平水年型下桃源水库补水、三库水源置换方案对洱海分区水质
年内变化过程影响（TP）

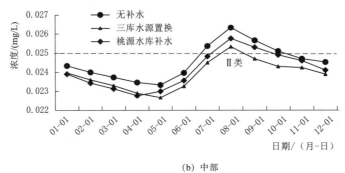

(b) 中部

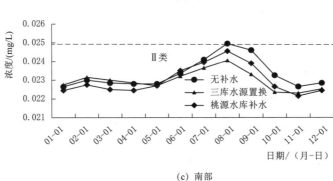

(c) 南部

图 6.4 - 19（二）　平水年型下桃源水库补水、三库水源置换方案对洱海分区水质
年内变化过程影响（TP）

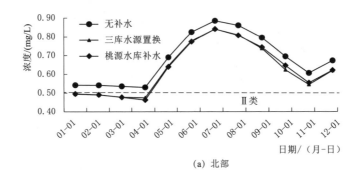

(a) 北部

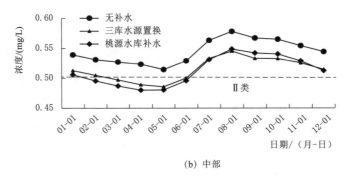

(b) 中部

图 6.4 - 20（一）　平水年型下桃源水库补水、三库水源置换方案对洱海分区水质
年内变化过程影响（TN）

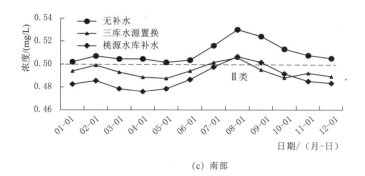

（c）南部

图 6.4-20（二） 平水年型下桃源水库补水、三库水源置换方案对洱海分区水质
年内变化过程影响（TN）

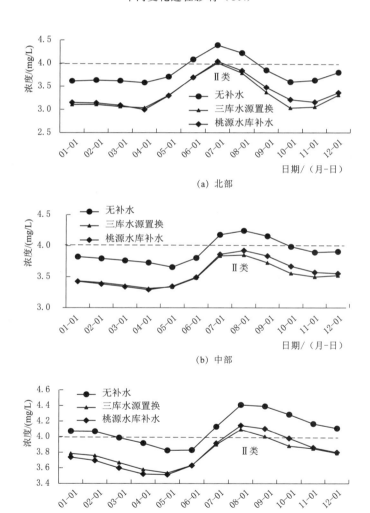

（a）北部

（b）中部

（c）南部

图 6.4-21 平水年型下桃源水库补水、三库水源置换方案对洱海分区水质
年内变化过程影响（COD_{Mn}）

水和三库水源置换方案对洱海北部 COD、TP、TN、COD_Mn 的改善幅度分别为 13.85%、3.88%、7.85%、12.83%，对洱海中部 COD、TP、TN、COD_Mn 的改善幅度分别为 10.96%、2.67%、5.55%、9.79%，对洱海南部 COD、TP、TN、COD_Mn 的改善幅度分别为 8.8%、1.44%、3.13%、7.56%。桃源水库补水和三库水源置换方案对洱海各分区水质影响均较生态直补方案好，自北向南各指标水质改善效果整体提升 1.2%、0.8%、0.1%。

6.4.2.3　桃源水库建库对洱海整体水质影响预测

为分析论证桃源水库生态补水工程建设的必要性，本研究设计了有桃源水库和无桃源水库作为补水水源的两种方案（表 6.2-2 和表 6.2-4），表 6.2-2 所示的引水过程包括黑惠江（合江村断面代表）和桃源水库两部分（即 6.2 节计算的边界条件），表 6.2-4 所示的引水过程为桃源水库不建库条件下自黑惠江干流引水过程，同时因桃源河现状水质远好于黑惠江，建库后的桃源水库水质会呈现明显的改善，故规划水平年修建桃源水库后的补水水质较黑惠江合江村断面直引水水质好许多（对比结果见 6.2 节分析结果）。根据数值模拟结果（表 6.4-10～表 6.4-12 及图 6.4-22）可知，桃源水库补水方案下，平、枯、特枯水年洱海全湖水质基本均可达到湖泊Ⅱ类标准（TN 指标不参评）；如果不建桃源水库直接从黑惠江合江村断面引水，受引水量大幅度减少和黑惠江干流水质明显差于桃源水库（但仍满足Ⅱ类水质标准）综合影响，平水年、枯水年和特枯水年洱海全湖水质仍存在超标现象，整体水质仍无法稳定达标。

表 6.4-10　桃源水库与黑惠江直引方案对洱海水质年内变化过程影响（$P=50\%$）　　单位：mg/L

时间	无补水				桃源水库补水				不建库引水			
	COD	TP	TN	COD_Mn	COD	TP	TN	COD_Mn	COD	TP	TN	COD_Mn
1月8日	14.95	0.024	0.54	3.86	13.39	0.024	0.51	3.50	14.03	0.024	0.52	3.65
2月8日	14.88	0.024	0.53	3.84	13.20	0.024	0.50	3.45	13.91	0.024	0.52	3.62
3月8日	14.78	0.024	0.53	3.81	13.02	0.023	0.49	3.39	13.79	0.024	0.51	3.58
4月8日	14.69	0.024	0.52	3.77	12.88	0.023	0.48	3.34	13.65	0.024	0.51	3.53
5月8日	14.59	0.024	0.52	3.72	12.73	0.023	0.48	3.28	13.54	0.023	0.50	3.48
6月8日	14.57	0.025	0.54	3.68	13.03	0.024	0.50	3.37	13.71	0.025	0.53	3.53
7月8日	15.39	0.027	0.58	3.88	13.88	0.026	0.55	3.57	14.56	0.027	0.57	3.73
8月8日	17.61	0.029	0.61	4.27	16.12	0.028	0.59	3.97	16.80	0.029	0.60	4.12
9月8日	17.63	0.030	0.62	4.28	16.15	0.029	0.59	3.97	16.78	0.029	0.61	4.12
10月8日	16.43	0.028	0.60	4.15	15.00	0.027	0.57	3.83	15.54	0.028	0.58	3.96
11月8日	15.45	0.026	0.58	3.96	14.04	0.026	0.55	3.64	14.51	0.026	0.57	3.76
12月8日	15.11	0.025	0.55	3.89	13.61	0.025	0.53	3.55	14.19	0.025	0.54	3.69
年均值	15.51	0.026	0.56	3.93	13.92	0.025	0.53	3.57	14.58	0.026	0.55	3.73
水质类别	Ⅲ类				Ⅱ类（TN 不参评）				Ⅲ类			

表 6.4－11　桃源水库与黑惠江直引方案对洱海水质年内变化过程影响（*P*＝75%）　单位：mg/L

时间	无补水				桃源水库补水				不建库引水			
	COD	TP	TN	COD$_{Mn}$	COD	TP	TN	COD$_{Mn}$	COD	TP	TN	COD$_{Mn}$
1月8日	14.50	0.020	0.46	3.65	13.98	0.021	0.45	3.48	14.36	0.021	0.46	3.57
2月8日	14.45	0.021	0.46	3.63	13.97	0.021	0.45	3.47	14.31	0.021	0.46	3.55
3月8日	14.41	0.021	0.46	3.62	13.94	0.021	0.45	3.46	14.27	0.021	0.46	3.54
4月8日	14.38	0.021	0.46	3.60	13.91	0.022	0.46	3.45	14.24	0.022	0.46	3.52
5月8日	14.36	0.022	0.47	3.57	13.90	0.022	0.46	3.42	14.22	0.022	0.47	3.50
6月8日	14.38	0.024	0.52	3.66	13.97	0.024	0.51	3.46	14.36	0.024	0.51	3.58
7月8日	15.25	0.029	0.60	3.86	14.79	0.028	0.59	3.66	15.18	0.028	0.60	3.78
8月8日	17.50	0.030	0.64	4.26	16.94	0.030	0.63	4.04	17.32	0.031	0.63	4.16
9月8日	17.31	0.028	0.59	4.18	16.63	0.028	0.58	3.95	17.02	0.028	0.59	4.05
10月8日	16.04	0.024	0.54	3.98	15.34	0.024	0.52	3.75	15.75	0.025	0.53	3.86
11月8日	15.09	0.022	0.50	3.78	14.49	0.022	0.49	3.58	14.88	0.022	0.50	3.68
12月8日	14.69	0.021	0.48	3.69	14.12	0.021	0.47	3.50	14.51	0.022	0.48	3.60
年均值	15.20	0.024	0.52	3.79	14.66	0.024	0.50	3.60	15.03	0.024	0.51	3.70
水质类别	Ⅲ类				Ⅱ类				Ⅲ类			

表 6.4－12　桃源水库与黑惠江直引方案对洱海水质年内变化过程影响（*P*＝90%）　单位：mg/L

时间	无补水				桃源水库补水				不建库引水			
	COD	TP	TN	COD$_{Mn}$	COD	TP	TN	COD$_{Mn}$	COD	TP	TN	COD$_{Mn}$
1月8日	14.67	0.020	0.45	3.96	14.38	0.020	0.44	3.76	14.50	0.021	0.45	3.91
2月8日	14.58	0.020	0.44	3.92	14.34	0.020	0.44	3.74	14.43	0.021	0.44	3.88
3月8日	14.51	0.021	0.44	3.89	14.26	0.021	0.44	3.71	14.36	0.021	0.44	3.86
4月8日	14.44	0.021	0.44	3.85	14.17	0.021	0.44	3.67	14.30	0.021	0.44	3.81
5月8日	14.35	0.021	0.45	3.80	14.10	0.021	0.44	3.63	14.22	0.021	0.45	3.77
6月8日	14.43	0.024	0.48	3.95	14.15	0.023	0.47	3.71	14.41	0.024	0.48	3.95
7月8日	15.30	0.027	0.52	4.16	14.96	0.026	0.50	3.91	15.20	0.027	0.52	4.13
8月8日	17.70	0.030	0.57	4.61	17.25	0.030	0.55	4.33	17.48	0.030	0.57	4.55
9月8日	17.81	0.029	0.58	4.62	17.29	0.029	0.57	4.33	17.54	0.030	0.58	4.55
10月8日	16.39	0.025	0.53	4.36	15.90	0.025	0.51	4.10	16.15	0.025	0.53	4.30
11月8日	15.31	0.022	0.49	4.11	14.86	0.022	0.48	3.86	15.11	0.022	0.49	4.06
12月8日	14.89	0.021	0.47	4.01	14.50	0.021	0.46	3.78	14.70	0.021	0.46	3.96
年均值	15.37	0.023	0.49	4.10	15.02	0.023	0.48	3.88	15.20	0.024	0.49	4.06
水质类别	Ⅲ类				Ⅱ类				Ⅲ类			

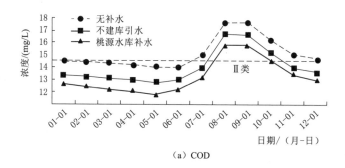

（a）COD

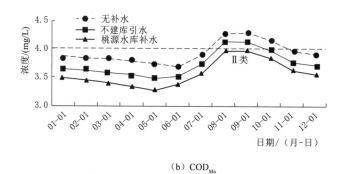

（b）COD_{Mn}

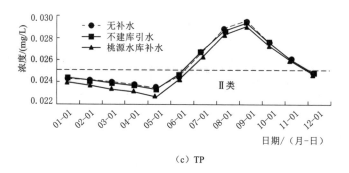

（c）TP

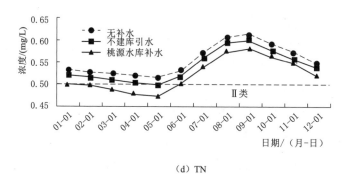

（d）TN

图 6.4-22　桃源水库补水对洱海全湖水质年内变化过程影响（$P=50\%$）

6.4.3 桃源水库补水条件下洱海水质目标可达性分析

1. 洱海整体水质保护目标可达性

桃源水库工程实施条件下，规划水平 2035 年不同典型水文年水情条件下洱海全湖水质达标情况评价见表 6.4-13。由表中结果可知，桃源水库补水工程实施后，除特枯水年（$P=90\%$）外不同典型水文年条件下洱海全湖整体水质总体达到湖泊 II 类水质标准（TN 指标不参评），满足洱海远期水质保护目标要求。

表 6.4-13　　**2035 年不同典型水文年桃源水库补水条件下洱海水质达标评价表**　　单位：mg/L

典型水文年		桃源水库补水				水质评价		备注
		COD	TP	TN	COD$_{Mn}$	类别	是否达标	
特丰水年		12.81	0.024	0.49	3.36	II 类	达标	桃源水库补水
丰水年		13.77	0.025	0.49	3.63	II 类	达标	
桃源水库直补	平水年	13.92	0.025	0.53	3.57	II 类	达标	TN 不参评
	枯水年	14.66	0.024	0.50	3.60	II 类	达标	
	特枯水年	15.02	0.023	0.48	3.88	II 类	达标	
三库水源置换	平水年	13.81	0.025	0.53	3.54	II 类	达标	TN 不参评
	枯水年	15.00	0.024	0.51	3.68	II 类	达标	TN 不参评
	特枯水年	15.17	0.023	0.48	3.84	III 类	不达标	COD 超标 1%

2. 桃源水库工程生态补水方案下国控点保护目标可达性

桃源水库工程实施且在生态补水方案条件下，2035 年不同典型年水文年（$P=50\%$、75%、90%）水文条件下洱海国控监测点水质年内变化过程及其达标情况分别见表 6.4-14～表 6.4-16 及图 6.4-23～图 6.4-25。由图中所示结果可知，桃源水库工程生态补水方案下，不同典型水文年条件下洱海国控监测站点中湖心点（284）整体水质均满足湖泊 II 类标准，满足洱海远期水质保护目标要求；而北湖湖心存在 TP 和 TN 超标问题，超标程度分别为 3.30%～11.33%、4.20%～13.82%；南湖湖心存在 COD 超标问题，超标程度为 0.87%～4.55%。

表 6.4-14　　**桃源水库—洱海补水工程实施后洱海各国控监测站点水质年内变化过程影响（$P=50\%$）**　　单位：mg/L

时间	北湖湖心				湖心（284）				南湖湖心			
	COD	TP	TN	COD$_{Mn}$	COD	TP	TN	COD$_{Mn}$	COD	TP	TN	COD$_{Mn}$
1月8日	12.47	0.026	0.53	3.30	14.00	0.023	0.50	3.63	14.69	0.022	0.47	3.76
2月8日	12.45	0.024	0.50	3.28	13.37	0.024	0.50	3.49	14.66	0.023	0.49	3.76
3月8日	12.45	0.024	0.49	3.26	13.11	0.023	0.50	3.42	14.30	0.023	0.48	3.67
4月8日	12.38	0.024	0.49	3.23	13.02	0.023	0.49	3.38	13.98	0.023	0.48	3.59
5月8日	12.01	0.023	0.47	3.12	12.83	0.023	0.48	3.31	13.76	0.022	0.48	3.52
6月8日	12.34	0.023	0.48	3.19	13.15	0.023	0.48	3.39	13.94	0.023	0.48	3.56

时间	北 湖 湖 心				湖 心（284）				南 湖 湖 心			
	COD	TP	TN	COD_Mn	COD	TP	TN	COD_Mn	COD	TP	TN	COD_Mn
7 月 8 日	13.18	0.030	0.62	3.48	13.49	0.023	0.48	3.47	14.13	0.024	0.49	3.62
8 月 8 日	15.97	0.032	0.66	3.97	15.80	0.024	0.51	3.88	17.17	0.024	0.50	4.14
9 月 8 日	16.01	0.037	0.70	3.98	16.18	0.025	0.53	3.93	17.63	0.025	0.51	4.16
10 月 8 日	14.45	0.034	0.68	3.78	15.36	0.024	0.52	3.88	16.59	0.023	0.49	4.08
11 月 8 日	12.91	0.031	0.64	3.44	14.58	0.024	0.53	3.75	15.63	0.022	0.49	3.93
12 月 8 日	12.53	0.027	0.57	3.33	14.01	0.024	0.52	3.64	15.08	0.022	0.48	3.83
年均值	13.26	0.028	0.57	3.45	14.07	0.024	0.50	3.60	15.13	0.023	0.49	3.80
水质类别	Ⅲ类				Ⅱ类				Ⅲ类			

表 6.4－15　　桃源水库—洱海补水工程实施后洱海各国控监测站点水质
年内变化过程影响（$P=75\%$）　　　　单位：mg/L

时间	北 湖 湖 心				湖 心（284）				南 湖 湖 心			
	COD	TP	TN	COD_Mn	COD	TP	TN	COD_Mn	COD	TP	TN	COD_Mn
1 月 8 日	13.33	0.021	0.46	3.35	14.51	0.020	0.44	3.58	14.98	0.019	0.43	3.67
2 月 8 日	13.47	0.021	0.46	3.37	14.26	0.021	0.46	3.54	14.78	0.020	0.43	3.62
3 月 8 日	13.53	0.022	0.46	3.38	14.03	0.021	0.45	3.48	14.79	0.020	0.44	3.62
4 月 8 日	13.51	0.022	0.46	3.37	14.02	0.021	0.45	3.47	14.71	0.021	0.44	3.60
5 月 8 日	13.42	0.023	0.47	3.33	14.09	0.021	0.46	3.47	14.58	0.021	0.45	3.55
6 月 8 日	13.51	0.024	0.50	3.36	14.03	0.022	0.47	3.46	14.65	0.022	0.47	3.58
7 月 8 日	14.58	0.033	0.70	3.66	14.83	0.024	0.51	3.63	15.39	0.025	0.52	3.74
8 月 8 日	16.85	0.036	0.75	4.09	16.77	0.026	0.56	3.98	18.03	0.026	0.53	4.18
9 月 8 日	16.16	0.033	0.66	3.90	16.72	0.025	0.54	3.95	17.83	0.023	0.50	4.12
10 月 8 日	14.67	0.028	0.58	3.65	15.57	0.023	0.50	3.79	16.42	0.022	0.46	3.91
11 月 8 日	13.90	0.024	0.54	3.49	14.65	0.021	0.48	3.60	15.49	0.020	0.44	3.74
12 月 8 日	13.59	0.022	0.49	3.41	14.37	0.021	0.46	3.55	15.08	0.019	0.43	3.67
年均值	14.21	0.026	0.54	3.53	14.82	0.022	0.48	3.63	15.56	0.021	0.46	3.75
水质类别	Ⅲ类				Ⅱ类				Ⅲ类			

表 6.4－16　　桃源水库—洱海补水工程实施后洱海各国控监测站点水质
年内变化过程影响（$P=90\%$）　　　　单位：mg/L

时间	北 湖 湖 心				湖 心（284）				南 湖 湖 心			
	COD	TP	TN	COD_Mn	COD	TP	TN	COD_Mn	COD	TP	TN	COD_Mn
1 月 8 日	13.62	0.022	0.46	3.55	14.89	0.019	0.43	3.82	15.33	0.018	0.41	3.90
2 月 8 日	13.82	0.021	0.45	3.59	14.50	0.020	0.44	3.74	15.08	0.018	0.41	3.84

续表

时间	北　湖　湖　心				湖　心（284）				南　湖　湖　心			
	COD	TP	TN	COD$_{Mn}$	COD	TP	TN	COD$_{Mn}$	COD	TP	TN	COD$_{Mn}$
3月8日	13.86	0.022	0.45	3.59	14.27	0.020	0.43	3.68	14.92	0.019	0.41	3.80
4月8日	13.82	0.022	0.45	3.56	14.19	0.020	0.43	3.63	14.71	0.019	0.41	3.74
5月8日	13.77	0.022	0.46	3.52	14.13	0.020	0.43	3.59	14.56	0.019	0.42	3.69
6月8日	13.82	0.024	0.48	3.58	14.12	0.021	0.44	3.63	14.45	0.020	0.43	3.70
7月8日	14.94	0.033	0.57	3.89	14.85	0.021	0.45	3.78	15.24	0.021	0.45	3.87
8月8日	17.32	0.038	0.64	4.35	16.92	0.024	0.48	4.17	17.98	0.022	0.48	4.35
9月8日	17.05	0.037	0.69	4.31	17.19	0.025	0.49	4.23	18.19	0.022	0.48	4.37
10月8日	15.43	0.030	0.60	4.01	15.95	0.022	0.47	4.04	16.70	0.019	0.43	4.14
11月8日	14.40	0.025	0.54	3.76	15.02	0.021	0.45	3.85	15.64	0.018	0.41	3.92
12月8日	13.85	0.023	0.48	3.61	14.82	0.020	0.45	3.81	15.41	0.018	0.41	3.90
年均值	14.64	0.026	0.52	3.78	14.99	0.021	0.45	3.83	15.68	0.019	0.43	3.93
水质类别	Ⅲ类				Ⅱ类				Ⅲ类			

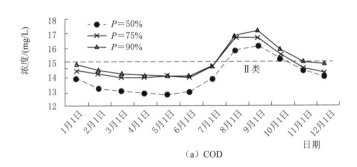

（a）COD

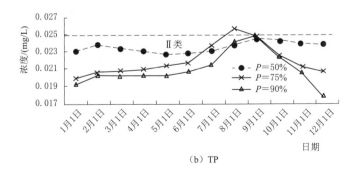

（b）TP

图 6.4-23（一）　2035 年桃源水库生态直补方案下
洱海国控点（湖心 284）年内水质达标情况

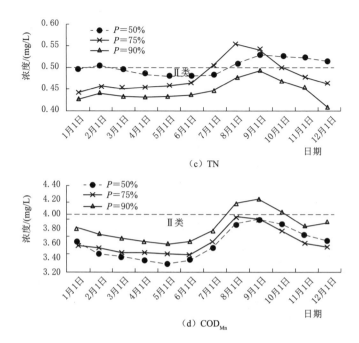

（c）TN

（d）COD_Mn

图 6.4-23（二）　2035 年桃源水库生态直补方案下
洱海国控点（湖心 284）年内水质达标情况

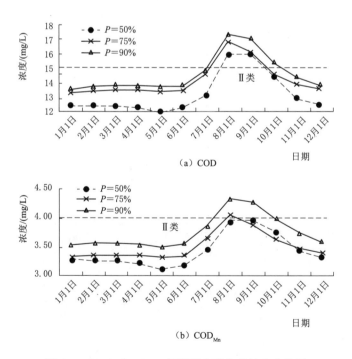

（a）COD

（b）COD_Mn

图 6.4-24（一）　2035 年桃源水库生态补水方案下
洱海国控点（北湖湖心）年内水质达标情况

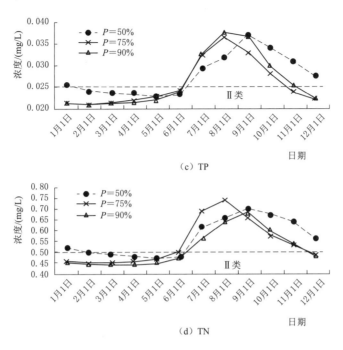

（c）TP

（d）TN

图 6.4-24（二） 2035 年桃源水库生态补水方案下
洱海国控点（北湖湖心）年内水质达标情况

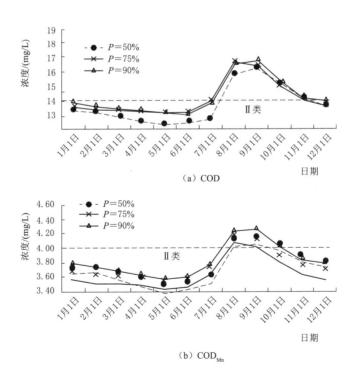

（a）COD

（b）COD$_{Mn}$

图 6.4-25（一） 2035 年桃源水库生态补水方案下
洱海国控点（南湖湖心）年内水质达标情况

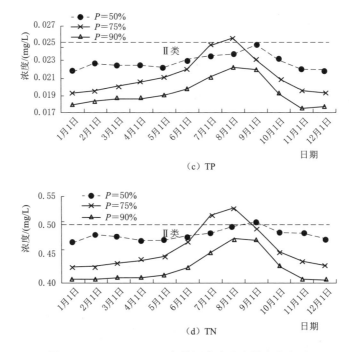

图 6.4-25（二）　2035 年桃源水库生态补水方案下
洱海国控点（南湖湖心）年内水质达标情况

6.5　生态水位调度对洱海水生态修复效果预测

6.5.1　水生植物在水生态系统修复中的作用

生态修复（Ecological Remediation）是在生态学原理指导下，以生物修复为基础，结合各种物理修复、化学修复以及工程技术措施，通过优化组合，使之达到最佳效果和最低耗费的一种综合性修复污染环境的方法。大型水生植物在生态修复过程中起着重要的基础作用，是湖泊生态系统修复的重要内容。水生植物的恢复往往在生态修复中的外源污染控制措施实施后进行。水生植物不仅承担着吸收水体营养盐和降解有机污染物的责任，同时还有作为其他生物类群的生长介质、食物来源和栖息地的作用。不同生活型水生植物在沿岸带区域中依次分布，对沿岸带生态功能的稳定具有重要的意义。不同生活型水生植物通过光合作用将光能转化为有机能，并释放氧气到周围的环境中，可以在短期内存储 N、P 等营养元素，减轻水体营养负荷，这在营养较轻的水体中可以起到抑制低等藻类生长，特别地，沉水植物因为释放氧到水体，因此可以促进其他好氧微生物的代谢，从而减轻水体的有机污染。

沉水植物是湖泊营养处于贫营养和中营养水平时期的主要植物类型，是湖泊生态系统健康的指示，对于维持湖泊的清水稳态具有重要意义。湖泊在发展过程中有以沉水植物占优势的清水稳态和以浮游植物占优势的浊水稳态两种状态（图 6.5-1）。相比浊水状态的湖泊，清水稳态的湖泊中水体透明度较高，浮游动物个体相对较大，浮游植物生物量较低，凶猛性鱼类所占比例更高，这些都依赖于作为底层构建者的沉水植物，其通过多种直接和间接作用形成的正反馈机制来实现清水稳态（图6.5-2）。

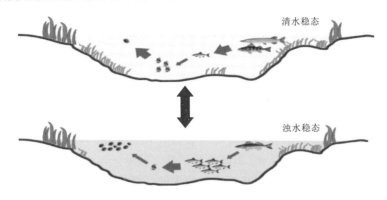

图 6.5-1　浅水湖泊的清水稳态和浊水稳态

沉水植物生长在水中形成了丰富的异质性小生境，可以为许多附着生物提供大量生长表面，释放有机碳供细菌利用等，而植物死亡分解释放出的 P 可被附着藻类吸收同化。这些附着藻类又为多种无脊椎动物提供了食物来源。也有研究表明，沉水植物的存在可以明显提升水体中底栖微生物的丰富度和杂食性鱼类的优势度。综合起来，水生植物在水生态系统修复中的作用主要表现为物理作用、吸收作用、富集作用和克藻作用等。

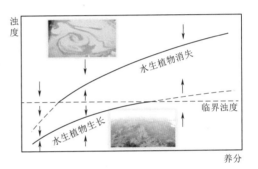

图 6.5-2　沉水植物消失导致的稳态转换
注　箭头表示没在其中一种稳态时系统发展的方向。

6.5.2　水生植被修复技术储备及其实施效果

1. 水生植被修复技术储备

中国科学院水生生物研究所在近10年的研究基础上，对洱海水体生态系统中水生植物的生长特点、习性和分布特征有深刻了解，在国家"十一五"和"十二五"水专项研究基础上总结出了"基于水文调控促进洱海水生植被面积扩增技术"以及"洱海水生植被面积扩增技术（湖湾水生植被群落优化技术）"等一系列洱海水生态修复技术，为生态水位调度方案的顺利实施提供了充分的技术保障。

（1）基于水文调控促洱海水生植被面积扩增技术。水生植物生长与分布对水位极为敏感，在富营养湖泊中水下光照不足是限制沉水植物生长的关键因素。课题组基于洱海水生植被和水环境的详细调查，结合实验研究，确定了限制洱海水生植被分布的关键生境因子为：水下光照强度、水深和底泥特性。基于洱海水生植被和环境要素的长期监测，在获得海量数据的基础上，建立洱海水位运行、水下地形和水生植被分布的匹配关系。此研究系统地建立了水生植被分布与水位调控的定量关系，能精准指导洱海水位运行，有效促进洱海水生植被恢复。

（2）湖湾水生植被群落优化技术。基于洱海沉水植物的详细调查，获得 12 种沉水植物的生长水深、光照需求和生物量的基础数据，在实验研究中采用急性铵处理的方法，研究这些沉水植物的碳氮代谢稳定性。该技术依据水域的沉水植被群落组成情况，人工引种沉水植物，或让周边沉水植物自然进入水域，从而提高沉水植被盖度和多样性。

（3）沉水植物定植技术。针对洱海不同湖湾沉水植被退化区的底质和水体环境特征，研发和优化了多种沉水植物定植技术，包括黏土裹苗沉植、无纺袋黏土裹苗沉植、稻草碎石沉植以及木筷捆绑扦插等，并取得了良好效果。

（4）洱海水生植物种苗繁育基地。截至 2018 年 7 月 15 日，新建了水生植物苗圃 4.0 万 m^2，并对已建成的 3.1 万 m^2 苗圃进行了补植补种，年产水生植物种苗达 150 万盆（株）以上，形成了适用于洱海水生植被恢复的选种、育苗和规模化生产的技术方案。

2. 2017—2019 年低水位调度＋人工修复实施效果

2017 年开展"抢救洱海"行动，其中一项重要内容是恢复洱海沉水植被。2017—2019 年，共投入约 3000 万元开展水生植被恢复，共投放沉水植物种苗和种子约 700t；结合生态水位调控和入湖污染控制等积极因素，2017—2019 年洱海沉水植被恢复取得初步成效（图 6.5-3）。以启动"抢救洱海"行动为时间节点，对比前后三年水生植被监测数据表明：水生植被面积从 2014—2016 年平均 26.8km² 增加到 2017—2019 年平均 32.3km²；单位面积生物量从 2014—2016 年平均 4115g/m² 增加到 2017—2019 年平均 5289g/m²；全湖总生物量从 11.5 万 t 增加到 17.8 万 t。与前三年相比较，自开展"抢救洱海"行动以来，水生植物面积增加 5.5km²，全湖总生物量增加了 6.4 万 t。

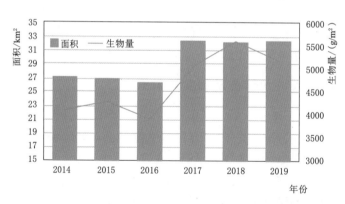

图 6.5-3　2014—2019 年洱海水生植被面积与生物量的变化

（1）2018 年度洱海水生植被恢复项目。通过 2018 年度洱海水生植被恢复项目的实施，使洱海全湖水生植被面积较 2017 年同期增加 1.7km² 以上，2019 年 6 月沉水植被分布下限又较 2018 年同期进一步增加。在西沙坪、金河及向阳湾形成了以沉水植被为主的水生植被结构，沉水植被覆盖度达 70％以上；西沙坪湾沉水植被覆盖度达 70％以上，苦草和黑藻相对丰度从实施前小于 1％增至 25％以上；马来眼子菜、光叶眼子菜和狐尾藻等在局部水域形成稳定群落，沉水植被多样性增加 30％以上；金河水域沉水植被覆盖度达 75％以上，其中苦草和黑藻的相对丰度从施工前的 8％增至 30％以上，沉水植被多样性增加15％以上；向阳湾沉水植被覆盖度达65％以上，其中苦草和黑藻的相对丰度从施工前小于5％增至30％以上，马来眼子菜、光叶眼子菜和狐尾藻等在局部水域形成了稳定群落，沉水植被多样性增加了25％以上。

（2）2018年度洱海水生植被恢复项目在西沙坪水域的实施效果。西沙坪水域在本项目实施前几乎全部水面被水葫芦和粉绿狐尾藻覆盖，具有高效清水效应的本土沉水植物生物量低，且以金鱼藻为优势种群，缺乏良好水质的指示植物海菜花。通过本项目的实施，西沙坪水域已经完全清除水葫芦，粉绿狐尾藻的分布面积大幅缩小，入侵水生植物得到有效控制。通过恢复轮叶黑藻、苦草、马来眼子菜、光叶眼子菜、海菜花和荷花等植物，沉水植物生物量大幅提高，西沙坪水生植物生物量从2.2kg/m²增加到5.2kg/m²（图6.5-4）。施工前金鱼藻为绝对优势种，施工一年后下降至19％；与此同时黑藻成为绝对优势种，由施工前的3％增加至50％；苦草由施工前的几乎没有，1年后增加到6％；原生种黄丝草由施工后的15％增加至1年后的18％；轮藻由施工前13％下降至几乎为零。水体透明度从1.5m增加到2.4m，水质得到改善，西沙坪蓝藻水华得到部分遏制（图6.5-5）。

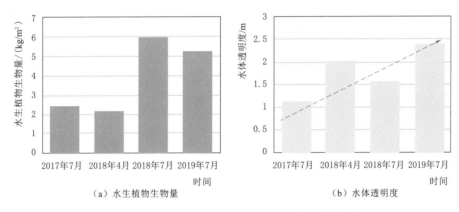

（a）水生植物生物量　　　　　（b）水体透明度

图6.5-4　西沙坪水生植物生物量与水体透明度变化

（3）2019年度洱海水生植被恢复项目。通过对洱滨村水域水生植被现状的详细调查，结合修复区的本地特征，在2019年水生植被恢复工作中优化了已有的沉水植物恢复技术，对现状水生植被进行了群落优化管理，实施了以提高沉水植物群落多样性和稳定性为目的的沉水植物恢复措施。2019年11月洱滨村修复区的沉水植被分布面积约为4.55万m²，比2019年7月本底值4.26万m²增加了6.8％，说明即便在沉水植物生长衰退期，修复区的沉水植被面积仍有增长，可以预见在下一年度生长期洱滨村修复区的沉水植被面积将显著增长。

通过近两年的沉水植被恢复工程，重点湖湾水生植被逐步呈优化趋势，微齿眼子菜、金鱼藻（耐污）和菱（耐污）的丰度下降，净水型植物苦草、黑藻、光叶眼子菜和海菜花丰度增加，水体透明度改善显著，从施工前的1.5m增至2m，2019年又进一步增加至2.4m。

（4）湖心平台沉水植被恢复试验成效。近几年监测数据显示湖心平台水质和透明度已经初步具备恢复沉水植被的条件，因此在2018年和2019年分别在湖心平台开展了沉水植

（a）西沙坪水生植被恢复效果影像

（b）工程实施前主要植物：水葫芦

（c）工程实施后主要植物：黑藻等

图 6.5-5　西沙坪沉水植物恢复效果

被恢复试验。2018 年试验目的侧重于筛选可用于湖心平台植被恢复的沉水植物物种，2019 年试验目的侧重于对目标物种的恢复技术进行比选。

2018 年 6—8 月期间，湖心平台进行了多种沉水植物在不同底质条件下的生长试验。结果显示，在湖心平台种植 28 天后，四种水生植物的株数都有所减少。两种底泥中黑藻均全部消失；表层耕种土种植的狐尾藻存活数量为 10.6%，湖心底泥种植的狐尾藻存活数量为 6%；两种底泥中苦草存活数量均超过了 50%，表层耕种土为 58.6%，湖心底泥为 51.3%，表层耕种土种植苦草存活率高；两种底泥中光叶眼子菜存活数量均超过了 40%，表层耕种土为 41.6%，湖心底泥为 42.4%，无明显差异。试验第 8 周后，除苦草外，其他物种均死亡。苦草在两种底质条件下的存活分别超过 50% 和 30%。这主要是由于苦草具有较强的耐弱光特性，因此可将苦草作为湖心平台植被恢复的首选物种，实验结果见图 6.5-6。

在 2018 年度的试验基础上，2019 年度重点对来源不同水深的苦草种苗在湖心平台的恢复能力进行现场试验。试验周期为 2019 年 8 月 10 日至 2019 年 11 月 3 日，将采自于洱海水深 1m、3m、5m 的苦草种植在湖心平台底泥和耕种表层土 1∶1 的混合底泥中，共进行 60 桶种植实验，每周监测苦草生长情况，共监测 12 周。同时将 3～5 株苦草一丛包裹在黏土中，抛投在试验区，通过水下相机监测苦草是否存活以及生物量、株高等指标的变化（图 6.5-7 和图 6.5-8）。试验周期内，湖心平台水质变化较为稳定。

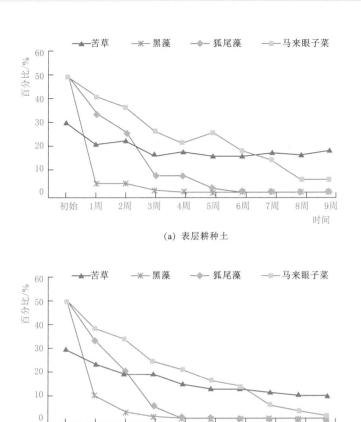

（a）表层耕种土

（b）湖心底泥

图 6.5-6　两种不同底质条件下湖心平台沉水植物株数变化情况

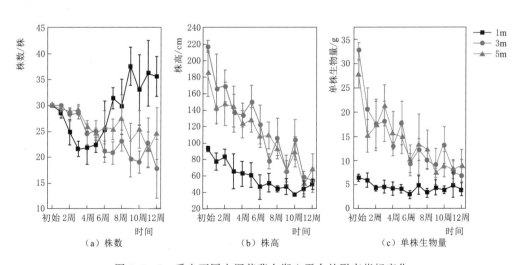

（a）株数　　　　　　　（b）株高　　　　　　　（c）单株生物量

图 6.5-7　采自不同水深苦草在湖心平台的形态指标变化

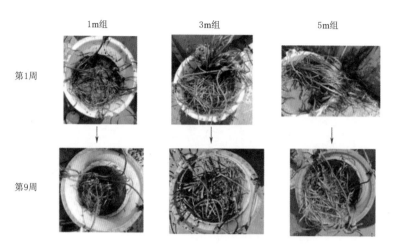

图 6.5-8　采自不同水深苦草在湖心平台的生长变化过程

根据每周监测结果，1m、3m 和 5m 的苦草均能在湖心平台存活，虽然生物量和株高均有所下降，但是每组苦草均有不同程度的分株出现。尤其是采自于水深 1m 的苦草分株数最多，在第 5 周后分株数开始超过初始值。比较三个实验组苦草的存活率，1m 组＞5m 组＞3m 组。

使用水下相机逐周对湖心平台直接抛投种植的苦草种苗进行监测，监测结果显示在试验周期内，抛投种植的苦草种苗能够存活，每周均能观测到恢复种植的苦草种群，生长状况良好，并且发现有新的分株形成（图 6.5-9）。

（a）监测到的苦草长度　　　　　　　　　　（b）监测到的苦草生长情况

图 6.5-9　监测到的恢复种植苦草种苗

2019 年度的试验结果说明苦草在湖心平台生境中能够通过无性克隆产生新的植株，从而形成种群扩张，也进一步说明使用苦草作为先锋物种恢复湖心平台沉水植被的可能性。

综上所述，这些水生植被恢复与管理的成功案例都说明水生植被在洱海湖泊生态系统清水稳态维持中的重要作用，以及水位年度调控在水生植被复苏及恢复中的重要作用，故洱海生态水位的年度调控对水生植被的恢复具有重要意义，对洱海水生植被修复长远目标的可达性具有决定性作用。

6.5.3   洱海水生植被恢复及面积占比需求

1. 近期洱海水生植被恢复及面积占比需求

在洱海保护治理过程中，逐步恢复沉水植被并最终重建草型清水湖泊已成为学界共识。中国科学院武汉水生生物研究所的研究成果表明，洱海水生植被与浮游植物（主要为藻类）存在相互制约，沉水植被面积需要达到洱海湖泊水面积的 18.6%（约 $47km^2$，见图 6.5 - 10）才能扭转水生植被自然修复对藻类植物的竞争劣势。当前，洱海水生植被面积约 $34km^2$，与临界值 $47km^2$ 尚有 $13km^2$ 差距，这种劣势情况造成沉水植被对外界干扰非常敏感，沉水植被生长环境及其面积占比很不稳定。

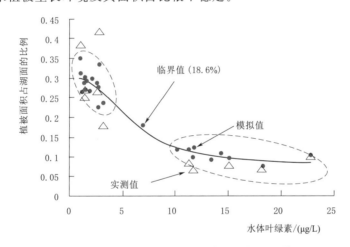

图 6.5 - 10   洱海水生植被面积占湖面比例临界值预测

沉水植被对改善洱海水质起到重要作用，在 4—6 月水温大于 15℃ 后开始复苏生长，该时段是洱海水位优化调控的窗口期。通过洱海生态水位调度为水生植物复苏争取更多的有利条件，使水生植被分布面积恢复到占洱海水面面积的 18.6% 以上才能逐渐扭转水生植被在与浮游植物营养竞争中的不利局面，使水生植被逐渐占据优势，并逐步对浮游植物生长形成抑制，逐步发挥较佳的净化功能。

2. 远期洱海水生植被恢复及面积占比需求

国内外学者研究成果表明，维持湖泊生态系统良性循环，水生植物的生物量至少要大于 $1000g/m^2$，水生植物的覆盖度要大于湖泊水面积的 30%，才能彻底扭转水生植被在与浮游植物营养竞争时的不利局面，使水生植被占据优势，并逐步对浮游植物生长形成抑制。中国科学院武汉水生生物研究所对洱海历史水生植被占湖面面积比例与水体叶绿素含量关系的研究中得出，若要使洱海湖泊生态系统保持良性循环，水生植物面积占湖面的比例需维持在 30% 以上，洱海水体的叶绿素 a 含量需小于 $20\mu g/L$（图 6.5 - 11）。

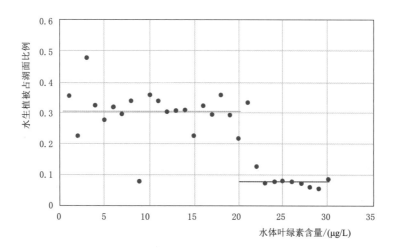

图 6.5 - 11　洱海水生植被占湖面比例与水体叶绿素含量关系

2020 年洱海水生植被面积约 34km²，与良好湖泊（水生植被覆盖度达 30%）水生植被面积 75～80km² 还差 43～47km²。在洱海流域有效落实"七大行动""八大攻坚战"并有序推进《洱海保护治理规划（2018—2035 年)》提出的各项对策措施的大背景条件下，通过有计划的洱海生态水位调度运行，逐步扭转洱海湖内水生植被与浮游藻类竞争之间的劣势，并逐步向良好健康湖泊方向发展，尤其是在北部大湖湾区及南部湖心平台区，以快速推进洱海向草型湖泊转变，是其关键所在。

6.5.4　近期水平年洱海生态水位调度水生态修复效果预测

湖底良好的光照是沉水植物赖以生长的基本前提，其直接影响沉水植物在湖泊中的最大分布水深。湖底光强一般要大于水面光强的 1%～3% 才能维持沉水植物的正常生长（生理补偿点)，实际上很多种类都需要底部光照达到水面光强的 10%～20% 才能维持正常的种群动态（生态补偿点)。从年内生态水位调控需求来看，在沉水植被复苏生长期（4—6 月）适度低水位运行，可有效提高到达湖底的光强，从而促进 6m 水深以内沉水植被的快速复苏生长。

对比分析 2017 年和 2018 年 4—6 月最低水位与水生植物群落分布下限高程的关系（图 6.5 - 12 和图 6.5 - 13)，发现同等条件下如果最低水位下降，水生植被分布的下限高程也会随之降低，桃源水库建成后，若按照近期洱海生态水位调度方案（图 6.3 - 1）运行，水深植物分布的高程下限可能会更低。

当其以频率 P＝25% 和 P＝50% 的情景进行运行时，春季可供沉水植物复苏的低水位窗口期基本一致，此时水生植物的最大分布水位为 1959.10m（水深 5.2m)，水生植物的分布面积大约为 37.70km²。当其以频率 P＝75% 情景进行运行时，春季可供沉水植物复苏的低水位窗口期有所延长，此时水生植物的最大分布水位为 1958.30m（水深 6m)，水生植物的潜在分布面积大约为 46.43km²，其中湖心平台的潜在分布面积大约为 8.95km²，但该区域目前已无自然生长的水生植物及其繁殖体，需在 4—7 月实行低水位调度运行时

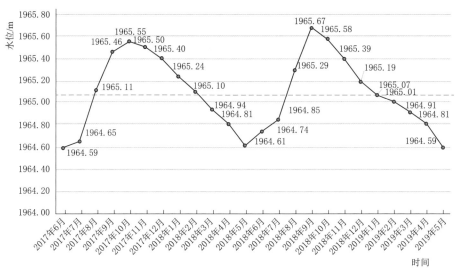

图 6.5-12　2017—2018 年期间洱海水位年内变化过程

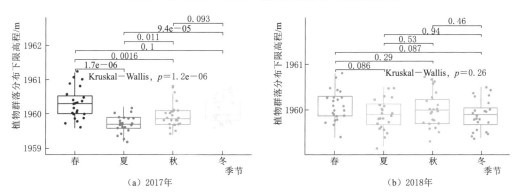

（a）2017年　　　　　　　　　　　　　　　　（b）2018年

图 6.5-13　2017—2018 年不同季节洱海水生植物群落分布下限高程

辅以适当的人工修复措施，重新恢复该区域的水生植物；该情景中水生植物适生区面积的增加主要以北部湖湾和湖心平台为主（近期各典型水文年洱海实施生态水位调度运行条件下，洱海水生植被空间分布面积预测成果见图 6.5-14）。若按照此情景进行水位调度，洱海水生植物的分布面积可达 46.43km²，这将超过洱海水生植被与藻类相互制约的平衡点 18.6%（水深植物面积占湖面面积的比例），扭转水生植被在与浮游植物营养竞争的不利局面，使水生植被逐渐占据优势，并逐步对浮游植物生长形成抑制。

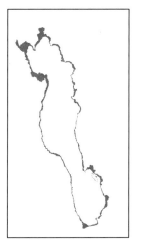

（a）P=25%、50%　　　（b）P=75%

图 6.5-14　近期水平年洱海水生
植被空间分布面积预测

6.5.5　远期水平年洱海生态水位调度水生态修复效果预测

从整体演变趋势上看，多年来洱海湖滨带水生植被演替，尤其是自 2000 年以后洱海沉水植被急剧萎缩，主要受洱海水位整体持续抬升影响所致。2017—2019 年 4—7 月的低水位调度运行实践也证明了适宜的水位调度运行是洱海湖滨带水生植被自然修复的重要驱动力。从最低水位与水生植被占洱海水面面积比例的历史数据分析可以看出，若要使洱海水生植物占湖泊水面面积的比例达到 30% 左右，其年最低水位不应高于 1963.70m。

2009—2020 年洱海湖滨带水生植被分布面积与洱海 4—7 月水位调度运行的年际变化过程表明，在水资源条件能够基本实现洱海年内水量基本平衡的条件下，在 4—7 月实行低水位调度运行再辅以适当的人工修复措施，可以较大程度地加快洱海湖滨带水生植被的自然恢复能力，快速增加洱海湖滨带水生植被的空间分布范围和面积占比，7—8 月维持较低水位运行有利于湖滨浅水区（6m 以内）沉水植物健康生长，并为浅水区沉水植被逐步向适度深水区（6~7m）延展创造条件，从而促进洱海水生态系统逐步向良好的方向发展。

对比分析 2017 和 2018 年 4—6 月最低水位与水生植物分布高程下限的关系，发现同等条件下如果最低水位下降，水生植被分布的高程下限也会随之降低，桃源水库建成后，若按照远期洱海生态水位调度方案（图 6.3-1）运行，水深植物分布高程的下限可能会更低。

当其以频率 $P=10\%$、$P=25\%$ 和 $P=50\%$ 的情景进行运行时，春季可供沉水植物复苏的低水位窗口期基本一致，此时水生植物的最大分布水位为 1959.10m（水深 5.2m），水生植物的分布面积大约为 37.70km²；当其以频率 $P=75\%$ 情景运行时，春季可供沉水植物复苏的低水位窗口期有所延长，此时水生植物的最大分布水位为 1958.30m（水深 6m），水生植物的潜在分布面积大约为 46.43km²，其中湖心平台的潜在分布面积大约为 8.95km²，但该区域目前已无自然生长的水生植物及其繁殖体，需在 4—7 月实行低水位调度运行时辅以适当的人工修复措施，重新恢复该区域的水生植物；该情景中水生植物适生区面积的增加主要以北部湖湾和湖心平台为主。若按照此情景进行水位调度，洱海水生植物的分布面积可达 46.43km²，这将超过洱海水生植被与藻类相互制约的平衡点 18.6%（水深植物面积占湖面面积的比例），扭转水生植被在与浮游植物营养竞争的不利局面，使水生植被逐渐占据优势，并逐步对浮游植物生长形成抑制。

当其以频率 $P=90\%$ 情景进行运行时，春季可供沉水植物复苏的低水位窗口期将被最大限度地延长，全年水位也被最大限度地降低，此时水生植物的最大分布水位为 1957.30m（水深 7m），水生植物的潜在分布面积大约为 77.24km²，其中湖心平台的潜在分布面积大约为 21.84km²，但该区域目前已无自然生长的水生植物及其繁殖体，需在 4—7 月实行低水位调度运行时辅以适当的人工修复措施，重新恢复该区域的水生植物；该情景中水生植物适生区面积的增加主要以北部湖湾和湖心平台为主，其中湖心平台增加最多。远期 2035 年各典型水文年洱海实施生态水位调度运行条件下，洱海水生植被分布面积预测成果见图 6.5-15。

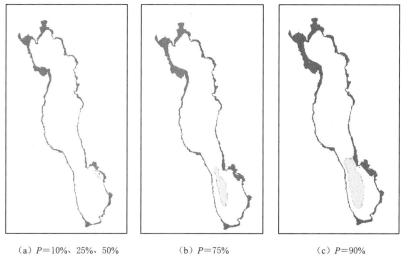

（a）$P=10\%$、25%、50%　　　　（b）$P=75\%$　　　　（c）$P=90\%$

图 6.5 - 15　远期水平年洱海水生植被分布面积预测

6.6　生态水位调度对洱海藻类水华防控影响分析

6.6.1　洱海水位与营养盐之间关系分析

　　根据洱海生态水位调控方案，分别对自然消落期（1—4 月）、低水位运行期（5—8 月）和蓄水及高水位运行期的（9—12 月）期间洱海水位与藻类所需的主要营养盐（TN、TP）和叶绿素 a 浓度（Chla）之间的关系进行分析。

　　自 1994 年以来洱海 1—4 月水位变化区间为 1963.53～1965.65m（图 6.6 - 1），多年平均值为 1964.80m。1998—2016 年期间 1—4 月平均水位总体呈逐年升高趋势，2016—2020 年期间 1—4 月平均水位下降趋势性特征明显。该时段洱海 TP 浓度变化区间为 0.013～0.027mg/L，平均值为 0.019mg/L；TN 浓度变化区间为 0.19～0.58mg/L，平均值为 0.43mg/L；Chla 浓度变化区间为 0.41～11.54μg/L，平均值为 5.14μg/L。从年际变化过程来看，TN 和 Chla 均有一个比较明显的抬升，其与水位变化均显著相关，相关系数分别为 0.51 和 0.45。对于 TP 指标，2008 年前 TP 浓度与洱海水位的变化趋势相似，但 2006 年后两者的趋势呈相反变化，多年趋势上两者的相关性不强。

　　1994 年以来洱海 5—8 月的水位变化区间为 1963.65～1965.39m（图 6.6 - 2），其中 2006—2016 年期间 5—8 月期间洱海水位总体在 1964.80m（±0.30m）附近波动变化，多年平均值为 1964.55m。该时段洱海 TP 浓度在 0.013～0.027mg/L 区间变化，平均值为 0.027mg/L；TN 浓度变化区间为 0.19～0.58mg/L，平均值为 0.50mg/L；Chla 浓度在 0.41～11.54μg/L 之间，平均值为 9.50μg/L。从变化趋势来看，TN、TP、NH_3 - N 在 2002—2015 年期间的变化趋势类似，在 2003 年达到峰值后呈现波动式下降变化特点，TP、NH_3 - N、TN 三指标在 2015—2018/2019 年期间有明显升高趋势，随后 2019—2020 年改善趋势明显，但该期间各指标与洱海水位变化的相关关系并不显著，主要原因是这一阶段为洱海雨季，湖区营养盐浓度主要受流域降水产生的地表径流及其下垫面条件不断变化条件下的面源污染共同影响与控制，而洱海水位小幅度波动对湖区营养盐浓度影响较小。

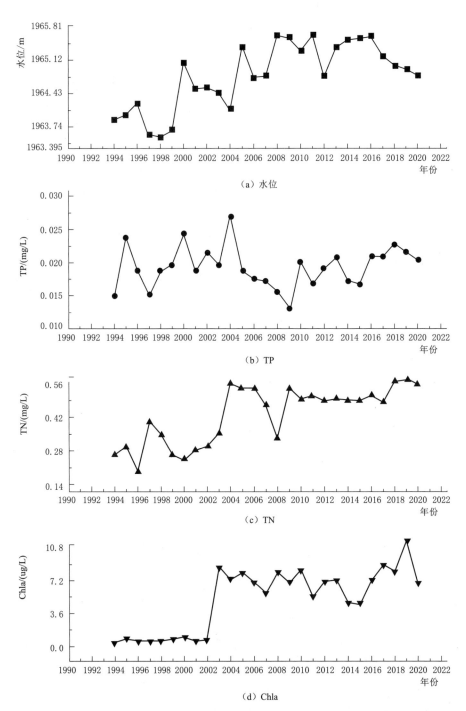

图 6.6-1　1994—2020 年 1—4 月洱海水位、TP、TN、Chla 的变化情况

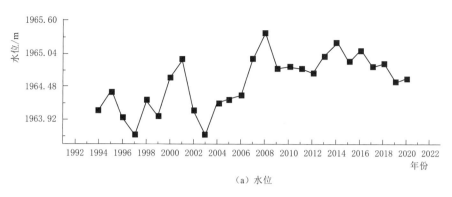

（a）水位

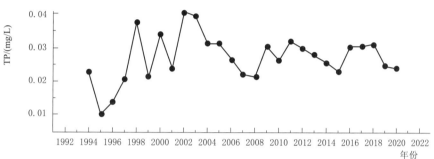

（b）TP

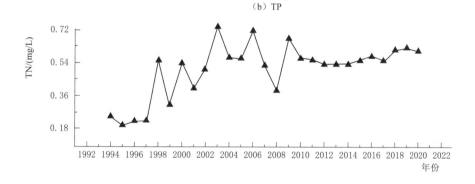

（c）TN

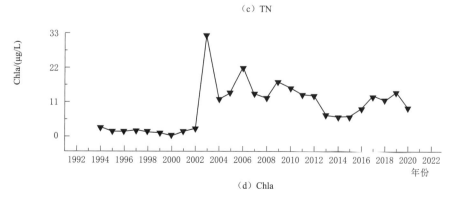

（d）Chla

图 6.6-2　1994—2020 年 5—8 月洱海水位、TP、TN、Chla 的变化情况

自 1994 年以来洱海 9—12 月的水位变化区间为 1964.27～1965.98m（图 6.6 - 3），平均值为 1965.44m，显著高于自然消落期和低水位运行期。该时期洱海 TP 浓度为 0.010～0.043mg/L，平均值为 0.027mg/L；TN 浓度变化区间为 0.14～0.74mg/L，平均值为 0.52mg/L；Chla 浓度变化区间为 0.53～26.77μg/L，平均值为 12.03μg/L。从变化趋势来看，TN、TP、NH_3 - N 在 2001—2014 年期间的变化趋势类似，在 2003 年达到峰值后呈现波动式下降变化特点，TP、NH_3 - N、TN 三指标 2014—2016 年、2018 年期间有明显升高趋势，随后 2016 年、2018 年以后改善趋势明显，但其与水位的关系并不显著，主要原因是这一阶段为洱海的雨季末期和水华高风险期，洱海营养盐浓度主要受入湖负荷及藻类大量繁殖引发的内部循环控制，洱海水位变幅对营养盐浓度的影响较小。

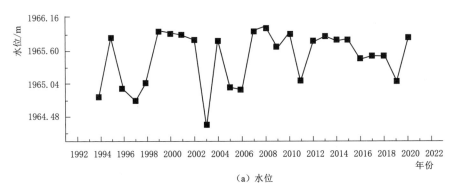

（a）水位

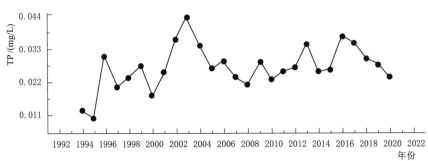

（b）TP

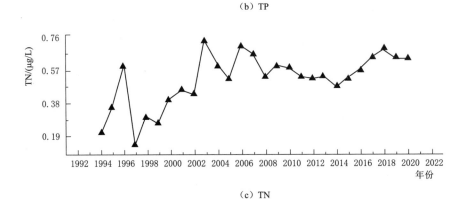

（c）TN

图 6.6 - 3 （一）　1994—2020 年 9—12 月洱海水位、TP、TN、Chla 的变化情况

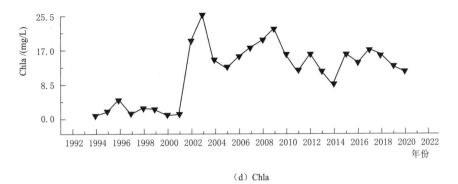

（d）Chla

图 6.6-3（二） 1994—2020 年 9—12 月洱海水位、TP、TN、Chla 的变化情况

1994—2020 年洱海年内不同时段（1—4 月、5—8 月、9—12 月）水位与透明度（SD）的变化情况见图 6.6-4。1994 年以来，洱海 1—4 月水体透明度（SD）为 1.79~4.63m（平均值为 2.73m），5—8 月水体透明度为 1.36~4.53m（平均值为 2.15m），9—12 月水体透明度为 1.16~4.07m（平均值为 2.20m）。洱海水体透明度的高值均出现在 2003 年洱海稳态转换以前，2005 年后除春季水位消落期的透明度较高外，无论是低水位运行期还是高水位蓄水期的透明度均在 2m 以内。由于洱海属于亚深水型湖泊，湖泊换水周期较长（6~8 年），水动力条件较弱，颗粒悬浮物 SS 较低，透明度主要受以藻类为主的生物颗粒物影响，透明度最高的时期为自然消落期，彼时也是洱海水体温度最低和叶绿素浓度最低的时期，透明度与水位也没有显著的关联性。

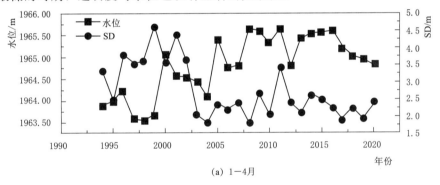

（a）1—4 月

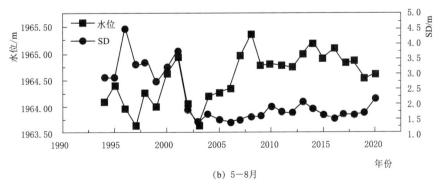

（b）5—8 月

图 6.6-4（一） 1994—2020 年洱海年内不同时段水位与透明度（SD）的变化情况

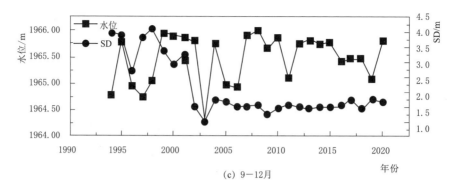

(c) 9—12 月

图 6.6-4 （二）　1994—2020 年洱海年内不同时段水位与透明度（SD）的变化情况

6.6.2　洱海藻类生物量对湖泊水位调控的响应

营养盐、透明度与洱海不同时段的水位变化间的相关性分析结果表明：洱海不同时段水位变化对湖泊藻类季节动态产生复杂的影响，使用广义可加模型（GAM）对 1994 年以来的叶绿素 a、藻密度分别与月均水位的关系进行非线性拟合，结果见图 6.6-5 和图 6.6-6 及表 6.6-1。从拟合趋势来看，叶绿素 a 和藻类生物量较高的水位段主要有 2 个，即 1964.20～1964.50m 和 1965.20～1966.00m。在 1964.50～1965.20m 区间时，随着洱海水位的上升，藻类生物量呈现下降趋势；在 1965.20～1966.00m 之间时，藻类生物量再次随着水位上升而升高，但水位变化对叶绿素 a 和藻密度变化的解释率分别只有 4.6% 和 6.4%，综合对营养盐、透明度和叶绿素的分析可得，水位变化并不直接决定藻类生物量，水位与藻类生物量间的关系是间接的。

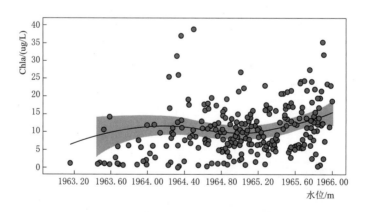

图 6.6-5　1994—2020 年洱海水位与叶绿素浓度的 GAM 拟合趋势（$n=258$）

表 6.6-1　　叶绿素 a、藻密度与水位的 GAM 拟合函数的自由度与拟合度

项　　目	k	有效自由度 EDF	k-index	决定系数 r^2	赤池信息量准则 AIC
Chla（μg/L）	9.00	3.18	1.12	0.046	1884.6
藻密度/（万个/L）	9.00	3.08	1.08	0.064	1884.5

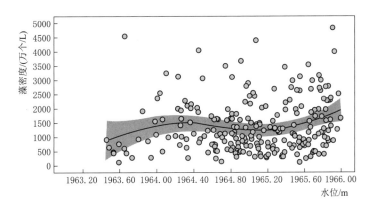

图 6.6 - 6　1994—2020 年洱海水位与藻密度的 GAM 拟合趋势（$n=258$）

图 6.6 - 7 中，藻类的季节性变化与洱海水位季节性节律有相似的变化趋势，但两者峰值出现的次序、低谷出现的时间在不同年份并不相同。洱海藻类在 2—5 月由于温度较低，生物量较低，此阶段洱海水位虽然也在下降，但两者无因果关系；6—7 月期间洱海流域气温升高，湖泊水体温度也随之升高，同时流域降水增多、陆域随降水径流入湖的面源负荷输入显著增加，导致湖体内藻类快速生长，污染物随径流入湖是洱海藻类开始增加的重要因素和物质基础；8—9 月洱海流域降水量及其频次均逐步减少，藻类快速生长，达到高峰并维持高生物量到 10 月，同时洱海水位继续上涨，因此，伴随气温升高而带来的水温升高并维持在较高水平是洱海藻类快速生长并出现异常增殖的关键性因素；11 月之后，随着流域气温的逐步下降，湖体水温下降对藻类生长的抑制作用逐步凸显，藻类生物量开始降低至次年 2 月，同时洱海水位也在缓慢下降，洱海水体透明度开始提升，从而为洱海湖滨带水生植物的萌发和生长创造条件。

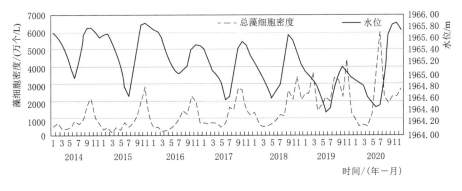

图 6.6 - 7　2014—2020 年洱海水位与藻密度变化关系图

注　藻细胞密度数据来源大理州环境监测站；水位采用 1985 高程。

6.6.3　基于洱海生态水位调度的洱海藻类水华防控建议

沉水植物对水体的净化和对藻类的抑制作用已经被大量研究证实，主要体现在：①沉水植物与浮游植物之间存在营养、光照和生存空间等一系列环境因素的竞争（简称"植物营养竞争"），健康的沉水植物生长环境可有效抑制浮游植物的正常生长与异常增殖；②沉水植物分泌的化感物质能够抑制藻类生长繁殖，维持良好的水环境；③沉水植物通过固定底泥、吸收过滤污染物、吸附悬浮物质，降低水体浊度，提高水体透明度，沉水植物的恢复对整个生态系统的稳定起着不可替代的作用。

洱海目前沉水植被分布总体呈现北部多南部少、西边多东边少的特点。根据洱海水下地形图，北部大湖湾区（海舌湾—红山湾）基底高程 1962.00m 以下坡度较缓，而非湖湾区域在基底高程 1959.00m 以下坡度较缓，沉水植物分布水深调查结果表明沉水植物分布高程范围在 1960.00m 以上，因此，洱海水位上涨或下降均可能对北部大湖湾区沉水植物的分布面积有较大影响。根据沉水植物的分布现状及水下地形图分析预测，4—7 月期间水位由 2017—2019 年的 1964.87m 下降至 1964.30m 后，沉水植物分布面积可能在现有基础（33.91km²）上增加 8%～10%，其中大部分集中在北部大湖湾区。而洱海藻类分布特点为南北高、中间低。因此，北部湾区沉水植物面积的恢复将对抑制洱海北部藻类带来积极的影响。

在洱海流域水资源条件得到外流域补给的情况下，根据洱海生态水位调度方案，运行水位拟调整方式为：在春末夏初（4—6 月）低水位运行（1964.30～1964.60m，4 月下降 0.2m，5 月下降 0.4m，6 月下降 0.15m），夏季维持低水位（1964.60～1964.80m，7 月下降 0.5cm，8 月下降 0.4m，9 月下降 0.4m），秋冬（10 月后，10 月下降 0.1m）回到 1965.00m 以上运行，这种调整方式的特点是洱海年内水位变幅和节律发生变化而平均水位变化不大。多年的分析结果表明，受流域水资源量有限、陆域营养盐输入、洱海水位等因素影响，实施生态水位调度运行方案将对洱海藻类季节动态产生复杂的影响，具体表现如下。

1. 春末夏初（4—6 月）生态水位调度调整影响

春末夏初（4—6 月）是洱海低水位期，水位下降有利于湖滨带沉水植物逐步向深水区延伸，同时，水位下降意味着春末夏初洱海放水增加。放水阶段将改善湖区的水动力条件，有利于湖泊水质的持续性改善，因此，春末夏初洱海水位的下降有利于降低浮游植物生物量，提升水体透明度，持续促进湖滨带沉水植物逐步向深水区延伸。

2. 夏季（7—8 月）生态水位调度调整影响

夏季（7—8 月）是洱海降水量相对最为集中的时段，气温升高，水体温度也随之升高，也是外源污染随降水径流入湖较为集中的时期，藻类也会随着营养盐的补充快速生长。此时将洱海运行水位调低，有利于沉水植物的持续性恢复和对此时段藻类快速生长的抑制；同时，维持低水位，意味着雨季洱海出湖水量增大，有助于湖体水动力条件的改善；水位下降有利于降低湖泊内浮游植物的生物量，减少洱海局部湖湾藻类水华的发生风险及其发生程度。

3. 秋季（9—10 月）生态水位调度调整影响

进入 9 月后，洱海流域逐步进入汛后期，降水量将逐步减少，环境条件适合藻类快速生长，达到高峰并维持高生物量到 10 月，是洱海藻类水华发生的高风险期。由于前期低水位运行，9—10 月水位将快速调高，是洱海重要蓄水期。考虑到外流域调水输入，9—10 月蓄水量将明显增加，湖泊水动力条件较以前明显增加，尤其是洱海北部的沙坪湾和海潮湾。洱海北部湖湾水动力条件的改善将不利于湖湾区浮游植物的增长和异常繁殖。另外，由于洱海湖滨带水生植物面积的逐步增大也会增大抑制浮游植物的生长效应和植物营养竞争效应。总体来说，9—10月浮游植物增长会减弱，会对水华发生风险及其发生程度带来一定的抑制性效果。

4. 生态水位调度对11—12月浮游植物及蓝藻水华发生影响

进入11月之后，随着气温和水温的持续性下降，湖泊内的藻类生长将减慢，但藻类仍维持较高的浓度水平，仍是洱海藻类水华发生的高风险期，高风险期甚至延迟到12月。由于9—10月来水量增加，流域入湖污染负荷量增加，受延迟效应影响，10—11月水华风险可能会加大，但考虑到由于湖滨带水生植物持续性增加对浮游植物生长与藻类水华的抑制效应，综合效应仍是不利于藻类水华的发生。

整体来看，洱海运行水位及其节律的变化对湖泊水生态系统产生的最突出影响是春季和夏初洱海沉水植物将向水下延伸，在春季分布面积变化不大，在夏季水位恢复正常水位时沉水植物分布面积将增大8%~10%，水生植物面积增大将持续性改善洱海水质，吸收沉积物中的氮磷营养盐，提高水体透明度，抑制浮游植物的生长和异常增殖，有利于洱海水体富营养化程度不断减轻和藻类水华风险防控。秋季开始是洱海水华发生的高风险期，通过沙坪湾和海潮湾实施生态调水，有利于改善北部湖湾的水动力条件，不利于湖湾区浮游植物的增长和异常繁殖，但随引水进入洱海北部湖湾的氮磷等营养盐可能会增多，引水可能会使洱海北部湖湾藻类水华向后延迟。

6.7 小结

(1) 规划水平2035年在满足西洱河下游河道生态环境流量需求（汛期11.10m³/s、枯期6.72m³/s）、洱海湖滨湿地沉水植被4—7月生长发育季节低水位运行需求（1964.30~1964.60m）的条件下，平水年及雨水偏多的年份基本不需要补水，枯水年、特枯水年型分别需外流域补水1.63亿m³、2.41亿m³，才能弥补洱海年内因4—7月低水位调度运行带来的蓄水量减少问题，为长系列年洱海年内4—7月的低水位调度运行提供可靠的水资源条件保障，并为洱海湖滨带沉水植物生长期间提高其自然繁殖能力、加快向深水区延展提供持续的原生驱动力。为满足2035年洱海全湖水质总体达标并维持湖泊年内水资源量的总体平衡，各典型水文年（$P=10\%$、25%、50%、75%、90%）下洱海所需的环境补水量分别为1.30亿m³、1.53亿m³、1.66亿m³、2.75亿m³、3.13亿m³，需水量最大的时段为枯水季节，约占全年补水量的52.0%~62.2%，主要是为雨季后期洱海蓄水并适当补充因湖面蒸发而带来的水资源量损失提供必要的清洁水资源条件；汛期（6—10月）补水量约占37.8%~48.0%，主要是为充分利用流域外相对优质的水资源条件，增加洱海流域水资源总量，增强洱海汛期"排浑"能力，并为汛后期蓄水提供相对较好的湖泊本底水质条件。

(2) 基于过去70年来洱海的历史水位数据和洱海保护条例确定的法定运行水位范围，并结合洱海水质、沉水植被与水位变化间的响应关系，以及洱海生物多样性保护需求下的年内水位过程需求和"三生用水"安全的水资源条件保障，综合确定洱海生态水位调度运行方案为：1—4 月为洱海水位自然消落期，水位运行区间为 1964.60～1966.00m，4 月底洱海水位降低至 1964.60m；5—8 月为洱海低水位运行（1964.30～1964.60m）维持期，其中 6—7 月水位维持在 1964.30m 附近；9—12 月为洱海蓄水及高水位运行期，洱海运行水位区间为 1964.60～1966.00m。

（3）受桃源水库库容和黑惠江干流（合江村断面代表）可引水量限制性影响，枯水年和特枯水年可引水量明显小于其生态环境需水量，故为顺利实现规划水平 2035 年洱海全湖水质总体达标，通过修建桃源水库来储备优质的水源以较大程度地提升引水水源区的水环境质量是必然选择。规划水平 2035 年在黑惠江干流水质稳定达标（Ⅱ类）条件下，桃源水库工程补水入湖后，各典型水文年（$P=50\%$、75%、90%）下洱海全湖的 COD、TP、TN、COD_{Mn} 四项指标年均水质浓度分别为 13.92mg/L、0.025mg/L、0.53mg/L、3.57mg/L，14.66mg/L、0.024mg/L、0.50mg/L、3.60mg/L，15.02mg/L、0.023mg/L、0.48mg/L、3.88mg/L，各指标改善幅度分别为 $2.28\%\sim10.23\%$、$0.25\%\sim1.75\%$、$2.13\%\sim5.86\%$、$4.97\%\sim9.06\%$，各指标水质类别分别为Ⅱ类、Ⅱ类、Ⅱ～Ⅲ类和Ⅱ类；在 TN 指标不参评条件下，洱海各水文年的总体水质均基本满足湖泊Ⅱ类标准。

（4）依托桃源水库工程中的黑惠江干流水源解决以洱源县三库优质水资源为农田灌溉水源的用水需求，并尽可能退还流域内因灌溉农田占用的优质水源并回归洱海，符合"洱海保护优先"原则，同时也大幅度降低了可能因外流域补水水质不达标带来的洱海水质污染风险，故利用黑惠江干流来水尽可能替换洱海流域内三库的农田灌溉功能，让更优质的三库水回归洱海对洱海水质保护是有利的。模拟预测结果表明：三库水源替换方案下平水年型引水挟带入湖的 TP、TN 及 COD_{Mn} 负荷量分别为 0.48t/a、6.12t/a、35.54t/a，较生态直补方案有明显减少，减少幅度分别达 22.56%、12.08%、14.35%；同时受三库水源置换大量优质水入湖影响，平水年型下生态补水对洱海湖区 COD、COD_{Mn}、TP 等指标水质改善效果整体提升 0.75%，其中对洱海北部湖区水质改善提升效果最好（整体提升 1.2%），并呈现自北向南逐步减弱的变化特征。

（5）基于 2017—2020 年洱海运行水位情况，将 4—7 月的运行水位降低到 1964.30m 附近将显著增加洱海湖滨带的水生植物盖度（整体面积将增大 $8\%\sim10\%$），同时水生植物盖度的增加会降低洱海局部湖湾水华的发生程度，特别是对 7—10 月洱海藻类水华发生风险的降低更为明显，但由于 4—7 月低水位运行后和 8 月较低水位运行延迟了洱海的蓄水时间，9—10 月集中蓄水，有可能导致洱海藻类水华现象出现滞后和延迟效应，使 11 月出现藻类水华现象。

（6）在现有的洱海水位调度运行边界下，将 4—7 月期间洱海水位降低至 1964.30m 附近后，并结合适当的人工干预措施（水生植物修复技术），生态水位调度运行几年后洱海湖滨带水生植物分布面积占比可能达到 $21\%\sim23\%$（超过水生植被与藻类相互制约的平衡点 18.6%），可能会彻底扭转当前洱海湖滨带水生植被在与浮游植物营养竞争中的不利局面，使洱海水生植被在与浮游植物的植物营养竞争中占据优势，并逐步对浮游植物生长与异常增殖形成抑制，尤其是在北部大湖湾区，并可能快速推进洱海由藻类湖泊向草型湖泊转变。

（7）通过生态水位调度将洱海 4—7 月运行水位较目前的法定最低水位（1964.30m）

降低50～60cm，就可极大程度地加快洱海湖滨带6m水深以内沉水植被的快速复苏生长，并通过大变幅、长历时的生态水位调度运行以营造适宜沉水植被生长的多样性生境，洱海水生植被的多样性和覆盖度都将逐年增加，并可能在较短的时段内使洱海水生植被面积占比达到30％，同时与湖泊水环境质量的逐年改善形成良性互动并相互促进，以加快洱海向良好湖泊生态系统前进。

第7章
洱海水生态修复与水质保护对策

7.1　洱海流域水生态保护面临的问题

　　尽管近年来流域各级持之以恒、久久为功，相比"十三五"时期，洱海保护治理取得一定成效，但同时也出现了新问题，当前洱海主要存在湖泊水质不稳定、蓝藻水华防控压力大、部分入湖河流水质达标不稳定、流域高质量发展格局尚未形成等问题，洱海保护治理形势依然严峻。

　　1. 湖体水质仍有波动，季节差异显著

　　洱海作为典型的高原封闭型和城市近郊型湖泊，污染累积型和输入型双重叠加，水体自净需要一个长期过程。1999年以后，洱海水质由Ⅱ类下降至Ⅲ类，2003年后总体稳定在Ⅲ类，呈波动性变化，主要指标中总磷和总氮整体有所下降，但化学需氧量和高锰酸盐指数处于高位。受污染结构特征、降水、气温等多种因素影响，洱海水质冬春季优于夏秋，TN、TP浓度从7月开始显著上升，9月达到最高；NH_3-N浓度从6月开始显著上升，8月达到最高；洱海6—10月保水质压力大，湖体水质下降风险高。

　　2. 藻类结构不断发生改变，水华防控形势仍然严峻

　　在当前洱海氮磷水平下，尤其是在雨季污染集中入湖后的9—10月，氮磷水平相对较高，气象条件适宜，蓝藻水华暴发风险大。洱海浮游植物优势种季节性演替发生较大变化，2001年后水华高发期优势种由鱼腥藻逐渐转变为微囊藻，至2016年起优势种又逐渐转变为束丝藻、拟柱孢藻和浮丝藻等固氮蓝藻，藻类群落结构不稳定、变化快、空间差异大。浮游藻类对氮、磷、化学需氧量、水温等存在明显的响应关系，特别是气候变化及暴雨径流冲击负荷对藻类异常增殖影响增大。近年在洱海新发现了甲藻，湖体中化学需氧量有利于甲藻的增殖，其形成的水华可产生多种毒素，造成鱼类病变或死亡，最终导致湖泊水体呈红棕色，降低了水体的透明度。洱海水体营养水平仍然支持藻类大量增殖，微囊藻水华和丝状蓝藻水华甚至甲藻水华都可能发生，水华防控压力大。

　　3. 缺乏系统性精准治理，农业面源污染削减效益不足

　　流域种植结构亟待精细化调整，"三禁四推"虽已抓实大蒜禁种，但蔬菜等高肥作物种植面积占总播种面积的19%，源头减量尚有提升空间。现有高标准农田、高效节水灌

溉、调蓄带尾水循环利用等节水减排项目覆盖有限，农业面源污染过程管控难度大。已建库塘湿地后期管护不到位，植被腐败、底泥释放导致的二次污染风险较高，库塘湿地缺乏联合运行调度，多是单个设计、运行为主，未形成联合运行机制，农业面源污染的末端削减效益不佳。

4. 部分入湖河流水质未稳定达到Ⅱ类，河流水质提升任重道远

洱海27条主要入湖河流已完成现状水质排查分析工作，共布设35个水质监测点位。2021年阳南溪入湖口等24个监测点位水质年度评价达到Ⅱ类及以上，占河流水质监测点位总量的68.6%。在2020年未达到Ⅱ类的8条入湖河道中，梅溪、桃溪、白鹤溪、永安江已由Ⅲ类上升至2021年的Ⅱ类，达到水质改善目标。但部分河道水质未明显提升，其中莫残溪、白塔河等河道监测点位水质仍为Ⅲ类，罗时江河道监测点位为Ⅳ类，未达到2021年水质改善目标，甚至黑龙溪、波罗江等8个监测点位在部分月份出现过劣Ⅴ类的水质。

5. 流域清水入湖量减少，洱海生态水量不足

近年来，洱海流域清水入湖量呈减少趋势，2011—2019年流域平均实际陆地入湖水量4.34亿 m^3，较多年（1960—2019年）平均偏少46%。作为洱海水资源的主要补给水源，洱海主要入湖河流由于上游生活、生产用水的不合理取用，经常出现断流情况，入湖水量有所减少，十八溪全年入湖水量仅1.16亿 m^3，优质水资源严重缺失。受入湖水量影响，西洱河出湖水量也呈减少趋势，2011—2019年西洱河年均出湖水量仅2.65亿 m^3，较多年（1960—2019年）平均偏少66.9%，洱海生态水量严重不足。

6. 洱海水生态总体向好，但水生态系统仍然脆弱，外来物种入侵问题突出

2003年，洱海水生植物发生大面积退化，近几年恢复生长较好，覆盖面积最大达到33.12 km^2，且苦草、黑藻等清水种种群密度增加，特有种海菜花分布面积大幅增加，水生植物群落结构逐步优化。然而，目前洱海水生植被仍然只恢复到20世纪八九十年代的30%左右，且优势种主要为金鱼藻、微齿眼子菜、狐尾藻等耐污种，尚不能对藻类形成竞争优势；而且外来水生植物粉绿狐尾藻、喜旱莲子草等在洱海北部湖湾沿岸大量分布，福寿螺出现在洱海湖岸沿线。底栖动物中软体类比例大幅增加，但耐污的水生昆虫和寡毛类所占比例仍较高。外来入侵种银鱼基本得到控制，生物量种群削减60%以上（2019年现存资源量不足200t），控藻鱼类鲢鳙鱼比例明显提升，资源量达3000t以上，且大个体比例显著提高。但鱼类杂型化、小型化等问题仍然突出，且出现新的西太公鱼入侵问题，西太公鱼在2009年发现、2015年成规模，目前其捕捞量已经占到近50%。由于西太公鱼主要捕食浮游动物，与其他滤食性鱼类产生竞争，其对洱海水生态食物网结构造成较大影响，且有可能影响水华暴发的态势。

7. 流域资源约束性强，高质量发展势在必行

洱海流域水土资源基础较差，流域面积仅占全省面积的0.65%，水资源量仅占全省水资源总量的0.42%，却支撑着全省2.0%的总人口、2.4%的地区生产总值。大理白族自治州洱海流域空间规划暂未得到省级批复，流域保护和发展的界定缺乏规划依据，现有产业缺乏科学的规划引领，旅游业及农业等尚未完成系统可持续的绿色化生态化高质量转型升级。流域旅游业转型升级处于起步阶段，产业层次较低，产业链较短，"洱海旅游＋

生态环境＋经济效益"的高质量开发尚未完全形成，"漫步苍洱"世界级康旅品牌培育难度较大。流域农田面源污染问题依然突出，特别是海西蔬菜种植区复种指数高、肥药需用量大，"三禁四推"虽实现了流域内含氮磷化肥清零禁售和大蒜趋零种植，但低耗肥、低耗水且附加值高的产业培育需要一定周期，高质量发展需久久为功。

7.2　水生态系统保护与修复的对策措施

洱海水生态保护面临的种种问题，需要从不同方面和角度制定对策措施。通过补水工程建设、优化区域水资源循环利用配置和入湖沟渠治理，来改善湖体水质、降低水华暴发风险进而维持湖内生态平衡。同时，还需持续开展洱海水生态保护研究，建立起"水位-水质-水生态"联合运行数据库，探明藻群结构变化机理。此外，在社会管理方面推进水价改革、加快产业转型升级，从源头上减少用水量和排污量。

1. 加快推进外流域补水工程建设

近年来，受气候变化、来水量严重偏少的影响，洱海天然径流总体呈减少趋势，特别是近10年，平均天然入湖水量仅8.47亿 m^3，较多年平均径流量11.45亿 m^3 减少2.98亿 m^3，扣除平均蒸发量3亿 m^3，实际可用水量仅为5.47亿 m^3。根据洱海水资源生态调度情况，2022年洱海用水量平均2.66亿 m^3、西洱河出湖水量平均2.2亿 m^3，水资源开发利用程度较高，总量呈下降趋势，生态补水与生产生活用水矛盾加剧，湖区大约5～6年方可水循环1次，水动力严重不足。加快实施桃源水库洱海补水工程，增加洱海清洁水1.68亿 m^3；实施海稍水库扩建、减少洱海出湖水7300万 m^3；开工建设洱海灌区、高效节水3011万 m^3，启动洱海饮用水水源替代工程、置换洱海人饮取水9000万 m^3；通过以上措施共计增加洱海清水3.61亿 m^3，可以有效改善湖泊水资源条件、保障湖泊生态用水、提升水环境容量、增强水动力、改善湖泊水质，以及降低蓝藻水华暴发风险。

2. 加大循环利用，持续优化配置区域水资源

经初步估算，2022年洱海流域低污染水约2.40亿 m^3，回用率仅约7%，其中污水处理厂尾水约0.65亿 m^3、占27%，农田尾水约1.75亿 m^3、占73%，汛期占比约86%。基于"源头管控、清水入河-过程阻断、循环减负-精细管水、精准用水"的理念，坚持水资源的分质管控和利用，探索构建流域内"农田-塘库-河道"清洁入河的清水系统、"农田-塘库-农田"的低污染水循环利用系统、"污水-水质净化厂-生态隔离带-塘库-农田"的污水净化与再利用系统，将低污染水循环利用系统、污水净化与再利用系统等纳入流域水资源优化配置体系，按年度制定流域水资源优化配置及循环利用方案。调整转变传统大型灌区建设思路，加快推进新理念下洱海大型灌区建设，充分利用库塘湿地、末端拦截工程拦截调蓄功能，加强泵站、输配水管网、农灌沟渠改造等基础设施建设，促进水资源循环综合利用。

3. 削减沟渠负荷，加强入湖沟渠的综合治理

(1) 延长农田尾水在农田区域的水流路径，恢复田间田埂、沟渠的"海绵"属性，加强农田沟渠本身对氮、磷养分的拦截和滞留，减少农田尾水中氮、磷污染负荷。

(2) 继续实施主要入湖沟渠综合治理，提倡生态化改造，在渠系内增设沉淀池、过滤

坝、种植水生植物或增设其他水处理措施，恢复农田灌排沟渠的生态属性，增加农田尾水水流路径、滞留时间，将大部分固体颗粒物截留在田间沟渠内，基本实现农田自身对氮、磷养分的拦截和净化，减少农田尾水中氮、磷污染负荷。

4. 持续开展"水位-水质-水生态"联合运行相关研究

通过长期的洱海水位、水质、水生态跟踪监测，建立长系列水位、水质、水生生物响应数据库，研究特定水位情景下湖泊水质及水生生物变化特征，研究形成水位、水质、水生生物恢复关键技术，为洱海湖区生态调度提供数据支撑。此外，通过分析反演实现特定水环境、水生态的湖泊水位调控与管理，为科学合理制定洱海水位提供支撑，实现补水效益的最大化。

5. 深化藻群结构变化机理研究，提高防藻控藻科学化水平

（1）加强藻类监测，预判藻情变化。提高洱海水文监测中心藻类分类检测能力，采用藻类在线监测技术等多种手段，有效获取水体营养盐、水华空间分布等基础数据，搭建蓝藻预警模型，及时进行藻情研判，切实提高洱海藻类水华灾害预防和应急处置能力。

（2）继续系统开展洱海水环境及水生态演变、藻类水华防控等基础研究，支撑洱海水体藻相变化分析研判，提出水华整体性控制策略。

（3）深化生物治理研究，探索大型底栖动物、水生植物和鱼类等水生生物的协同控藻和水质改善作用，推进科学生态调控。

（4）多途径控藻，有效预防水华暴发。在加强入湖河道水环境综合整治等外源污染控制基础上，继续开展内源污染治理，持续降低氮、磷营养盐浓度。加快实施洱海水华防控项目，通过藻情观测、推流增氧、挡藻收藻、藻水分离多举措并举，有效降低湖体藻密度。加强生物防控，加快实施保水渔业生态工程，通过投放滤食性鱼类控制蓝藻水华生产力，实现以渔控藻、以渔抑藻。

6. 加快水价改革，加强城乡居民及第三产业的集约节约用水管控

推进水价改革，促进节约用水，提高用水效率，促进水资源可持续利用。结合洱海流域人口分布及产业结构占比，在洱海全域开展城乡居民、第三产业实际用水量调查，分析节水潜力。以满足基本生活或第三产业用水最低需求为基础，探索性地设置阶梯水价，制定超额阶梯水价价差政策，离湖越近，超额水价价差越大，用水价倒逼流域内用水户的节水意识，促进城乡居民及第三产业的集约节约用水，达到从源头节约水资源，即从源头控制后续环节污水的产生量，减少流域新鲜水取用量。

7. 加快产业转型升级，培育绿色生活消费方式

（1）科学划定并严格管控产业空间，倒逼发展方式转变、产业结构转型升级、产业空间布局集约优化，坚持产业"转型"与"转移"协同发力。加快战略性新兴产业布局，积极培育文化旅游、大健康及数字经济、总部经济、会展经济等新业态，着力打造"洱海绿色食品牌""健康生活目的地牌"，构建"大健康＋全域旅游＋康养＋特色小镇"体系，形成洱海流域生态环境保护相协调的新型产业体系。加快"大祥巍"一体化发展，推动一体化、互补化、同城化、组团化发展。祥云县围绕洱海流域产业转移承载地发展定位，重点打造矿冶建材、先进装备制造、现代物流三个产业集群，推进大理市和祥云县产业双核驱动发展格局，支撑洱海流域产业转型发展。加快巍山新区建设，突出新区产城融合、城乡融合、巍山古城与大理市的融合，实现关巍一体化，充分发挥城镇、产业、人口聚集功能，助推洱海保护治理和流域绿色转型。

（2）构建新型绿色低碳生活方式。建设美丽湖区、公园城市，优化流域生存、生活、生态、生产空间，推进山水林田湖草综合治理、系统治理，充分利用全国第二批流域水环境综合治理与可持续发展试点契机，推动构建绿色城乡、绿色产业、绿色生活相互融合的体系，大力度倡导城乡绿色消费、绿色居住、绿色出行等低碳生活方式，加快洱海流域生活向绿色、低碳转变，建设人与自然和谐共生的美丽城市。

第 8 章
结论与建议

　　洱海是我国重要的淡水湖泊，也是云南省的第二大高原淡水湖，洱海保护为滇西发展提供了丰富的淡水资源，为云南省建成中国面向西南开放重要桥头堡提供了战略支撑，是探索我国高原湖泊流域生态环境保护与经济社会协调发展的重要途径，是富营养化初期湖泊保护研究的重要示范，并为我国湖泊水体富营养化控制研究提供了重要平台。洱海作为大理白族人民的母亲湖，为满足流域水资源开发利用和水源安全保障的需求，近几十年来洱海水位阶段式大幅波动变化特征突出、湖滨带水生植被快速退化、植被结构趋于简单化，部分特有物种和濒危物种消失，导致湖泊生态系统与功能持续下降、河湖水环境质量逐步变差的趋势明显；同时在近期人类活动的强烈干扰和流域水资源条件日益短缺的形势下，洱海水质及水体富营养化演变对湖泊水位、水生植物演替及人类活动影响的响应过程更趋复杂。因此，本书基于洱海长系列的水生植被、水位和水质数据资料，并结合洱海抢救性保护举措"七大行动""八大攻坚战"下的洱海水质、水生态变化的响应关系，系统分析了近 70 年来洱海水生植被的演替过程、近 10 多年来洱海水环境演变过程及其时空分布特征，识别出当前治污策略下洱海尚存在的主要水生态环境问题，深入研究了洱海水动力特性及入湖污染物的迁移扩散规律，初步揭示了影响洱海水生植被演替的驱动力因素及洱海北部湖湾藻类聚集及藻类水华发生风险的驱动机制，并结合规划水平年洱海水质保护与水生态修复目标、藻类水华精准防控及湖泊革命的总体需求，有针对性地提出洱海流域水污染治理与湖泊水质保护、加快洱海水生植被自然恢复和水环境质量持续性改善的对策措施，以期为洱海流域水环境综合治理和湖泊水生态修复与保护提供科学的参考依据，以便为洱海水生态修复、水环境质量可持续性改善以及洱海流域绿色高质量发展提供科学的技术支撑。

8.1　主要研究结论

　　（1）洱海流域多年平均天然径流量为 11.45 亿 m^3，扣除湖面蒸发损失后的水资源开发利用率已达 54.3%，来水量偏少年份甚至超过 90%，流域水资源匮乏问题日益突出，洱海流域同时存在水资源利用不尽合理、河湖生态环境用水被严重挤占、苍山十八溪经常断流等现象。在洱海流域种植业十分发达、旅游资源非常丰富且干湿季节异常分明的背景条件下，农田退水直接排入临近沟渠及附近河道，面源污染较重，农业面源随降水径流在雨季集中入湖导致洱海水质年内雨季异常升高及年际间波动性强烈，COD、TN 等指标仍维持高位水平，洱海整体水质仍在Ⅱ～Ⅲ类区间波动，湖区水质尚未根本好转。受近几十年来洱海水位阶段式大幅波动变化、水环境质量持续下降及水体富营养化趋势性演替明显等因素影响，洱海湖滨带水生植被结构和功能单一化趋势明显，水生植物资源退化严重，沉水植被分布面积骤减，生态系统调节功能下降，且受水资源条件制约的洱海年内水位节律波动变化抑制了湖滨带水生植被的自然恢复和洱海"蓄清排浑"功能的有效发挥，洱海水位调度运行存在"蓄浑排清"现象，不利于洱海水环境质量持续性改善、水生态环境的修复与保护。

（2）洱海隶属苍山洱海国家级自然保护区，是自然保护区的核心水域，水质保护目标为Ⅱ类，现状水质为Ⅱ～Ⅲ类。综合 2016—2020 年期间洱海水质时空变化特点、2008—2020 年期间洱海水质年际变化过程及水体富营养演变趋势，归纳总结驱动洱海水环境演变的主要影响因素主要包括流域水文情势、面源负荷输入、水资源条件约束、湖滨带植被演替与水生植物收割管理等几个方面，其中，流域水文情势是影响洱海水质年际波动性变化特征的关键驱动因子，农田面源负荷随降水径流集中入湖是洱海年内水质超标和雨季湖泊水质异常升高的关键制约因素，流域水资源量不足是制约洱海水质持续性改善的重要限制性因素，湖滨带水生植物演替及挺水植物的收割管理对抑制洱海水体富营养化、促进洱海水生态系统良性循环并持续推进洱海雨季水质改善具有重要意义。

（3）因其独特的地理环境特征及适宜的气候条件，洱海水生植被物种丰富（38 科 100 余种），群落类型多样，其中热带植物类群占显著优势。1960 年以来，洱海水生植被总体经历由少到多，再由盛转衰，最后渐趋平稳并缓慢恢复的过程。近 70 年来洱海水生植被群落演替经历了扩张、鼎盛、衰退和稳定等过程，水生植被种群结构单一化、水深分布范围和面积大幅度萎缩，优势种群逐步由清水型转变为耐污型的苦草、金鱼藻和微齿眼子菜，其演替过程受洱海水位阶段式大幅波动变化驱动影响显著，其中年内 5—8 月维持低水位及年内水位的大变幅波动是驱动并维持洱海水生植被良好生长和最大面积分布的关键。同时，大量外源负荷入湖导致湖泊水质变差和水体富营养化，引起洱海由草型逐步转向藻型并大幅度降低水体的透明度是 1990—2003 年期间洱海水生植被快速退化的关键环境驱动因子，进一步加快了洱海沉水植物的萎缩。

（4）在过去 70 多年的洱海水位调度运行管理中，多以水资源开发利用和供水安全保障为目标需求，忽略了水位变化可能对洱海水生植被演替产生的不利影响。但从对水位变化驱动洱海水生植被演替的机理机制看，较为稳定的周期性水位变化和年内适当的水位变幅对于洱海沉水植物自然生长及其时空演替是十分有利的。从洱海水生植被历史最好时期（1970—1990 年期间洱海水生植被面积占比超过 40%）的水位变化过程来看，洱海年内水位运行具有最低水位低（低于 1963.0m）、年内水位运行区间变幅大（年均超过 2.1m，变幅区间 1.5～2.9m）、5—7 月水位在年内处于最低水位运行阶段等特点。根据中国科学院武汉水生生物研究所针对洱海湖滨带湿地植被修复及生长发育状况的系列研究成果，沉水植被对改善洱海水质起到重要作用，成规模的沉水植被（水生植被占洱海水面面积

18%以上）才能发挥相对较佳的水质净化功能。沉水植被一般在水温大于15℃后的4—6月开始复苏生长，因此需要该时段的洱海降低水位运行；同时7—8月受陆域降水径流挟带大量泥沙及其他悬浮颗粒物入湖影响，水体透明度明显下降时段维持较低水位运行有利于湖滨浅水区沉水植物继续生长，并为浅水区（3～6m）植被向适度深水区（>6m）延展创造必要条件。在现有的洱海保护条例约束和流域水资源条件能够实现年内水量基本平衡的条件下，通过西洱河出湖流量调节，以实现洱海年内4—7月维持适度低水位运行（1964.30～1964.60m）、7—8月维持较低水位运行（1964.60～1964.80m），有利于洱海水环境质量的持续性改善，并加快洱海沉水植被的自然恢复并充分发挥水生植被在洱海水生态系统修复中的重要作用。

（5）洱海形似耳状，略呈狭长形，南北长42.5km，东西宽5.9km，湖岸线长128km，呈北北西—南南东向展布，最大湖泊水面面积为252km²，最大水深为21.3m，平均水深为10.6m。洱海属大型中偏浅水型湖泊，具有浅水湖泊的水流特点，风是湖流运动的主驱动力。在常年主导风场（东风、西南偏西风）作用下，湖区平均流速为1.1～2.5cm/s，洱海湖流形态以风生环流为主，自北向南依次为逆-顺-逆-顺-顺-逆时针等5～6个大小不等的环流，湖区环流结构十分复杂，洱海北部、中部和南部水流运动界限较为清晰，中部与南部湖流运动及水量交换存在一定的弱流区，不利于北部（北三江片区）、中部（海西片区）入湖污染物向南部迁移扩散并经西洱河出湖。

（6）洱海最高水位为1966.00m，对应蓄水容量为29.59亿m³，法定最低运行水位为1964.30m，对应蓄水容量为25.34亿m³，年均蓄水湖容超过27亿m³，年入湖水量仅约6亿m³，湖泊水力停留时间将超过5年，北部湖湾水体的停留时间将更长。主要来自洱海北部的北三江和湖西岸苍山十八溪的入湖污染物在湖流驱动作用下自北向南随各种环流输移扩散过程中，接近或超过80%的氮、磷负荷滞留在湖泊内，不利于入湖污染物的顺利外排，同时会逐步加重洱海的内源污染程度。洱海水质受雨季降水径流挟带大量农田面源入湖及因流域水资源短缺拦蓄全部雨季雨污水影响显著，并在雨季大量面源污染负荷自北部及西部农业耕作区及南部城镇建成区入湖后，从而形成洱海水质北部高-中间低-南部稍高、西边高-东边略低及雨季（6—10月）水质明显变差的时空分布格局。

（7）以筛选的典型水文年代表年型下模拟预测的陆域水文过程为入湖水量边界条件，以洱海流域水环境综合治理"七大行动""八大攻坚战"和"洱海保护治理规划（2018—2035年）"等确定的各项治污措施落实情况及其模拟实施效果为入湖水质边界条件，预测得到规划水平2025年丰、平、枯水年下洱海湖区的COD、TP、TN、COD_{Mn}四项指标年均水质浓度分别为14.25mg/L、0.026mg/L、0.60mg/L、3.79mg/L，15.67mg/L、0.026mg/L、0.59mg/L、3.98mg/L，15.41mg/L、0.025mg/L、0.57mg/L、3.92mg/L，COD、TP、TN、COD_{Mn}四项指标水质类别为Ⅱ～Ⅲ类、Ⅱ～Ⅲ类、Ⅲ类和Ⅱ类。在TN指标不参评时，丰、平、枯水年洱海总体水质不满足湖泊Ⅱ类，其中COD指标超Ⅱ类标准值为2.71%～4.74%，TP指标超Ⅱ类标准值为1.03%～4.77%；在TN参评条件下丰、平、枯水年洱海水质均为Ⅲ类，水质类别控制指标为TN，超Ⅱ类水质标准值9.80%～20.45%。规划水平2035年不同设计来水条件（P=10%、25%、50%、75%、90%）下洱海湖区的COD、TP、TN、COD_{Mn}四项指标年均水质浓度分别为14.91mg/L、

0.025mg/L、0.56mg/L、3.51mg/L，14.56mg/L、0.026mg/L、0.54mg/L、3.61mg/L，
15.51mg/L、0.026mg/L、0.56mg/L、3.93mg/L，15.20mg/L、0.024mg/L、0.52mg/L、
3.79mg/L，15.37mg/L、0.023mg/L、0.49mg/L、4.10mg/L，COD、TP、TN、
COD_{Mn}四项指标水质类别均为Ⅱ～Ⅲ类，其中丰水年和特丰水年COD和COD_{Mn}指标年
均水质浓度均满足湖泊Ⅱ类水质标准，TN和（或）TP指标超标，平、枯及特枯水年均
存在各指标（COD、TP、TN、COD_{Mn}）单项或多项超标现象，各水文年仍不能稳定达到
湖泊Ⅱ类水质保护目标要求。

（8）规划水平2035年在满足西洱河下游河道生态环境流量需求（汛期11.10m³/s、
枯期6.72m³/s）、洱海湖滨湿地沉水植被4—7月生长发育季节低水位运行需求（1964.30～
1964.60m）的条件下，平水年及雨水偏多的年份基本不需要补水，枯水年、特枯水年型
分别需外流域补水1.63亿m³、2.41亿m³，才能弥补洱海年内因4—7月低水位调度运
行带来的蓄水量减少问题，并为长系列年洱海年内4—7月的低水位调度运行提供可靠的
水资源条件保障，为洱海湖滨带沉水植物生长期间提高其自然繁殖能力并加快向深水区延
展提供持续的原生驱动力。为满足2035年洱海全湖水质总体达标并维持湖泊年内水资源
量的总体平衡，各典型水文年（P=10%、25%、50%、75%、90%）下洱海所需的环境
补水量分别为1.30亿m³、1.53亿m³、1.66亿m³、2.75亿m³、3.13亿m³，需水量最
大的时段为枯水季节，约占全年补水量的52.0%～62.2%，主要是为雨季后期洱海蓄水
并适当补充因湖面蒸发而带来的水资源量损失提供必要的清洁水资源条件；汛期（6—
10月）补水量占37.8%～48.0%，主要是为充分利用流域外相对优质的水资源条件，增
加洱海流域水资源总量，增强洱海汛期"排浑"能力，并为汛后期蓄水提供相对较好的湖
泊本底水质条件。

（9）受桃源水库库容和黑惠江干流（合江村断面代表）可引水量限制性影响，枯水年
和特枯水年可引水量明显小于其生态环境需水量，故为顺利实现规划水平2035年洱海全
湖水质总体达标，通过修建桃源水库来储备优质的水源以较大程度地提升引水水源区的水
环境质量是必然选择。规划水平2035年在黑惠江干流水质稳定达标（Ⅱ类）条件下，桃
源水库工程补水入湖后，各典型水文年（P=50%、75%、90%）下洱海全湖的COD、
TP、TN、COD_{Mn}四项指标年均水质浓度分别为13.92mg/L、0.025mg/L、0.53mg/L、
3.57mg/L，14.66mg/L、0.024mg/L、0.50mg/L、3.60mg/L，15.02mg/L、0.023mg/L、
0.48mg/L、3.88mg/L，各指标改善幅度分别为2.28%～10.23%、0.25%～1.75%、
2.13%～5.86%、4.97%～9.06%，各指标水质类别分别为Ⅱ类、Ⅱ类、Ⅱ～Ⅲ类和Ⅱ
类；在TN指标不参评条件下，洱海各水文年的总体水质均基本满足湖泊Ⅱ类标准。

（10）依托桃源水库工程中的黑惠江干流水源解决以洱源县三库优质水资源为农田灌
溉水源的用水需求，并尽可能退还流域内因灌溉农田占用的优质水源并回归洱海，符合
"洱海保护优先"原则，同时也大幅度降低了可能因外流域补水水质不达标带来的洱海水
质污染风险，故利用黑惠江干流来水尽可能替换洱海流域内三库的农田灌溉功能，让更优
质的三库水回归洱海对洱海水质保护是有利的。模拟预测结果表明：三库水源替换方案下
平水年型引水挟带入湖的TP、TN及COD_{Mn}负荷量分别为0.49t/a、6.12t/a、35.56t/a，
较生态直补方案有明显减少，减少幅度分别达22.56%、12.08%、14.35%；同时受三库

水源置换大量优质水入湖影响，平水年型下生态补水对洱海湖区 COD、COD_{Mn}、TP 等指标水质改善效果整体提升 0.75%，其中对洱海北部湖区水质改善提升效果最好（整体提升 1.2%），并呈现自北向南逐步减弱的变化特征。

（11）基于过去 70 年来洱海的历史水位数据和洱海保护条例确定的法定运行水位范围，并结合洱海水质、沉水植被与水位变化间的响应关系，综合确定洱海生态水位调度运行方案为：1—4 月为洱海水位自然消落期，水位运行区间为 1964.60～1966.00m，4 月底洱海水位降低至 1964.60m；5—8 月为洱海低水位运行（1964.30～1964.60m）维持期，其中 6—7 月水位维持在 1964.30m 附近；9—12 月为洱海蓄水及高水位运行期，洱海运行水位区间为 1964.60～1966.00m。结合 2017—2020 年洱海水位运行实际情况和洱海生态水位调度运行方案需求，将 4—7 月的运行水位降低到 1964.30m 附近，并结合适当的人工干预措施（水生植物修复技术），生态水位调度运行方案实施几年后洱海湖滨带水生植物分布面积占比可能达到 21%～23%（超过水生植被与藻类相互制约的平衡点 18.6%），可能会彻底扭转当前洱海湖滨带水生植被在与浮游植物营养竞争中的不利局面，使洱海水生植被在与浮游植物的植物营养竞争中占据优势，并逐步对浮游植物生长与异常增殖形成抑制，尤其是在北部大湖湾区，并可能快速推进洱海由藻类湖泊向草型湖泊转变。洱海湖滨带的水生植物盖度的显著增加（整体面积将增大 8%～10%），将降低洱海局部湖湾水华的发生程度，特别是对 7—10 月洱海藻类水华发生风险的降低更为明显，但由于 4—7 月低水位运行后和 8 月较低水位运行延迟了洱海的蓄水时间，9—10 月集中蓄水，有可能导致洱海藻类水华现象出现滞后和延迟效应，使 11 月出现藻类水华现象。

（12）通过生态水位调度将洱海 4—7 月运行水位较目前的法定最低水位（1964.30m）降低 50～60cm，就可极大程度地加快洱海湖滨带 6m 水深以内沉水植被的快速复苏生长，并通过大变幅、长历时的生态水位调度运行以营造适宜沉水植被生长的多样性生境，洱海水生植被的多样性和覆盖度都将逐年增加，并可能在较短的时段内使洱海水生植被面积占比达到 30%，同时与湖泊水环境质量的逐年改善形成良性互动并相互促进，以加快洱海向良好湖泊生态系统前进。

8.2　下一步工作建议

洱海水生态保护与修复是一项复杂的、系统的治理工程，单独某一个方面考虑问题是不够的，应该立足于洱海全流域开展保护治理工作，才是行之有效的措施。未来，洱海的保护治理顶层设计，建议从以下几个方面开展工作。

1. 立足自然科学观，着力构建科学合理的生态、生活、生产空间布局

（1）空间规划引领先行，加快流域内国土空间规划、村庄规划修编、流域外相邻祥云、宾川、巍山等区域规划编制工作。

（2）优化以洱海流域为核心的"1+6"区域生产、生活和生态空间布局，从严控制洱海环湖各类城乡建设活动，持续推进洱海流域高质量可持续发展。

（3）严格分区管理，核心区内按照"总量控制、只减不增"的原则进行管理，持续整治违章建筑、违规经营，推进核心区餐饮客栈服务业监管，核心区外进行严格的合规性审

查，符合条件的按照法定程序办理相关手续。

2. 树立绿色发展观，推动流域绿色产业转型历史性突破

（1）重点推进流域内产业人口向流域外转移，加速流域内产业转型升级。

（2）加快编制《洱海流域转型发展规划》进程，加强流域转型发展的规划引领和宏观指导。

（3）打造"绿色食品牌"，发展绿色有机农业，加快土地流转，突出"一村一品""一乡一业"特色优势产业布局。

（4）打造大理国际一流文化旅游城市，重点发展文化旅游产业，将文化、生态、洱海保护治理相结合。

（5）打造"健康生活目的地"，大力推进生物医药和康养产业发展，加快推进国际健康小镇、滇西医疗中心、览海妇产医院等项目建设。

3. 把握整体系统观，推动流域生态系统由局部改善到总体改善的历史性转折

（1）强化"三线"管制，加快恢复生态岸线，推进环洱海流域湖滨缓冲带生态修复与湿地建设。

（2）继续优化布局，突出重点，实施流域面山绿化，退耕还林、陡坡地生态治理和森林生态质量提升工程，抓好流域植被恢复，着力改善流域生态环境。

（3）统筹抓好水资源科学调度，强化"三库连通"清水入湖调水，加快实施宾川县海稍水库扩建工程、鲁地拉提水灌溉工程、桃源水库洱海补水工程建设，科学做好汛期洪水联合调度工作。

4. 遵循严密法治观，推进管理体系和治理能力构建迈出新步伐

（1）构建共建共管体制，夯实各级党委、政府生态环境保护的主体责任，"党政同责、一岗双责"落到实处，压实企业对污染治理的主体责任，强化环保、公众各方责任和义务。

（2）构建法制管理体系，更加注重生态环境监管执法、联合联动执法、严厉打击污水直排、侵占湖面滩地、破坏湖滨带等违法违规行为。

（3）加强监控预警平台建设，充实和加强州洱海管理信息中心机构和人员。

（4）创新管理体制机制，理顺职能分工，解决九龙治水、分头管理问题。

5. 统筹基本民生观，增强人民群众在参与保护治理中的幸福感、满足感

（1）在推进洱海保护治理过程中，要始终把民心、民安作为最大的政治和责任，将人民群众身心健康放在第一位，将生态问题当作政治问题来看待，着力解决群众身边的突出环境问题。

（2）坚持问题导向和目标导向，精准聚焦中央和省级 11 批次督察检查反馈问题和生态环境部西南督察局例行现场督察交办问题，严格工作要求，强化工作调度，持续推进反馈问题整改，巩固整改成效，坚决防止问题反弹。

6. 坚持全民行动观，让洱海保护治理精神成为人们的自觉行动

（1）加大宣传教育，充分调动一切积极因素，动员全社会力量共同参与洱海保护治理，营造良好风气，让"洱海清，大理兴"的理念更加深入人心。

（2）强化新闻宣传和舆论引导，讲好洱海保护故事，传播好流域转型发展声音，引导

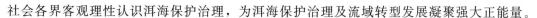

社会各界客观理性认识洱海保护治理，为洱海保护治理及流域转型发展凝聚强大正能量。

（3）打造生态文化示范精品和生态文明宣传教育基地，不断丰富生态文化宣传教育形式，满足公众生态文化需求，提高全社会的生态文明素质，形成全社会共同保护治理洱海的压倒性态势。

参 考 文 献

白音包力皋，许凤冉，高士林，等，2018. 日本琵琶湖水环境保护与修复进展 [J]. 中国防汛抗旱，28（12）：42-46.

曹培培，刘茂松，唐金艳，等，2014. 几种水生植物腐解过程的比较研究 [J]. 生态学报，34（14）：3848-3858.

陈吉宁，李广贺，王洪涛，2004. 滇池流域面源污染控制技术研究 [J]. 中国水利，(9)：47-50+5.

陈洁敏，赵九洲，柳根水，等，2010. 北美五大湖流域综合管理的经验与启示 [J]. 湿地科学，8（2）：189-192.

陈小华，钱晓雍，李小平，等，2018. 洱海富营养化时间演变特征（1988—2013年）及社会经济驱动分析 [J]. 湖泊科学，30（1）：70-78.

陈欣，顾世祥，浦承松，等，2012. 牛栏江—滇池补水工程入湖实施方案研究 [J]. 中国农村水利水电，(11)：24-26+30.

陈永川，汤利，2005. 沉积物-水体界面氮磷的迁移转化规律研究进展 [J]. 云南农业大学学报，(4)：527-533.

戴全裕，1984. 洱海水生植被的初步研究 [J]. 海洋湖沼通报，(4)：31-41.

董云仙，谢建平，董云生，等，1996. 洱海水生植被资源及其可持续利用途径 [J]. 生态经济，(5)：15-19.

窦明，马军霞，胡彩虹，2007. 北美五大湖水环境保护经验分析 [J]. 气象与环境科学，(2)：20-22.

段四喜，杨泽，李艳兰，等，2021. 洱海流域农业面源污染研究进展 [J]. 生态与农村环境学报，37（3）：279-286.

冯健，周怀东，彭文启，等，2012. 滇中引水工程对洱海水环境影响 [J]. 中国水利水电科学研究院学报，10（4）：241-246.

符辉，袁桂香，曹特，等，2013. 洱海近50a来沉水植被演替及其主要驱动要素 [J]. 湖泊科学，25（6）：854-861.

淦家伟，杨洋，马巍，等，2021. 滇池流域水环境承载力及其提升方案研究 [J]. 人民长江，52（8）：38-43.

高桂青，阮仁增，欧阳球林，2010. 鄱阳湖水质状况及变化趋势分析 [J]. 南昌工程学院学报，29（4）：50-53.

高蓉，韩焕豪，崔远来，等，2018. 降雨量对洱海流域稻季氮磷湿沉降通量及浓度的影响 [J]. 农业工程学报，34（22）：191-198.

顾世祥，陈欣，苏建广，等，2014. 基于水生态修复的滇池运行水位确定 [J]. 水利水电科技进展，34（2）：40-45.

关秀婷，2017. 水生植物对石佛寺人工湿地营养物质含量影响研究 [D]. 沈阳农业大学.

郭宏龙，2018. 洱海水环境历史变化规律探讨 [J]. 环境科学导刊，37（4）：22-25.

郭怀成，孙延枫，2002. 滇池水体富营养化特征分析及控制对策探讨 [J]. 地理科学进展，(5)：500-506.

韩涛，彭文启，李怀恩，等，2005. 洱海水体富营养化的演变及其研究进展 [J]. 中国水利水电科学研究院，3（1）：71-73，78.

贺晓英，贺缠生，2008. 北美五大湖保护管理对鄱阳湖发展之启示 [J]. 生态学报，28（12）：6235-6242.

洪华生，王卫平，张玉珍，2006. 九龙江流域生态环境需水量初步研究 [J]. 厦门大学学报（自然科学版），(6)：819－823.

胡细英，熊小英，2002. 鄱阳湖水位特征与湿地生态保护 [J]. 江西林业科技，(5)：1－4.

胡小贞，金相灿，杜宝汉，等，2005. 云南洱海沉水植被现状及其动态变化 [J]. 环境科学研究，(1)：1－4.

金树权，周金波，包薇红，等，2017. 5种沉水植物的氮、磷吸收和水质净化能力比较 [J]. 环境科学，38 (1)：156－161.

金相灿，荆一凤，刘文生，等，1999. 湖泊污染底泥疏浚工程技术——滇池草海底泥疏挖及处置 [J]. 环境科学研究，(5)：14－17.

黎尚豪，俞敏娟，李光正，等，1963. 云南高原湖泊调查 [J]. 海洋与湖沼，(2)：87－114.

李敦海，杨劢，方涛，等，2008. 水位调控法恢复富营养化水体沉水植物技术研究——以无锡五里湖为例 [J]. 环境科学与技术，31 (12)：59－62.

李红燕，2021. 云南高原湖泊洱海水资源量的研究 [J]. 人民珠江，42 (1)：46－52＋72.

李娜，黎佳茜，李国文，等，2018. 中国典型湖泊富营养化现状与区域性差异分析 [J]. 水生生物学报，42 (4)：854－864.

厉恩华，王学雷，蔡晓斌，等，2011. 洱海湖滨带植被特征及其影响因素分析 [J]. 湖泊科学，23 (5)：738－746.

梁亚宇，李丽君，刘平，等，2018. 大气氮沉降监测方法及中国不同地理分区氮沉降研究进展 [J]. 山西农业科学，46 (10)：1751－1755.

凌书勤，2018. 滇中引水工程对滇池水质与水环境改善研究 [D]. 昆明理工大学.

刘发根，李梅，郭玉银，2014. 鄱阳湖水质时空变化及受水位影响的定量分析 [J]. 水文，34 (4)：37－43.

刘永，郭怀成，周丰，等，2006. 湖泊水位变动对水生植被的影响机理及其调控方法 [J]. 生态学报，2006 (9)：3117－3126.

陆桂华，张建华，2014. 太湖水环境综合治理的现状、问题及对策 [J]. 水资源保护，30 (2)：67－69＋94.

马荣华，杨桂山，段洪涛，等，2011. 中国湖泊的数量、面积与空间分布 [J]. 中国科学：地球科学，41 (3)：394－401.

马巍，陈欣，蒋汝成，等，2020. 滇池流域水环境承载能力与水资源可持续利用研究 [M]. 中国水利水电出版社.

马巍，蒋汝成，党承华，等，2021. 洱海流域水环境问题诊断与水质保护措施研究 [J]. 人民长江，52 (7)：45－53.

马巍，李翀，班静雅，等，2019. 山区小流域水生态文明建设评价与关键技术研究 [M]. 中国水利水电出版社.

马巍，李锦秀，田向荣，等，2007. 滇池水污染治理及防治对策研究 [J]. 中国水利水电科学研究院学报，2007 (1)：8－14.

马巍，廖文根，匡尚富，等，2009. 大型浅水湖泊纳污能力核算的风场设计条件分析 [J]. 水利学报，40 (11)：1313－1318.

马巍，廖文根，禹雪中，2007. 引江济太条件下太湖纳污能力动态变化研究 [C] //. 第三届全国水力学与水利信息学大会论文集：38－43.

马巍，浦承松，罗佳翠，等，2013. 滇池水动力特性及其对北岸蓝藻堆积驱动影响 [J]. 水利学报，44 (增刊1)：22－27

马巍，浦承松，谢波，等，2014. 牛栏江—滇池补水工程改善滇池水环境引水调控技术及应用 [M]. 中国水利水电出版社.

马巍，苏建广，杨洋，等，2022. 洱海水质演变特征及主要影响因子分析 [J]. 中国水利水电科学研究院学报（中英文），20（2）：112 - 119，128.

马巍，王云飞，奚满松，等，2022. 60年来洱海水生植被演替及其驱动力分析 [J]. 人民长江，53（6）：74 - 82.

马巍，周云，苏建广，等，2021. 洱海水动力特性与入湖污染物迁移扩散规律研究 [J]. 中国水利水电科学研究院学报，19（03）：281 - 289.

毛建忠，孙燕利，贺克雕，等，2017. 牛栏江—滇池补水工程对滇池外海的水环境改善效果研究 [J]. 水资源保护，33（2）：47 - 51.

毛玉婷，周晓宇，王毛兰，2014. 枯水期鄱阳湖水体富营养化状态评价 [J]. 南昌大学学报（理科版），（6）：596 - 599.

潘红玺，王云飞，董云生，1999. 洱海富营养化影响因素分析 [J]. 湖泊科学，（2）：184 - 188.

濮培民，1990. 国外湖泊学研究简介 [J]. 湖泊科学，（1）：76 - 81.

邱德斌，刘阳，2019. 国外湖泊水环境保护和治理对我国的启示 [J]. 中国标准化，（24）：120 - 121.

邱东茹，吴振斌，1997. 富营养化浅水湖泊沉水水生植被的衰退与恢复 [J]. 湖泊科学，（1）：82 - 88.

沈百鑫，2014. 德国湖泊治理的经验与启示（上）[J]. 水利发展研究，14（5）：72 - 79.

沈晓飞，马巍，罗佳翠，等，2013. 湖库营养状态评价方法及适用性分析 [J]. 中国水利水电科学研究院，11（1）：74 - 80

斯文，维雷，郭建钦，1987. 北美五大湖污染的控制 [J]. 水资源保护，（4）：88 - 93.

汤志凯，张毅敏，杨飞，等，2019. 3种水生植物腐解过程中磷营养物质迁移、转化过程研究 [J]. 环境科学学报，39（3）：716 - 721.

童昌华，杨肖娥，濮培民，2003. 水生植物控制湖泊底泥营养盐释放的效果与机理 [J]. 农业环境科学学报，2003（6）：673 - 676.

汪青辽，李秋洁，刘媛，等，2021. 滇中引水工程利用洱海调蓄的环境影响研究 [J]. 环境科学导刊，40（5）：21 - 26.

汪易森，2004. 日本琵琶湖保护治理的基本思路评析 [J]. 水利水电科技进展，（6）：1 - 5，70.

王琼，展晓莹，张淑香，等，2018. 长期有机无机肥配施提高黑土磷含量和活化系数 [J]. 植物营养与肥料学报，24（6）：1679 - 1688.

王睿照，张利权，2009. 水位调控措施治理互花米草对大型底栖动物群落的影响 [J]. 生态学报，29（5）：2639 - 2645.

王圣瑞，李贵宝，2017. 国外湖泊水环境保护和治理对我国的启示 [J]. 环境保护，45（10）：64 - 68.

王伟营，王志明，卢飞，2014. 牛栏江—滇池补水工程对鱼类的影响及补偿措施 [J]. 云南水力发电，30（4）：149 - 152.

王旭，肖伟华，朱维耀，等，2012. 洞庭湖水位变化对水质影响分析 [J]. 南水北调与水利科技，10（5）：59 - 62.

卫志宏，杨振祥，唐雄飞，等，2013. 洱海湖泊及湖湾三维水动力模型构建及特征分析 [J]. 昆明理工大学学报（自然科学版），38（1）：85 - 95.

卫志宏，杨振祥，唐雄飞，等，2013. 洱海湖泊及湖湾水质水生态模型及特征分析 [J]. 昆明理工大学学报（自然科学版），38（2）：93 - 101.

吴爱平，吴世凯，倪乐意，2005. 长江中游浅水湖泊水生植物氮磷含量与水柱营养的关系 [J]. 水生生物学报，2005（4）：406 - 412.

吴功果，倪乐意，曹特，等，2013. 洱海水生植物与浮游植物的历史变化及影响因素 [J]. 水生生物学报，37（5）：912 - 914.

吴庆龙，王云飞，1999. 洱海生物群落的历史演变分析 [J]. 湖泊科学，（3）：267 - 273.

席青虎，2018. 呼伦贝尔市多措并举保护治理呼伦湖 [J]. 内蒙古林业，（1）：10 - 12.

谢波，顾世祥，苏建广，2010. 牛栏江—滇池补水工程可调水量分析 [J]. 人民长江，41（15）：15 -

18，42.

谢德体，张文，曹阳，2008. 北美五大湖区面源污染治理经验与启示 [J]. 西南大学学报（自然科学版），30（11）：81-91.

邢可霞，郭怀成，孙延枫，等，2004. 基于 HSPF 模型的滇池流域非点源污染模拟 [J]. 中国环境科学，（2）：102-105.

徐寸发，张志勇，秦红杰，等，2015. 不同生活型水生植物改善滇池草海水体的效果 [J]. 江苏农业科学，43（6）：307-311.

徐开钦，齐连惠，蛯江美孝，等，2010. 日本湖泊水质富营养化控制措施与政策 [J]. 中国环境科学，30（S1）：86-91.

徐天宝，马巍，黄伟，2013. 牛栏江—滇池补水工程改善滇池水环境效果预测 [J]. 人民长江，44（12）：11-13，40

徐晓梅，吴雪，何佳，等，2016. 滇池流域水污染特征（1988—2014 年）及防治对策 [J]. 湖泊科学，28（3）：476-484.

许秋瑾，金相灿，颜昌宙，2006. 中国湖泊水生植被退化现状与对策 [J]. 生态环境，（5）：1126-1130.

姚晓军，刘时银，李龙，等，2013. 近 40 年可可西里地区湖泊时空变化特征 [J]. 地理学报，68（7）：886-896.

姚云辉，崔松云，马巍，等，2018. 滇池草海水动力特性及牛栏江补水规模适宜性研究 [J]. 水电能源科学，36（11）：33-36.

姚云辉，马巍，崔松云，等，2019. 滇池草海水污染治理工程措施及其防治效果评估 [J]. 中国水利水电科学研究院学报，17（3）：161-168.

姚云辉，马巍，施国武，等，2019. 滇池入湖河流水质目标精细化管理需求研究 [J]. 中国水利水电科学研究院学报，36（4）：13-18.

姚云辉，马巍，施国武，等，2019. 牛栏江—草海补水与西园隧道协同运行方案研究 [J]. 人民长江，50（5）：131-139.

余红兵，杨知建，肖润林，等，2012. 梭鱼草（Pontederia cordata）拦截沟渠中氮、磷的效果研究 [J]. 农业现代化研究，33（4）：508-512.

余辉，2013. 日本琵琶湖的治理历程、效果与经验 [J]. 环境科学研究，26（9）：956-965.

余丽燕，杨浩，黄昌春，等，2016. 夏季滇池和入滇河流氮、磷污染特征 [J]. 湖泊科学，28（5）：961-971.

张桂彬，杨青，杨东，等，2011. 洱海流域湿地水生被子植物区系研究 [J]. 水生态学杂志，32（3）：1-8.

张国涵，高原，2015. 牛栏江—滇池补水工程对滇池外海总磷和总氮含量的影响 [J]. 环境科学导刊，34（5）：22-26.

张红武，王海，马睿，2022. 我国湖泊治理的瓶颈问题与对策研究 [J]. 水利水电技术（中英文），53（10）：21-32.

张珮纶，王浩，雷晓辉，等，2017. 湿地生态补水研究综述 [J]. 人民黄河，39（9）：64-69.

张仕军，齐庆杰，王圣瑞，等，2011. 洱海沉积物有机质、铁、锰对磷的赋存特征和释放影响 [J]. 环境科学研究，24（4）：371-377.

张淑霞，王荣兴，沈建新，等，2018. 洱海冬季水鸟群落结构与水位变化的潜在关系 [J]. 生态毒理学报，13（4）：143-148.

张闻涛，2016. 洱海缓冲带对农业径流中氮磷的去除效果及机理分析 [D]. 北京科技大学.

张玉珍，曹文志，陈锦，等，2015. 九龙江流域湖库化河段水环境容量研究 [J]. 福建师范大学学报（自然科学版），31（6）：85-89.

张忠海，杨桐，王昊，等，2021. 洱海四种沉水植物对弱光环境的适应性比较 [J]. 湖泊科学，33（4）：

1196 – 1208.

赵冲，雷国元，蒋金辉，等，2015. 利用生物菌肥降低洱海流域农业面源污染的实验研究 [J]. 华中师范大学学报（自然科学版），49（1）：108 – 113.

赵海超，王圣瑞，赵明，等，2011. 洱海水体溶解氧及其与环境因子的关系 [J]. 环境科学，32（7）：1952 – 1959.

赵海光，孔德平，范亦农，等，2020. 洱海湖滨带大型水生植物现状及其变化趋势分析 [J]. 环境科学导刊，39（2）：20 – 25.

郑国强，于兴修，江南，等，2004. 洱海水质的演变过程及趋势 [J]. 东北林业大学学报，32（1）：99 – 102.

朱喜，李贵宝，王圣瑞，2020. 太湖蓝藻暴发的治理 [J]. 水资源保护，36（6）：106 – 111.

邹锐，董云仙，颜小品，等，2011. 基于多模式逆向水质模型的程海水位调控-水质响应预测研究 [J]. 环境科学，32（11）：3193 – 3199.

Chambers P A，Kalff J，1987. Light and nutrients in the control of aquatic plant community structure. I. In situ experiments [J]. Journal of Ecology，75：611 – 619.

Chambers P A，Kalff J，1985. Depth distribution and biomass of submersed aquatic macrophyte communities in relation to secchi depth [J]. Canadian Journal of Plant Science，42：701 – 709.

Coops H，Beklioglu M，Crisman T L，2003. The role of water – level fluctuations in shallow lake ecosystems – workshop conclusions [J]. Hydrobiologia，506（1/2/3）：23 – 27.

Diederik T，Van der Molen，Rob Portielje et al.，1998. Changes in sediment phosphorus as a result of eutrophication and oligotrophication in Lake Veluwe，The Netherlands [J]. Water Research，32（11）.

Gopal B，1999. Natual and constructed wetlands for wastewater treatment：potentials and problems [J]. Water Science and Technology，40（3）：27 – 35.

Hai X，Paerl H W，Qin B，et al.，2010. Nitrogen and phosphorus inputs control phytoplankton growth in eutrophic lake Taihu，China [J]. Limnology and Oceanography，55（1）.

White M S，Xenopoulos M A，Hogsden K，et al.，2008. Natural lake level fluctuation and associated concordance with water quality and aquatic communities within small lakes of the Laurentian Great Lakes region [J]. Hydrobiologia，613（1）.

May L，Carvalho L，2010. Maximum growing depth of macrophytes in loch leven，scotland，united kingdom，in relation to historical changes in estimated phosphorus loading [J]. Hydrobiologia，646：123 – 131.

Messager Mathis Loïc，Lehner Bernhard，Grill Günther，et al.，2016. Estimating the volume and age of water stored in global lakes using a geo – statistical approach [J]. Nature communications，7（1）.

Sagrario M，Jeppesen E，J Gomà，et al.，2010. Does high nitrogen loading prevent clear – water conditions in shallow lakes at moderately high phosphorus concentrations [J]. Freshwater Biology，50（1）：27 – 41.

Sand – Jensen K，Pedersen N L，Thorsgaard I，et al.，2010. 100 years of vegetation decline and recovery in Lake Fure，Denmark [J]. Journal of Ecology，96（2）：260 – 271.

Smith V H，Tilman G D，Nekola J C，1999. Eutrophication：impacts of excess nutrient inputs on freshwater，marine，and terrestrial ecosystems [J]. Environmental Pollution，100（1）.

Wen Zihao，Ma Yiwei，Wang Hao，et al.，2021. Water level regulation for eco – social services under climate change in lake Erhai over the past 68 years in China [J]. Frontiers in Environmental Science.

Wen Zihao，Wang Hao，Zhang Zhonghai，et al.，2022. Depth distribution of three submerged macrophytes under water level fluctuations in a large plateau lake [J]. Aquatic Botany，176.

Wu S Q，He S B，Zhou W L，et al.，2017. Decomposition characteristics of three different kinds of aquatic macrophytes and their potential application as carbon resource in constructed wetland [J]. Environmental

Pollution，231（1）：1122－1133.

Wu Z，Lai X，Zhang L，et al.，2014. Phytoplankton chlorophyll a in Lake Poyang and its tributaries during dry，mid－dry and wet seasons：a 4－year study［J］. Knowledge and Management of Aquatic Ecosystems.